钛系列丛书

主编 莫畏

钛铁矿富集

杨绍利 盛继孚 敖进清 等编著

北京
冶金工业出版社
2012

内 容 简 介

本书是《钛系列丛书》中的一本。本书主要介绍钛铁矿富集制取富钛料的生产工艺,详细介绍了钛渣和人造金红石的生产技术。同时也介绍了钒钛磁铁矿煤基直接还原新工艺生产的熔分钛渣、高钛型高炉渣的富集工艺和应用。

本书可作为钛业培训时的教材,也可供钛业科技人员、管理人员和大专院校师生参考。

图书在版编目(CIP)数据

钛铁矿富集/杨绍利等编著.—北京:冶金工业出版社,2012.1

(钛系列丛书)

ISBN 978-7-5024-5798-3

Ⅰ.①钛… Ⅱ.①杨… Ⅲ.①钛—富集 Ⅳ.①TF823.012

中国版本图书馆 CIP 数据核字(2011)第 276247 号

出 版 人 曹胜利

地　　址 北京北河沿大街嵩祝院北巷 39 号,邮编 100009

电　　话 (010)64027926 电子信箱 yjcbs@cnmip.com.cn

责任编辑 尚海霞 美术编辑 李 新 版式设计 孙跃红

责任校对 王贺兰 责任印制 牛晓波

ISBN 978-7-5024-5798-3

北京兴华印刷厂印刷;冶金工业出版社出版发行;各地新华书店经销

2012 年 1 月第 1 版,2012 年 1 月第 1 次印刷

850mm×1168mm 1/32;12.75 印张;340 千字;390 页

42.00 元

冶金工业出版社投稿电话:(010)64027932 投稿信箱:tougao@cnmip.com.cn

冶金工业出版社发行部 电话:(010)64044283 传真:(010)64027893

冶金书店 地址:北京东四西大街 46 号(100010) 电话:(010)65289081(兼传真)

(本书如有印装质量问题,本社发行部负责退换)

《钛系列丛书》编委会名单

《钛系列丛书》前言

钛是一种新金属，钛及钛合金也是一种性能优异的新材料，它被誉为现代金属。

钛及钛合金具有密度小、比强度高、耐蚀性能好、耐热性能优良、无磁等一系列特性，获得了广泛的应用。钛的工业化仅有六十余年历史，但已获得了迅速发展。2008年，全世界钛材年产量已达近13万吨。

随着国民经济持续、高速发展，我国对钛的需求量迅速增长。2006年我国海绵钛和钛材的年产量均超过万吨，已进入世界产钛大国的行列，且已形成持续发展的态势。2008年我国海绵钛和钛材年产量分别达到4.96万吨和2.77万吨，名列世界前茅，成为产钛大国。这是件喜忧参半的事，喜的是我国钛工业已经崛起；忧的是钛业的产能已过剩，会影响产品经济效益。它表明钛业市场风险很大，投资应该谨慎。

与美、日、俄等世界产钛强国相比，我国钛业的技术水平仍有差距。我国要成为世界产钛强国还有相当长的路要走。其中，一件重要的基础性的工作是必须提高我国钛业的科研和生产技术水平。

为此，根据钛业技术的发展要求，我们编撰了《钛系列丛书》。这套丛书共9册，是许多专家智慧的结晶，也是为了总结钛业技术发展情况和提高我国钛业国际竞争力，我们做出的力所能及的贡献。

在编写过程中力求理论与实践相结合，做到既有理论论述，也有工艺实践；以工艺实践为重点，保持适当的理论深度和广度，同时在论述中力求做到避虚务实。

该丛书在编写过程中得到了许多同行专家的大力支持，特别是北京有色金属研究总院及其领导给予了大力支持和赞助，在此一并表示谢意。

该丛书涉及的技术领域很宽，而我们的写作水平有限，丛书中难免有不足之处，恳请读者批评指正。

编者　莫畏

2009 年 7 月

前　言

我国钛资源丰富，除少量钛铁砂矿外，主要以钛铁岩矿为主。其中，尤以攀枝花钛资源储量最多，它是一个超大型的钒钛铁岩矿。但是，国内钛铁岩矿的缺点是品位低、杂质含量高，不能直接满足氯化法钛白和海绵钛生产原料要求，主要用做硫酸法钛白原料。随着我国氯化法钛白以及海绵钛工业的快速发展，对高品质富钛料的需求日益增加。因此，将我国丰富的钛铁矿资源加工成高品位富钛料是钛白产业发展的迫切要求。这也才能将钛资源的资源优势转化为财富。

高品位富钛料是氯化法生产高档金红石型钛白和海绵钛的重要原料。高档钛白粉需求量的增长速度与 GDP 增长速度相当。以高品位富钛料为原料生产钛白粉或海绵钛，具有单位产品原料消耗少、工艺流程简化、设备产能高、生产过程“三废”少等优点，所以如何获得二氧化钛含量高的富钛料，对钛工业的发展极为重要。而且用钛铁矿为原料，其富集过程是必须经过的工艺步骤，也是必不可少的途径。

随着现代科学技术的不断进步和新技术的出现，不断产生新的富钛料产品，如钒钛磁铁矿煤基直接还原新工艺生产的熔分钛渣（含二氧化钛 50% 左右）；同时，含钛较低的“废弃物”也成为宝贵的钛资源，如高钛型高炉渣（含二氧化钛 23% ~25%）也成为提钛的重要原料。

本书共分四篇 14 章，主要介绍钛铁矿的预处理工艺，人造金红石的盐酸浸出法和选择氯化法等工艺,钛铁矿熔炼钛渣的工艺和原理,熔炼钛渣的熔池特性,钛渣电炉及其电气控制,以及钛渣及应用,还介绍钒钛磁铁矿煤基直接还原新工艺生产的熔分钛渣的特点,以及高钛型高炉渣提钛处理主要新工艺。

本书在第一、二、三篇中主要论述和介绍了钛铁矿的富集,经过富集制备了富钛料——钛渣和人造金红石两种产品。由于目前国内现状主要富集产品为钛渣,所以本书重点介绍了钛渣。但要说明的一点是,在攀枝花钛资源开发利用的过程中,目前已经进入钒钛磁铁矿煤基直接还原新工艺生产的熔分钛渣、攀枝花高钛型高炉渣的深入研究阶段,它们也是一种新的富钛料,所以附设在第四篇中介绍,供参考。

本书在编写过程中参考了一些文献资料,对这些文献的作者表示感谢。在本书编写过程中还得到许多同事的帮助,其中有北京有色金属研究总院的李文良、攀枝花学院的吴恩辉、侯静、王录峰等,在此一并表示感谢。

本书编写分工为:第 1 章、第 4 章、第 5 章由莫畏(北京有色金属研究总院)编写,第 2 章、第 3 章由马兰(攀枝花学院)编写,第 6 章~第 8 章以及第 10 章由盛继孚(四川机电职业技术学院)编写,第 9 章、第 11 章和第 13 章由杨绍利(攀枝花学院)编写,第 12 章由张树立(攀枝花学院)编写,第 14 章由敖进清(攀枝花环业冶金渣开发有限公司)编写。

由于编者水平有限,书中难免有不足之处,敬请读者批评指正。

编 者

2011 年 10 月

目 录

第一篇 总论和预处理

第二篇 人造金红石

第三篇 钛 渣

第四篇　高钛型高炉渣

第一篇　总论和预处理

1 钛铁矿富集的概况

1.1　钛资源及钛铁矿富集的必要性

1.1.1　钛矿物

由于钛的化学活性很强，因此自然界没有钛的单质存在，它总是和氧结合在一起。在矿物中，钛主要以 TiO_2 和钛酸盐形式存在。钛还经常与铁共生。从 TiO_2-FeO-Fe_2O_3 系三元相图（见图 1－1）可见，它们三者可形成无限固溶体，按照它们的不同比例可形成许多矿物。

钛的资源十分丰富，且分布很广，几乎遍布全世界。现已发现

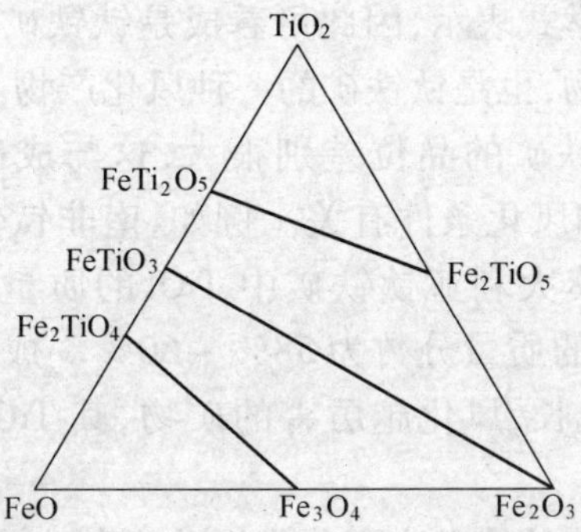

图 1－1　TiO_2-FeO-Fe_2O_3 系三元相图

TiO_2 的质量分数大于 1% 的钛矿物有 140 多种，但现阶段具有利用价值的只有少数几种矿物，主要是金红石和钛铁矿，其次是白钛石、锐钛矿和红钛铁矿。钙钛矿只是近些年才发现有一定的数量，它能否被利用取决于提取工艺技术的进展及其经济效果。

金红石是一种黄色至红棕色的矿物，其主要成分是 TiO_2，还含有一定量的铁、铌和钽。铁的存在是由于它与钛铁矿共生。由于 Ti^{4+} 与 Nb^{5+}、Ta^{5+} 具有相似性，铌和钽常伴生在钛矿石中。锐钛矿的基本成分是 TiO_2，它是具有金红石和板钛矿的多晶形矿物，含有一定量的铁、铌、钽和锡。

钛铁矿的理论分子式为 $FeTiO_3$，其中 TiO_2 理论质量分数为 52.63%。但钛铁矿的实际组成与其成矿原因和经历的自然条件有关。可以把自然界的钛铁矿看成是 FeO-TiO_2 和其他杂质氧化物组成的固溶体，可用以下通式表示：

$$m[(Fe, Mg, Mn)\cdot TiO_2]\cdot n[(Fe, Cr, Al)_2O_3]$$

式中 $$m+n=1$$

由于矿中杂质种类和数量不同而存在许多衍生物，其中重要的有镁钛矿、钙钛矿、钙铈钛矿、榍石等。同时，由于自然界的风化作用，钛铁矿的组成不断发生变化，形成所谓“风化”钛铁矿。其中，白钛石就是钛铁矿受到风化产生的一种蚀变产物，它没有固定的组成，其中 TiO_2 的质量分数可高达 70% ~90%。红钛铁矿可用 $Fe_2O_3\cdot 3TiO_2$ 化学式表示，因此可看成是钛铁矿、赤铁矿、锐钛矿和金红石的混合物，也是钛铁矿的一种风化产物。

世界各地钛铁矿的品位差别很大，这与成矿时夹杂的杂质多少、成矿时间和风化条件有关。例如，南非钛铁矿中 TiO_2的质量分数为 48%，澳大利亚钛铁矿中 TiO_2的质量分数为 54%，印度钛铁矿中 TiO_2的质量分数为 58% ~60%。成矿时夹杂的杂质越少，成矿时间越长，风化越厉害的矿物，其 TiO_2 的质量分数就越高。

具有开采价值的钛矿床可分为岩矿床和砂矿床两大类。岩矿床又可分为两类，即岩浆分化形成的块状矿床和碱性岩石中的金红石矿床。

岩矿床是原生矿，这里是指块状钛矿床，属于岩浆分化矿床。这类矿床的主要矿物是由含钛铁矿的钛磁铁矿和赤铁矿组成，并多含有相当量的钒、钴、镍、铜、铬等有用元素。

岩矿钛铁矿有下列特点：

(1) 矿中铁的氧化物主要以 FeO 形式存在，$w(FeO)/w(Fe_2O_3)$ 比值较高；

(2) 岩矿的结构致密，脉石的质量分数高，可选性差，不易将 TiO_2 与其他成分分离，选出的精矿含有相当量的非铁杂质，特别是含有较高的 MgO，精矿的 TiO_2 品位一般在 44% ~48% 之间，且选矿的回收率较低；

(3) 岩矿产地集中，储量大，可大规模开采。由于岩矿的可选性差，目前世界上许多岩矿仍未被利用。岩矿钛铁矿主要产地有加拿大、挪威、美国、中国和俄罗斯等。

钛砂矿床是次生矿，属沉积矿床，有海成因和河成因之分。它来自岩矿床，由海浪和河流带到各地，在海岸和河滩附近沉积成砂矿，大多产于气候潮湿的热带、亚热带和温带地区，即大都分布在南半球的海滩和河滩上。这类矿床的主要矿物是金红石、钛铁矿，其次是白钛石。钛砂矿在形成过程中被风化，一些可溶成分被溶出，同时又夹带了一些贵重矿物，因此，钛砂矿往往与锆英石、独居石等共生。这些矿物的特点是 Fe_2O_3 的质量分数较高，即 $w(FeO)/w(Fe_2O_3)$ 比值较小，矿物结构比较疏松，脉石的质量分数较小，容易用选矿方法将 TiO_2 与其他成分分离。因此，精矿品位高，其中金红石精矿 TiO_2 品位可达约 96%，钛铁矿精矿 TiO_2 品位可达 50% ~60%，且矿物颗粒较大，但砂矿钛铁矿往往含有较高的 MnO。砂矿产地主要在南非、澳大利亚、印度、南美洲等地的海滨和内河的沉积层中。

1.1.2 钛资源

全球钛资源丰富，分布较广，遍布 30 多个国家，主要分布在澳大利亚、南非、加拿大、中国和印度等国。

据2007年美国地质调查局(USGS)公布的资料表明,全世界钛铁矿基础储量约12×10^8t,储量约6×10^8t;金红石基础储量为1×10^8t,储量为0.5×10^8t。2000年世界钛铁矿、金红石储量和基础储量见表1-1。

表1-1　2000年世界钛铁矿、金红石储量和基础储量(以TiO_2计)　(t)

国家	钛铁矿		金红石	
	储量	基础储量	储量	基础储量
南非	6.3×10^7	2.2×10^8	8.3×10^6	2.4×10^7
挪威	3.7×10^7	6×10^7		
澳大利亚	1.3×10^8	1×10^8	1.9×10^7	3.1×10^7
加拿大	3.1×10^7	3.6×10^7		
印度	8.5×10^7	2.1×10^8	7.4×10^6	2×10^7
巴西	1.2×10^7	1.2×10^7	3.5×10^6	3.5×10^6
越南	5.2×10^6	7.5×10^6		
美国	6×10^6	5.9×10^7	4×10^5	1.8×10^6
中国	2×10^8	3.5×10^8		
莫桑比亚	1.6×10^7	2.1×10^7	4.8×10^5	5.7×10^5
乌克兰			2.5×10^6	2.5×10^6
芬兰	5.9×10^6			
其他	1.5×10^7	2.8×10^7	8.1×10^6	1.7×10^7
总计	6.061×10^8	1.2265×10^9	4.968×10^7	1.0037×10^8

有关世界钛资源的统计数据只具有参考价值,不是十分准确的完全统计。世界一些典型的钛铁矿精矿的化学成分见表1-2

表1-2 世界一些典型的钛铁矿精矿的化学成分(质量分数) (%)

产地	TiO_2	Fe_2O_3	FeO	MnO	MgO	CaO	SiO_2	Al_2O_3	V_2O_5	Cr_2O_3	U+Th	非钛杂质
南非	47.0	12.4	34.4	1.3	0.8	0.3	2.3	0.96	0.27	0.3		7.23
加拿大	37.7	28.9	28.8	0.2	2.9	0.1	0.6	1.0	0.36			4.6
澳大利亚	61.5	21.0	10.0	0.9	0.25	0.01				0.05		7.5
挪威	45.0	12.5	34.0	0.25	5	0.25				0.08	<0.0003	
印度	60.0	25.5	9.7	0.4	0.6					0.13		4.8
塞拉利昂	62.5	31.81		0.36	0.63	0.03				0.23		5.69
斯里兰卡	53.4	22.43	19.6	0.84	0.68	0.12				0.0085		4.57
美国	64.7	30.0	5.2	1.6	0.25	0.11				0.17	<0.0070	
越南	54.1	12.7	26.3							0.07	0.0095	6.9

中国的钛资源储量丰富,但主要是钛铁矿资源,金红石矿很少。在钛铁矿储量中,岩矿占大部分,小部分为砂矿。钛铁矿岩矿产地主要是四川、云南和河北;砂矿产地主要是广东、广西、海南和云南。金红石矿主要分布在湖北和山西。

中国四川地区是一个超大型的钒钛铁矿岩矿储藏区。该矿区的矿体范围大,它是由攀枝花、红格、白马和太和等十几个矿区组成的。从大地构造位置看,它位于我国川滇南北构造体系的北段。区内安宁河大断裂层近南向北纵贯本区中部。矿床受这个大断裂带所控制,广泛地发育基性、超基性岩体。岩体呈南北分布,向西陡倾斜,岩体规模大小不等,一般长达 5 ~ 20km。矿石类型为致密块状、浸染状矿石。矿石中的钛矿物主要为粒状钛铁矿、钛铁晶石和少量片状钛铁矿。从矿物可选性来看,粒状钛铁矿可以单独回收,而钛铁晶石和片状钛铁矿不能单独回收。选矿时,从钒钛磁铁矿的选铁尾矿中选出的粒状钛铁矿可供利用。该钛铁矿的特点是结构致密，固溶了较多的氧化镁，因此选出的精矿品位较低，MgO 和 CaO 的质量分数较高，给提取冶金带来一定困难。河北承德地区也有类似性质的钒钛磁铁矿，不过储量较小，钛精矿固溶的氧化镁较低，可选得质量较好的钛精矿。

云南钛资源丰富，遍及全省许多区县。从大地构造位置看，钛矿区位于我国川滇南北构造体系的南段，已探明的储量十分可观，且大部分属次生内陆砂矿，少部分属原生岩矿。云南的砂矿易采易选，经简单选矿便可获得质量较好的钛精矿。该矿中一般 TiO_2 的质量分数为 48% ~50%，钛铁氧化物（$FeO + Fe_2O_3 + TiO_2$）总的质量分数大于 95%，除 MgO 的质量分数稍高（1.2% ~2%）外，其他非铁杂质的质量分数较少。所以，云南钛铁矿是一种质量较好和应用价值较高的钛精矿。

广东、广西和海南地区的钛铁矿砂矿品位高、杂质少，采选比较容易，又伴生有锆英石、独居石、磷钇矿、金红石等，综合利用价值高，提取也容易，但多数伴生有放射性矿物。此外，在福建、山东、辽宁沿海和江西部分地区也有砂矿钛铁矿资源。

中国还发现几处金红石矿床，原矿中 TiO_2 平均品位为 2% ~4%。但由于结构致密，粒度小，选矿较困难。

中国部分地区钛铁矿精矿的典型化学成分见表 1－3。钛精矿和天然金红石的质量标准见表 1－4 和表 1－5。

表 1－3　中国部分地区钛铁矿精矿的典型化学成分（质量分数）　　（%）

成分	北海氧化砂矿	北海钛铁矿	海南钛铁矿	攀枝花钛铁矿	承德钛铁矿	湛江钛铁矿	富民钛铁矿	武定钛铁矿
TiO_2	61.65	50.44	48.67	47.74	47.00	51.76	49.85	48.68
$\sum Fe$	24.87	35.41	35.23	31.75	35.77	30.29	35.06	36.44
FeO	5.78	37.39	35.76	33.93	40.95	24.4	36.50	36.78
Fe_2O_3	29.30	9.06	10.63	7.66	5.60	16.08	9.58	10.97

续表 1-3

成分	北海氧化砂矿	北海钛铁矿	海南钛铁矿	攀枝花钛铁矿	承德钛铁矿	湛江钛铁矿	富民钛铁矿	武定钛铁矿
CaO	0.10	0.10	0.79	1.16	0.81	0.34	0.24	<0.05
MgO	0.12	0.10	0.20	4.60	1.54	0.05	1.99	1.18
SiO_2	0.77	0.79	0.70	2.64	1.67	0.82	0.86	0.67
Al_2O_3	1.15	0.75	1.05	1.20	1.23	0.79	0.23	0.60
MnO	1.10	1.30	2.21	0.75	0.85	2.66	0.75	
V_2O_5				0.1	0.14		0.12	0.22
S	0.01	0.02	0.01	约0.2	约0.3	0.017	约0.02	约0.01
P	0.036	0.02	0.016	0.01	0.063	0.01	约0.01	0.01

表 1-4 钛精矿质量标准(YB/T 351—2007) (%)

产品级别	$w(TiO_2)$	$w(TiO_2+Fe_2O_3+FeO)$	杂质的质量分数①		
			CaO + MgO	P	Fe_2O_3
一级	≥52	≥94	≤0.5	≤0.030	≤10
二级	≥50	≥93	≤1.0	≤0.050	≤13
三级 A	≥49	≥92	≤1.5	≤0.050	≤17
三级 B	≥48	≥92	≤2.0	≤0.050	≤17
四级	≥47	≥90	≤2.5	≤0.050	≤17
五级	≥46	≥88	≤7.0	≤0.050	≤13

① 水分不大于0.5%。

表 1-5 天然金红石质量标准(YS/T 352—1994) (%)

质量等级	$w(TiO_2)$	$w(S)$	$w(P)$	$w(FeO)$
特级	96	<0.03	<0.03	<0.5
一级	92	<0.03	<0.03	<0.5
二级	90	<0.03	<0.03	<0.5

电焊条涂料用的人造金红石专业标准见表1-6。

表1-6 电焊条涂料用的人造金红石专业标准(ZBH 31002—87) (%)

品级	化学成分			
	$w(TiO_2)$	$w(P)$	$w(S)$	$w(C)$
特级	≥90.0	≤0.03	≤0.03	≤0.04
一级	≥87.0	≤0.04	≤0.04	≤0.05
二级	≥85.0	≤0.04	≤0.05	≤0.06

钛渣的化学成分(质量分数)应符合表1-7的规定。

表1-7 钛渣行业标准(YS/T 298—2007) (%)

产品级别	$w(TiO_2)$	杂质的质量分数			
		Fe	P	CaO + MgO	MnO
一级	≥94	≤3.0	≤0.02	≤1.0	≤2.0
二级	≥92	≤3.5	≤0.03	≤2.0	≤2.5
三级	≥90	≤4.5	≤0.03	≤2.5	≤3.0
四级	≥80	≤4.5	≤0.03	≤10	≤3.0

钛渣标准中,一级、二级为高钛渣,三级、四级为钛渣。

1.1.3 钛铁矿富集的必要性

理论上钛铁矿的直接应用是有可能的,国内外都进行过研究和实践。我国20世纪80年代前后也曾进行过用钛铁矿进行直接氯化的工业实验,实验后获得两种产品——$TiCl_4$ 和 $FeCl_3$。它表明该工艺是可行的,氯化进行比较顺利。

但是该工艺获得的副产物 $FeCl_3$ 用途少。如按该工艺进行生产的话,$FeCl_3$ 的大量产生成为环保障碍。如不处理就形成污染物,影响环保;如要处理必然影响产品的技术经济指标。增加氯化设备,会增加 $TiCl_4$ 的成本。所以该工艺无法被市场接受进行工业生产。

实践表明,钛铁矿必须进行富集,以提高钛铁矿中 TiO_2 的品位。得到的 TiO_2 品位高的产品称为富钛料。这一工艺过程称为钛铁矿的富集。

钛铁矿经过选矿获得的产品称为钛铁精矿。在提取冶金工艺将其简称为钛精矿或钛铁矿。

实践表明,克劳尔法制取海绵钛工艺中,氯化时采用高品位的富钛料——高钛渣和人造金红石时,流化氯化工艺流畅,氯化残渣少,“三废”处理量少,可降低环保费用,而且经济效益好。国外一些知名企业,如日本的工厂,一般使用 TiO_2 品位在 94% ~96% 的富钛料,“三废”处理量少。这表明海绵钛厂使用高品位的富钛料是企业经营的方向。

另外,硫酸法生产钛白工艺使用酸溶性好的富钛料,可以减少废酸、废水处理量,可以降低环保费用和相应减小环保压力。如对攀矿而言,硫酸法生产钛白时,如果使用了品位为 75% ~80% 的攀矿酸溶性钛渣作原料,比使用品位为 45% ~48% 的攀矿钛铁矿更加有优势。

我国是以钛铁矿为主要钛冶金原料的国家,钛铁矿富集是必不可少的生产链中的环节,也是十分重要的环节。

1.2 钛铁矿富集方法概述

钛铁矿($FeTiO_3$)中理论 TiO_2 的质量分数为 52.63%。在自然界中,钛铁矿分为岩矿和砂矿两类。从岩矿中选出的钛精矿品位(TiO_2 的质量分数)一般为 42% ~48% ,而从砂矿中选得的钛精矿品位一般为 50% ~64%。虽然钛铁矿精矿可以直接用于制取金属钛和钛白,但因为其品位低,常常先经过富集处理获得高品位的富钛料——钛渣或人造金红石,才进行下一步的处理。

随着对钛铁矿富集方法的深入研究,人们已经研究和提出了 20 多种富集方法,各种方法都有其特点。这些方法大致可分为以干法为主和以湿法为主两大类。干法包括电炉熔炼法、等离子熔炼法、选择氯化法和其他热还原法。湿法包括部分还原—盐酸浸出法和部分还原—硫酸浸出法(总称酸浸法)、全还原—锈蚀法和全还原—$FeCl_3$ 浸出法，以及其他化学分离法。目前，获得广泛应用的工业方法有电炉熔炼法、酸浸法和还原锈蚀法。电炉熔炼法制取的产品为钛渣，而其他方法制取的产品为人造金红石。

电炉熔炼法是一种成熟的方法。其工艺比较简单，副产品金属铁可以直接应用，不产生固体和液体废料，电炉煤气可以回收利用，“三废”少，工厂占地面积小，是一种高效的冶炼方法。用它处理不同类型的钛铁矿可获得各种用途的钛渣。通常把 TiO_2 的质量分数大于90%的产品称为高品位钛渣或简称高钛渣；把 TiO_2 的质量分数小于90%的产品称为钛渣。该法在加拿大、南非、挪威、俄罗斯和中国获得了广泛的应用。近年来，随着氯化法钛白的迅速发展，对高品位富钛料的需求量日益增长，使电炉熔炼法获得了进一步的发展。例如，南非理查兹湾（Richards Bay）矿业公司（简称 RBM 公司）扩大了钛渣（85% TiO_2）生产量；加拿大魁北克（Quebec）钛铁公司（简称 QIT 公司）新建富集高钛渣（UGS 产品，95% TiO_2）厂。另外，南非那马克瓦（Namakwa）公司采用明特克（Mintek）公司的直流转移等离子弧技术建了一个年产 195kt 的钛渣（86% TiO_2）工厂，于 1995 年投入运行。但此法也有局限性，熔炼过程主要是分离除铁，除去非铁杂质能力差，耗电量大，仅限于电力充足地区使用。

酸浸法可有效地除去杂质铁和大部分 CaO、MgO、Al_2O_3、MnO 等其他杂质，获得 TiO_2 的质量分数为90% ~96%的高品位人造金红石。酸浸法适合处理各种类型的矿物。在印度、马来西亚、澳大利亚都有采用盐酸浸出法生产人造金红石的工厂，总计生产能力约 250kt/a。日本石原公司利用硫酸法钛白厂的废酸浸出砂矿制取人造金红石，生产能力为 50kt/a，被称为石原法。盐酸浸出法可实现盐酸的再生回收循环利用，但设备需用专门的防腐材料制造。硫酸浸出法的含铁副产品为硫酸亚铁，且稀硫酸浸出能力较差，适宜处理品位较高的钛铁矿。酸浸法由于“三废”量大，副流程复杂，从而限制了它的应用。

还原锈蚀法在还原时以煤为还原剂和燃料，在锈蚀时只消耗

少量的盐酸或 NH_4Cl,产生的赤泥和废水接近中性,较易处理,是一种污染少和成本较低的方法,在澳大利亚获得了重要的应用。在澳大利亚,以 TiO_2 的质量分数不小于54%的砂矿为原料制得了 TiO_2 的质量分数大于92%的人造金红石,现已建成了人造金红石生产能力约1Mt/a的工厂。不过该法仅适宜处理高品位的砂矿。

三氯化铁浸出法是先将钛铁矿中的氧化铁先全还原为铁,再用 $FeCl_3$ 液浸出除铁,从而使 TiO_2 富集的工艺。

选择氯化法是利用钛铁矿中各组分氯化热力学性质的差异,控制氯化冶金时的氯化条件,仅使氧化铁组分优先氯化分离除去。该工艺常常在流化氯化炉中进行,可实现连续生产,耗电少,也可利用氯化法制钛白时释放出的低浓度氯气进行氯化。

还原磁选法是先将钛铁矿直接还原为铁,再经过磨矿和磁选分离成富钛料和铁粉的工艺。

还有一些其他的工艺。国外主要的钛铁矿富集工艺宏观比较见表1-8。

表1-8 国外主要的钛铁矿富集工艺宏观比较

方法	湿法				干法	
比较	盐酸浸出法	硫酸浸出法	锈蚀法	三氯化铁浸出法	电炉熔炼法	选择氯化法
反应试剂	稀盐酸,含18%~20% HCl	稀硫酸,含20%~23% H_2SO_4	少量的 NH_4Cl	$FeCl_3$ 液	焦炭(或 H_2,CO)	氯气和焦炭
钛铁矿预处理	采用预氧化—弱还原焙烧		采用预氧化—强还原焙烧		有时需采用预氧化或预还原焙烧	
可除去的杂质	Fe、Mn、Mg、Ca、V和部分Al		Fe	Fe	Fe和部分杂质	Fe、Mn等
产品的粒度	基本保持原矿粒度		基本保持原矿粒度		不能保持原矿粒度	基本保持原矿粒度
铁的存在形式	$FeCl_3$,也可变成 Fe_2O_3	$FeSO_4$,也可变成 Fe_3O_4	Fe,也可变成 Fe_2O_3	$FeCl_3$,也可变成 Fe_2O_3	Fe	$FeCl_3$,也可变成 Fe_2O_3
副产品铁的利用	炼铁的原料或建筑材料着色剂		生产铁粉原料或建筑着色剂		炼钢原料	$FeCl_3$ 出售或转变成 Fe_2O_3 作炼铁原料

从另一个角度来说，干法中电炉熔炼法和还原磁选法属选择还原法工艺，选择氯化法属选择氯化法工艺；湿法酸浸法、三氯化铁浸出法和锈蚀法属选择浸出法。总之，各种工艺都是围绕着选择性除铁而使钛富集的工业过程。

虽然富集工艺很多，而且各种方法差异很大，方法间存在竞争。但是，总的来说，评价一个工艺的优劣有下列标准：

（1）产品质量的优劣，看该工艺制取的富钛料的 TiO_2 品位和成分；

（2）技术经济指标的高低，看产品的生产成本和产品的竞争力；

（3）环境保护的好坏，看生产过程中“三废”的多少和“三废”的治理状况。

各种工艺方法都存在优缺点，各种方法都只能某些方面有优势，而在其他方面又有劣势，完全达到上述 3 条标准的方法不多。国外企业对这些工艺的粗略比较见表 1－8。目前，国外主要富钛料生产的厂商简况见表 1－9。

表 1－9　国外主要富钛料生产的厂商简况

厂商名称	厂址	生产方法	产品名称及品位（TiO_2 的质量分数）/%	产品用途	产能 /$kt \cdot a^{-1}$
QIT	加拿大	电炉法	钛渣 80	S 法原料	1100
QIT	加拿大	钛渣酸浸法	UGS 95	C 法原料	400
RBM	南非	电炉法	钛渣 85	S、C 法原料	1150
NSL	南非	电炉法	钛渣 86	C 法原料	230
TTI	挪威	电炉法	钛渣 75	S 法原料	200
Iluka	澳大利亚	还原锈蚀法	SR 89 ~ 95	C 法原料	600
CRL	澳大利亚	还原锈蚀法	SR 89 ~ 95	C 法原料	240
Tiwest	澳大利亚	还原锈蚀法	SR 89 ~ 95	C 法原料	200
Malaysia Ti Co.	马来西亚	盐酸浸出法	SR 92 ~ 94	C 法原料	30

续表 1－9

厂商名称	厂址	生产方法	产品名称及品位（TiO_2的质量分数）/%	产品用途	产能/$kt \cdot a^{-1}$
IREL	印度	盐酸浸出法	SR 92～94	C 法原料	100
KMML	印度	盐酸浸出法	SR 92～94	C 法原料	30
DCW	印度	盐酸浸出法	SR 92～94	C 法原料	20
CMRL	印度	盐酸浸出法	SR 92～94	C 法原料	10
BCCL	印度	氯化—氧化法	SR 95～97	C 法原料	30
ISK	日本	硫酸浸出法	SR 96	C 法原料	50
独联体国家	俄罗斯、哈萨克、乌克兰	电炉法	钛渣 87～90	海绵钛原料	约 200
总 计					约 4600

注：1. UGS 为富集钛渣；2. SR 为人造金红石；3. C 法为氯化法；4. S 法为硫酸法。

目前，国外富钛料厂商逐渐形成集团化，许多钛资源逐渐被少数几个大公司控制或者垄断。因此，富钛料厂商出现了大型化或特大型化。如加拿大的 QIT 公司、南非 RBM 公司分别超过年产钛渣 1000kt/a 以上规模，而且这都是用大型电炉熔炼钛渣生产的；其次，澳大利亚 Iluka 公司用还原锈蚀法年产人造金红石规模稍小，也已达 600kt/a 产能。其中，值得一提的是，为了适应市场对高品位富钛料的需要，1997 年 QIT 公司采用电炉—酸浸—碱浸复合工艺生产出高品位（TiO_2 的质量分数达 95%）的富钛料，称为富集钛渣（UGS）。

国外酸浸法的企业生产规模略小，如美国克尔麦吉公司采用盐酸浸出法生产，目前，它关停了本国工厂，集中在马来西亚和印度分别设厂生产；日本石原公司用硫酸法制取人造金红石。两种酸浸法总产能约 150～250kt/a。

国外富钛料总年产能为 4000kt/a，其中钛渣（含 UGS）年产能为2800～3000kt/a,人造金红石年产能为1100～1300kt/a。

在选用富集方法时,既要考虑到使用的钛铁矿的品位和特性,也要考虑到当地的环境状况。目前,在世界上已经形成大规模工业生产而且技术成熟和有影响力的工艺方法有:电炉熔炼法、锈蚀法、盐酸浸出法、稀硫酸浸出法。或者说这些工艺方法也是世界上主要的有前途的工艺。其他工艺未进入有竞争力工业生产行列。

1.3　攀枝花矿的综合利用

1.3.1　现状

我国四川攀西地区是一个巨大的铁钛聚宝盆,其钛资源探明储量为世界的1/4,其中还伴生着钒、镍、钴、镓等十几种稀有金属和贵金属。已探明 TiO_2 储量为873Mt,约占全国钛资源的90%。该矿区常称为攀枝花矿。

1978 年,国家科委将攀枝花资源的综合利用列为国家重点科研项目,随后国家部署加快攀枝花资源的共同开发。全国许多科研院所一同参与了钛资源的联合开发和攻关。这一场全国性的大会战取得了很多成果。其中,钛铁矿的富集是钛资源综合利用的重点。

钛铁矿的富集是处于钛业生产链前端的一个重要工艺步骤,也只有攀枝花矿钛精矿的富集取得成果,生产出人造金红石和钛渣等富钛料,才能将四川地区的资源优势变为财富。

借鉴国外钛铁矿富集的成果和经验,钛铁矿富集方法锁定在几个有一定优势的科研课题,其中,干法有电炉熔炼法、选择氯化法及还原磁选法;湿法有盐酸浸出法及锈蚀法。

通过一系列的实验和研究,获得一系列第一手实验结果数据,为将来开发攀枝花矿和其他矿源提供了可行性方向判别依据,也增加了我国科学界对钛铁矿富集的认识。

随后,我国钛业对钛铁矿富集的研究滞缓并一直延续至今,仅仅电炉熔炼法由研究逐渐向工业生产迈进。

1.3.2 攀枝花钛精矿富集研究比较

攀枝花钛精矿富集工艺研究大部分方法都进入了工业试验和工业试生产阶段，尽管某些方法因故未实现最后的试生产，但是初步的实验结果和实验数据表明，富集研究已经有了结论。

已经完成工艺试验的工艺方法，干法工艺有电炉熔炼法、选择氯化法和还原磁选法；湿法工艺有盐酸浸出法（包括稀盐酸加压浸出法和稀盐酸流态化浸出法）、锈蚀法。其中，一些方法还进行了半工业试生产。而电炉熔炼法从半工业试生产逐渐过渡到工业生产。现在已在攀枝花市建立了一个生产钛渣基地。

除此以外，已达到实验室扩大规模实验的工艺有：浓盐酸浸出法和稀硫酸浸出法。

按照前面所述评价钛铁矿富集工艺3项标准，攀枝花钛铁矿富集工艺比较见表1－10。

表1－10 攀枝花钛铁矿富集工艺比较

序号	工艺方法	原矿	富钛料		副产品	产品成本① /元·t^{-1}	环保现状和问题
		$w(TiO_2)$/%	$w(TiO_2)$/%	$w(MgO+CaO)$/%			
1	电炉熔炼法	45.7	78.2		生铁	1240	环保状态良好
		44.9	82	7.5	生铁	1461	
2	选—冶联合稀盐酸浸出法	45~48	94.13	<0.4	$FeCl_2$	1267	还应完成回收处理和HCl闭路循环
3	预氧化—流态化稀盐酸浸出法	46.43	90.36	1.11	$FeCl_2$	1257	
4	浓盐酸浸出法	48.1	93~94	<0.5	$FeCl_2$	1528	可回收$FeCl_3$
5	稀硫酸浸出法	47	90	<1.2	Fe_3O_4		
6	锈蚀法	50.52	84.18	7.62	Fe_2O_3		环保状态良好

续表 1-10

序号	工艺方法	原矿	富钛料		副产品	产品成本①/元·t^{-1}	环保现状和问题
		$w(TiO_2)$/%	$w(TiO_2)$/%	$w(MgO+CaO)$/%			
7	选择氯化法	46.17	82.4~86.7	5.0	$FeCl_3$	1200	$FeCl_3$ 必须利用或处理
8	无筛板选择氯化法	46.86	85~88	5.0	$FeCl_3$	1208	
9	还原磁选法	46.52	85.96	9.61	铁粉		铁粉能作炼钢原料

① 成本仅供参考，因为成本与时间、地点、规模等有关。该成本是当时（1980 年前）实验时的成本。

从表 1-10 中可以看出各工艺中各指标优劣的情况。当然，各工艺具体的技术经济指标请参阅以后各章详细的阐述。

大家一致看好电炉熔炼法。电炉熔炼法无污染，属环境友好型工艺，生产时可获得两种产品，即钛渣和生铁，它们都有应用，经济效益较好，可以大规模开发。但是，该法富集能力差，攀矿富集只能获得 TiO_2 品位为 70%~80% 的钛渣。

同时，也看好盐酸加压浸出法。虽然该工艺还有废酸液处理问题，但该工艺富集能力强，不仅能除去铁杂质，也可除去钙和镁等杂质，可获得高品位的富钛料。攀矿富集时可获得 TiO_2 的质量分数大于 94% 的人造金红石和钛黄粉。只要实现盐酸的再生和循环，该法也有优势。

盐酸浸出法另一条路线盐酸常压浸出法也有优点，虽然预氧化—流态化盐酸（常压）浸出仅获得 TiO_2 品位为 90% 的人造金红石，但还可以改进，可以将该工艺改进并重新组合成“预氧化—稀盐酸浸出—浓盐酸浸出工艺”。假定的预设置的五级串级式连续流态化浸出塔浸出工艺中，前三级为稀盐酸浸出，第四级为浓盐酸浸出，第五级为纯水洗涤。第四级塔获得产品 TiO_2 品位可以达到浓盐酸浸出获得的 TiO_2 品位为 93%~94% 的水平，也是很好的一条路线。

按钛铁矿富集的工艺所获得富钛料的 TiO_2 品位大致可以区别如下：富钛料品位达 70% ~80% 为低端产品；达 85% ~90% 为中端产品；达 94% ~97% 为高端产品。

按照上述标准推断：对于攀矿钛精矿的富集工艺，电炉熔炼法是制备低端富钛料的最佳工艺；而盐酸浸出法是制备高端富钛料的最佳工艺。这两种工艺相互间并不排斥，而是互补的。所以这两种工艺互有竞争又有补充。

电炉熔炼法可以制备两种钛渣。一种是酸溶性钛渣。它可以将攀矿钛精矿（TiO_2 的质量分数约为 47% ~48%）富集制备 TiO_2 品位达 75% ~78% 的钛渣。它可以作硫酸法制备钛白的原料，其特点是酸溶性好。另一种钛渣是普通级，TiO_2 品位可达 80% ~82%。它可用作进一步富集的原料。由于电炉法富集能力有限，该法只能将钛铁矿初步获得富集，属于低端富集工艺。它的优点是，将钛回收时，也将铁大部分回收。即攀矿钛铁矿（TiO_2 的质量分数为 47% ~48%）电炉熔炼法获得钛渣（TiO_2 品位达 70% ~82%）时，不仅钛资源富集，也使铁资源富集，使铁资源回收利用率达 75% ~80% 的水平。

电炉法富集属于基础性、普及性的富集工艺，即基本上大多钛资源都需要使用的工艺。因此，必须深入研发，实现大型化设备大规模生产。

盐酸浸出法虽然是钛铁矿富集的高端工艺，但钛铁矿直接使用盐酸法浸出并不经济。因为盐酸浸出法对钛铁矿浸出时，其中的氧化铁浸出全部转化为副产品 $FeCl_2$。$FeCl_2$ 直接应用少，直接用途不大。否则，必须再进行无害化处理后方可变成氧化铁，才可变成炼钢铁的原料。它不仅使铁资源造成浪费，无法回收，而且还降低了工艺的技术经济指标。

为了兼顾钛铁矿中铁资源的充分利用，最佳的方案是复合富集工艺。这就是攀矿钛铁矿采用两种或两种以上的富集联合过程的原因。为了获得高品位的人造金红石，采用“电炉熔炼法 + 盐酸浸出法"工艺来处理的方案。先用电炉熔炼法熔炼,制备 TiO_2 品位达75% ~82%的钛渣,并且获得副产品生铁。此时,钛铁矿中的铁资源已有75% ~80%获得回收利用。最后将初步富集的钛渣再进一步用盐酸法浸出处理,最终制备出优质的高品位人造金红石。此时,制取的钛渣因熔炼工艺使该种渣结构致密化。为了便于后续酸浸能顺利进行,必须再进行预处理,增加钛渣的孔隙度,方能达到良好的酸溶性。

目前,实际的情况是稀盐酸加压浸出和盐酸常压浸出工艺尚需要补做一些工作。特别是废酸母液的处理和使 HCl 在流程中达到循环和使流程封闭的问题。这也是稀盐酸浸出的主要缺点。因为用从废液喷雾焙烧法回收盐酸能耗大,约70%的热量消耗在水的蒸发潜热上;而且焙烧产物 Fe_2O_3 中含有较多的 MgO 和 CaO,Fe_2O_3 仅达85%,副产品用途不大,只可用于炼钢的原料。

有消息报道,武钢公司每年有大量的钢材清洗液——含 $FeCl_2$ 和 $FeCl_3$ 的废液,需要采用喷雾焙烧法处理。最近,他们采用引进设备和技术用喷雾焙烧技术回收 FeO 和 HCl。实践表明,该技术很有效和实用,可以借鉴。

由此可见,稀盐酸加压浸出法还需要进一步研发,以使废酸母液处理能达到能源低耗和副产品又可直接应用的状况,这样便能提高工艺的经济效益,增加市场大量需要的高品位的富钛料供应。

从现有的实践来看,稀盐酸浸出法副产品可能有的直接应用有:

(1)制备液体 $FeCl_3$ 水质净化剂。仅可部分制备适用于当地的水质净化,应该以销定产。这样可获得部分直接销售的副产品。

(2)制备副产品固体 Fe_2O_3,Fe_2O_3 的质量分数为86%,将它用于铸钢型砂的添加剂。经自贡铸钢厂使用表明,该副产品使用后,能提高铸件表面光洁度,符合该厂的技术要求,产品合格,也可直接销售。

(3)用盐析结晶法将废酸母液中亚铁以 $FeCl_2 \cdot 4H_2O$ 的形式结晶析出,然后再用 $FeCl_2 \cdot 4H_2O$ 制备固体 $FeCl_3$。如果按此思路处理，废母液中大部分澄清液可以返回使用，在系统中循环。而将沉降的固体沉积物 $FeCl_2 \cdot 4H_2O$ 再进行焙烧分解。由于处理量大为减少，因此焙烧过程所消耗的能源大为降低。这种废母液的处理具有新创意，可以做到节能又环保。此时，焙烧分解物为 Fe_2O_3 和 HCl。使 HCl 可在系统中循环，最后 Fe_2O_3 成为无害化处理产物，可以作炼钢原料。

本书重点阐述攀枝花钛铁矿的富集，对于国内其他优质矿，如两广矿和云南矿的富集，可参考国内外的经验选用合适的工艺进行处理。而承德矿和攀枝花矿成分类似，也可以借鉴攀矿的富集工艺进行处理。

1.4　钛业转型的方向

1.4.1　我国富钛料生产现状

随着我国经济迅速腾飞，我国钛业崛起。钛业广义包括金属钛和钛白两种工业产品。时至 2008 年，我国海绵钛产量达 49.6kt/a，钛材产量达 27.7kt/a，钛白产量达 800kt/a。实际上上述三种产品产量名列世界前茅。我国已经成为名副其实的世界产钛大国和钛白生产大国。

但从钛业的长生产链来看，目前我国钛工业生产链的瓶颈仍在原料的供应，即在生产链的前端环节——钛铁矿的富集。

尽管我国钛资源十分丰富，但我国钛资源是以攀枝花钛资源为主。攀矿是一种钒钛磁铁矿复合型资源，事实上该种钛资源属于一种品位低、质量差的岩矿。由于该种矿物无法用选矿的办法获得品位高的钛铁矿，随后又无法简单地用富集方式获得高品位的富钛料，技术难度大，受到挑战。20 世纪 80 年代前后，我国曾开展过全国性的攀矿综合利用会战。经过全国科研工作者集中攻关，获得了许多成果。后来又因国家处于计划经济向市场经济转型时期，未能及时将科研成果转化为生产力，使得钛铁矿的富集工作长期处于停顿和滞缓状态。

目前，全国富钛料生产总产量仅达 300kt/a，总体生产规模小，技术落后，而且生产量和产品质量都低，处于技术落后状态。产能最大者仅攀钢一家。它是用电炉法生产钛渣，规模仅 60kt/a。其他几十家都是千吨级至万吨级富钛料厂家。生产方法以电炉法居多，还有少量的锈蚀法。远远落后于钛业的需要，不仅质量差，而且数量也不够。

在海绵钛生产中，我国的生产技术大体上与国外先进技术一致，但是我国海绵钛生产的技术经济指标与国外的先进指标相比有很大的差距。深入分析表明，造成这种状况的一个原因是我国的管理水平不高；另一个原因是我国使用的原料质量差，在氯化工艺中使用的富钛料属于品位低、钙镁盐又高的富钛料，大大影响了生产技术指标。对此，目前国内钛业界内已形成上述共识。

在钛白的生产中，我国目前仅有一个厂（锦州铁合金厂）用氯化法工艺，其余的工厂全部用硫酸法工艺（约占钛白产量的 97%）。而硫酸法工艺使用的大部分原料是钛铁矿。尽管我国生产钛白已有近 60 年的历史，但我国钛白生产的现状仍然是生产规模小，许多厂一起生产，技术落后，竞争力差，产品大多为低档钛白，“三废”多，对环境污染严重。一些小厂目前处于关停整顿过程中。

1.4.2　钛业转型的关键

钛业转型的关键是产品升级换代。2011 年是我国“十二五”规划实施开局年，国家在“十二五”规划的主导思想是经济要转型，尽快转变经济增长方式，要创新，要淘汰落后工艺和设备，淘汰高污染、高耗能产品。这对目前我国的钛工业很有指导意义。特别是我国目前钛铁矿的富集工艺十分落后，必须尽快紧跟国家的战略目标。

全世界富钛料生产的行业中，转型最好的应属加拿大魁北克钒钛公司（QIT），该公司是本行业先驱者。QIT 公司在 20 世纪 50 年代时，将加拿大魁北克生产的钛铁矿熔炼出钛渣（TiO_2 品位开始为 72%，后为 78% ~80%），酸溶性好，只适用于作硫酸法生产钛白。该种钛渣称为索雷尔渣。随后，国际上氯化钛白工业迅速研发成功，大量需要高品位的高端富钛料，QIT 于 1997 年对部分索雷尔渣再处理，将产品升级，生产出首批 UGS 渣（TiO_2 品位达 95%）。随后该公司生产的高端富钛料迅速扩大至 375kt/a 以上规模。应向 QIT 公司学习，以市场为导向，调整产品的市场需要，适时使产品升级换代。

20 世纪 80 年代前后，我国进行攀枝花钛铁矿综合利用研究中，所得结论与 QIT 研发的方向和结论大同小异，可以说是不谋而合。QIT 公司钛铁矿的富集工艺也是用复合富集的工艺，它先用电炉法熔炼出索雷尔渣（低端的富钛料），再进一步用盐酸浸出法（或再碱浸）生产出富集钛渣。这也是攀矿钛铁矿等资源要制备高端富钛料的必由之路。

尽管攀枝花矿和魁北克矿的钛铁矿成分有差异，但它们总的富集方向是大同小异的。为了使富集工艺尽快转型，应努力完成下列富钛料产品的升级。

1.4.2.1　酸溶性钛渣工业生产实现大型化

富钛料生产转型必须要产品尽快升级换代。目前，转型的第一步是必须在硫酸法钛白生产工艺中尽快使用酸溶性钛渣代替钛铁矿。实践表明，使用酸溶性钛渣后，不仅“三废”大幅度下降，而且成本下降。酸溶性钛渣/钛铁矿在硫酸法钛白工艺中的应用技术经济指标对比见表 1－11。

表 1－11　酸溶性钛渣/钛铁矿在硫酸法钛白工艺中的应用技术经济指标对比

成本项目	钛铁矿			酸溶性钛渣		
	单耗/t	单价/元·t^{-1}	金额/元·t^{-1}	单耗/t	单价/元·t^{-1}	金额/元·t^{-1}
酸性渣				1.5	3300	4950
钛铁矿	2.5	1500	3750			
硫酸	4.2	1500	6300	3.0	1500	4500
铁粉	0.2	2050	410			
包装物			88			88

续表 1 - 11

成本项目	钛铁矿			酸溶性钛渣		
	单耗/t	单价 /元 · t^{-1}	金额 /元 · t^{-1}	单耗/t	单价 /元 · t^{-1}	金额 /元 · t^{-1}
辅料			160			160
工资附加			262			232
制造费用			620			520
水	160m^3		67	120	0.42	50.4
电	1150kW · h		529	800	0.46 元 /kW · h	848
天然气	1200m^3		1272	780	1.06	368
蒸汽及废物处理			600			400
单位成本			14058			11645

由表 1 - 11 成本对比可以看出，使用酸溶性钛渣不但单位产品成本没有升高，反而还降低 1663 元/t。如果硫酸法建设项目选用酸溶性钛渣作原料，可以简化工艺，省略硫酸亚铁结晶、浓缩分离等工序，可以不建亚铁储存，还可以节约建设投资。由于使用酸溶性钛渣消耗少，废物量降低，可实现减排的目标。又因酸性钛渣成分稳定，硫酸氧钛溶液中铁的质量分数低，便于洗涤，有利于提高产品质量。所以，在硫酸法钛白生产中推广使用酸溶性钛渣经济、节约、环保，是非常有意义的。总回收率提高 2% ~ 3%，能耗降低，节约蒸汽 0.6t/t，节电 8.0%，节约天然气 4.0%，节水 5%，总制造费用降低 12%。

如果从使用酸溶性钛渣代替钛铁矿完成钛白工业，我国在富钛料生产行业内必须建立酸溶性钛渣工业规模达到年产 1000kt 的规模，而且必须大型化，使之达到先进的技术经济指标。

1.4.2.2　高端富钛料尽快实现工业生产

富钛料生产转型的第二步是必须尽快实现高品位富钛料生产

的工业化，研发的力度和经济投入必须加大，最终实现满足国内市场的需要。

我国目前高品位富钛料需要的国内市场有：海绵钛生产的规模约 30~50kt/a，氯化钛白约 30kt/a。上述两项高品位富钛料年需量约 100~120kt/a。按此市场需要应建立初步的大型工业化富钛料生产基地，规模达 100kt/a。按此推算，仿 UGS 渣生产，必须建立钛渣生产（TiO_2 品位达 80%）规模为 125kt/a，同时，建立与此相适应的酸浸工艺（及碱浸工艺）生产规模，实现工业化生产。

另外，随着钛白工业生产的升级，一些公司目前正在酝酿氯化法钛白生产大型公司的筹建，这更需要随着市场的需要不断进行扩大生产规模。

由此看来，我国富钛料生产面临着市场的挑战，既有忧又有喜。喜的是市场的需要很大，很迫切；忧的是技术难度很大。因此，我国钛工业面临着这一机遇，必须为迎接这一挑战而努力。这就需要我国从事钛铁矿富集的经营商和科技工作者埋头苦干、奋发图强。

2 钛铁矿预氧化处理

钛铁矿的预处理包括预氧化和预还原两个步骤。不同产地的钛铁矿是否要预处理,需要根据具体情况进行具体分析。

2.1 概述

人们早已注意到,风化程度很深的海滨砂矿,钛铁矿的原始矿物结构遭受破坏,其中二价铁大部分被氧化成三价铁,矿物组成也转变成假金红石($Fe_2O_3 \cdot 3TiO_2$)为主。例如,北海某氧化砂矿的矿相鉴定是铁金红石($Fe_2O_3 \cdot 3TiO_2$-TiO_2)占 54%,钛铁矿占 38.1%。在自然风化的过程中,由于铁的流失及矿相结构的改变,造就了矿石疏松多孔的特征。因此,矿石的还原性能得到改善,这种优异性能在生产各种富钛料中有利于选择氯化或选择还原,以致可以获得比普通砂矿和岩矿更好的生产效果。国内实践表明,成分(质量分数)为 $TiO_2$58% ~60%、$w(Fe^{3+})/w(Fe^{2+})$ 约为 5 的氧化砂矿,在锈蚀法生产人造金红石时可以不经预氧化即可直接进行还原,而未风化或风化不深的普通砂矿(TiO_2 的质量分数为 50% ~53%、$w(Fe^{3+})/w(Fe^{2+})$ 约为 0.1 ~0.3)若不经预氧化焙烧处理就直接进行还原,则其还原温度要比氧化砂矿的还原温度高,且还原矿的锈蚀困难。钛精矿的风化程度对其还原性能及用以熔炼钛渣的影响可得出与此同样的结论。

后来便有采取“人工风化”即对钛铁矿进行高温氧化焙烧来达到类似地质蚀变的作用的方法。研究发现,用 H_2、C、CO 还原预氧化处理的钛精矿,其还原性显著改善。

氧化焙烧同时还起脱硫的作用。对于精矿球团,氧化焙烧又是固结、提高球团强度的必要工序。另外,氧化焙烧在 750℃ 以下时即生成钛铁矿－赤铁矿固溶体,使焙烧产物的磁化系数提高,可采取强磁选进一步除去某些脉石矿物。

2.2 钛铁矿氧化焙烧的反应与相变化

钛铁矿的氧化焙烧反应可表示为:

$$m\mathrm{FeTiO_3} + \frac{1}{2}\mathrm{O_2} = (m-2)\mathrm{FeTiO_3} + \mathrm{Fe_2O_3} + 2\mathrm{TiO_2}$$

国外学者在研究澳大利亚的部分风化的钛铁矿时发现,在900℃以下的温度进行焙烧所得到的相变产物与自然条件下风化的砂矿钛铁矿矿物相一样,都是由赤铁矿(Fe_2O_3)和假金红石($Fe_2O_3 \cdot 3TiO_2$)组成;在500~700℃的温度范围氧化时生成赤铁矿和金红石(TiO_2);在770~890℃的温度范围氧化时生成赤铁矿和假金红石;在900℃以上温度氧化时生成假板钛矿。也有试验认为,在850℃时生成赤铁矿、假板钛矿和金红石三相。假板钛矿是一种三价铁和二价铁的固溶体,其化学组成为 Fe_2TiO_5 + $FeTi_2O_5$(或写成 $Fe_3Ti_3O_{10}$)。钛精矿在回转窑氧化焙烧过程中的物相变化与料层温度和焙烧时间的关系如图2-1所示。

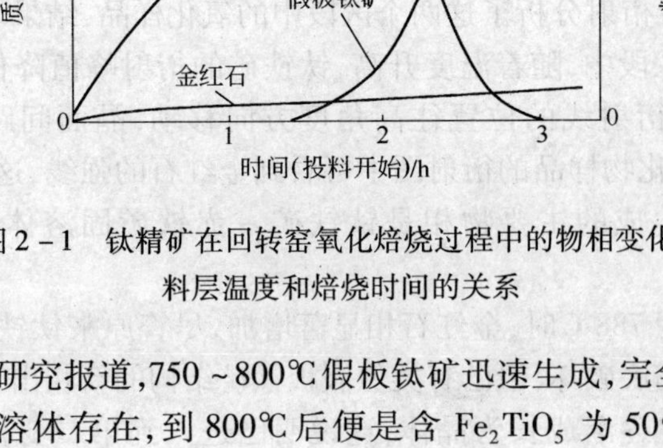

图2-1 钛精矿在回转窑氧化焙烧过程中的物相变化与料层温度和焙烧时间的关系

另有研究报道,750~800℃假板钛矿迅速生成,完全以亚铁-高铁的固溶体存在,到800℃后便是含 Fe_2TiO_5 为50%(摩尔分数)的固溶体。

各种报道表明,氧化焙烧能够改善钛铁矿特别是原生矿的还原性能,产生赤铁矿和假金红石双相温度范围的看法都是一致的。但对生成假板钛矿固溶体后的还原性能则存在分歧。例如,古伯特(Guptar)的研究表明,假板钛矿用固体碳还原的速度要比还原钛铁矿和假金红石的速度快得多,据此,还原温度可以提高到1000℃;而琼斯(Jones)的研究表明,氢还原钛铁矿的结论刚好相反,认为生成假板钛矿后的矿石还原性能大大降低。这可能是由于还原剂种类和精矿软熔点不同等所致,特别是发生烧结会极大地恶化反应动力学条件。

古伯特是利用钛精矿在惰性气体氩气流中进行加热的试验,试样精矿由钛铁矿和假金红石相组成,1000℃下加热1h后,观察到的相是假板钛矿固溶体、金红石和少量钛铁矿,加热2.5h后钛铁矿和假金红石相则消失,转变为假板钛矿和金红石新相。这一试验结果说明,对钛精矿进行中性焙烧,会获得与氧化焙烧基本相同的效果。试验结论是,在1000℃和1050℃下加热,能大大提高钛精矿在后续的煤还原过程中的反应速度。

国内学者在研究攀枝花钛精矿氧化焙烧过程中的物相转变时观察到,随着氧化温度的升高,钛铁矿中经受两个变化区段,反映在差热图谱上就是在约550~750℃和750~940℃的区间出现两个放热峰(见图2-2)。

X射线衍射分析了这两个区段中的氧化样品,结果表明,在第一个变化区段中,随着温度升高,钛铁矿的衍射峰值降低,衍射线宽度增大,衍射线的位置往高角度方向移动,晶面间距缩短;在706℃的氧化物样品的衍射图中可看到金红石的强线,这说明第一区段氧化生成的主要物相是钛铁矿-赤铁矿固溶体和金红石微晶。

温度为788℃时,金红石相显著增加,尽管原来钛铁矿的结构还未遭到彻底破坏,但已有类似假板钛矿结构的新相出现,同时微晶金红石也逐渐成长为晶体,这说明已进入到第二变化区段了。

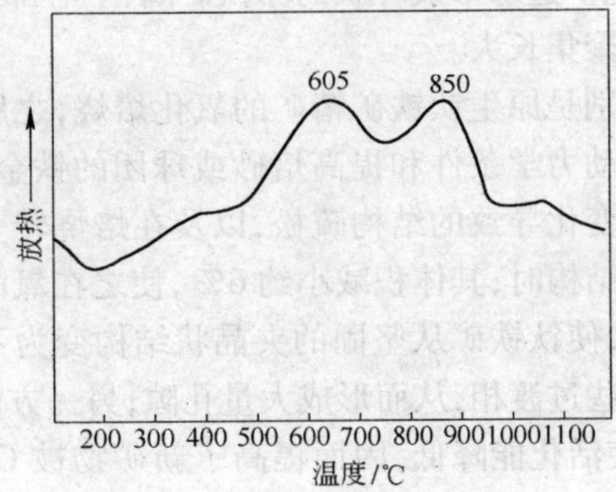

图2-2 攀枝花钛铁矿差热曲线

温度升高到870℃,原来钛铁矿结构彻底破坏,变成了假板钛矿为主要特征的固溶体,这个区段所对应的反应除了包含在固溶体中的二价铁继续被氧化外,主要是生成假板钛矿的反应:

$$Fe_2O_3 + TiO_2 = Fe_2TiO_5$$

假板钛矿是一种稳定的结构。也就是说,钛铁矿在氧化焙烧的第二区段(870~1100℃)存在的主要矿物相是高铁假板钛矿(也称为铁金红石)和金红石。其最终反应可表示为:

$$2FeTiO_3 + \frac{1}{2}O_2 = Fe_2O_3 \cdot TiO_2 + TiO_2$$

对配加0.5%皂土的攀枝花钛精矿球团的氧化固结焙烧结果也证明,在加热至800℃以上时,反应是$2FeTiO_3 + 1/2O_2 = Fe_2O_3 \cdot TiO_2 + TiO_2$。矿相观察表明,钛精矿球团在650~750℃下大部分被氧化,只有大颗粒核心部分是未被氧化的残核。新相假板钛矿尚未明显形成。从750~800℃,钛铁矿氧化速度和氧化程度明显加快,成分不断改变,但仍然保留着原来钛铁矿的整体,假板钛矿在此温度区间内仅在矿物的边缘和裂缝中有少量生成。800℃以上时,氧化趋于平衡状态,假板钛矿逐渐从钛铁矿固溶体的边缘加宽,并向中心延伸,$Fe_2O_3 \cdot TiO_2$(铁金红石)基本形成,同时有类似金红石的矿物出现,并且有极少量的赤铁矿由假板钛矿中开始分离出来，于氧化矿边缘形成环状的赤铁矿圈，中心部分出现赤铁矿的晶桥和晶桥聚集长大。

钛精矿特别是原生钛铁矿精矿的氧化焙烧，之所以能改善后续还原过程的动力学条件和提高焙砂或球团的铁金属化率，一方面是焙烧时相变化导致的结构疏松，以及在焙烧转变为赤铁矿和假金红石矿相结构时，其体积减小约6%，使之在氧的晶格上产生相当大的应力，使钛铁矿从坚固的夹晶状结构变为不稳定的假板钛矿结构或某些过渡相，从而形成大量孔隙；另一方面是氧化焙烧吸收了能量，使活化能降低，因而提高了新矿物被 CO 或 H_2 还原的平衡常数 K_p 值（提高程度取决于精矿氧化率的高低）。

2.3　氧化焙烧中的脱硫作用

加拿大 QIT 的重选钛精矿中硫的质量分数达 0.25% ~ 0.30%，如直接入炉熔炼则所产钛渣中硫的质量分数为 0.4% ~ 0.5%、出炉铁水中硫的质量分数为 0.5% ~ 0.6%，严重影响这两种产品的使用价值。后来他们在炉前加装了回转窑，通过氧化焙烧，入炉钛精矿中硫的质量分数降至 0.02% ~ 0.03%，并使钛渣中硫的质量分数降至 0.1%，铁水中硫的质量分数降至 0.13%，而这样的低硫铁水很容易进行炉外脱硫处理；氧化焙烧还使钛精矿的还原性能大大提高。

在选钛厂投产初期，攀枝花的钛精矿由于浮选除硫不彻底，以致那时的钛精矿中硫的质量分数高达 0.5% 以上（高者达 1%），现在经过技术改进，钛精矿中硫的质量分数都能控制在 0.19% 以下。

原生钛铁矿精矿中的硫主要以铁、铜、镍等的硫化物赋存，其中有黄铁矿（FeS_2）、磁黄铁矿（Fe_nS_{n+1}）、黄铜矿（$CaFeS_2$）、镍黄铁矿（$(Fe,Ni)_9S_8$）、镍磁黄铁矿（$(Ni,Fe)_7S_8$）等。各种高价硫化物在高温下均不稳定，在受热时离解为简单化合物，例如：

$$FeS_2 = FeS + \frac{1}{2}S_2$$

$$Fe_2S_3 \xlongequal{} FeS + FeS_2$$

$$2CuFeS_2 \xlongequal{} Cu_2S + 2FeS + \frac{1}{2}S$$

因此,可用磁黄铁矿作为硫化物的研究对象。以前都认为它是单独的化合物,其分子式从 Fe_5S_6 到 $Fe_{16}S_{17}$,但近来的研究证实,磁黄铁矿是 S 与 FeS 组成的固溶体,进入 FeS 中 S 的浓度随着温度而变动。矿石中的磁黄铁矿相当于 $FeS_{1.12}$(或 Fe_nS_{n+1},$n>7$)。

矿料在氧化焙烧时的主要脱硫反应可表示为:

$$4Fe_7S_8 + 53O_2 \xlongequal{} 14Fe_2O_3 + 32SO_2$$

对攀枝花钛精矿球团(硫的质量分数为 1.4%)的实验室氧化焙烧试验结果如图 2-3 所示。由图 2-3 可见,脱硫反应明显存在三个温度区:小于 700℃、700~900℃ 和大于 900℃。在小于 700℃区,主要为 Fe_2S_3 和 FeS_2 分解脱硫和少量的 FeS 氧化,脱硫率一般不超过 50%,温度对脱硫率的影响很小,时间对脱硫略有影响,从 30min 延长到 110min 的脱硫率也只能增加 50% 左右。700~900℃区是最主要的脱硫温度区,曲线均出现显著的突变,主要为 FeS 氧化脱硫。大于 900℃区基本氧化完毕,温度和时间对脱硫率均无明显影响。由此可知,氧化焙烧最佳工艺温度为 850℃左右,在该温度下脱硫率大于 80%。

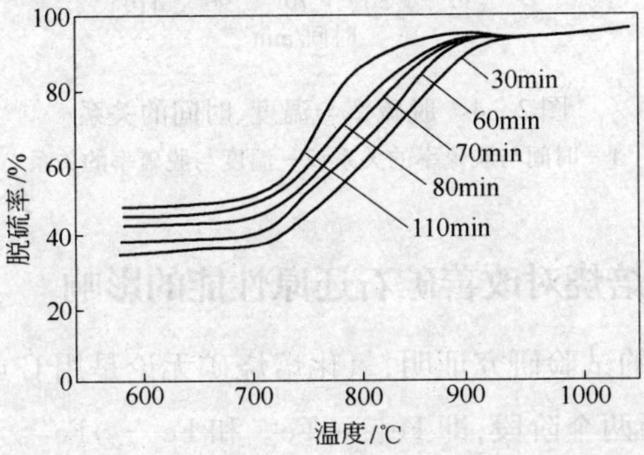

图 2-3 焙烧时间、温度和脱硫率的关系

在攀枝花钛精矿回转窑预氧化焙烧的工业试验中，对生精矿中硫的质量分数为1%左右的4种炉料形态的焙烧矿，其硫含量和脱硫率分别达到：散料，焙砂中硫的质量分数为0.012%，脱硫率为99.35%；甲基纤维素球团，焙烧球团中硫的质量分数为0.011%，脱硫率为98.6%；纸浆废液球团中硫的质量分数为0.036%，脱硫率为98.12%；另一组纸浆废液球团中硫的质量分数为0.14%，脱硫率为92.68%。此结果表明，散料的脱硫效果最好，脱硫率达到99%以上，球团料的脱硫效果较差。

攀枝花钛精矿球团在氧化焙烧后的硫含量可获得大幅度降低，其脱硫率随温度的升高和时间的延长而升高，且温度比时间对脱硫率的影响更为显著，例如有如图2-4所示的试验结果。

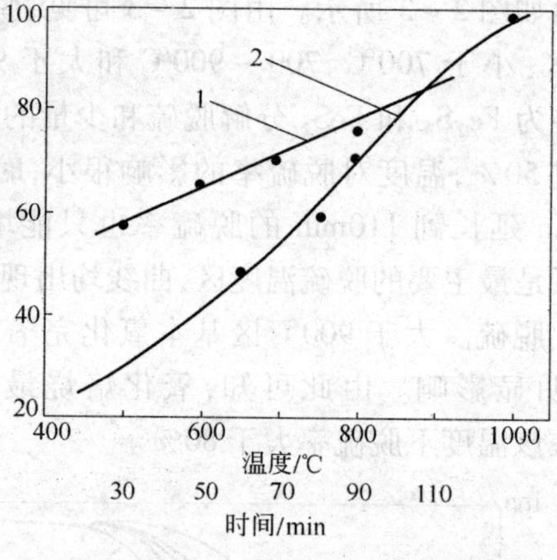

图2-4　脱硫率与温度、时间的关系

1—时间与脱硫率的关系；2—温度与脱硫率的关系

2.4　氧化焙烧对改善矿石还原性能的影响

国内外的试验研究证明，氧化焙烧矿无论是用C或CO、H_2还原，都是经历两个阶段，即$Fe^{3+} \rightarrow Fe^{2+}$和$Fe^{2+} \rightarrow Fe^{0}$。第一阶段进行得很快，第二阶段则要慢得多，而且第二阶段是在第一阶段基本完成后才开始的。

钛铁矿经过氧化焙烧后,其中的绝大部分铁转变为三价铁,而在熔炼钛渣中或熔炼前的预还原中又得重新将三价铁还原成二价铁。如此使钛铁矿经历从钛铁矿到高铁板钛矿再回到钛铁矿的过程,虽然从热力学上讲是不合理的,但也应知,这并非是简单地完成铁化合价的转变,重要的是发生了原子重排,原子间的结晶化学力大大削弱了,结构变得不完整、松弛、容易被破坏,从而可为铁的还原创造更为有利的动力学条件,由此的“得”将远大于热力学的“失”。

氧化焙烧对风化程度较深的海滨砂矿的还原性甚至有恶化作用,例如图 2－5 所示的澳大利亚卡贝尔钛精矿的试验结果(铁还原率大于 100% 是因为 TiO_2 被还原为低价氧化物)。

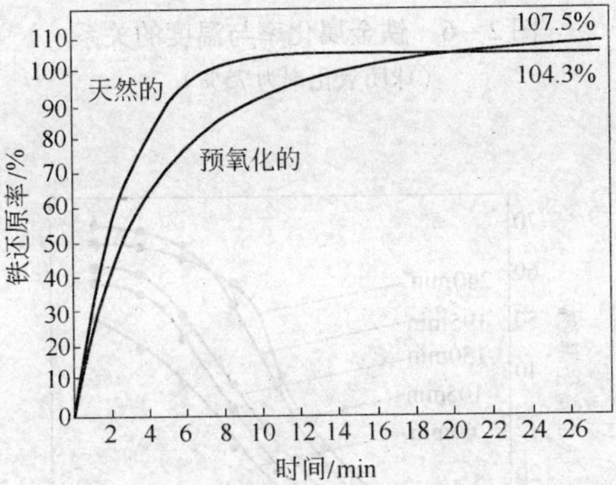

图 2－5　卡贝尔钛精矿在 1100℃ 下累积还原曲线

我国科研人员在攀枝花钛精矿上做了大量的试验研究,证明氧化焙烧能改善对岩矿钛精矿的还原性能。不同氧化率的攀枝花钛精矿球团在其配加褐煤的还原试验中,得到如图 2－6 和图 2－7 所示的在不同还原温度下的氧化率与球团铁金属化率的关系。对比图 2－6 和图 2－7 可见,在时间为 3h 左右、温度为 1050～1100℃ 的还原条件下,氧化率 75% 的球团的铁金属化率为 35%～

47%，而氧化率 95% 以上的铁金属化率可达 65%。对内配碳球团反应速度的试验同样得出焙烧球的铁金属化率大于未焙烧球的铁金属化率(见图 2－8)。

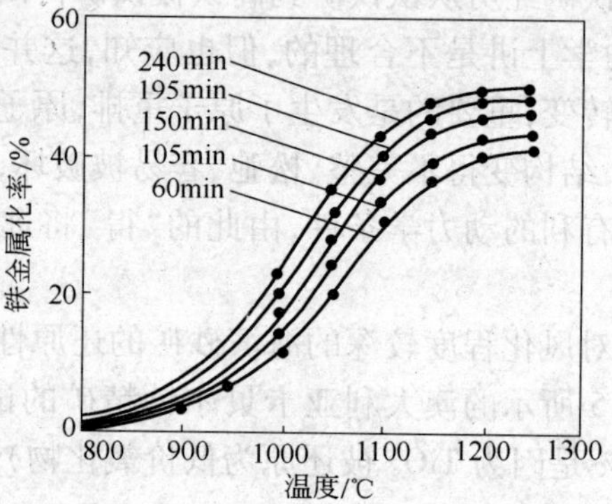

图 2－6　铁金属化率与温度的关系
(球团氧化率为 75%)

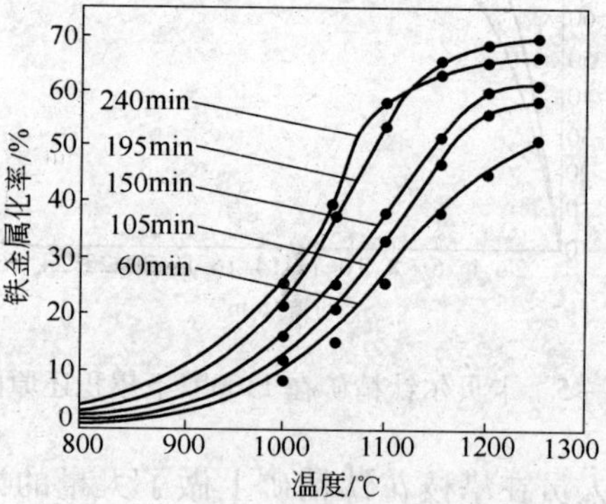

图 2－7　铁金属化率与温度的关系
(球团氧化率为 98%)

实验室研究的四川西昌太和钛铁矿的氢还原也证实了原生钛铁矿的预氧化处理对还原的促进作用，如图 2－9 所示。显而易

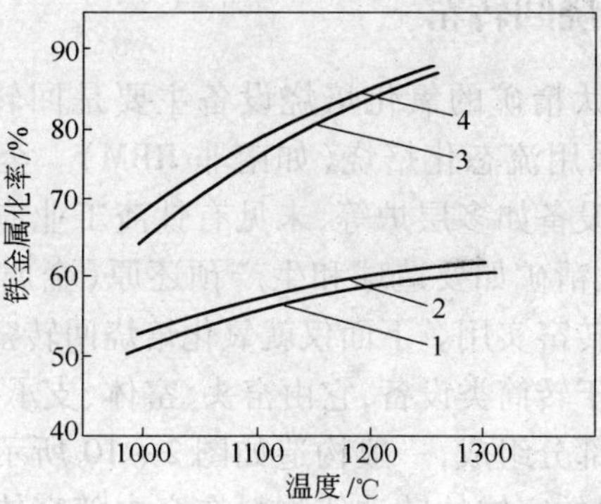

图 2-8 球团的内配碳量和氧化率对铁金属化率的影响

1—30%碳,未焙烧球;2—30%碳,焙烧球;

3—50%碳,未焙烧球;4—50%碳,焙烧球

见,预氧化矿样的还原速度要比未处理的快得多,同时也表明了预氧化钛铁矿的还原速度在15min的还原时间内表现出明显的化学反应控制特征,15min后才渐入扩散控制范围,而生矿样的还原速度却一直为扩散速度控制。

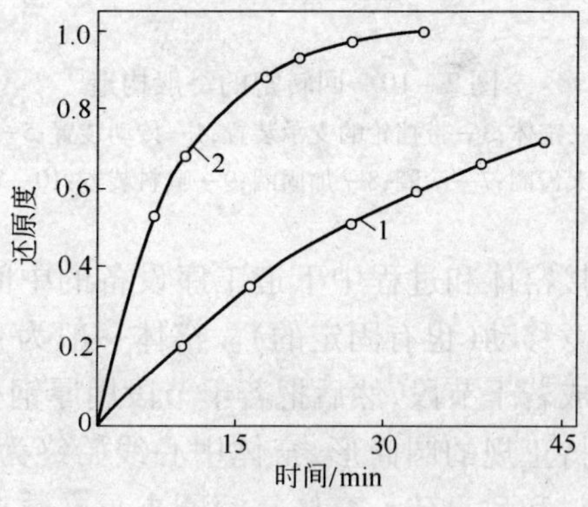

图 2-9 太和钛铁矿的预氧化效果

1—天然;2—850℃氧化

2.5　氧化焙烧回转窑

用于处理钛精矿的氧化焙烧设备主要是回转窑（如加拿大QIT），也有的采用流态化焙烧（如南非RBM）。至于其他的较先进的氧化焙烧设备如多层炉等，未见有钛渣工业应用。竖炉需要造球焙烧，而钛精矿如要造球和生产预还原（金属化）球团，则不如链箅机—回转窑实用。下面仅就氧化焙烧回转窑做一简介。

回转窑属于转筒类设备，它由窑头、窑体、支承装置、传动装置和窑尾等几大部分组成，一般构造如图2－10所示。物料由窑尾加入，利用倾斜的窑体的转动使物料在窑内随窑体回转沿轴向移动。燃料及助燃用一次空气通过伸进窑头的烧嘴送入窑内，燃烧产物流经窑体、集尘室、除尘器用风机送至烟囱排入大气。窑内物料在向前移动过程中与窑头方向来的燃烧产物相遇而被加热和发生物理化学变化。烧成物料由窑头排出，再进入冷却筒进行冷却。

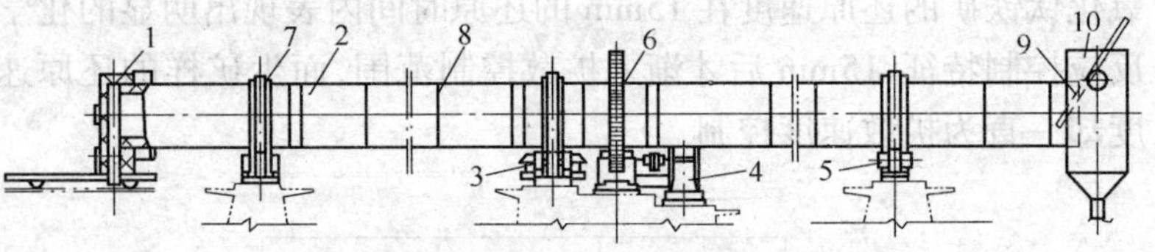

图2－10　回转窑的一般构造

1—窑头；2—窑体；3—带挡轮的支承装置；4—传动装置；5—支承装置；6—大齿圈；7—滚圈；8—加固圈；9—喂料装置；10—窑尾

窑头是连接窑体和过程中下道工序设备的中间体，它可以在轨道上前后任意移动（也有固定的）。窑体一般为直筒式，窑体外壳是由钢板卷成若干节段，然后把若干节段用厚钢板加固，使窑体在回转时能保持正规的圆筒形，窑体中心线始终为一直线。窑体内衬有隔热材料和耐火砖。窑体靠滚圈支承在数对托轮上，安装后带有一定的倾斜度，窑头比窑尾略低。为了防止窑体上下窜动，在数对托轮中的一对两侧安装有挡轮。

回转窑体积很大(如 QIT 的回转窑直径为 3.4m、长度为 61m),但转速都很慢。转动是由一台变速电动机通过减速箱及一对开式齿轮实现的。固定在窑体外面的大齿轮通常由对称的两部分组成,大齿轮与减速箱后的小齿轮咬合传动。

窑尾通过窑尾密封装置与窑体相连,进料装置设置在其顶部,物料由斗式提升机或其他机械运至窑尾平台,经进料口送至窑内。窑尾在一定程度上起了烟气重力沉降室的作用,积存的烟尘定期由下部漏斗排出。

回转窑多是以煤粉、重油、煤气等作燃料。QIT 的钛精矿氧化焙烧的燃料是熔炼钛渣电炉的回收煤气。

2.6 流态化焙烧及设备

为了增加物料与气体的接触面积,缩短颗粒内部的传递和反应距离,就要将所处理的矿石磨细或者直接处理一定粒度的精矿粉。气体(氧化焙烧为空气,还原焙烧为煤气或氢气),自下而上流经这些矿粉料,当气体速度达到一定速度时,会将物料颗粒悬浮起来,使之不断运动,犹如流体,所以称为流态化。随着气体流速的变化,物料层的性质也随之发生相应的变化,如图 2-11 所示。图中用 u 表示流速,用 u_f 表示临界流态化速度,可以看到,在低速时($u < u_f$),固体颗粒不动(即物料颗粒孔隙 $\varepsilon = \varepsilon_0$),床层压降($\Delta p$)随流速增加而增加,此时称为固定床阶段。当流速 u 增至超过临界值即 $u > u_f$ 时,一部分气体会形成气泡,使整个料层具有沸腾着的液体的状态,采用这种气体—固体接触的焙烧方法称为流态化焙烧,又称为沸腾焙烧。

流态化状况可以分为两种类型,即弗劳德数 $Fr < 1$ 的和 $Fr > 1$ 的。当 $Fr < 1$ 时,固体颗粒分散,流态化平稳,接近理想流化状态,这一般发生在液—固体系中,随着流速的增加,颗粒相互离散而单独运动,不具有明显的泡和团的现象,这种流态化称为散式流态化;当 $Fr > 1$ 时,固体颗粒成团流动,流态化不平稳,床层自由上下波动剧烈,床层压降也随之在一区间内波动着,这称为聚式流态

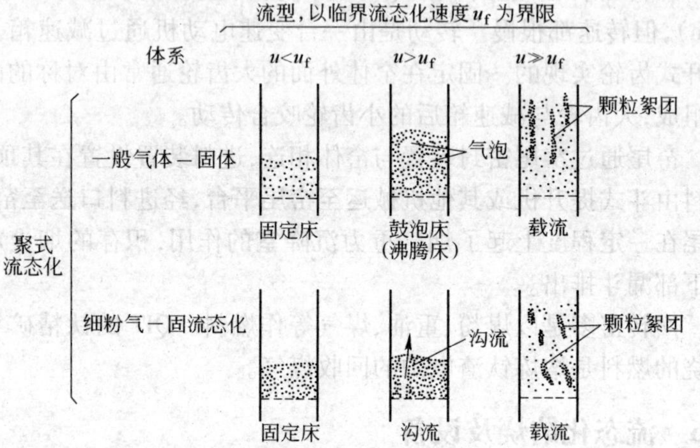

图 2－11　流态化焙烧原理及操作范围

化，精矿的氧化焙烧和还原焙烧的气—固流态化均属于此种类型。

床层中出现气泡是聚式流态化的基本特征。在上升气泡的中心基本是不含颗粒的空穴，泡底有尾涡区，称为尾迹，而尾迹中裹有一部分固体颗粒并被其夹带而上，使上下的物料混合，这有利于整个料层温度的均匀化，这就避免了因部分区域温度偏低而反应不足及部分区域温度偏高而引起烧结等。若再进一步增加流速，气泡增多、加大，逐步汇合成一连续气固混合物相；而另一部分颗粒却团聚为时而形成、时而解体的絮状体，如此，再次强化颗粒与气体之间的接触。但是，不是所有的物料在达到临界流速 u_f 后都进入沸腾状态。有些易于相互黏结、流动性不好的颗粒，特别是较细的粉末，在流速达到临界值后会形成沟渠，使部分气体短路流出，减弱气固之间的接触。

如果气流速度 u 超过临界流速 u_f 而达到带出速度 u_t，则流化状态破坏，这便成为粉料的气力输送了。

在流态化操作中，可存在如图 2－12 所示的两种不正常流化状态。一是当物料颗粒间黏结，使气体在床层的固体黏结块旁边通过，或者说，大量气体短路，穿过床层内一些狭窄通道，而其他物料并未流化，床层内仅部分流化，这种状态称为沟流。此时，床层压降远比物料浮重小，同时上下波动。出现孔道时，压降下降；孔渠坍塌时，压降上升。产生沟流时，床层径向温度差增大，失流的物料易烧结，气体利用率低，生产率下降，直至床温不能维持为止。过细的固体颗粒或没有一定比例的物料、湿度大的物料，采用高度与直径比大的反应器都易形成沟流。

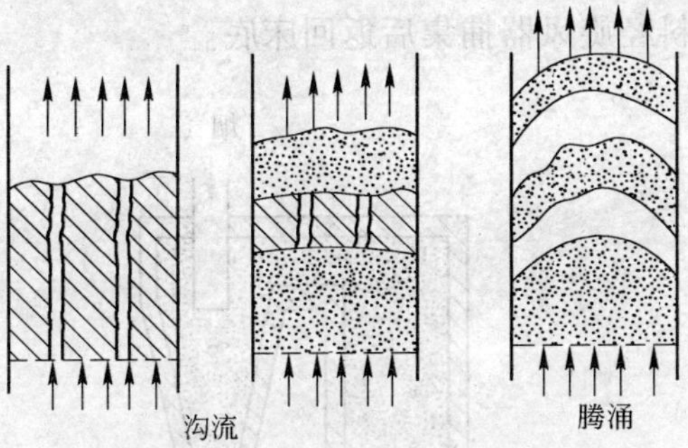

图 2-12 不正常流化示意图

二是腾涌（气节）。当流态化层内气泡逐渐汇合长大，甚至气泡直径可能接近小反应器直径时，床层上部物料呈活塞状向上运动，料层达到某一高度的气泡崩裂又坠下，称为腾涌。产生腾涌时，床层压降急剧波动，料层不均匀，气—固接触不良，不少物料被吹跑，气体利用率下降，炉衬也会因强烈的冲击而易脱落。过大的固体颗粒或过大的气体速度、流化床直径过小都是产生腾涌的原因。

流态化方法应用于硫化矿氧化焙烧及钛渣氯化焙烧等时，它们都是放热反应，如又能满足焙烧需要时，就可直接利用冷风通过一个多孔分布板将燃烧着的矿料喷吹至沸腾状态，并同时完成焙烧过程。这种类型的流态化焙烧炉往往还需要设置水冷管或水冷箱来除去多余的热量。

对于吸热反应的焙烧过程，如还原焙烧及钛精矿氧化焙烧等，所需热量可由进入焙烧反应器的气体提供或由固体料带入。如果这种固体载热体的热量仍然不足，可采用不断循环的方法来增加载入的热量。例如图2－13所示的是一种用于氧化焙烧的循环流化炉，这是物料与气体或液体燃料燃烧同在一个快速流化床中进行的装置。快速流化床指的就是图2－11中$u \gg u_f$的沸腾状态，此时气体与固体的接触和混合都要比普通流化床更为优越，但为了保证床中有足够的固体料，必须将快速流化床顶部被气体携带出的颗粒物料经旋风器捕集后返回床底。

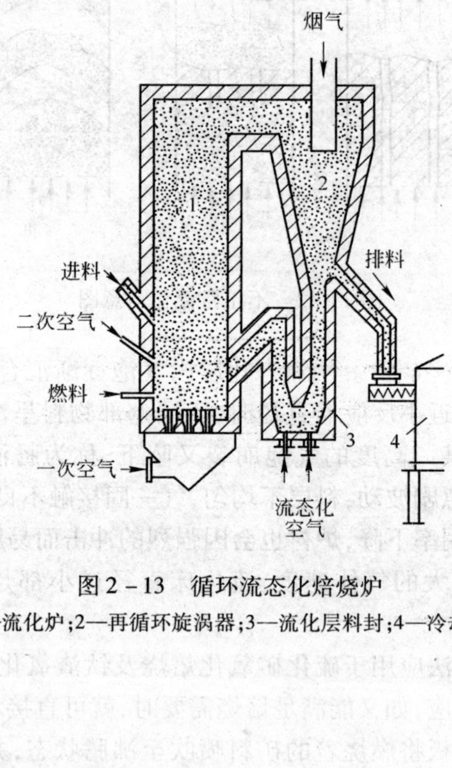

图2－13　循环流态化焙烧炉

1—流化炉；2—再循环旋涡器；3—流化层料封；4—冷却机

3 钛铁矿预还原处理

3.1 两段法工艺熔炼钛渣的特性分析

将钛铁矿在熔炼电炉以外的装置进行固相还原的生产过程称为两段法工艺。根据热力学分析，在一般冶炼条件下，CO 很难将钛铁矿中的 Fe 还原出来，所以第一段的预还原不可能利用第二段（电炉熔炼）的煤气作还原剂，在工业上只能是用氢（一般是以氢为主的混合气体）和固体碳（煤或焦）作还原剂。

两段法熔炼钛渣所希望达到的目的主要是：在预处理的固相还原阶段采用低级能源加热和还原矿石，以节约电炉熔炼阶段的高级能源（电）的消耗；提高电炉生产率和改善熔炼的工艺条件；利用低温固相还原的优势，抑制或消除低价钛和碳氮化钛的生成。

由于 Fe-Ti-O 系可生成一系列复杂的固溶体和化合物，使钛铁矿的固相还原反应变得复杂，铁的最大还原率将受到制约。在温度大于 1200℃时，二氧化钛和金属铁不能共存，而是相互作用生成铁黑钛石固溶体（$FeO \cdot 2TiO_2$）· Ti_3O_5，根据计算，此分子式含 9.8%（质量分数）的 FeO。例如，先将砂矿钛精矿中的 Fe^{3+} 还原成 Fe^{2+} 得到组成（质量分数）为 67.4% TiO_2 和 24.6% FeO 的试料，对试料进行固相还原至铁还原率平均达到 85% 时，其成分（质量分数）为 70.5% TiO_2、16.7% Fe、4.2% FeO，而这部分未被还原的 FeO 将与 MnO、MgO、Al_2O_3、Cr_2O_3 等形成具有 M_3O_5 型结构的黑钛石固溶体：$m(Mn,Mg,Fe)O \cdot 2TiO_2 \cdot n(Al,Cr)_2O_3 \cdot TiO_2$。在固溶的 70.5%（质量分数）$TiO_2$ 中，53.4%（质量分数）的 TiO_2 将与金属 Fe 反应生成铁黑钛石：（$FeO_2 \cdot 2TiO_2$）Ti_2O_5。此种固相还原产物熔化后，其余相组成（质量分数）为 86.7% 铁黑钛石加二钛酸盐、9.4% Fe、约 4% 玻璃相，熔体结晶后的化学组成（质量分数)为15% FeO和22% Ti_2O_3(折算)。这说明,钛铁矿在固态下也要随着还原的加深而生成低价钛和固溶体,即预还原料中必定会残留一定数量的FeO,需要在电炉中做最终还原和熔炼才能达到工业标准的钛渣。

关于两段法熔炼钛渣的电能降耗效果可以按上述试验之例给出的如图3-1所示的结果来分析。可以看出,电炉熔化每吨预还原料需要耗电630kW·h,再将含FeO 15%(质量分数)的渣还原到含FeO 4%(质量分数),需要耗电1160kW·h/t(渣),合计电耗为1790kW·h/t,而一般法熔炼的电耗为2160kW·h/t,即两段法可比一段法降低熔炼电耗370kW·h/t,降幅为17.2%。这是冷态装料的情况,如实施热装,一般是炉料温度每高100℃可直接降低电耗30kW·h/t,如果入炉料能达到1000~1200℃则电耗可望降低35%。据报道,挪威TTI公司的电炉熔炼经多道式回转窑预还原的钛铁矿金属化球团(金属化率60%~75%)与一段法相比可降低电耗65%。

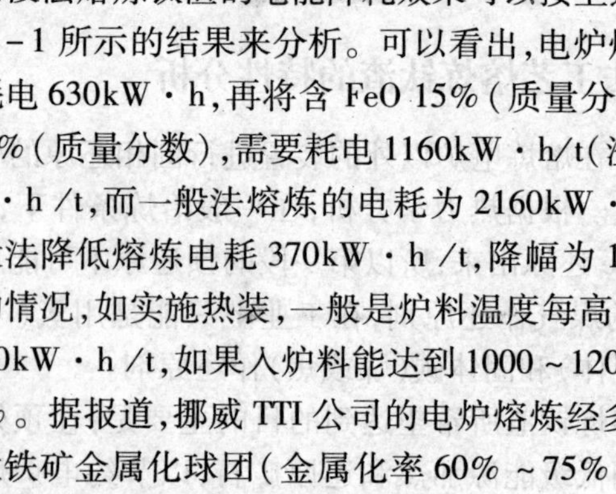

图3-1　钛渣中FeO含量与熔炼电单耗的关系及熔炼时间对钛渣中FeO含量的影响

1—钛渣中FeO含量与熔炼电单耗的关系;2—熔炼时间对钛渣中FeO含量的影响

对矿热电炉来说,本来就是熔炼电单耗的降低即对应着炉子生产率的提高,根据图3-1所示的熔炼钛精矿预还原料,将含

FeO15%（质量分数）的渣还原到渣中 FeO 的质量分数为 4%，需时约 160min，而一段法熔炼需 260min，即缩短 80min，占 30%。

但就整体能耗而言则不见得降低。例如，根据对攀枝花钛精矿熔炼钛渣的两段法和一段法的试验研究发现，按折合成标准煤的吨渣总能耗计算，两段法工艺（预还原球团，冷装）的为 2.827t，而一段法工艺（生精矿入炉）的仅为 1.077t。

我国对钛精矿预还原的试验研究主要是回转窑的煤基直接还原法，由于是用煤作还原剂和燃料，也就只能是钛精矿造球后才可进行处理。这类似于挪威 TTI 的工艺方法，我国厦门冶炼厂曾做过倒焰窑预还原钛精矿的熔炼钛渣试验。

前苏联曾进行过天然气转化气作还原剂的流态化预还原钛精矿的试验，也取得萨姆特坎斯克钛精矿的铁还原率达到 85% ~ 95% 的效果，还原矿砂经配入 3% ~6% 的碳装入 5MV·A 电炉熔炼。试验结果表明，钛渣产量可提高 30%，电耗下降 34%，电炉热效率提高 3.5%。研究者认为，还原矿如能热态连续入炉效果会更佳。但试验碰到了流化分布不均等困难，试验中断。

3.2　流态化法预还原

钛铁矿精矿的流态化预还原尚未有工业规模生产装置。前苏联的试验研究认为，天然气及其转化混合气都可以用于钛精矿的还原，但以含 3%（体积分数）左右 CH_4 的混合气为最佳，因为如此含量的甲烷刚好可使精矿颗粒覆盖上一层足以阻挡相互黏结的炭黑，而且又能防止其黏附在反应器壁上，这样也就为采用大于 1000℃ 的高温和实施快速还原排除了制约条件。如要直接使用天然气作还原气，铁金属化率为 90% 时炭黑沉积将达到 20%，且无法分离出去；用这样的焙烧料在电炉中熔炼，势必导致钛渣熔体的过还原而生成大量低价钛和碳化钛，同时熔炼得到的铁含碳也高，不利于用来炼钢。前苏联利用列姆湟斯克钛精矿（主要成分（质量分数）为 TiO_2 54%，FeO 16% ~18%，Fe_2O_3 20% ~22%）做试验，产出的还原焙砂成分（质量分数）为 TFe 30.5%、MFe 27%、

Ti_2O_3 9. 3% 、C 0. 8% ,金属化率为 89. 5% ;熔分钛渣的成分(质量分数)为 TiO_2 65. 8% 、Ti_2O_3 18. 5% 、FeO 6. 07% ;熔分铁的成分(质量分数)为 C 0. 29% 、Si 0. 1% 、Ti 0. 1% 、Cr 0. 03% 、V 0. 09% 、P 0. 1% 、S 0. 007% 。这种含钛的铁水成分达到微合金的易切削钢的标准,但由于精矿含磷高而使这种铁产品含磷也高。钛精矿液态化预还原—电炉熔炼试验设备连接流程如图 3 – 2 所示。这一工艺的特点是:利用余热锅炉生产蒸汽并用来发电,以回收各种余热;熔融钛渣采用水淬粒化的工艺,水淬排水通过换热器回收其余热,而换热器的排水又作为锅炉用水;电炉的水冷炉盖排水也作锅炉用水。锅炉的燃料是来自流态化炉的尾气,其量(标态)为 $450m^3/t$(精矿),折合热能 3000MJ;助燃风为用于冷却电炉炉底并被加热成 60 ~ 80℃ 的空气。余热锅炉产出的相当于 4000MJ/t(精矿)热能的蒸汽,并入厂内热电站发电,按计算其发电量可以满足电炉冶炼一半的用电。

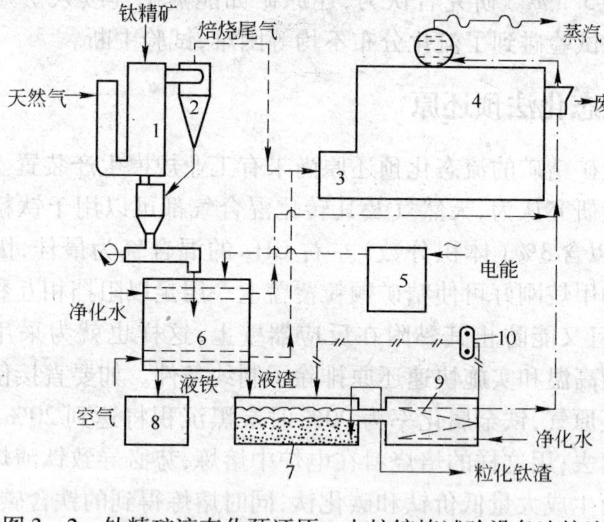

图 3 – 2 钛精矿液态化预还原—电炉熔炼试验设备连接流程

1—流态化焙烧炉;2—旋风除尘器;3—燃烧室;4—余热锅炉;
5—电炉变压器;6—电炉;7—钛渣水淬装置;8—钛铁水
浇注装置;9—换热器;10—循环水泵

3.3 回转窑法预还原

早在20世纪30年代初，回转窑就作为生产粒铁的主设备开始活跃在冶金史的舞台上，由于高温还原使结圈严重，现在它已演化成为低温固态还原海绵铁（直接还原铁）的重要工艺方法。钛精矿球团的回转窑预还原和电炉熔炼的两段法生产钛渣工艺是挪威TTI公司采用的方法。回转窑内碳还原矿石中铁氧化物过程示意如图3-3所示。

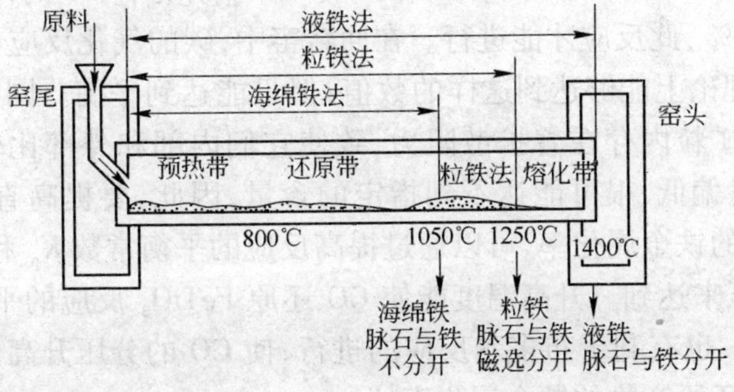

(a)

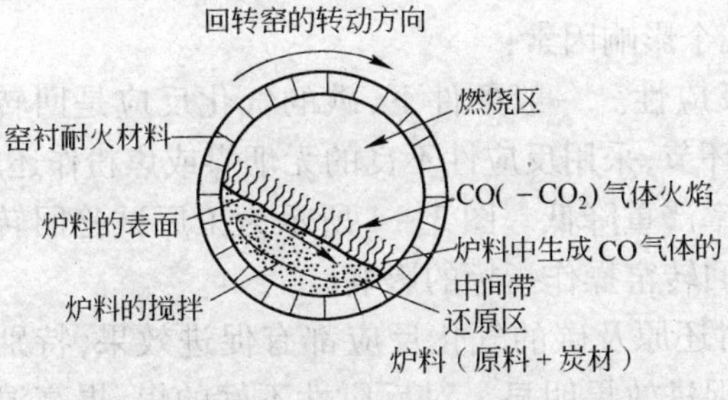

(b)

图3-3 回转窑内碳还原矿石中铁氧化物过程示意

(a)沿窑身长度方向按炉料出炉温度划分的区域；

(b)窑身固态还原区的冶金反应

所有的固体碳还原金属氧化物的反应，其矿炭的固—固相反应是微不足道的，即都是通过碳的气化反应 $CO_2 + C \longrightarrow 2CO$ 完成的。因此，钛铁矿的固体碳还原反应可表示为：

$$FeTiO_3 + CO \longrightarrow Fe + TiO_2 + CO_2$$

热力学计算表明，在 $CO + CO_2$ 系统中，CO 分压必须很高时反应才能进行。由于该反应是可逆的，要防止产物再氧化，系统中 CO 的浓度必须高于平衡时 CO 的浓度，其最小量可用下式求出：

$$FeTiO_3 + nCO \longrightarrow Fe + TiO_2 + (n-1)CO + CO_2$$

在 1000～1150℃时，必须使 $CO + CO_2$ 系统中 CO 的体积分数大于 94%，此反应才能进行。在回转窑中，碳的气化反应（布多尔反应）理论上能够达到这样的数值，但只能达到平衡。同时，由于气体在矿粒内存在着扩散阻力，致使它们内部和外部比较，内部 CO 含量偏低，很可能达不到指定的含量，因此，要提高直接还原钛铁矿的铁金属化率，可以通过提高反应的平衡常数 K_p 和系统的 CO 分压来达到。升高温度能使 CO 还原 $FeTiO_3$ 反应的平衡常数 K_p 增大，也有利于布多尔反应的进行，使 CO 的分压升高，即有利于提高还原产物的铁金属化率。

回转窑碳还原钛铁矿的过程是固体碳还原金属氧化物的反应，存在以下几个影响因素：

（1）炭材反应性。一般条件下，碳的气化反应是回转窑中还原过程的限制环节，采用反应性不良的无烟煤或焦粉作还原剂时，回转窑的生产率严重降低。图 3－4 所示为工厂试验回转窑得出的煤反应性对回转窑操作指标的影响。

（2）温度对还原及碳的气化反应都有促进效果，特别是对碳的气化反应的促进效果明显。对反应性不好的煤，提高温度尤为重要。但提高温度要受限于煤的灰熔点和矿石的软化温度。因此，使窑内温度均匀达到最高极限是重要的操作原则。

（3）配碳越高，还原越快，对用无烟煤作还原剂的，为了保证一定的还原速度，常配加过剩的碳量，一般为理论值的 100%～200%（见图 3－5）。

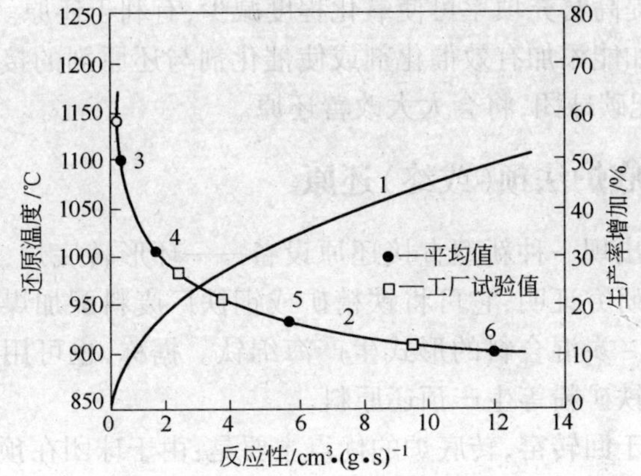

图 3-4 煤反应性对回转窑操作指标的影响

1—回转窑生产率的增长率,%;2—回转窑操作温度,℃(产品金属化率为 90%);
3—无烟煤;4—气煤;5—高挥发分煤;6—褐煤

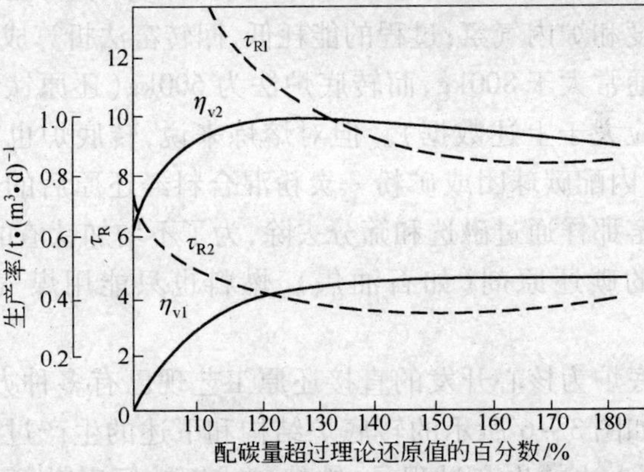

图 3-5 配碳量对回转窑操作指标的影响(产品还原率均为 95%)

τ_{R1}—当反应性指数为 $K_C=0.87\times10^{13}$ 的无烟煤用作还原剂时回转窑中铁矿石的还原时间,h;τ_{R2}—当反应性指数为 $K_C=0.87\times10^{14}$ 的褐煤用作还原剂时回转窑中铁矿石的还原时间,h;η_{v1}—$K_C=0.87\times10^{13}$ 无烟煤时回转窑的生产率,t/(m³·d);

η_{v2}—$K_C=0.87\times10^{14}$ 褐煤时回转窑的生产率,t/(m³·d)

(4)提高窑充填率可使氧化程度减少,有利于还原。

(5)如能添加有效催化剂或使催化剂与还原剂的接触条件改善,如内配碳球团,将会大大改善还原。

3.4 转底炉法预(或终)还原

近年出现一种新型直接还原设备——环形转底炉,经工业生产和试验研究证明,它可将铁精矿或钢铁厂废料配加煤粉以含碳球团或矿-炭混合料的形式生产海绵钛。据称,也可用于钛铁矿精矿和铬铁矿粉等生产预还原料。

相比于回转窑,转底炉的优点主要是:由于球团在预热和还原过程中相对于炉底始终处于静止状态,所以对生球强度要求不高,即较粗的精矿可以直接制球及内配碳粉;采用较高的还原温度(1350℃或更高)反应速度快,效率高,球团在炉中的停留时间只有10~20min,所以与终还原的矿热电炉熔炼容易实现同步热装;调整喷入炉内燃料(可以是煤粉、煤气或油)和风量,能够准确控制炉膛温度和炉内气氛;过程的能耗低,回转窑法折算成每吨海绵铁的煤耗通常大于800kg,而转底炉法为600kg(还原钛精矿时煤耗均将相应大于上述数据)。但对熔炼来说,转底炉也有不及回转窑之处,内配碳球团或矿粉—炭粉混合料经还原后的煤灰分不能像回转窑那样通过磁选和筛分去除,为了不增加钛渣的杂质,需使用低灰的碳还原剂(如石油焦),燃料也只能用煤气、油或低灰煤。

以转底炉为核心开发的直接还原工艺现已有多种方法,代表性工艺有如图3-6所示的转底炉结构和下述的生产过程。这种称为Fastmet法的生产过程是:铁精矿或钢铁厂废料、还原剂(煤粉)和黏结剂混合均匀后进入造球机造球,造成的含碳球团经干燥机干燥后装入转底炉(1~2层);随着炉底的转动,球团在1250~1350℃高温下迅速还原,还原好的球团用螺旋排料机排出;燃料和预热空气通过烧嘴喷入炉内燃烧(包括还原气相产物CO的燃烧),产生还原所需的足够的高温和热量;燃烧废气逆向流动,最后从加料口的排气口排出，经过二次燃烧、热交换器和洗涤除尘后从烟囱排出。Fastmet 法用于生产直接还原铁或压铁块用作炼钢炉料，也可加入埋弧电炉熔炼后再作炼钢用原料。

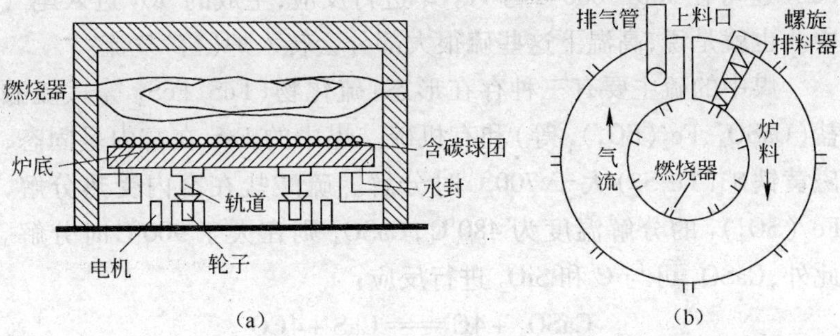

图 3-6 Fastmet 工艺转底炉结构

(a)纵面；(b)横面

现在已开发出几种转底炉的变型方法，其中主要是矿粉-炭粉混合料或含碳球团采取更高的还原温度以产出类似于回转窑粒铁那样的不完全熔化产品（可根据铁珠聚合程度分别称为珠铁、粒铁、卵铁）。北京科技大学徐萌等做了采用转底炉还原铁钛精矿球团生产钛渣的实验研究。对于钒钛磁铁矿精矿配加 20% 钛铁精矿的含碳球团，以单一 Na_2SO_4 为添加剂或采用 Na_2SO_4/CaF_2 复合添加剂时，在 1450℃、添加剂加入量（质量分数）为 8% 时铁几乎完全被还原且渣铁可以自然分离，得到卵铁和品位约 50% 的钛渣；对于钛精矿含碳球团，以 Na_2SO_4/Li_2CO_3 为复合添加剂时，在 1450℃、添加剂加入量（质量分数）为 10%（其中 Li_2CO_3 为 2% ~ 3%）时铁基本被还原，但渣铁需破碎磁选分离，得到大小不一的粒铁和品位 70% ~76% 的钛渣。

3.5 碳还原钛铁矿预处理过程中的脱硫

钛铁矿还原过程中的脱硫比较复杂，除精矿或其球团带入硫外，更多量的硫由还原煤和燃料煤带入。

矿石中所含的硫基本是以 FeS 的固体形态存在。可能有微量的 FeS_2 在回转窑尾的很短距离内分解，分解出的 S 以单质形态挥发进入窑气后被窑气中的氧所氧化，生成 SO_2、SO_3 随烟气排出。FeS_2 还可在 400～600℃与 Fe_2O_3 进行反应，生成的 SO_2 进入尾气中。也就是说，高温下这些硫很大部分会转入炉（窑）气流。

煤中的硫主要有三种存在形态：硫化物（FeS、FeS_2 等）、硫酸盐（$CaSO_4$、$Fe_2(SO_4)_3$ 等）和有机硫。煤中的 FeS 在窑内呈固态，磁黄铁矿（Fe_7S_8）大于 700℃时分解。硫酸盐在窑内受热分解，$Fe_2(SO_4)_3$ 的分解温度为 480℃，$CaSO_4$ 则在大于 900℃时分解。此外，$CaSO_4$ 可与 C 和 SiO_2 进行反应：

$$CaSO_4 + 4C \xlongequal{\quad} CaS + 4CO$$

$$CaSO_4 + SiO_2 \xlongequal{\quad} CaSiO_3 + SO_3$$

生成的 SO_3 分解为 SO_2 和 O_2 进入窑气中，CaS 以固态形式随料排出。

有机硫往往以杂环化合物嵌入碳的骨架，不易分解和挥发，只有温度较高时，随碳的气化反应而分解。因此，活性好的煤中的有机硫也易挥发。

进入窑内空间气层的硫，一部分将随气体运动由窑尾排入烟道，另一部分会在回转窑转动过程中被窑中的 CaO、FeO 吸收，特别是 CaO 的吸硫能力很强，且随温度升高吸硫能力增大。没有排出的硫大体上是以固态存在的 FeS 和 CaS。以气态存在的单质 S 不稳定，要向三个方向转化，一部分在一、二次风吹入的氧作用下生成 SO_2，其反应式和 1100℃时的平衡常数为：

$$S + O_2 \xlongequal{\quad} SO_2,\ K_p = 5.2 \times 10^{14}$$

一部分与窑中 H_2 反应生成 H_2S，其反应式和 1100℃时的平衡常数为：

$$S + H_2 \xlongequal{\quad} H_2S,\ K_p = 2.0 \times 10^5$$

另一部分单质 S 可能在窑中缺氧状态下与碳反应生成 COS，其反应式和 1100℃时的平衡常数为：

$$C + \frac{1}{2}O_2 + S \longrightarrow COS,\ K_p = 5.4 \times 10^5$$

由反应平衡常数来看,生成 COS 和 SO_2 的可能性较大,但实际上这些反应进行还要受窑内气氛和各种气体组成分压的影响。

以上是窑内空间气相组成中硫的反应。在料层中,除上述反应发生外,料层气相中约有 15% ~30%(体积分数)的 CO_2 也能与固态 FeS 进行如下的反应:

$$FeS + CO_2 \longrightarrow FeO + COS$$

该反应在 1100℃ 的平衡常数和自由能变化为:$K_p = 3.95 \times 10^{-13}$,$\Delta G_{1373} = -53378.8J$。

同时,料层内气相中约 30% ~40%(体积分数)的 CO 也能与 FeS 反应:

$$FeS + CO \longrightarrow Fe + COS$$

在 1100℃时,此反应的平衡常数和自由能变化为:$K_p = 1.67 \times 10^{-13}$,$\Delta G_{1373} = -505175J$。

上述两个反应几乎能够同时进行,共同将以 FeS 形式存在的 S 部分脱出。

对不能随窑尾气排出的硫,可采取在回转窑内另加脱硫剂的方法进行脱硫。

由上述可知,在回转窑的还原体系中,涉及的气态硫化物有 COS、H_2S、SO_2、SO_3、S_2 等,但其中只有 COS 和 HS 能大量存在。也就是说,COS 和 H_2S 可能成为还原钛铁矿增硫的主要载体,其吸硫反应为:

$$Fe + COS \longrightarrow FeS + CO$$

$$Fe + H_2S \longrightarrow FeS + H_2$$

两式的平衡常数和温度的关系式分别为:

$$\lg K_{p1} = \lg\left(\frac{p_{CO}}{p_{COS}}\right)_{平衡} = \frac{3308}{T} + 0.8455$$

$$\lg K_{p2} = \lg\left(\frac{p_{H_2}}{p_{H_2S}}\right)_{平衡} = \frac{3508}{T} - 0.6620$$

在回转窑还原钛铁矿实际操作温度 $t = 1060℃$时，求得上两式的 $K_{p1} = 2124$，$K_{p2} = 93$，前者大于后者，这表明还原矿对 COS 的吸硫能力比 H_2S 大得多。而窑内气体成分 $p_{CO} > p_{H_2}$，所以存在有下列反应向生成 COS 的方向移动：

$$H_2S + CO \longrightarrow COS + H_2$$

因此，还原矿增硫的主要载硫体是 COS。

根据温度和 CO 的体积分数 $\varphi(CO)$平衡曲线可知，反应 $FeO + CO = Fe + CO_2$ 在 $t = 1060℃$时，平衡气相中 $\varphi(CO) \approx 0.70$。由 K_{p1}值可得：$K_{p1} = \dfrac{p_{CO}}{p_{COS}} = 2124$，所以 $p_{COS} = 334 \times 10^{-4}$kPa。因此，当料层中 $\varphi(CO) > 70\%$、$p_{COS} < 33.4$Pa 时，才能保证还原矿的脱硫。而要降低 p_{COS}，就必须另外加脱硫剂。脱硫剂最好是石灰（石灰石），也有使用白云石的。

加入脱硫剂后，随着炉料的运动和气体的流动，便可发生如下的脱硫反应：

$$CaO + COS \longrightarrow CaS + CO_2, K_p = 1.2 \times 10^4$$

反应生成的 CaS 在回转窑还原条件下是以固体形态存在的，而且以 CaS 形成的硫化物很稳定，随着炉料运行，CaS 由窑头排出窑外，经磁性选分进入残煤，从而达到了回转窑内脱硫的目的。作为脱硫反应中间产物的 COS 和 H_2S 在回转窑还原温度和气氛条件下还可以相互转化，反应式为：

$$H_2S + CO_2 \rightleftharpoons COS + H_2O$$

在 1100℃时，正反应的平衡常数 $K_{p(+)} = 2.2 \times 10^{-2}$，逆反应的平衡常数 $K_{p(-)} = 45.34$。反应进行的方向受 $p_{COS}p_{H_2O}/(p_{H_2S}p_{CO_2})$的比值影响，当窑内 CO_2 含量增加时，反应向生成 COS 的方向进行，而水蒸气增加时，反应则向生成 H_2S 的方向进行。

综上所述，回转窑内的脱硫是在气、固相之间进行的反应，是以 COS 和 H_2S 作为中间载硫体来实现脱硫过程。对以 FeS 形式存在的固体硫来说，总的脱硫反应为：

$$FeS + CaO + CO = CaS + Fe + CO_2$$

热力学分析结果表明，温度越高，越有利于回转窑内的脱硫（但要受矿石和煤灰熔点的制约）。在温度一定的条件下，增大气氛中 CO 的浓度或降低 CO_2 的浓度都会使反应向有利于脱硫的方向进行。还原煤种类不同，影响碳气化反应进行的程度，从而影响窑内气氛，影响脱硫效果。加大脱硫剂用量将加速脱硫反应，但当增至一定量时，脱硫率提高将很少甚至不变。脱硫剂加入部位从理论上讲应尽可能远离 FeO 的最初还原温度区间，以防止造成窑内结圈，较适宜的加入地点应在窑温为 1000 ~ 1050℃ 的区间。脱硫剂适宜粒度通常是 1 ~ 3mm，这要根据原料条件、设备、生产工艺等具体情况由实验确定。过大的粒度只有表层的 CaO 参与脱硫反应，且粒度大易造成分布偏析，使脱硫剂弥散度不好，而过小的粒度虽表面积大，弥散分布好，能充分吸硫，但因小颗粒易与矿料黏结，会使已经脱出的硫又依附于新生铁上。

在攀枝花钛铁矿预还原熔炼钛渣的工业试验中，采用了反应性强的碱性灰分的褐煤作还原剂和热源，在回转窑预还原时，不付任何额外代价便取得脱硫率高达 90% 以上的效果。

3.6 钛精矿造球

目前工业生产中用于熔炼钛渣的钛铁矿预还原只有钛精矿成球的金属化工艺。一段法工艺有的采用内配碳球团（含碳球团）和粘粉料或拌和料。钛精矿造球可采用压制成球和滚动成球两种方法。压制成球多用于内配碳球团的制备，由于加入炭粉会影响球团强度而需要黏结剂“冷固”，但其强度仍达不到回转窑的要求，因此只能在固定床（如转底炉）和矿热电炉熔炼使用。

3.6.1 压制成球

加黏结剂的内配碳球团包括钛渣熔炼的压团炉料，多采用对辊压球机（压团机）。对辊压球机剖面示意如图 3 – 7 所示。成球混合料经加料箱在 A 处加入到球窝内，随着型轮转动，球窝内物料在 B 处进行预压后，到 C 处进行最终压制，压制好的压团到 D

处和 E 处脱模，从球窝中脱出。

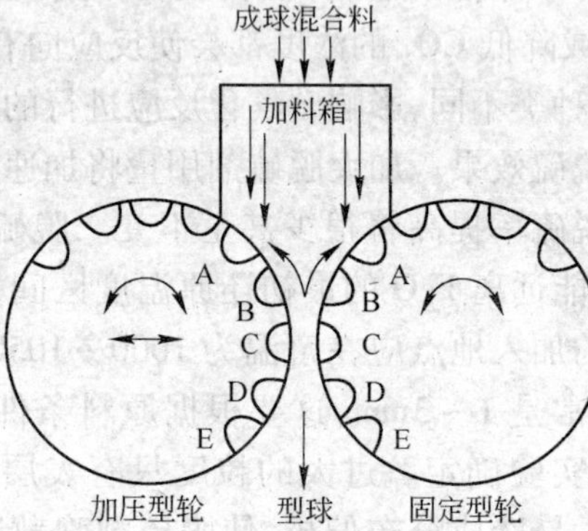

图 3－7　对辊压球机剖面示意

影响压制强度的因素主要有：

（1）原料固有的塑性和自然的或加工成的颗粒大小、形状及粒度组成；

（2）黏结剂性能及其配比；

（3）炭粉的配比；

（4）压团工艺条件。

物料的塑性越大，则压团阻力越小，颗粒越易产生塑性变形，即可以在比较小的压团压力下达到较大的密度，并能发挥强大的分子黏结力的作用。例如，岩矿钛精矿与海滨砂矿钛精矿相比，前者含有较高的脉石及黏土组分，又有经选矿细磨产生合适的粒度和粒度组成及近球形颗粒，以致可以在不大的成形压力下获得比砂矿钛精矿压团高得多的强度（见图 3－8）。

黏结剂在熔炼钛渣中除在压团中使用外，也用于拌和料和粘粉料。在这三种团料中，传统上主要是煤沥青和亚硫酸纸浆废液作黏结剂。可以说能够作黏结剂的货源是非常广泛的，凡是具有黏性的液体或加水调和有黏性的固体且能固化的物质，都可以作为黏结剂使用。但对于熔炼钛渣特别是高品位钛渣的炉料，为减

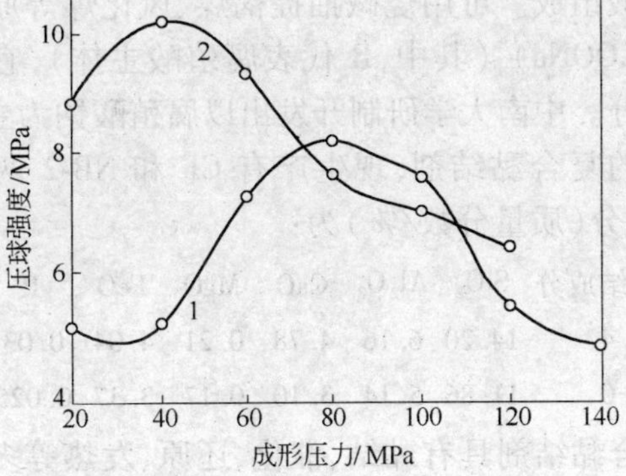

图3-8 钛精矿含碳球团强度与成形压力的关系(黏结剂为纸浆废液)
1—砂矿;2—岩矿

少黏结剂带入杂质,无机黏结剂如黏土、石灰、水泥、水玻璃等则不宜使用。有机黏结剂可分为两种:一种是亲水性的或水溶性的,如纸浆废液、制糖废液、腐殖酸盐碱液、淀粉等;另一种是疏水性的,如焦油、沥青等。亲水性黏结剂制成的生球不具有防水性能,不便运输和储存。沥青现在除在国内某些小型电炉一段法熔炼钛渣用作粘粉料或拌和料的黏结剂外,已基本被淘汰,主要是由于它含有吡、氟等有害成分,在压制和加热固结(或熔炼)过程中会产生特殊的臭味和有毒烟气。

随着冷固球团矿在炼铁和铁合金等领域中的广泛应用,近年来有机黏结剂得到快速发展,已有多种新型品种问世,如纤维素衍生物类有机黏结剂、丙烯酰胺和丙烯酸钠聚合物。这些有机黏结剂的特点是用量少且球团强度高,球团抗爆性能好,有利于提高生产率和降低消耗,但目前的价格较贵。

腐殖酸盐碱溶液是一种水溶性胶体,早已用作型煤的黏结剂。它对矿物也有较好的亲和力,能很好地湿润矿物表面,使其黏结在一起,因此,腐殖酸盐溶液既是内配碳球团也是"白球"良好和廉价的黏结剂。腐殖酸存在于褐煤、泥炭和风化煤中,是一种溶于碱而不溶于酸的黑色无定形酸性有机物质，由一系列结构复杂的大分子芳香羧酸组成。可用烧碱抽提褐煤、风化煤等原料中的有机酸，生成 $R(COONa)_n$（其中，R 代表腐殖酸主体），它是黏结剂的主要黏结组分。中南大学研制开发出以腐殖酸钠为主的有机物及无机物组成的复合黏结剂，现生产有 CF 和 NB-2 两种牌号的产品，其主要成分（质量分数/%）为：

牌号	有效黏结成分	SiO_2	Al_2O_3	CaO	MgO	FeO	P	S	C
CF	42.4	14.20	6.16	4.78	0.21	4.04	0.03	0.04	28.14
NB-1	52.0	11.86	5.14	3.10	0.17	3.37	0.025	0.035	24.30

这种复合黏结剂具有黏结、催化、还原、发热等多重功能。但其首要功能是黏结作用，主要是通过其中的有机高分子组分来实现的。添加这种复合黏结剂后，有机高分子和矿石表面的相互作用主要是化学作用力，包括氢键、化学键、配位键，此外还存在静电力和偶极吸引力。复合黏结剂是含有多种活性基团的高分子有机物，其键架结构及活性基团中的 H 原子可和铁氧化物中电负性很高的 O 原子形成氢键，活性基团包括—OH、—$COOH_2$ 等；另外，黏结剂分子间及分子内也会形成氢键，如—OH 之间。氢键将大大增加黏结剂的黏滞性及胶结性，有利于提高球团强度，其相互作用能在 8 ~40kJ/mol，比化学键能小得多。化学键是黏结剂的极性基团与矿石表面的 Fe^{2+}、Ca^{2+} 间产生化学吸附，形成共价键或离子键，使矿粉颗粒与之紧密吸附在一起，其相互作用能往往大于 40kJ/mol。配位键是黏结剂分子结构中的各种活性官能团，主要有羧基（—COOH）、酚羧基（C—OH）和羟基（—OH）等，可与矿粉中的金属离子（Fe^{3+}、Al^{3+}、Ca^{2+}、Mg^{2+} 等）及金属氧化物（Fe_2O_3、Al_2O_3 等）之间发生配位反应，形成稳定的配合物或螯合物；这一作用使黏结剂分子与矿粉颗粒之间形成配位键连接，带有共价键性质，结合比较牢固。除了上述作用外，添加黏结剂还能使精矿表面亲水性明显提高，表面张力增大，以及黏结剂在球团固结中在颗粒间形成黏结膜的“架桥”作用。

压团工艺条件包括压团的压力、加压方式、持压时间、加压速度的物料水分等，其中压团的压力和物料的水分对团块的质量起着主导作用。由图3－8可见，在一定的矿种和水分、黏结剂含量条件下，存在一个使生球强度达到最高的成形压力最佳值，超过此值则既不经济又会使生球强度急剧下降。生球强度在很大程度上取决于物料的水分含量，对应于每种团块的压力均有最适宜的水分值，即在最合适的水分条件下生球强度才最大，通常是成形压力越大则最适宜的水分值越低。对于硬度较高、流动性较差、粒度较粗的砂矿钛精矿，采用较慢的加压速度则有利于提高其生球强度。为了得到牢固的团块，重要的不仅是成形压力的总时间，而是每个压团阶段中的时间分配，物料在最大成形压力作用下的时间越长，团块就越牢固，因此，压团机设计成在最初阶段压团进行得较快，然后在接近压力最大值时压团速度应较慢。此外，加料方式对压团过程也有影响。加料方式有重力加料和强制加料两种。强制加料普遍采用螺旋加料，竖螺旋预压器如图3－9所示。强制加料的作用除加料外，同时对物料进行预压，破坏物料“拱桥效应”，排出物料中一部分气体，产生初步位移，提高压团物料的密度，减少压团脱模后的弹性后效。采用强制加料方式，螺旋加料器将预压力施加于物料上，使A处的物料不会像重力加料时那样有可能被挤回到加料箱内而造成型轮咬入口（B和C处球窝）填不满的现象，因

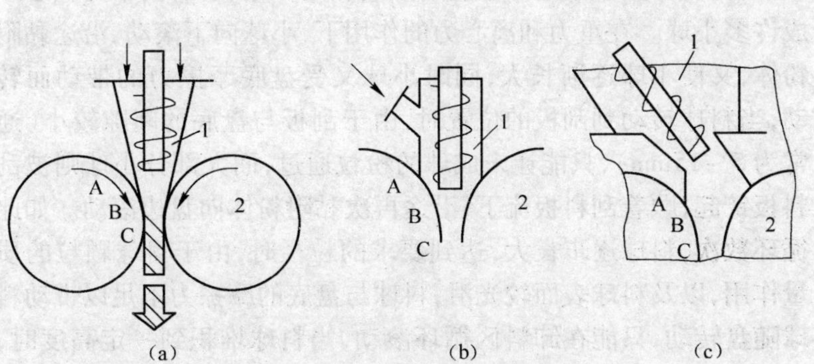

图3－9 竖螺旋预压器
（a）宝塔螺旋；（b）直螺旋；（c）斜螺旋
1—料斗；2—型轮

此可以提高团块的产量和密度；而且，附加的预压力可以使所需型轮直径和作用力减小，从而压团机的尺寸和质量、成本也相应减少。

3.6.2　滚动成球

滚动成球可以加黏结剂（无机的或有机的），也可以不加黏结剂。

滚动成球可采用圆盘式或圆筒式造球机。矿粉借助于水在其中的毛细作用形成球核，然后球核在物料中不断滚动，黏附物料，球体越来越大，越来越密实。矿粉间借分子水膜维持牢固的黏结。采用亲水性好、粒度细（小于0.044mm的矿粉应占总量的90%以上）、比表面积大和接触条件好的矿粉，加适量的水分，就可获得有足够强度的生球。如添加一定数量的黏结剂，则可增加生球强度。生球经过干燥（300～600℃）和预热（600～1000℃）后在氧化气氛中焙烧；焙烧是球状固结的重要阶段，固结过程中固相反应和固相烧结起重要作用，而液相烧结只在一定条件下才能得以发展；焙烧温度一般在1200～1300℃。

现在圆盘造球机（造球盘）的应用最广，其构造和工作原理如图3－10所示。矿粉由下料管流入倾斜造球盘内，由位于下方的喷水管向粉体喷水，由于水滴的湿润黏附作用，以每滴水为核心形成许多小球。在重力和离心力的作用下，小球向下滚动，沿途黏附粉体，又使小球逐渐长大，同时小球又受盘底摩擦力的带动而转动，当料球转动到刮板的位置时，由于刮板与盘底的间隙较小（通常为5～15mm），只能让未成球的粉粒通过，而大部分小球则被刮料板铲起，顺着刮料板流下，沿途再次黏附粉体向盘边滚动。如此循环数次，料球逐步长大，达到要求的粒径时，由于料球颗粒的质量作用，以及料球表面较光滑，料球与盘底的摩擦力不足以带动料球随盘转动，只能在卸料区循环滚动，当料球堆积到一定高度时，上层大球即被卸料板刮出。滚动造球可以实现连续化生产，生产能力高，规格ϕ3m的圆盘造球机的台时产量可达到20～25t球团（球径5～25mm）。

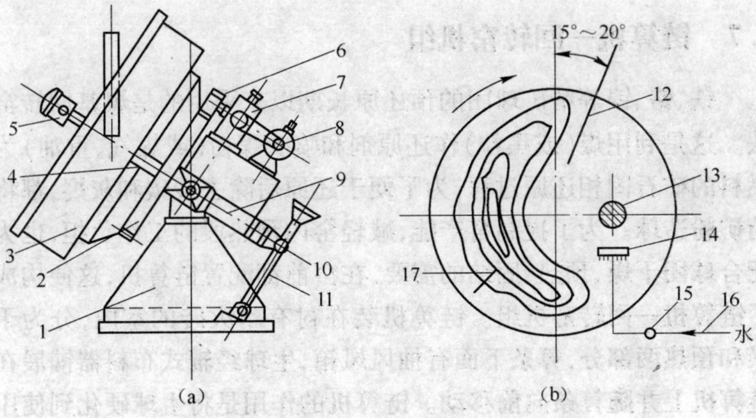

图 3－10　圆盘造球机的构造和工作原理

（a）平视图；（b）俯视图

1—底座；2—传动大齿轮；3—圆盘；4—立轴；5—刮刀架；6—小齿轮；7—减速机；8—电动机；9—活动架；10—手轮；11—丝杠；12—刮料板；13—下料管；14—喷水头；15—旋阀；16—进水管；17—卸料闸板

也有采用圆筒造球机（造球筒）造球的，如挪威 TTI 公司的钛精矿造球。圆筒造球机的工作示意如图 3－11 所示。它与圆盘造球机相比，优点是单机产量大，运转较平稳。一个长度 7～8m、直径 2.5m、线速度 82.5m/min、倾角 2°～5° 的圆筒造球机。生产 ϕ15mm 的生球日产量可达 1000t。圆筒造球机的缺点主要是成球粒度不均匀，生球滚成后必须通过圆筒后面安装的专门筛子筛出大量的小球。

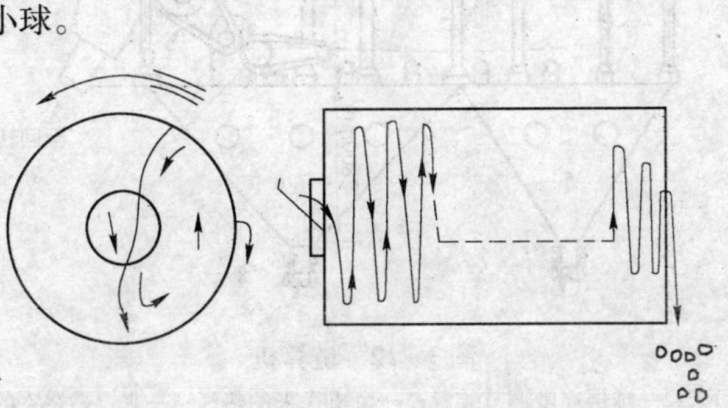

图 3－11　圆筒造球机的工作示意

3.7　链箅机—回转窑机组

铁、铬、镍等精矿球团的预还原长期以来采用的是煤基回转窑法。这是利用煤(或焦粒)作还原剂和喷吹煤粉(或煤气、重油)为燃料的矿石固相还原过程,为了便于还原后除去残碳和灰烬,都将精矿粉造球。为了提高窑产能,减轻窑内预热段的工作负担,也为配合球团干燥、预热、固结的需要,在窑前都配置链箅机,这便构成了链箅机—回转窑机组。链箅机装在衬有耐火砖的室内,分为干燥和预热两部分,箅条下面有抽风风箱,生球经辊式布料器铺展在链箅机上并随箅条向前移动。链箅机的作用是将生球硬化到使用强度(200N/个),并且把球团预热到800℃,以减轻回转窑中预热段的负担。链箅机使用废气加热。硬化的球团在窑尾与还原煤、脱硫剂等一起给入回转窑中,随着窑体转动把炉料推向窑头。窑头外有烧嘴燃烧燃料,炉气与炉料逆向运动,炉料在窑中逐渐完成各项反应。还原出的炉料经过回转冷却筒冷却到150℃排料。

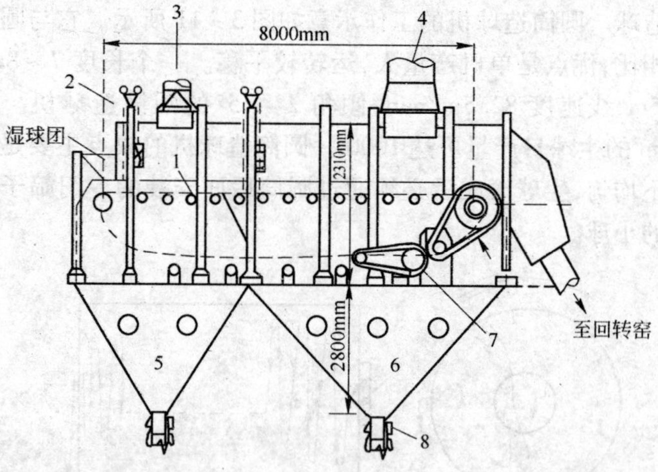

图3－12　链箅机

1—球团床;2—球层高度调节装置;3—风机送来的热气;4—来自燃烧室的热气;5—预热段风箱;6—加热段风箱;7—传动装置;8—清灰阀门

目前,应用于球团的干燥、预热和固结的链箅机和回转窑构成的机组,其基本构造在国内外都大同小异。图3-12和图3-13所示分别为应用于钛精矿球团预还原的链箅机和回转窑。

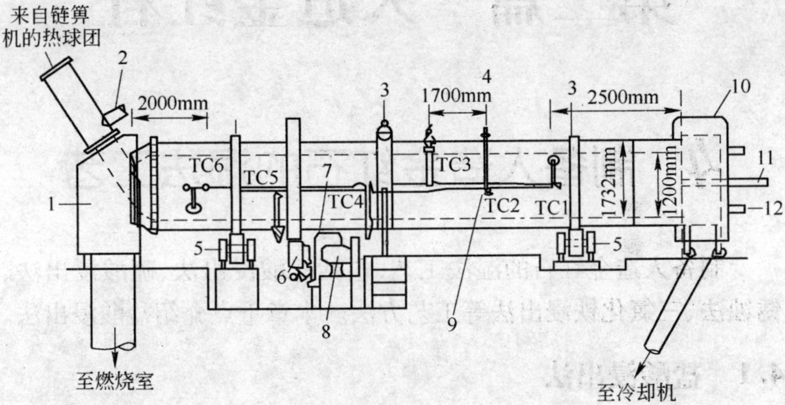

图3-13 回转窑(窑壳为16mm厚钢板,窑衬为高铝砖,长径比为10.8:1)

1—固定窑尾罩;2—煤、脱硫剂、返煤加入口;3—滚圈;4—风箱;5—滚轮;6—齿轮;7—齿轮箱;8—驱动电机;9—热电偶;10—可移动窑头罩;11—进风管;12—煤气烧嘴

第二篇 人造金红石

4 制备人造金红石的湿法工艺

制备人造金红石的湿法工艺,包括盐酸浸出法、硫酸浸出法、锈蚀法、三氯化铁浸出法等工艺方法。本章重点介绍盐酸浸出法。

4.1 盐酸浸出法

盐酸浸出法工艺多种多样,工艺的多样性包括按盐酸的质量分数分为浓盐酸浸出和稀盐酸浸出;按酸浸的压力又分为常压浸出和加压浸出;按钛铁矿的预处理方法又分为需要预处理和不需要预处理等。

在国外,有两种稍许不同的方法,一种是美国华昌(Hua Chang)公司研究成功的华昌法;另一种是美国毕尼莱特(Benilite)公司研究成功的 BCA 稀盐酸循环浸出法。现在马来西亚和印度都有采用盐酸浸出法生产人造金红石的工厂。

近年来,国外对该法的研究和改进中有两种方法可借鉴,它们是 ERMS · SR 法和 TSR 法。

另外,加拿大 QIT 公司致力于将索雷尔钛渣升级换代,高品位的富钛料已研究成功,并应用于工业生产,产品名称为富集钛渣(称为 UGS 钛渣)。它使用的方法实质也是浓盐酸加压浸出法。

1980 年前后,我国在攀枝花钛资源开发利用中,又开发出两种工艺方法,即选—冶联合稀盐酸加压浸出和预氧化—流态化盐酸浸出法。还有一种浓盐酸浸出法,也进行过中间实验,获得了阶段性成果。本节依次按顺序展开阐述和介绍。

4.1.1 （稀）盐酸浸出原理

为了研究攀矿钛铁矿稀盐酸加压浸出工艺，原成都科技大学和北京有色金属研究总院分别进行了稀盐酸浸出机理的研究，并作为进一步加压浸出工艺的理论依据。本文节录和整理了他们工作的总结，其原理对其他工艺也有参考价值。

4.1.1.1 稀盐酸浸出反应

钛铁矿是一种复杂矿物，理论分子式为 $FeO \cdot TiO_2$，它的主要成分为 FeO（Fe_2O_3）和 TiO_2，其他杂质还有 MgO、CaO、MnO、Al_2O_3、SiO_2 等，它们以固溶体形式存在于矿物中，详见表 1－2。其中，攀枝花钛铁矿是一种品位低的岩矿，致密，钙镁盐含量高，也是种品质差的矿物。

为了研究攀矿用稀盐酸直接浸出时的酸浸反应，专门进行了实验。采用太和钛铁矿（TiO_2 的质量分数为 48.15%）为原料，固定相同的实验条件，使用 HCl 的质量分数为 20% 的稀盐酸浸出时获得的实验结果如图 4－1 所示。

从图 4－1 可见，尽管攀矿的质量较差，但是用稀盐酸浸出时，酸溶性很好，可以直接酸浸，不必采用预处理方法。同时，铁钛的浸出是有选择性的。它们表现出很强的浸出选择优势，$FeO \cdot TiO_2$ 中的 FeO 优先浸出。

可以认为浸出过程主要反应为：

$$FeO \cdot TiO_2 + 2HCl = FeCl_2 + TiO_2 + H_2O \quad (4-1)$$

如 Fe_2O_3 也有类似反应：

$$Fe_2O_3 \cdot TiO_2 + 6HCl = 2FeCl_3 + TiO_2 + 3H_2O \quad (4-2)$$

其中 TiO_2 也会被部分溶解，不过分两步进行，最后又沉淀出新生的 TiO_2：

$$FeO \cdot TiO_2 + 4HCl = FeCl_2 + TiOCl_2 + 2H_2O \quad (4-3)$$

$$TiOCl_2 + (x-1)H_2O = TiO_2 \cdot xH_2O \downarrow + 2HCl \quad (4-4)$$

多数杂质也会发生类似的反应：

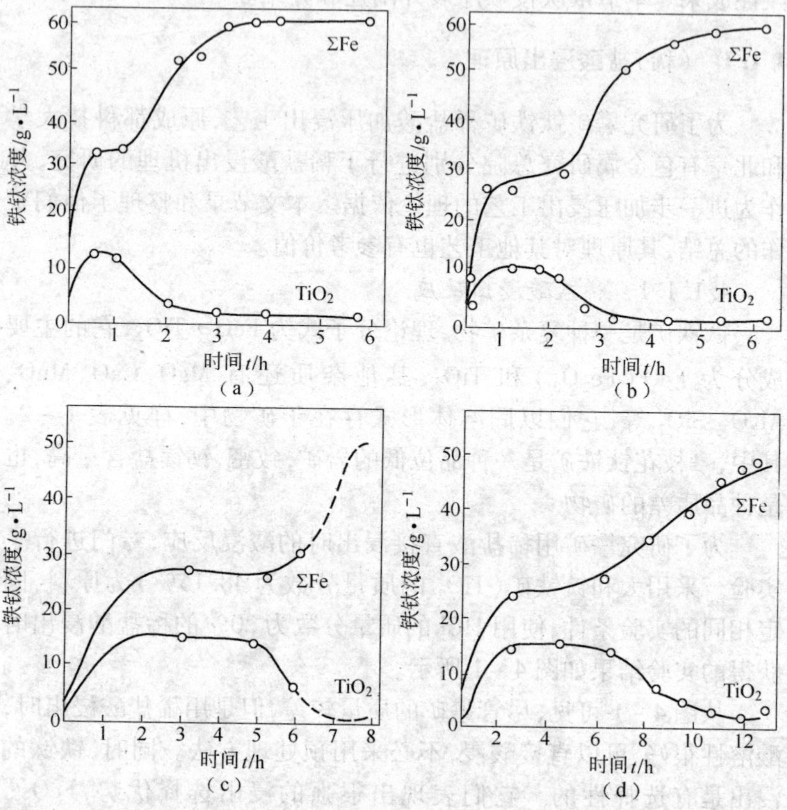

图 4-1　酸浸液中铁钛浓度随时间的变化

酸浸温度:(a)142℃;(b)132℃;(c)115℃;(d)110℃

$$MgO \cdot TiO_2 + 2HCl = MgCl_2 + TiO_2 + H_2O \quad (4-5)$$

$$CaO \cdot TiO_2 + 2HCl = CaCl_2 + TiO_2 + H_2O \quad (4-6)$$

$$Al_2O_3 \cdot TiO_2 + 6HCl = 2AlCl_3 + TiO_2 + 3H_2O \quad (4-7)$$

盐酸浸出过程是上述诸多反应的综合。

在制取人造金红石工艺时，盐酸浸出控制的工艺条件要求尽可能地除去 FeO 和 Fe_2O_3，并使它们富集。此时，$FeO \cdot TiO_2$ 是主要成分，所以可以认为式(4-1)为主要反应，其他反应均为次要反应。

4.1.1.2 多相化学反应动力学方程式

钛铁矿的盐酸浸出过程主要反应为式(4-1)。由反应式可以看出，稀盐酸浸取钛精矿是一个固液多相化学反应过程。它也是一个多相反应过程，至少进行着下面三个过程：

(1)盐酸分子扩散到钛精矿颗粒表面的界面层；

(2)盐酸分子与钛精矿颗粒发生反应；

(3)反应所产生的可溶性化合物($FeCl_2$)从颗粒表面的界面层向溶液扩散。

而整个浸取过程的反应速度却是由上述三个步骤中最慢的一个步骤控制。由选择性浸取的主要化学反应式(4-1)可以看出：在反应开始时，虽然因为有化学反应进行要耗去部分盐酸，但由于物系中酸矿比较大，因而溶液本体中盐酸的质量分数变化不大。而在钛精矿颗粒表面液膜中，盐酸却由于参与化学反应而不断耗去。因此在溶液和界面液膜上的盐酸的浓度梯度大，所以盐酸分子扩散到钛精矿颗粒表面的速度是足够高的。又因为反应生成的可溶性化合物 $FeCl_2$ 在盐酸溶液中具有较大的溶解度，因此在颗粒表面的液膜中 $FeCl_2$ 浓度较高。在反应开始的相当长的一段时间内，反应产物 $FeCl_2$ 向溶液扩散的速度也是相当快的。反应中形成的固体 TiO_2 残留在钛铁矿骨架中。因此，认为在反应开始后相当长的一段时间内，整个反应过程可能是属于化学反应控制。

此主反应进行的同时，还有式(4-3)、式(4-4)的反应同时存在，它们使 TiO_2 部分溶解并形成水解产物 $TiO_2 \cdot xH_2O$。而且水解产物 $TiO_2 \cdot xH_2O$ 可以在溶液本体中析出，但也可能沉积在尚未反应完的钛精矿颗粒表面上。这样，在钛精矿颗粒表面上就有水解产物 $TiO_2 \cdot xH_2O$ 的固体膜的可能性。若在钛精矿颗粒表面形成 $TiO_2 \cdot xH_2O$ 固体膜，则反应动力学将受这一层固体膜特性的影响。如果形成的固体膜是疏松多孔可透性薄膜，则盐酸进入界面将不受阻力，反应仍和不形成固体膜一样属于化学反应控制类型，盐酸浸出属一级反应，即与酸浓度呈一次方关系。按此，若将矿粒近似看做球形，则反应过程推导出符合多相化学反应动力学的方程式(4－8)。

$$1-(1-R)^{\frac{1}{3}}=Kt \tag{4-8}$$

$$R=\frac{W_0-W_t}{W_0}$$

式中　R——反应分数或浸取率；

W_0——球形颗粒原始质量；

W_t——球形颗粒在时间 t 的质量；

K——反应速度常数；

t——相应的浸出时间。

经试验验证，攀矿钛铁矿在稀盐酸浸出时，反应动力学方程符合式(4－8)。

$1-(1-R)^{\frac{1}{3}}$与时间 t 的关系如图4－2所示。从图4－2可以看出，图上线1、2、3都为直线关系。图4－2表明在所研究的温度范围内，在亚铁浸取率达90%以前(总铁浸取率为80%以前)，稀盐酸浸取攀枝花钛精矿的反应过程属于化学反应控制类型，基本上符合多相化学反应动力学方程式(4－8)，可见，此时即使有水解产物 $TiO_2 \cdot xH_2O$ 在钛精矿颗粒表面上沉积，所形成的固体膜也属于疏松可透性薄膜。

由图4－2可测出多条直线的斜率，通过斜率可计算出该实验条件下的反应速度常数 K。在110℃时 K 值为 1.47×10^{-3}，120℃时 K 值为 2.86×10^{-3}，140℃时 K 值为 5.33×10^{-3}。当温度由110℃升高到120℃时，反应速度常数约增高2倍；温度由110℃升高到140℃时，反应速度常数约增大3.6倍。反应速度常数随温度升高而增加是十分明显的。

由此可知，用质量分数为20%稀盐酸浸取攀枝花钛精矿时，在亚铁浸取率达90%(总铁浸取率为80%)以前，整个反应过程为化学反应控制，在此阶段用加压方式升高反应温度十分有利，可以明显提高反应速度。根据此动力学的研究，将稀盐酸直接浸取

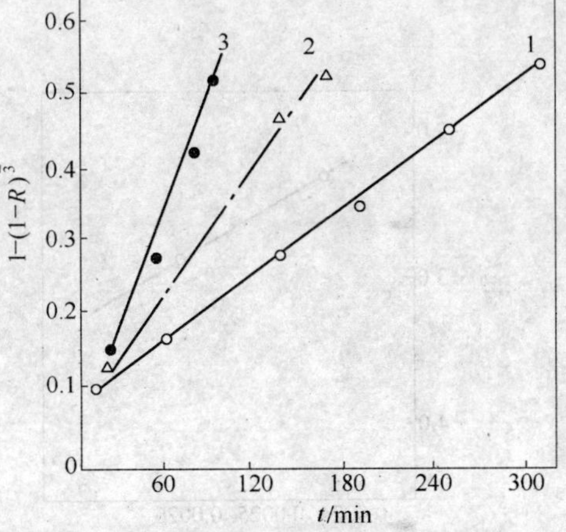

图 4-2 $1-(1-R)^{\frac{1}{3}}$ 与时间 t 的关系

1—110℃;2—120℃;3—140℃

攀枝花钛精矿,由常压 110℃改为加压 120~140℃时,反应时间缩短为原来的 1/2~1/3,TiO_2 品位由 86% 提高到 90%~92%。

在以后的反应阶段里,一方面由于溶液中盐酸的质量分数降低,氯化亚铁($FeCl_2$)浓度不断增高,因此盐酸向矿粒表面的扩散速度以及氯化亚铁由界面层向溶液的扩散速度均减缓;另一方面,这时由于大部分铁已被选择性浸出,盐酸必须通过保留在钛铁矿骨架中的 TiO_2 层继续向矿粒内部扩散而和残留铁作用,因而整个反应过程逐渐由化学反应控制过渡为扩散控制。

按活化能值 E 来判断反应控制步骤。当反应过程属于化学反应控制时,则反应速度常数 K 与温度 T 的关系服从阿累尼乌斯方程式:

$$K = A\exp\left(\frac{-\Delta E}{RT}\right) \tag{4-9}$$

式(4-9)又可改写为:

$$\lg K = \frac{-\Delta E}{2.303RT} + \lg A \tag{4-10}$$

以 lg*K* 为纵坐标、1/*T* 为横坐标作图如图 4 – 3 所示，其数据见表 4 – 1。

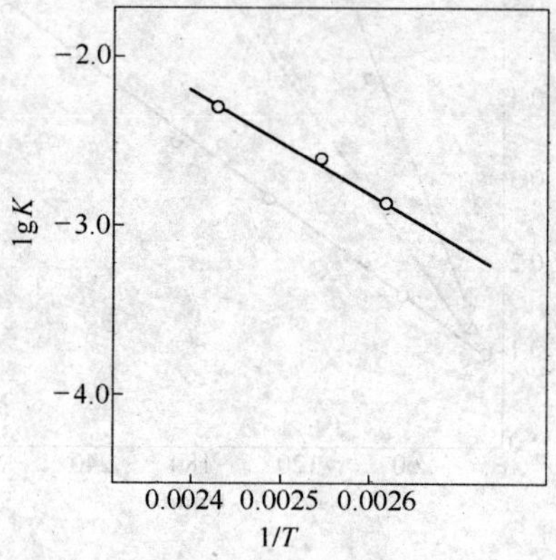

图 4 – 3　lg*K* – 1/*T* 图

表 4 – 1　以 lg*K* 为纵坐标、1/*T* 为横坐标作图的数据

温度/℃	1/*T*	*K*	lg*K*
110	0. 00261	1.47×10^{-3}	– 2. 8327
120	0. 00254	2.86×10^{-3}	– 2. 5436
140	0. 00242	5.33×10^{-3}	– 2. 2733

由图 4 – 3 求得直线斜率为 – 2. 995，由此计算得出：*E* = 57. 26kJ/mol。

由计算的 *E* 数值，证明稀盐酸浸出时属于化学反应控制步骤。

4. 1. 1. 3　稀盐酸浸出动力学

攀枝花钛铁矿（TiO_2 的质量分数为 46. 26%）稀盐酸浸出时的动力学研究，固定了盐酸质量分数为 20%，矿酸比为 1 ∶ 7、矿粒径为小于 0. 074mm（ –200 目），实验重点研究了不同温度下铁钛浸取率与时间的关系。

稀盐酸浸出过程是一个间隙作业，浸出时铁钛的反应分数即浸取率为 R，它与作业时的浸出时间 t 关系很大。通过相同条件下的一组实验，铁钛浸取率和时间的关系如图 4－4～图 4－6 所示。

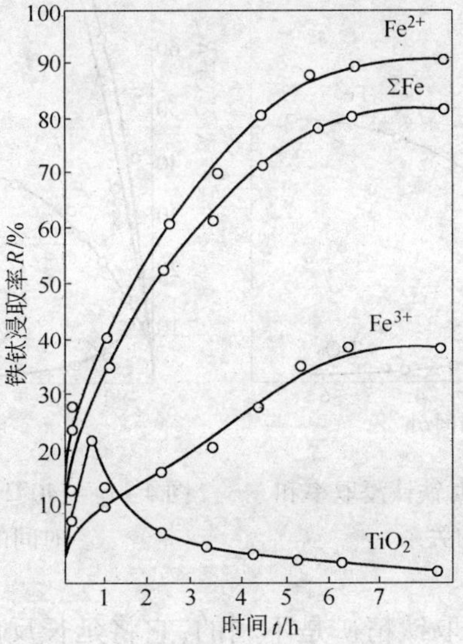

图 4－4　110℃时铁钛浸取率和时间的关系

从图 4－4～图 4－6 可以看出：

(1)在 3 个温度条件下，铁的浸取率都随着浸取时间延长而增加，在初始阶段铁浸取率提高很快，以后逐渐减缓。

(2)钛精矿中二价铁浸取率远远大于三价铁的浸取率，因而总铁的浸取率始终低于二价铁的浸取率。在温度 110～140℃条件下，反应 6h 后三价铁浸取率都在 40%～50% 范围内。提高温度和继续延长时间，三价铁总浸取率没有明显提高。而在相同试验条件下，反应 4h 后二价铁在 120～140℃时的浸取率都可达到 99% 以上，即使在常压 110℃下反应 5h 以后，二价铁的浸取率也可达 90% 以上。由此可以看出，在钛精矿中，三价铁含量增加对

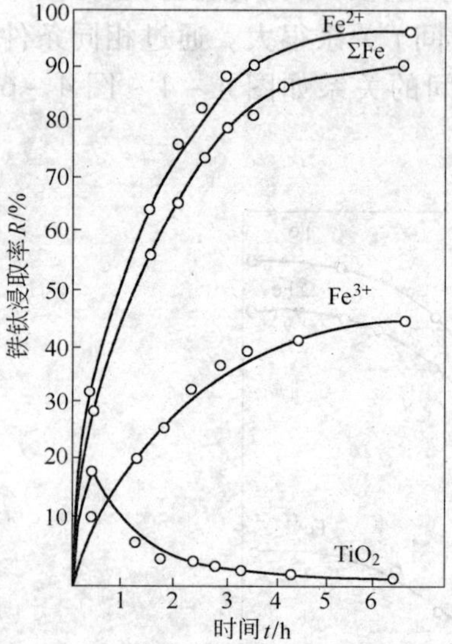

图 4－5　120℃时铁钛浸取率和时间的关系

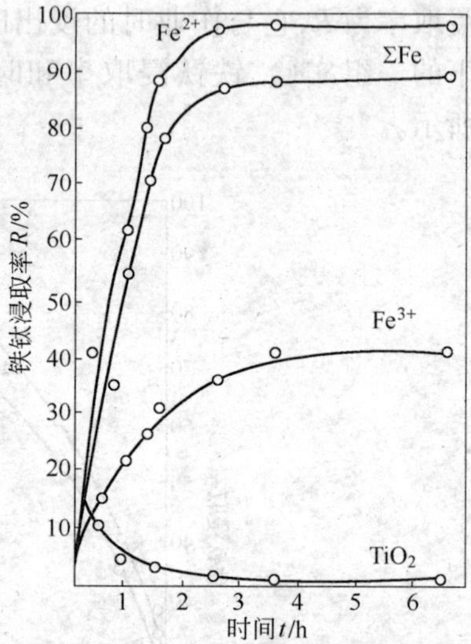

图 4－6　140℃时铁钛浸取率和时间的关系

用稀盐酸直接浸取钛精矿是不利的，它将延长反应时间和降低总铁的浸取率。

(3) 在反应前期，随着温度的升高，不论二价铁或是三价铁的浸取率均显著提高。如反应 1.5h 后，在 110℃下二价铁的浸取率为 48% 左右，而在 140℃时二价铁浸取率可达 88%。又如反应 2h 后，在 110℃时三价铁的浸取率为 16%，而在 140℃时三价铁的浸取率为 36%。由此可以看出，采用加压浸取方案可以提高反应温度，对加快浸取速度、提高浸取率是很有效果的。

钛在浸取过程中的行为与铁完全不同。在稀盐酸浸取钛精矿时，大部分钛残留在钛铁矿骨架中。有少部分钛在升温过程和反应初始阶段溶解于稀盐酸中，其溶解量因浸取温度不同而各异，并随浸取温度的升高而降低，在温度为 110～140℃范围内浸取攀矿（低磷）时钛浸取率约在 10%～25%之间。并可看出，攀枝花矿中磷的质量分数低(磷的质量分数为0.007%)时,钛离子的水解不受磷的抑制,水解开始的时间都很快。随着钛离子的水解,钛浸取率随时间增加而不断降低。由图4-4~图4-6可以看出,在温度为120℃时和140℃时反应3~6h,钛的浸取率都在1%以下,当温度为110℃时反应8h后,钛浸取率可在2%以下。因此,不考虑机械损失,在常压或加压情况下钛的回收率都可达到98%~99%以上。

综合上述实验结果,固定条件下稀盐酸攀矿钛铁矿浸出时,影响动力学的因素有:

(1)R和t的关系。浸出过程是一个间隙作业,不同的温度下浸出具有相似的规律。浸出过程中,随着浸出时间t的增加,浸取率R迅速增加。反应前期R值增速最快;当浸出时间达到某值时,R值迅速接近峰值。

(2)浸出温度和压力。该溶液系统温度与压力是相互关联的,随着压力升高,浸出温度也升高。很明显,加压升温能提高铁的浸取率。当将常压(温度为110℃)变成加压(温度为140~150℃)时,可以增加反应速率(增大R),并提高产品中TiO_2的品位。

4.1.1.4 杂质在浸出过程中的行为

A 磷在浸取过程中的行为

所用攀枝花钛精矿中磷的质量分数约为0.006%~0.007%,太和矿中磷的质量分数约为0.094%,都很微量。钛铁矿中的磷一般以$Ca_3(PO_4)_2$形式存在,在稀盐酸浸出时很快就分解为H_3PO_4,反应式为:

$$Ca_3(PO_4)_2 + 6HCl = 3CaCl_2 + 2H_3PO_4 \quad (4-11)$$

当钛离子解析出TiO_2时又吸附中酸液中的磷,这使产品中磷的质量分数成倍地富集。如原矿中磷的质量分数为0.007%水平,可能获得的产品中磷的质量分数可达0.015%。

在试验中发现,同为攀枝花地区的两种矿——攀枝花矿和太和矿,在相同的条件下,132℃浸取6h,却得到了非常悬殊的结果,攀枝花矿的产品中TiO_2的质量分数为90%,而太和矿的产品中

TiO_2 的质量分数仅为 52%。是不是钛精矿的结构不同呢？对此进行了 X 射线衍射分析，两种矿的 X 射线衍射图也是完全一致的。那么是什么因素对钛精矿的浸取起着如此重大的作用呢？经过反复试验查明，这就是钛精矿中万分之几的磷在起着决定性的作用。为详细了解磷的影响，在温度 132℃ 下用 20% 的稀盐酸浸取不同磷的质量分数的钛精矿，研究了不同磷含量下酸浸液中钛铁浓度随时间的变化，如图 4－7 所示。发现随着钛精矿中磷的质量分数的提高，酸浸液中钛离子开始水解的时间延后，磷的质量分数为 0.023% 时，钛离子水解开始的时间为反应后 0.5h；磷的质量分数为 0.033% 时，钛离子水解开始的时间为反应后 2h；当磷的质量分数增至 0.094% 时，在 6h 内未观察到明显水解现象。由此可以看出，钛精矿中微量磷起着抑制、延缓钛离子水解的作用，磷的质量分数达 0.094% 时，磷抑制、延缓钛离子水解的作用已比较显著。

从图 4－7 还可以看出，当钛精矿中磷的质量分数较低（见图 4－7(a)）时，酸浸液中钛离子在较短的时间内发生水解，铁离子浓度随时间延长有规律地增长，为一圆滑曲线，反应 6h 后产品中 TiO_2 的质量分数达 90%。当钛离子受到微量磷的抑制而延缓水解时，铁的浸取也受到阻滞，在铁浓度随时间变化的曲线上出现折点，但当钛离子一旦开始水解，则铁的浓度又迅速增长（见图 4－7(b)）。当磷的质量分数较高时（见图 4－7(c)），在 6h 内钛离子未明显水解，则铁的浓度随时间延长提高很缓慢，所以反应 6h 后浸出残渣中 TiO_2 的质量分数仅为 52%。钛离子的水解可促进铁的继续溶解。这一事实可能是由于钛离子水解时析出新生态的活化氢离子，并相应活化了整个盐酸中的氢离子，使降低浓度的盐酸又具有了较强的反应能力，其探讨见前。

B　除去磷的有害影响

如上所述，钛精矿中微量磷超过 0.03%（质量分数）以上时就在不同程度上起着抑制、延缓钛离子水解的作用，并相应使铁的浸取受到阻滞。这样就会导致反应时间延长，甚至达不到富

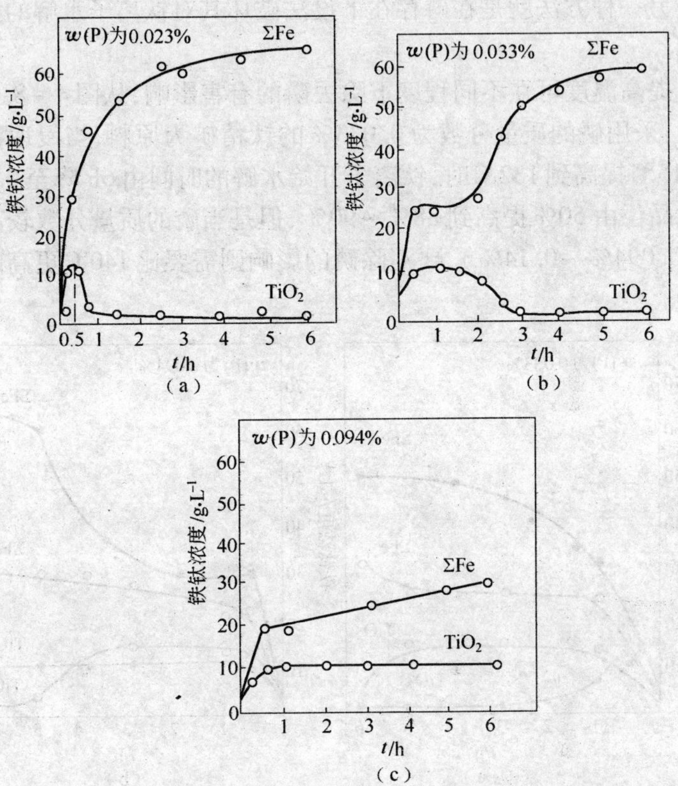

图 4-7 不同磷含量下酸浸液中铁钛浓度随时间的变化

(a)产品中 TiO_2 品位为 89%；(b)产品中 TiO_2 品位为 87%；

(c)产品中 TiO_2 品位为 52%

集钛精矿的目的。因此，探讨了各种因素对消除磷的有害影响的研究。

一种方法是预先将磷自钛精矿中除去。如用稀盐酸在室温下浸泡含磷钛精矿 1~2 天，可使磷溶解进入稀盐酸，使稀盐酸中磷的质量分数降低至 0.02% 以下。但这种方法需要增加庞大的设备，过滤困难，稀盐酸中也相应浸取了钛和铁，造成损失，在实际生产中不适用。

另一种方法就是在磷存在下设法破坏其对钛离子水解的抑制作用。

提高温度可在不同程度下除去磷的有害影响，从图 4－8 可以看出，采用磷的质量分数为 0.033% 的钛精矿为原料，当浸取温度由 115℃提高到 132℃时，钛离子开始水解的时间由 6h 降至 0.5h，产品品位由 50% 提高到 88%～90%，但是当磷的质量分数较高时（如 0.094%～0.14%），要消除磷的影响则需要比 140℃更高的温度。

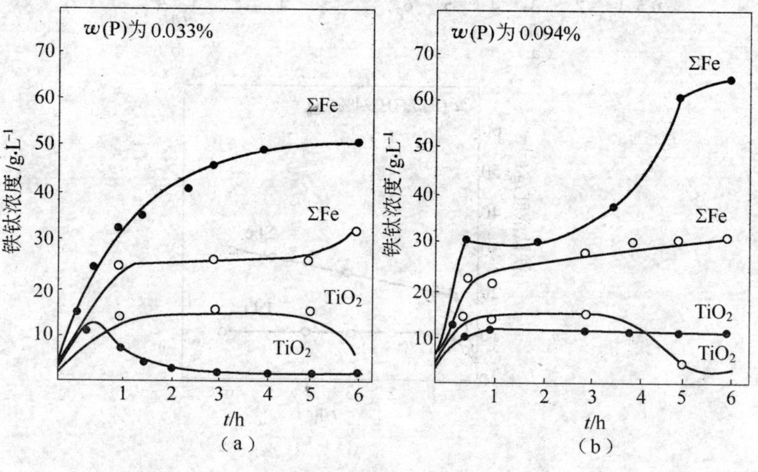

图 4－8　晶种在去除磷的影响方面的作用

（a）115℃；（b）132℃

提高稀酸的质量分数也可以除去磷的有害作用，如将酸的质量分数由 20% 提高到 24%，在相同实验条件下，反应 6h 后产品中 TiO_2 的质量分数由 52% 提高到 88%～89%。

在磷的质量分数高时，在较高温度下加入晶种可有效除去磷的有害影响，在试验所用晶种为不经干燥焙烧的富钛料，如钛精矿中磷的质量分数为 0.094%，不加晶种，即使加压至 0.2MPa（温度为 135～142℃）反应 4h，产品中 TiO_2 的质量分数也仅为 50.16%，而加入适量晶种，可将品位提高到 90%～91%（质量分数）。晶种在除磷的影响方面的作业表见表4－2。加入晶种的作用一方面是提供了晶核,可促使钛离子水解且吸附了酸浸液中的磷,从而在不同程度下促进了钛离子的水解,使铁的浸取率迅速提高。如图4－8(b)所示,磷的质量分数为0.094%时,132℃不加晶种,钛离子基本上不水解,加入晶种4h后开始水解;如图4－8(a)所示,磷的质量分数为0.003%时,115℃未加晶种时水解开始时间为5h,而加入晶种,反应0.5h后即开始水解,从而铁的浓度随时间延长也很快增长。

表4－2 晶种在除磷的影响方面的作业表

编号	太和钛精矿		酸的质量分数/%	矿酸比	表压/MPa	时间/h	晶种量/kg	产品品位(以TiO_2计)/%
	TiO_2的质量分数/%	P的质量分数/%						
1	48.15	0.094	19.95	1∶5	0.2	4		50.16
2	48.15	0.094	20.12	1∶5	0.2	4	0.2	57.3
3	48.15	0.094	19.77	1∶5	0.2	4	0.4	89.92
4	48.15	0.094	20.55	1∶5	0.2	4	0.6	91.6

综上所述,对于含磷高的钛精矿,可视具体情况适当提高酸的质量分数或适当提高温度,并采用加入晶种等方法以除去磷的有害影响,从而达到有效富集钛精矿的目的。

C 钙、镁、铝、锰、硅、硫在浸取过程中的行为

用20%(质量分数)的稀盐酸浸取攀枝花钛精矿,在不同温度下研究了MgO、CaO、Al_2O_3的浸出率随时间变化的情况。由于CaO的质量分数较低,在分析中易造成误差,因此考察了MgO + CaO总量在浸出过程中的行为。所得实验数据如图4－9所示,可看出MgO + CaO浸出率随时间延长而增长较快,提高温度,MgO + CaO浸出率有较大的增长。如110℃时反应2h后浸出率为59%,而140℃时可达90%,在110℃下反应6～8h,MgO + CaO浸出率为91%～92%,140℃反应4～6h,MgO + CaO浸出率可达95%以上。

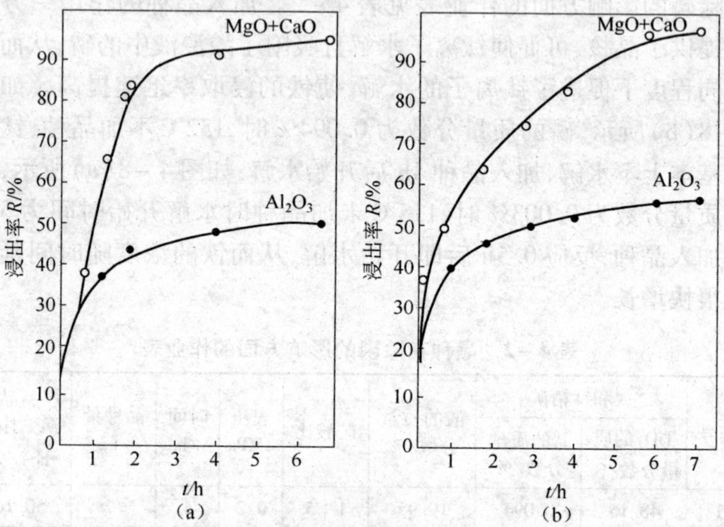

图 4－9　不同温度下酸浸液中镁、钙、铝浸出率随时间的变化

(a)140℃；(b)110℃

Al_2O_3 在反应第一小时内溶解较快，以后 Al_2O_3 浸出率随时间的延长增长较缓慢，提高温度对 Al_2O_3 浸出率的增长没有什么影响，在 110℃ 反应 6～8h，140℃ 反应 4～6h，Al_2O_3 浸出率都在 50%～60% 范围内。

Mn 在产品中分析为痕迹，在酸浸过程中已基本上全部浸取出来。

在酸浸液中用比色法鉴定 SiO_2 不显色，可认为 SiO_2 基本上不为稀盐酸所浸取，因此，在产品人造金红石中 SiO_2 几乎成倍的富集。

硫以磁黄铁矿（Fe_7S_8）、黄铁矿（FeS_2）存在于钛精矿中，在浸取过程中仅有少量，基本不为稀盐酸所浸取。攀枝花矿中硫的质量分数为 0.02% 以下，硫主要在煅烧中除去，按下式反应：

$$4Fe_7S_8 + 53O_2 \xlongequal{} 14Fe_2O_3 + 32SO_2 \qquad (4-12)$$

$$4FeS_2 + 11O_2 \xlongequal{} 2Fe_2O_3 + 8SO_2 \qquad (4-13)$$

4.1.2 BCA 稀盐酸循环浸出法

美国毕尼莱特公司发明的 BCA 稀盐酸循环浸出法早期被公认是制取人造金红石的一种先进方法，被多家工厂采用，在 20 世纪 70 年代，总生产能力已达到约 400kt/a 以上。美国克尔·麦吉公司在阿拉巴马州莫比尔厂建成一座 100kt/a 的 BCA 法人造金红石工厂，该厂虽在 2005 年关闭，但用该法在印度、马来西亚等地建了一批工厂，目前仍在运转。其原则工艺流程如图 4-10 所示。

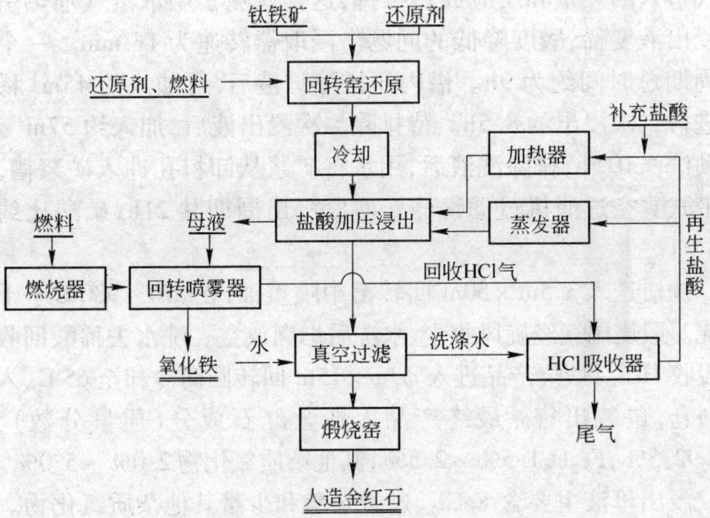

图 4-10 BCA 盐酸循环浸出法制取人造金红石原则工艺流程

BCA 法主要工序有：预还原、酸浸、过滤、煅烧和废酸再生。

TiO_2 的质量分数为 58% ~61%、Fe_2O_3 的质量分数为 30%、FeO 的质量分数为 3%，其他氧化物杂质的质量分数为 6% 的钛铁砂矿，经计量后加入 3.5m×5m 的回转窑，用 6 号重油作还原剂（用量为矿重的 3% ~6%）进行还原焙烧，在 850℃ 温度下可将 90% 的 Fe_2O_3 还原成 FeO，还原率为 80% ~95%。矿中加入 2%

左右的硫,有加速还原反应的作用。还原尾气被风机抽出,经收尘和燃烧炉还原焙烧除 CO 后,由烟囱放空。还原后的高温物料由窑头落入 2.5m×12m 的冷却圆筒中,筒外喷淋冷水将物料冷至 93℃左右,进储料仓备用。还原物料成分:TiO_2 的质量分数为 58%~61%,Fe_2O_3 的质量分数降至 4%,FeO 的质量分数升至 26%左右,其他杂质氧化物的质量分数为 9%。

还原物料在直径6.1m 的压煮球中用18%~20%(质量分数)的再生稀盐酸进行两段浸出。每次加矿量 45t,稀盐酸 64.4m^3,浸出温度为 143℃,压力约为 0.246MPa。浸出温度靠通入的稀盐酸蒸气带入的热量和反应放热维持,这样避免了用水蒸气加热引起的浸出液变稀、酸度降低的问题。浸取器转速为 1r/min。一个浸出周期总时间约为 9h。借内压排除母液后,再加入约 45m^3 稀盐酸进行二次浸出约 8.5h。待排除二次浸出液后,加入约 57m^3 水,转动洗涤 0.5h,排除洗液后,用水将矿浆从卸料孔冲入矿浆槽,再去带式真空过滤机过滤洗涤。两段浸出周期共 21h,矿酸比约为 0.3∶1。

滤饼送入 3.5m×50m 回转窑中喷重油,在 870~980℃下干燥煅烧。煅烧尾气经旋风收尘、水洗后烟囱放空。洗水去稀酸回收系统吸收 HCl。煅烧产品进入 ϕ3m×15m 回转圆筒冷却至 65℃,入成品料仓,包装出售。最终产品人造金红石成分(质量分数)为:$TiO_2$92.5%,$Fe_2O_3$1.5%~2.5%,其他杂质氧化物 2.0%~5.0%。

浸出母液主要含 $FeCl_2$、过量余酸和少量其他杂质氯化物。喷雾焙烧中,在 650℃分解,回收稀盐酸返回浸出用。吸收 HCl 后的尾气由钛质风机抽至烟囱排空。焙烧产物中 Fe_2O_3 的质量分数为 86%,TiO_2的质量分数为 4%,其他杂质氧化物的质量分数为 1%,杂质氯化物的质量分数为 9%,去填埋或供炼钢、制水泥等用。人造金红石产品是优质氯化原料,也可粉碎制成钛黄粉颜料,成为 BCA-Hi-TOX 产品。

克尔·麦吉公司的莫比尔厂有 6.1m 压煮球 11 台(1 台备用),单台生产能力为 10kt/a,设备示意图如图 4-11 所示。

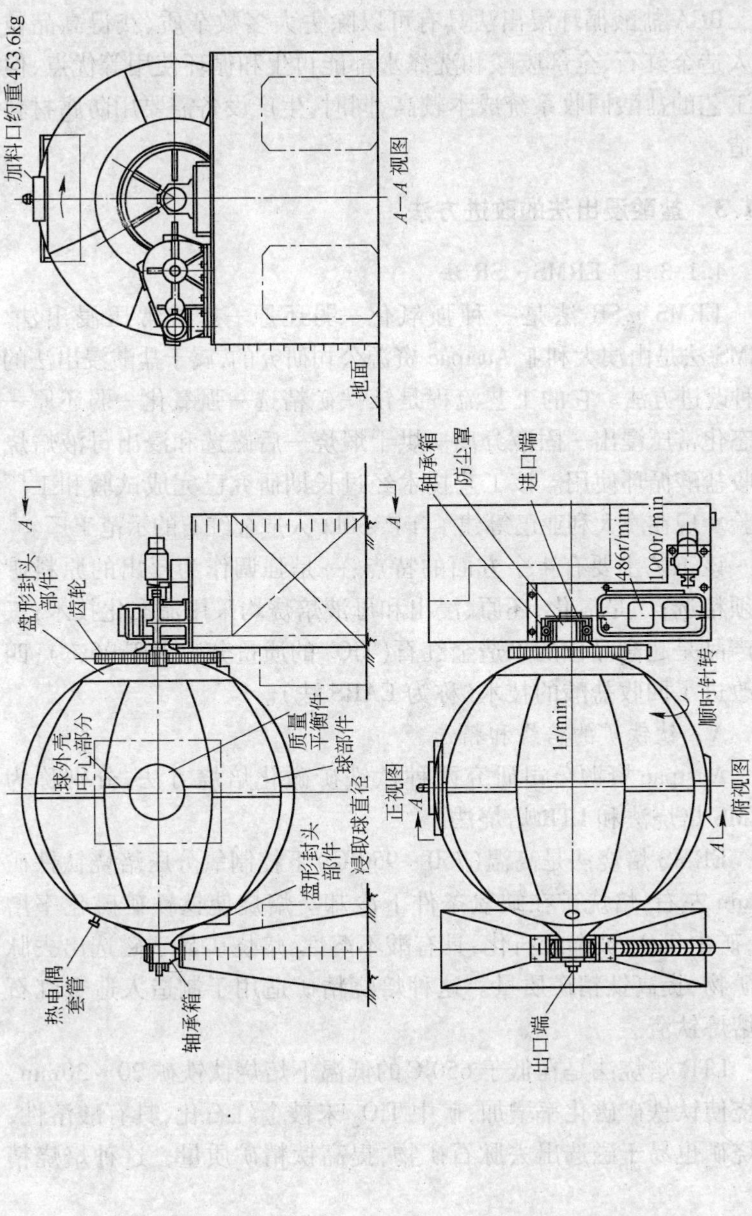

图 4-11 克尔·麦吉公司的莫比尔厂压煮浸出球设备示意图

钢制外壳内衬3层硬橡胶，再衬2～3层耐酸瓷砖，用呋喃树脂胶泥勾缝。

BCA盐酸循环浸出法具有可以除去大多数杂质、获得高品位的人造金红石、全部废酸和洗涤水都能再生和循环使用等优点，但该工艺的盐酸回收系统成本较高，同时，生产设备需要用防腐材料制造。

4.1.3　盐酸浸出法的改进方法

4.1.3.1　ERMS · SR法

ERMS · SR法是一种强氧化—弱还原—盐酸常压浸出法。ERMS法是由澳大利亚Austpac资源公司研究的，属于盐酸浸出法的一种改进方法。它的工艺流程是钛铁矿精选—强氧化—弱还原—流态化常压浸出—固液分离—烘干煅烧—后磁选和浸出母液焙烧回收盐酸循环使用。该工艺技术经过长期研究已完成试验和工厂试验。现在澳大利亚已筹建了年产30kt人造金红石的示范工厂。

该工艺主要有4个方面的特点：一是强调作为浸出的原料矿必须精选；二是氧化、还原、浸出和母液焙烧均采用流态化技术；三是产品是超高品位的人造金红石（TiO_2的质量分数大于96%）；四是改进了回收盐酸的技术（称为EARS法）。

A　钛铁矿的焙烧和精选

Austpac资源公司研究两种钛铁矿磁化焙烧方法，分别称为ERMS焙烧法和LTR焙烧法。

ERMS焙烧法是高温（750～950℃）下控制氧分压焙烧钛铁矿60min左右，焙烧矿在缺氧条件下冷却。焙烧使钛铁矿磁化率增加，矿中TiO_2被金红石化，具有酸不溶性，焙烧矿易于磁选出去脉石矿物，提高钛精矿质量。这种焙烧精矿适用于制造人造金红石或熔炼钛渣。

LTR焙烧法是在低于650℃的低温下焙烧钛铁矿20～30min，焙烧使钛铁矿磁化率增加，矿中TiO_2未被金红石化，具有酸溶性，焙烧矿也易于磁选出去脉石矿物，提高钛精矿质量。这种焙烧精矿适用于硫酸法生产钛白。

ERMS·SR 焙烧法是强氧化—弱还原焙烧，焙烧矿用于盐酸浸出法制造人造金红石。

ERMS 和 LTR 两种焙烧法的原料矿和磁选精矿化学组成的试验结果见表 4-3。

表 4-3 ERMS 和 LTR 两种焙烧法的原料矿和磁选精矿化学组成(质量分数) (%)

成分	ERMS 焙烧法				LTR 焙烧法			
	1 号		2 号		1 号		2 号	
	原料矿	磁选精矿	原料矿	磁选精矿	原料矿	磁选精矿	原料矿	磁选精矿
TiO_2	54.9	63.5	60.2	68.3	55.0	61.5	59.1	63.0
Fe_2O_3	28.5	34.2	28.5	30.4	28.6	35.4	31.8	34.3
Cr_2O_3	1.10	0.18	1.14	0.09	1.17	0.28	1.30	0.24
SiO_2	4.66	0.98	3.11	0.93	4.03	0.82	0.61	0.63
Al_2O_3	3.15	0.84	2.02	0.97	2.99	0.72	1.17	0.84
P_2O_5	0.25	0.09	0.29	0.06	0.30	0.009	0.13	0.12

B 制造人造金红石

以钛铁矿砂矿为原料经过磁选精选，精矿经过强氧化—弱还原焙烧处理后采用流态化浸出，浸出原酸的质量分数为 25%，浸出时间为 4~5h，浸出物经沉降、过滤、洗涤，然后煅烧，煅烧品再经过磁选除去未反应矿物和脉石矿物，获得高品位人造金红石产品。试验的原料和产品的化学组成及粒度分析分别见表 4-4 和表 4-5。从表 4-5 可见，钛铁矿砂矿的粒度较粗且比较均匀，因而可采用流态化浸出。

表 4-4 人造金红石原料和产品的化学组成(质量分数) (%)

成分	TiO_2	Fe_2O_3	SiO_2	Cr_2O_3	Al_2O_3	MnO	MgO	U + Th
原矿	51.0	48.6	1.48	0.05	0.75	0.35	0.86	$<4.5\times10^{-3}$
产品	97.9	0.74	0.47	0.03	0.06	0.03	0.09	$<1.1\times10^{-3}$

表 4-5　人造金红石原料和产品的粒度分析

粒度/μm	63	90	125	180	250	355	500
原矿中的比例/%	0.8	8.0	33.5	38.3	17.1	1.7	0
产品中的比例/%	0.6	5.9	41.6	40.2	10.9	0.8	0

C　EARS 法回收盐酸

BCA 法浸出母液浓度比较低，含有大量水分，这种稀母液直接喷雾高温烧结，焙烧产生的氯化氢气体被大量水蒸气和燃烧气中的氮气所稀释，体积膨胀，热损失大，热效率低，因此能耗高，回收的盐酸的质量分数低。Austpac 资源公司的强化酸再生系统（EARS），对从浸出母液中回收盐酸技术进行重大改进，浸出母液（$FeCl_2$ 含量为 310g/L）经过低温（130℃左右）预蒸发浓缩，使浓缩液 $FeCl_2$ 的含量达到 500g/L；然后在旋转干燥器中进一步蒸发水分，最终获得水的质量分数只有 12% ~14% 的氯化物固体球粒；固体球粒进入沸腾床中焙烧产生氯化氢气体，吸收成为再生盐酸，回收酸的质量分数最高可达 33%。这种方法避免大量水分在高温下蒸发而造成的大量热损失，而焙烧产生的大量过热气体用于预蒸发，使热量得到充分利用。另外，焙烧时不仅可用气体和液体燃料，也可用固体燃料（如煤）。据称，这种回收盐酸的方法与 BCA 法的喷雾方法相比，设备投资可减少 1/2，操作成本可降低 1/3。

4.1.3.2　TSR 法

TSR 法也是一种强氧化—弱还原—盐酸常压浸出法。加拿大 Tiomin 资源公司从新西兰获得人造金红石的专利技术，称为 TSR 法。这种方法也属于盐酸浸出法的一种改进方法，它与 ERMS 法具有许多相似之处，据称这种方法可用于处理许多低品位钛矿。它的工艺流程是钛铁矿经过强氧化—弱还原—流态化常压浸出—固液分离—烘干煅烧—后磁选和浸出母液焙烧回收盐酸循环使用。

Tiomin 资源公司采用五段流态化逆流浸出，其中第五段是产品的洗涤段；第四段加入质量分数为 20% 的新酸（Fe 浓度为 3 ~ 5g/L）；第二段 ~ 第三段酸的质量分数由 18.8% 降低 2% ~6%，这两段中设有浸出液的浓缩装置，以保证有较高的酸浓度；第一段是新加入的矿与低浓度酸（2%～6%）接触，最终浸出液酸的质量分数降至0.03%左右，而其中铁氯化物浓度很高（Fe浓度达180～184g/L），这种高浓度母液不经预浓缩可直接进行焙烧回收盐酸，无疑可降低盐酸回收系统的能耗。

TSR法已完成试验工厂试验和建设大型化工厂的可行性评估，据称这种方法可用于处理许多低品位钛矿，产品人造金红石品位可高达96%（质量分数）以上。

4.1.4 选—冶联合稀盐酸加压浸出法

这是1980年前后我国在攀矿钛资源综合利用过程中自行研发的加压浸出工艺，并以此命名之。它是由北京有色金属研究总院、原成都科技大学等和四川自贡东升冶炼厂协作，并在该厂进行工业试验的科研成果。

4.1.4.1 工艺原理

承前述（第4.1.1节），稀盐酸浸出原理是本工艺的基础原理。在稀盐酸浸出动力学研究中，论述了加压浸出比常压浸出在动力学上的优势。

选—冶联合稀盐酸加压浸出法特别适合处理像攀枝花钛铁精矿一类的高钙镁矿。此法能有效除去矿中的各种酸溶性杂质，如FeO、CaO、MgO、MnO等，用TiO_2的质量分数为45%～48%、CaO + MgO的质量分数为6%～8%的钛铁精矿为原料，按图4-12所示的流程处理，可生产出TiO_2品位在92%（质量分数）以上的人造金红石。

选—冶联合稀盐酸加压浸出法的基本工艺与BCA法相同，所不同的是取消了预还原，增加了前磁选和后磁选两步作业步骤。之所以不要预还原，是因为攀矿是原生矿，钛铁精矿是从选矿尾砂中选别出来的，它的低价FeO多，高价Fe_2O_3少，矿的酸溶性好，在较高温度下直接加压酸浸，铁和其他杂质的浸取率较高。又因为钙、镁、铝、硅的氧化物在钛精矿中是以石英和硅酸盐形式存在，如

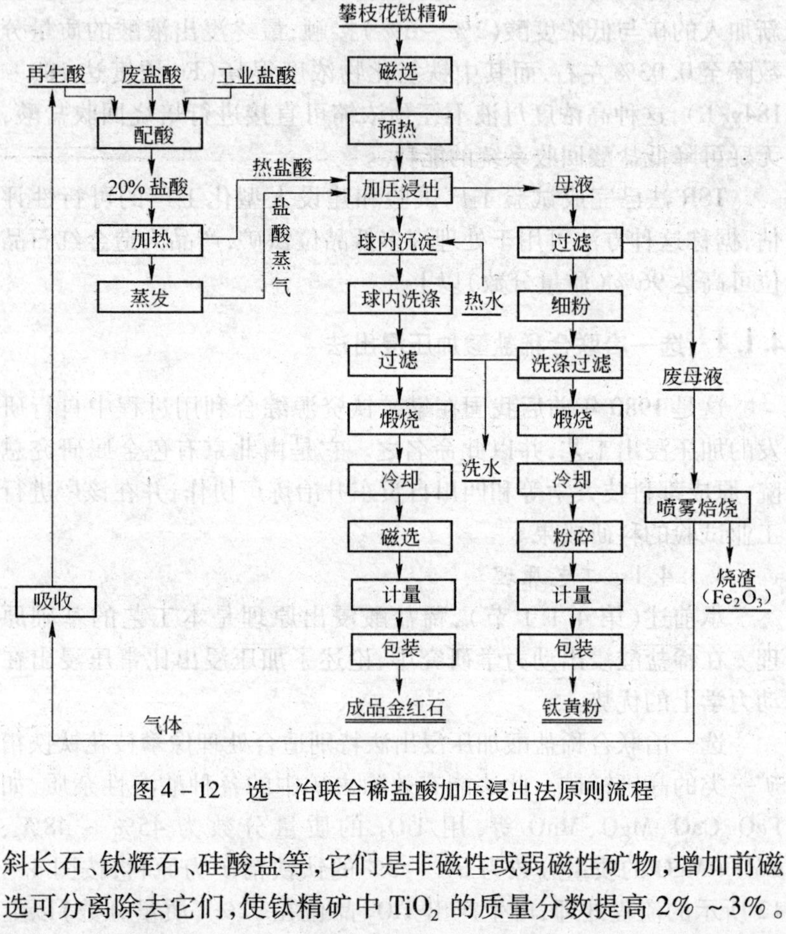

图 4－12　选—冶联合稀盐酸加压浸出法原则流程

斜长石、钛辉石、硅酸盐等，它们是非磁性或弱磁性矿物，增加前磁选可分离除去它们，使钛精矿中 TiO_2 的质量分数提高 2%～3%。煅烧入窑物料经后磁选，可进一步除去浸出时不能分解的具有弱磁性的钛辉石（TiO_2 无磁性），使金红石品位增加约 2%，提高到 94%（质量分数）左右。全流程 TiO_2 回收率约为 98%。

4.1.4.2　工艺流程

选—冶联合稀盐酸加压浸出法原则流程如图 4－12 所示。

所用设备大多是非标准湿法冶金设备。其中，关键设备是加压浸出球。该球体借鉴 BCA 工艺的压煮浸出球的经验，是由四川自贡东升冶炼厂独立研制完成的，共研制和加工出两台压煮球，直径 ϕ6m 和 ϕ3m 各一台。

以直径 ϕ3m 的球体为例，浸取球设计示意图如图 4－13 所示。球体衬里的设计为：

（1）球体。球壳和传动装置借用轻工造纸用 ϕ3m 蒸煮球的模具，按照酸浸设备技术要求增大转速改制而成，转速改成 1r/min，工作时总质量为24t，其中物料质量为9.5t，瓷砖质量为9.3t，球壳壁厚16mm、质量为5.2t，工作容积为 $10m^3$，球体壁涂耐腐蚀保护层。

（2）橡胶层。球内壁衬半硬、软、硬三层天然橡胶，厚度为4mm、3mm、3mm，保护钢壳和缓冲热应力。胶的质量为0.26t。

（3）采用宜兴非金属化工机械厂生产的耐酸耐温瓷砖衬里。

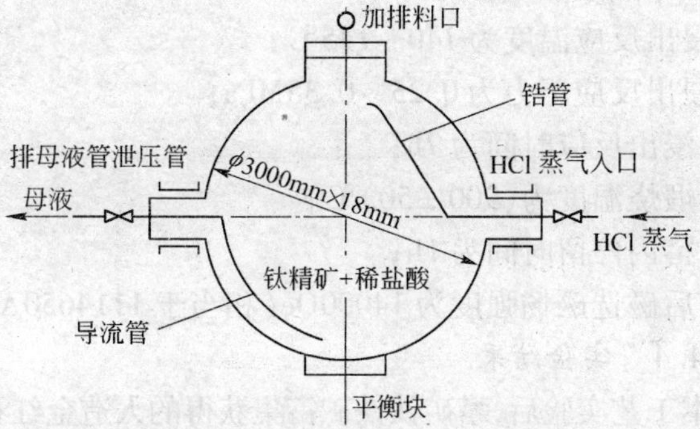

图 4－13 浸取球设计示意图

同时，又进行了衬里瓷砖设计、黏结剂的设计和试验，待壳体和多种材料备齐后施工，最终加工出浸出球。

浸出球保温性好，散热损失少。球壳外表温度 45℃（环境温度夏季室温约 28℃）。稀盐酸蒸气进料管用钽管或 Ti－0.2Pd 合金管。加料、排料管都由轴心进出球内，轴密封材料为聚四氟乙烯垫片。快开人孔盖供加矿、放料和检修用。盖与酸介质的接触面用耐酸玻璃钢制成，密封圈为氯丁橡胶，可定时更换。盐酸加热器为块孔式不透性石墨，用蒸汽加热。

研制的 ϕ3m 浸出球,工作压力 $p<0.35$MPa,工作温度为 100 ~ 150℃。经过 3 年,运转正常,符合工艺和设计的要求。

4.1.4.3　操作工艺条件

工艺技术条件为:

(1)前磁选磁场强度为粗选 3500 ~ 5000Oe(相当于 278662 ~ 398089A/m),扫选 4500 ~ 9000Oe(相当于 358280 ~ 716560A/m);

(2)矿酸比为钛精矿∶稀盐酸 = 1(t)∶3.4(m^3);

(3)入球矿预热温度大于 60℃;

(4)盐酸质量分数为 18% ~ 20%;

(5)入球热酸温度为(105 ± 2)℃;

(6)入球盐酸蒸气温度为 105 ~ 170℃;

(7)入球热酸蒸气压力为 0.35 ~ 4.0MPa;

(8)浸出反应温度为 140 ~ 145℃;

(9)浸出反应压力为 0.25 ~ 0.35MPa;

(10)浸出反应时间为 7h;

(11)煅烧温度为(900 ± 50)℃;

(12)窑内停留时间为 1h;

(13)后磁选磁场强度为 14000Oe(相当于 1114650A/m)。

4.1.4.4　实验结果

(1)本工艺实验后,攀矿钛铁矿富集获得的人造金红石,优质品(占总产品的 80.6%)中 TiO_2 的质量分数为 94.13%,CaO + MgO 的质量分数小于 0.4%;普通级品中 TiO_2 的质量分数为 87.59%,CaO + MgO 的质量分数约为 1%。选—冶联合最终金红石产品质量表(平均值)见表 4-6,最终金红石产品粒度分析见表 4-7。

表 4-6　选—冶联合最终金红石产品质量表(平均值)

产　品	占总产品比例/%	$w(TiO_2)$/%	$w(\sum Fe)$/%	$w(CaO)$/%	$w(MgO)$/%	$w(SiO_2)$/%
优质金红石	80.6	94.13	1.71	0.13	0.21	3.03
一级金红石	19.4	87.59	1.41	0.60	0.42	6.86

表 4-7 最终金红石产品粒度分析

粒度/mm(目)	>0.246 (60)	>0.175 (80)	>0.147 (100)	>0.096 (160)	>0.074 (200)	<0.074 (200)
优质金红石中的比例/%	0.83	13.9	18.15	57.61	5.36	4.15
一级金红石中的比例/%	5.58	13.26	52.76		20.98	7.42

(2)在酸浸过程中又分离出酸液中水解的 TiO_2 细粉,实现了这些细粒 TiO_2 从粗粒中分离,并将它研制成钛黄粉。这些钛黄粉成分为:TiO_2 的质量分数为 95.57%,总 Fe 的质量分数为 1.44%。并将这些钛黄粉推广到搪瓷和涂料工业中直接应用,使它比金红石有更高的效益。

(3)人造金红石车间成本为 1267 元/t。

4.1.4.5 小结

(1)选—冶联合稀盐酸加压浸出攀矿钛铁矿制取人造金红石工艺是成功的。制取的人造金红石优质品中 TiO_2 的质量分数达 94%、CaO + MgO 的质量分数小于 0.4%,是氯化冶金制取 $TiCl_4$ 的优质原料,国内市场大。这证明该工艺对攀矿钛铁矿有良好的适应性。所以也是有前途的方法。

(2)采用加压浸取球设备也是成功的。浸取球操作简单,设备容易放大。

(3)浸取工艺中将水解的 TiO_2 细粉分离出来,制取钛黄粉(TiO_2 的质量分数大于 95%)作为第二种产品,并在工业中推广应用,既因地制宜又增加效益。

(4)该工艺还应补充实验,使物料在流程内循环,完成循环经济的模式,特别要实现盐酸的再生和循环,或者实行母液的再处理及有价废物的综合利用。

4.1.5 预氧化—流态化盐酸浸出法

预氧化—流态化盐酸浸出法是 1980 年前后,在攀矿钛资源综合利用过程中,我国自行研发的稀盐酸浸出的另一种工艺。

该工艺由长沙矿冶研究院在扩大试验研究的基础上，和重庆天原化工厂等协作，并在天原化工厂进行工业级实验，同时曾在该厂建立了 5kt/a 级规模的工业生产装置。

4.1.5.1　工艺原理

盐酸浸出的反应机理是相近的，或者说是大同小异。钛铁矿浸出时要经历的反应有式(4－1)～式(4－7)。当然浸出过程的主要反应为式(4－1)。

攀矿钛铁矿是原生矿，结构致密，但其酸溶性很好，极易被盐酸直接分解。钛和铁的分解反应为式(4－1)和式(4－3)。直接酸浸时，铁和钛有良好的选择性，当采用稀浓度流态化常压浸出方式时，就获得图 4－4 的浸出结果。由此可以看出，铁优先被盐酸浸出，酸浸时的主反应为式(4－1)。但是钛也被部分酸解，这是不可避免要发生的次反应。

钛浸出时既有式(4－3)的溶解，又有式(4－4)的沉淀——多相成核发生新相新生的 TiO_2 析出，这是不可避免的。由于新相 TiO_2 粒子小，因而造成酸浸出时出现细粉 TiO_2。这就是说，粗粒的钛铁矿酸浸时获得产品人造金红石，除了保持原矿粒级产品外，还有细粒产品。这就是造成粒子粉化的原因。

研究表明有新发现，采用预氧化处理的钛铁矿经试验，完全证明了矿物经预氧化处理的优越性。图 4－14 和图 4－15 中的曲线是在 800℃ 氧化预处理过的矿石，曲线 2 是原矿，曲线 3 是在浸出原矿时添加 1%(矿重)的硫酸。从图上可以看到，预氧化矿浸出时的粉化率最低，而浸取率最高。

高温预氧化处理攀枝花钛铁矿会改变其矿物结构，从而导致矿石在酸浸过程中行为的改变。这一过程最主要的影响因素是温度。图 4－16 所示为攀矿预氧化温度对酸浸过程中的粉化现象及铁和镁的浸出情况的影响。总的看来，粉化率和铁、镁的浸取率均随氧化温度的升高而降低，但在低温区，温度对铁和镁的浸取率的影响不如对粉化率强烈；在高温区，则相反。根据这样的规律，就可以选定某一氧化物处理温度，使得粉化率较低，而又保持较高的

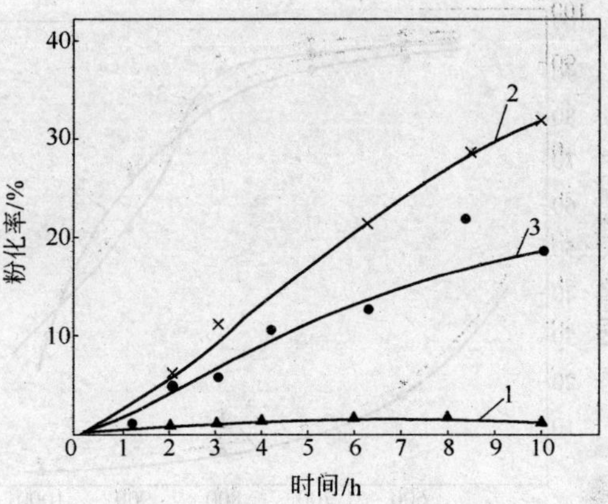

图 4-14　酸浸攀矿时各种预处理工艺的矿物粉化率对比

1—800℃氧化矿;2—原矿;3—原矿浸出时添加 1% H_2SO_4

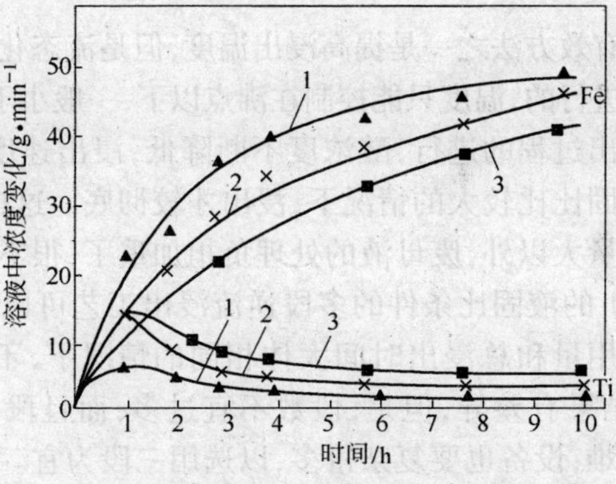

图 4-15　酸浸攀矿时各种预处理工艺的矿物浸出速度对比

1—800℃氧化矿;2—原矿;3—原矿浸出时添加 1% H_2SO_4

铁和镁的浸取率。从图上可以看出,800℃是比较理想的预处理温度,此时得到的预氧化酸浸效果很好。特别是对搅拌浸出,更要强调选取这个温度。当然,对流态化浸出而言,氧化温度可以低些,甚至低到 600℃左右效果仍佳。

钛铁矿酸浸是一个慢过程,强化这个过程是很有意义的。强化

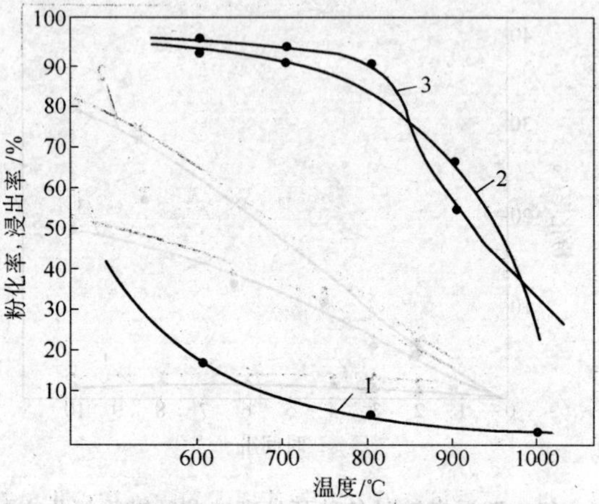

图 4-16　攀矿预氧化温度对粉化率和浸取率的影响

1—粉化率；2—Fe 浸出率；3—Mg 浸出率

这个过程的有效方法之一是提高浸出温度，但是流态化床浸出过程是在常压下进行的，温度只能控制在沸点以下，一般小于 110℃。

随着浸出过程的进行，酸浓度不断降低，浸出速度越来越慢，而且只有液固比比较大的情况下，浸出才较彻底。这样，大的液固比除了耗酸量大以外，废母液的处理负担加重了，很不经济。采用 6∶1 或 4∶1 的液固比条件的多段逆流浸出工艺可以得到满意的解决。在酸用量和总浸出时间大体相同的情况下，不同段数（逆流）的浸出结果有差异，但是，段数不宜过多，而且段数多会带来作业上的困难，设备也要复杂得多，以选用三段为宜。

盐酸浸出钛铁矿时，FeO 发生了式（4-1）的反应，同时 TiO_2 也发生式（4-3）的反应，同时又发生了水解反应式（4-4）。当采用预氧化—流态化浸出时，随着 FeO 的溶解浸出，TiO_2 的溶解似乎没有停止，尽管二氧化钛的酸浸速度比氧化铁来得慢，如图 4-17 和图 4-18 所示。

但是试验表明，不管用任何方法处置钛铁矿，矿中的 TiO_2 发生式（4-3）和式（4-4）的反应是不可避免的。也就是说，浸出时发生式（4-4）生成水解产物——新生的 TiO_2 是不可避免的。各

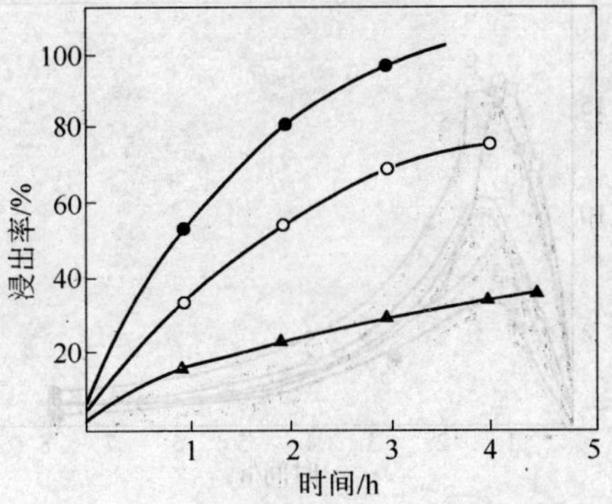

图 4－17 不同氧化温度对氧化铁的浸出率的影响

●—600℃；○—700℃；▲—800℃

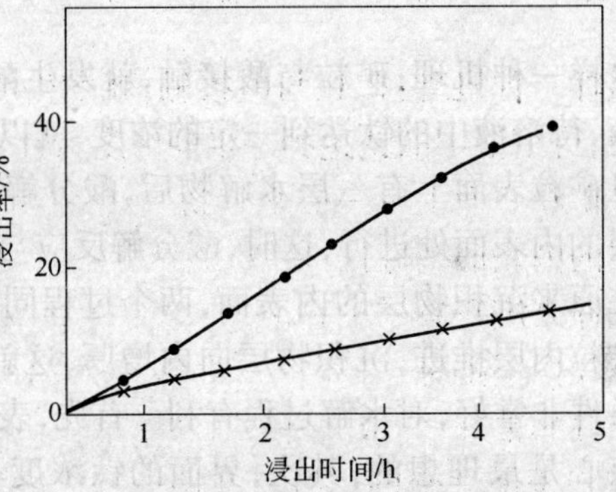

图 4－18 不同氧化温度对二氧化钛的浸出率的影响

●—600℃；×—800℃

种矿粒的浸出过程中钛的浸出曲线有相同的规律，如图 4－19 所示，浸出液中钛浸出率开始都很高，随后逐渐降低，就是上述原因。但从图中可知，经过预氧化处理的矿，钛的浸出率是最低的。

深入微观物相分析表明，产物人造金红石基本上保持原矿粒级，深入调查水解产物的去向是非常自然的事，这样才可了解到预氧化—流态化浸出工艺降低水解产物的原因。深入了解，发生式(4－4)水解反应时，钛的水解沉积大部分是在矿粒内进行的。这

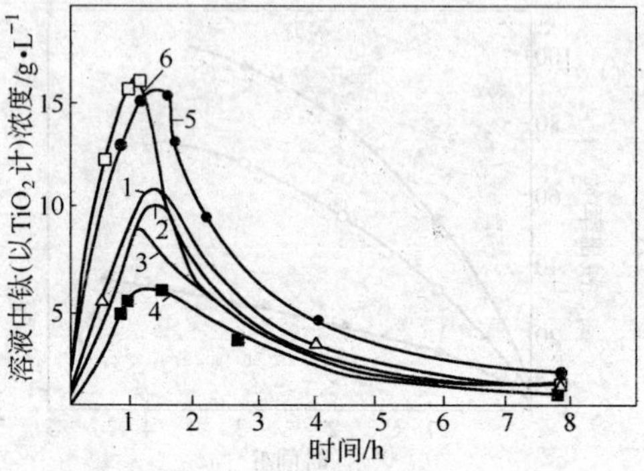

图 4 - 19　不同矿粒中二氧化钛的浸出率

1—500℃氧化(攀矿);2—600℃氧化(攀矿);3—700℃氧化(攀矿);
4—800℃氧化(攀矿);5—原矿(攀矿);6—北海矿弱还原

里可以提出这样一种机理:矿粒与酸接触,就发生酸分解,钛与铁进入主体溶液,待溶液中的钛达到一定的浓度,就以矿粒为核心水解沉积。一旦矿粒表面上有一层水解物后,酸分解钛铁矿的反应就在沉积物层的内表面处进行,这时,酸分解反应与溶解下来的钛又水解沉积在原来沉积物层的内表面,两个过程同时进行。随着反应界面向矿粒内层推进,沉积物层向内增厚,这就是内部沉积。内部沉积的条件非常好,对水解过程有利。首先,表面沉积层作为水解沉积的核心是最理想的;其次,界面的钛浓度可以达到很高(其实不必很高),酸浓度较主体溶液为低,反应热一时难于全部传出去,有较高的水解温度。因此,外部沉积一旦发生,浸出过程就顺利地进行。氧化预处理改变了矿物的结构(尤其是表面结构),生成的金红石微晶比钛铁矿更有利于水解产物的沉积。生成的产品结合力更强,不易机械破坏。在搅拌浸出中,要求氧化温度为 800℃,温度低了粉化严重,就是这个原因。

由以上分析可知,外部沉积有利于降低粉化,因为溶解的二氧化钛又沉积到矿粒上,不至于造成均相成核而水解粉化。但是,外部沉积有可能造成粉化的根源,当外部沉积刚进行时,有一定强度的外力作用,如搅拌、矿粒间的碾磨以及高速溶液流的冲击等,使得附着不牢的沉积物不断冲刷下来，形成矿粒的粉化。如果这两个过程同时存在于浸出过程的始终，那么粉化就十分严重，这就是原矿直接搅拌浸出的原因。当外部的冲刷力小于附着力时，外部沉积层就被保存下来，这时就开始内部沉积。在一定搅拌强度下，随着颗粒的减小，溶液中固体浓度的降低，溶液性质的改变，外部的冲刷力就有可能小于附着力，保持一定的颗粒度。

根据这样的道理，在浸出工艺中，粉化现象是难以绝对避免的，只是在量上的差别而已。采用流态化浸取可降低粉化率。

4.1.5.2　工艺流程和设备

按小型试验结果，设计了将攀矿钛铁矿经预氧化处理后，用稀盐酸（HCl 的质量分数为 20%）三段流态化浸出工艺。

使用的原料是渡口钛铁矿，成分（质量分数）是：$TiO_2$46.43%、（MgO + CaO）7.1%。

氧化预处理流态化三段盐酸浸出钛铁矿的工艺流程如图 4-20 所示。

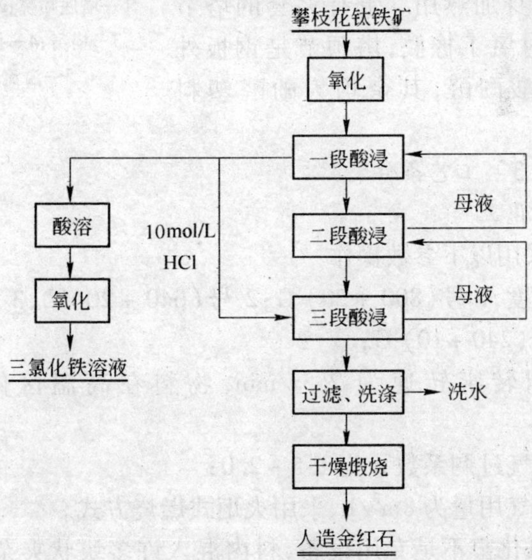

图 4-20　氧化预处理流态化三段盐酸浸出钛铁矿的工艺流程

第一段酸浸用第二段浸过的母液，第三段浸出的母液提供给第二段浸出，第一段浸出的母液(简称尾母液)，其中一部分(约占体积的 44%)加新酸(10mol/L)，使游离酸浓度达到 6mol/L，体积为 400L，供第三段浸出。第三段浸出的母液大部分储存在循环槽内，有小部分与料一起放到过滤器里，经抽滤，再将这部分的过滤母液用泵打回循环槽，供第二段浸出用，约有 56%(体积分数)的尾母液送三氯化铁车间，制造三氯化铁溶液。该矿粒溢出，因此采用图 4－21 所示的塔形流态化浸出器是合适的。

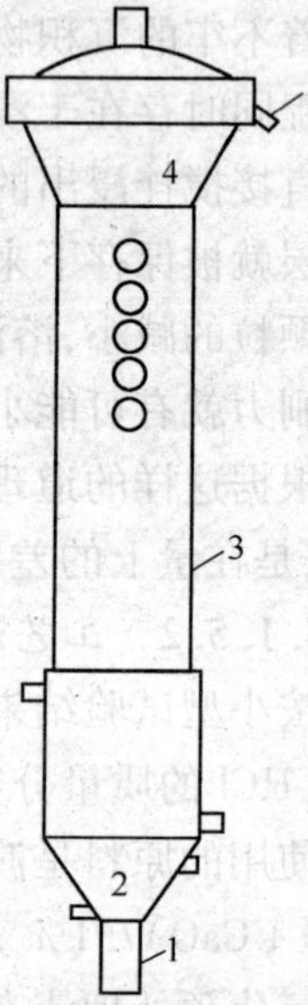

图 4－21　流态化浸出塔
1—塔底喷嘴；2—锥体；
3—塔身；4—扩大段；
5—溢流口

塔身设有 5 个孔，供测温、取样及排放上清液用，塔部的两个塔节带有蒸汽夹套，供塔身加热用。带有夹套的塔节是铁壳内衬氯丁橡胶，塔顶节是钢板外壳内衬耐酸酚醛，其余均为酚醛塑料制成。

4.1.5.3　工艺条件

A　氧化

氧化窑采用以下参数操作：

(1)温度，1 号(800 + 20)℃；2 号(640 + 20)℃，3 号(400 + 15)℃，4 号(240 + 10)℃；

(2)回转窑转速为 2.5r/min，物料在高温区停留时间为 15min；

(3)空气过剩系数 n 为 1.5 ~ 2.0；

(4)煤气用量为 $8m^3/h$，采用火炬式燃烧方式。

由于氧化窑不是专用设备，料内混入许多块状夹杂物，用 55 目(0.266mm)筛子筛过。

预氧化过程获得如下指标：

(1)日处理量为2.4t(矿)，产能为11t/(d·m^3)；

(2)热耗为837.2MJ/t(矿)；

(3)钛实收率为99%。

B 流态化浸出

前面说过，钛铁矿盐酸浸出是一个化学控制的多相反应，介质流速对浸出速度影响不显著，但对流态化状态影响较大，在浸出过程中，由于矿粒的密度发生变化，溶液的黏度和密度也发生变化，应按照实际情况调整溶液流速。经过反复调试，各段流速以采用下列范围为宜：第一段，0.391 ~ 0.466cm/s；第二段，0.335 ~ 0.391cm/s；第三段，0.297 ~ 0.335cm/s。

作业温度控制得高一点为好。第一段以109 ~ 110℃为宜，第二段以107 ~ 1109℃为宜，第三段以106 ~ 108℃为宜。

矿酸比以1∶4为好。

4.1.5.4 氯化铁废液处理(1)

本工艺产生大量含 $FeCl_3$ 废母液，必须认真处理。如果处理得当，既可以变废为宝，增加经济效益，又可以减少环境污染，使工艺流程封闭，物尽其用，这样才符合科学发展观。

已研究过有两种工艺方法处理。第一种是长沙矿冶研究院研究的联合法处理氯化铁废液生产铁红和卤水工艺，后达到半工业试验规模进行试验。

联合法处理氯化铁废液生产铁红和卤水流程主要特点为，铁红的生产采用三氯化铁作晶种，生产铁红后的氯化铵滤液在蒸氨槽中加入菱苦土蒸氨，这样氨实现封闭循环使用，既减少氨耗又副产了卤水。工艺流程如图4-22所示。

A 制备铁红

用氯化铁溶液生产铁红，在原理上与传统的铁皮法不同。氯化铁溶液需预先加入少量铁屑进行还原和降低游离酸，使溶液中的 Fe^{3+} 变成 Fe^{2+}。反应为：

$$2Fe^{3+} + Fe \longrightarrow Fe^{2+} \qquad (4-14)$$

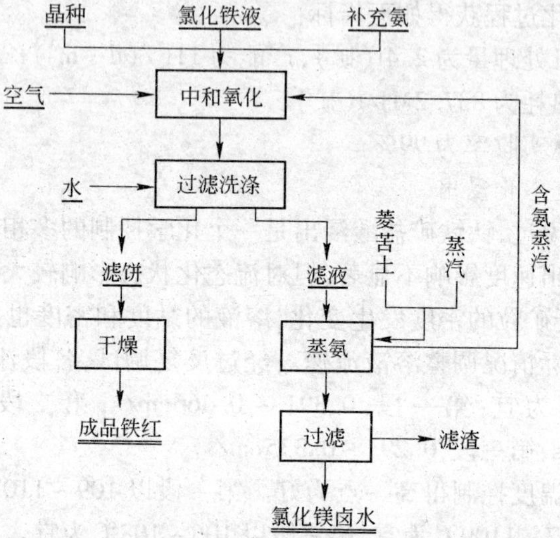

图4－22 联合法处理氯化铁废液工艺流程简图

在氧化中和槽中，预先加入晶种，在搅拌和鼓入空气的情况下，加入二氯化铁溶液和氨。Fe^{2+}被氧化并以水合氧化铁形式沉积在晶种上面，反应为：

$$4Fe^{2+} + O_2 + 8NH_4OH \longrightarrow 4FeOOH + 8NH_4^+ + 2H_2O \tag{4-15}$$

在氧化中和的同时，沉积的氧化铁发生晶型转变，开始为β-FeOOH（四方纤铁矿），很快转变为α-FeOOH（针铁矿），然后逐渐转变成α-Fe_2O_3（赤铁矿）。赤铁矿呈鲜艳的紫红色相。由于由针铁矿转变为赤铁矿的速度较慢，而且受晶种制备和槽中条件的影响，而在某些情况时，得出的产品不是纯正的赤铁矿。也就是说，针铁矿没有完全转变成赤铁矿，而有不同程度的残留。针铁矿呈黄色，通常说带黄相，就是这个缘故。针铁矿残留越多，黄相越显著。但针铁矿是不稳定的，在使用过程中会继续向赤铁矿转变。因此，用带黄相的铁红配制面漆时，漆膜的颜色会随时间延长而略有变化。

B 蒸氨

氯化铵与氢氧化镁的反应为下列可逆反应：

$$2NH_4Cl + Mg(OH)_2 \rightleftharpoons MgCl_2 + 2NH_4OH \qquad (4-16)$$

溶液中的氯化镁、氢氧化铵和氯化铵构成平衡：

$$K = \frac{C_{MgCl_2} \cdot C_{NH_4OH}^2}{C_{NH_4Cl} \cdot C_{Mg(OH)_2}}$$

如果增加溶液中氢氧化铵的浓度，反应式(4－16)向左移动，同时会发生氯化镁浓度减少，氯化铵浓度增加，并产生氧化镁沉淀。反之，降低氢氧化铵的浓度，反应式(4－16)向右移动。所以蒸氨过程的实质，是在菱苦土存在的情况下，通过加热使反应生成的氢氧化铵分解并进入气相。

C 实验结果

(1)用本法处理盐酸浸出攀枝花钛铁矿的氯化铁废液，充分利用了废液中的铁、镁和氯根。

(2)氯化铁废液采用中和氧化—蒸氨生产铁红和卤水，循环利用氨水，使氨耗显著降低，提高了经济效益。原料单耗比上海氧化铁颜料厂低。

(3)采用三氯化铁晶种法，铁红质量好，原材料费用大幅度下降，操作简单可靠。

(4)最佳工艺条件：在三氯化铁晶种存在条件下，中和氧化过程中，二氯化铁加料速度为 Fe^{2+} 0.04g/L 左右，温度在 80～85℃，风量为 1L/min 左右，氨水加入量由 pH 值控制，开始 1h 控制 pH 值在 3.5 左右，以后控制 pH 值在 3.5～4，蒸氨时温度大于 103℃。

(5)处理废酸母液的副流程较长，而且最终产物为铁红和 $MgCl_2$ 卤水。除铁红外，$MgCl_2$ 卤水用途不大。因此，该工艺要进一步实现工业化生产，就必须要解决 $MgCl_2$ 卤水的问题，否则它就会成为“三废”，要进一步解决该废液的处理问题就会增加产品的成本并造成环保难题。

4.1.5.5 氯化铁废液处理(2)

氯化铁废液处理第二种方案是重庆天原化工厂制备液体三氯

化铁作为净水剂的实验，工艺流程如图 4-23 所示。

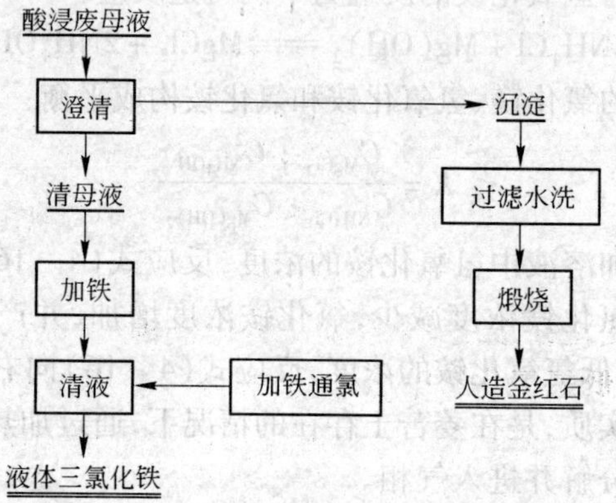

图 4-23 废液制备三氯化铁工艺流程

酸浸废母液首先经过澄清分离细粉料，然后再澄清母液中加入废铁中和至 pH 值为 4~5 之间，相对密度为 1.25~1.35，并用泵打入化铁池继续加废铁反应，最后流入三氯化铁循环池同氯反应，不断循环以提高三氯化铁浓度直至相对密度达到 1.5(70℃)，产生化学反应式为：

$$2FeCl_2 + Cl_2 \xlongequal{\quad} 2FeCl_3 \tag{4-17}$$

实验结果：该工艺的实行是副产物 $FeCl_3$ 必须能直接销售方可执行。按现实情况来说，把液体 $FeCl_3$ 作为水质净化剂，每个地方销路都有限，所以只能按需定产。

4.1.5.6 小结

(1)实验表明，预氧化—流态化盐酸浸出法工艺浸出攀枝花钛铁矿是可行的，建成了年产 400t 规模的工业试验车间，运转 4 个月，产出人造金红石 88.5t。产品人造金红石平均品位为：TiO_2 的质量分数为 90.36%，总 Fe 的质量分数为 1.44%。这为扩大实验规模提供了依据。

(2)人造金红石粉化率为 0.43%~0.58%，平均为 0.49%，这说明该工艺实现了产品仅有轻微粉化。

(3)人造金红石成本为1257元/t。

(4)人造金红石产品质量举例见表4－8和表4－9。

(5)处理废酸母液的副流程较长，流程处理后的副产物($MgCl_2$卤水)不理想。建议重新设计，副产物$FeCl_2$应能在流程内闭路循环，可以借鉴第1章中谈到的武钢公司引进的含$FeCl_2$和$FeCl_3$废酸液处理技术和设备。

表4－8 金红石产品成分举例

成分	TiO_2	Fe_2O_3	MgO	CaO	SiO_2	Al_2O_3	S	P	C
质量分数/%	91.07	1.93	0.54	0.57	4.16	0.36	0.14	0.008	0.012

表4－9 金红石产品粒度分析(质量分数)

筛网/mm(目)	>0.370 (+40)	0.246～0.370 (－40～+60)	0.175～0.246 (－60～+80)	0.147～0.175 (－80～+100)	0.121～0.147 (－100～+120)
比例/%	1.0	1.5	19.0	2.7	22.8

筛网/mm(目)	0.109～0.121 (－120～+140)	0.096～0.109 (－140～+160)	0.084～0.096 (－160～+180)	0.074～0.084 (－180～+200)	<0.074 (－200)
比例/%	19.9	19.7	2.7	1.8	9.0

4.1.6 浓盐酸浸出法

美国浓盐酸浸出法又称为华昌法。印度德兰加德拉化学公司引进美国技术，于1970年在萨赫巴拉建成一座25kt/a的人造金红石厂，后来扩建到60kt/a生产能力。

1975年，我国成都工学院和重庆天原化工厂等单位协作，并在重庆天原化工厂进行了中间实验，采用浓盐酸直接分解攀矿钛精矿制取人造金红石。

4.1.6.1 浓盐酸浸出原理

浓盐酸浸出和稀盐酸浸出相比，浸出原理大同小异。

浓盐酸浸出常使用的盐酸浓度为31%（HCl的质量分数）。攀矿钛精矿是风化程度极低的原生矿，结构致密，钙镁含量高，极易被盐酸直接分解，特别是浓盐酸。盐酸浓度高时酸解能力特别强。

和稀盐酸相比，浓盐酸浸出时能将钛铁矿中大多数组分都分解，即FeO和各种杂质均能发生式(4-1)、式(4-2)、式(4-5)~式(4-7)等的反应，这便是大同。

和稀盐酸相比，浓盐酸浸出时盐酸的酸解能力更强。盐酸对FeO和TiO_2两组分的浸出速度是相近的，差异不大，看不出浸出的选择性，这就是小异。

稀盐酸浸出时，$FeO \cdot TiO_2$中TiO_2的酸分解仅是部分酸解，产生了式(4-3)和式(4-4)的反应。此时，矿物中的TiO_2酸解过程为：

$$TiO_2 \rightarrow TiOCl_2 \rightarrow TiO_2 \cdot xH_2O$$

中间产物$TiOCl_2$是氯氧化物，氯化程度低。

浓盐酸浸出时，$FeO \cdot TiO_2$中TiO_2的酸分解是全分解。此时，矿物中的TiO_2酸解过程为：

$$TiO_2 \rightarrow TiOCl_2 \rightarrow TiCl_4 \rightarrow TiO_2 \cdot xH_2O$$

中间产物$TiCl_4$是高价氯化物，再逐渐发生水解。浓盐酸浸出时，钛铁矿主要发生下列反应：

$$FeO \cdot TiO_2 + 4HCl = TiOCl_2 + FeCl_2 + 2H_2O \quad (4-18)$$

$$TiOCl_2 + 2HCl = TiCl_4 + H_2O \quad (4-19)$$

同时发生下列水解反应：

$$TiCl_4 + H_2O = TiOCl_2 + 2HCl \quad (4-20)$$

$$TiOCl_2 + (x+1)H_2O = TiO_2 \cdot xH_2O + 2HCl \quad (4-21)$$

浓盐酸浸出时反应速度快，表明TiO_2不是原始颗粒，而是新生的水解粒子沉淀物。

浓盐酸浸出时浸出速率增大，获得的产品品位也能增高。

4.1.6.2　工艺流程

实验使用HCl的质量分数为31%的浓盐酸对西昌钛铁矿

(TiO_2 的质量分数为 48.1% ~48.8%)进行浓盐酸浸出。

浓盐酸浸出闭路循环的工艺简明流程如图 4-24 所示。酸浸工艺条件:酸过量 10%;反应温度为 108~110℃;保持沸腾温度 6h;可使用粗粒矿,小于 0.246mm(-60 目)。

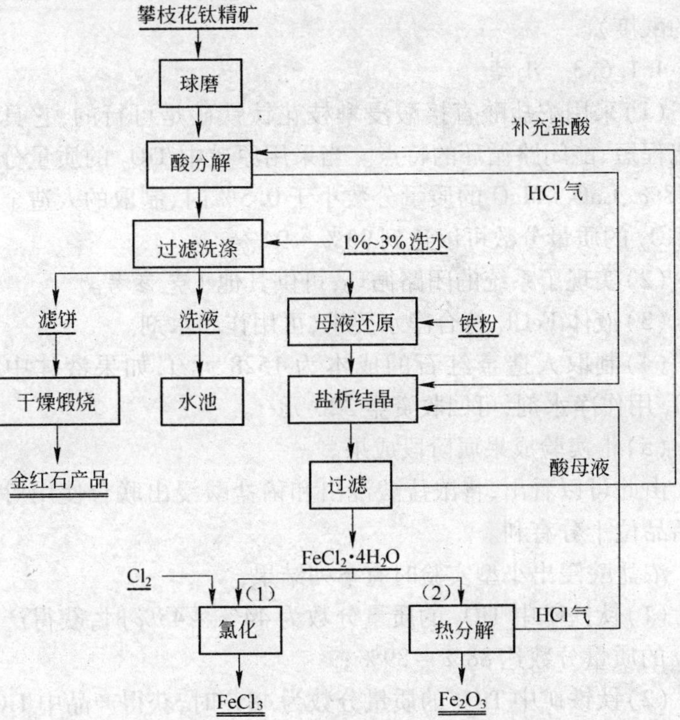

图 4-24 浓盐酸浸出闭路循环的工艺简明流程

该工艺流程的突出特点是,在浸出液中废母液有少量的 $FeCl_3$,采用还原—盐析结晶工序分离沉淀出来,实现了该工艺的闭路循环。

浓盐酸浸出正常时,浸出物中铁以 $FeCl_3$ 和 $FeCl_2$ 两种形态存在,少量的 $FeCl_3$ 在溶液中溶解度很高,必须加入铁屑或铁粉,使其还原:

$$2FeCl_3 + Fe = 3FeCl_2$$

当将 HCl 气通入该酸母液中时，可使亚铁以 $FeCl_2 \cdot 4H_2O$ 的形式结晶析出，随后便可过滤除去。

实验表明，所需的铁量取理论过量 5% ~8%，酸分解过程中排除的 HCl 气占加入 HCl 的 35% 左右（它将用于盐析结晶提高母液的酸度）。

4.1.6.3　小结

(1)采用浓盐酸直接酸浸攀枝花钛铁矿是可行的，它具有工艺流程短、能闭路循环的特点。当采用原矿中 TiO_2 的质量分数大于 48%、CaO + MgO 的质量分数小于 0.5% 时，制取的人造金红石中 TiO_2 的质量分数可以达到 93% ~94%。

(2)实现了系统的闭路循环，可供其他工艺参考。

(3)液体 $FeCl_3$ 符合净水要求，可用作净水剂。

(4)制取人造金红石的成本为 1528 元/t，如果液体中液体 $FeCl_3$ 用作净水剂，可回收资金 320 元/t。

(5)本实验成果属阶段成果。

由此可以看出，将浓盐酸浸出和稀盐酸浸出联合使用对提高产品品位十分有利。

浓盐酸浸出小型实验时有下列结果：

(1)钛铁矿中 TiO_2 的质量分数为 44% ~45% 时，获得产品中 TiO_2 的质量分数达 88% ~89%；

(2)钛铁矿中 TiO_2 的质量分数为 48% 时，获得产品中 TiO_2 的质量分数达 92%；

(3)钛铁矿中 TiO_2 的质量分数为 50% 时，获得产品中 TiO_2 的质量分数达 95%。

4.1.7　盐酸浸出法处理攀矿经验总结

自从我国开展了攀矿钛铁矿富集工艺的全面实验和研发实践，使大家从整体上提高了对富钛料制备工艺的认识。由于攀矿本身的缺陷——属一种有复杂成分的致密岩矿，品位低。经过有

针对性的试验,并在吸取国外经验后,有下列经验:

(1)在众多的富集工艺中,盐酸浸出法是处理攀矿钛铁矿富集能力最强的工艺方法。最好的人造金红石质量是达到优质品,产品中 TiO_2 的质量分数大于 94%,CaO + MgO 的质量分数小于 0.4%。

(2)在盐酸浸出法中,稀盐酸浸出研究较多。稀盐酸比浓盐酸价廉易得,可利用当地的废酸。而加压浸出可提高浸出效率和提高人造金红石 TiO_2 的品位。

(3)我国自行研发的工艺存在缺陷,即没有实现 HCl 的循环,或者没有达到废副产品实用化。欲达到工业化生产,这是必须要解决的关键问题。这也是必须要进一步完善的步骤。

4.2 硫酸浸出法

4.2.1 石原法

日本石原产业利用硫酸法生产钛白排出的废酸(H_2SO_4 质量分数为 22% ~23%)浸出钛铁矿生产人造金红石,所以称为石原法。该公司建成的用这种方法生产人造金红石工厂的产能达 150kt/a。该法的工艺流程如图 4-25 所示。

日本石原法采用印度高品位钛矿(氧化砂矿),矿中的铁主要以 Fe^{3+} 形式存在。该法是先将矿中的 Fe^{3+} 还原为 Fe^{2+},然后用稀硫酸加压浸出溶解矿中的铁等杂质而使 TiO_2 富集,主要包括还原、加压浸出、过滤和洗涤、煅烧等作业。

(1)还原。还原窑尺寸为 3.7m×50m,以石油焦为还原剂将矿中的 Fe^{3+} 弱还原为 Fe^{2+},在窑内进行下列反应:

$$C + 1/2O_2 = CO \qquad (4-22)$$

$$Fe_2Ti_3O_9 + CO = 2FeTiO_3 + TiO_2 + CO_2 \qquad (4-23)$$

还原温度为 900 ~ 1000℃,还原产物中的 Fe^{2+} 应占总铁的 90% 以上。还原料在冷却窑中冷却至 80℃ 出料,除去残焦的还原矿作为下步浸出的原料。

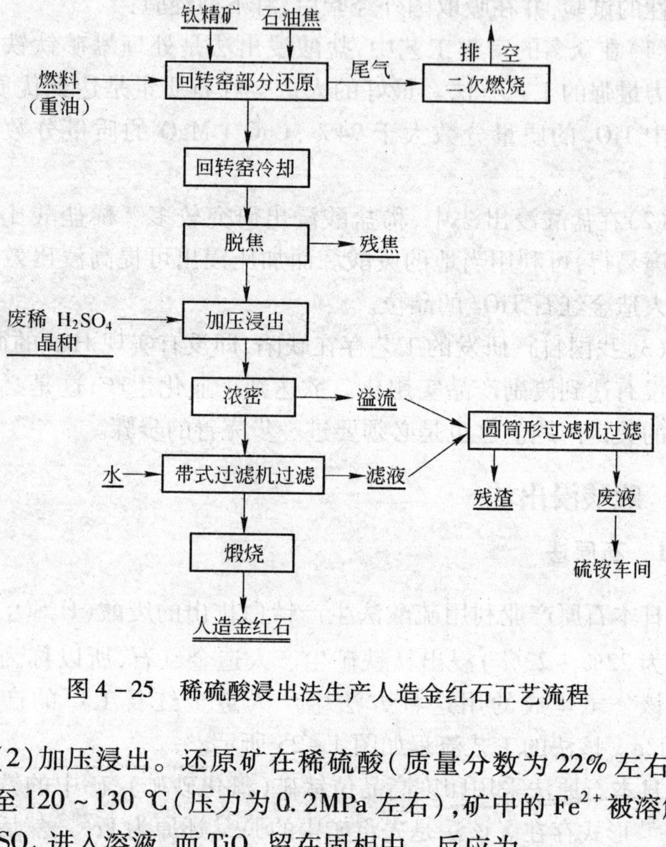

图 4－25　稀硫酸浸出法生产人造金红石工艺流程

（2）加压浸出。还原矿在稀硫酸（质量分数为 22% 左右）中加热至 120～130 ℃（压力为 0.2MPa 左右），矿中的 Fe^{2+} 被溶解生成 $FeSO_4$ 进入溶液，而 TiO_2 留在固相中。反应为：

$$FeTiO_3 + H_2SO_4 = FeSO_4 + TiO_2 + H_2O \qquad (4-24)$$

在酸浸过程中，TiO_2 也部分被溶解而后又沉淀析出，加入 TiO_2 水合胶体溶液作为晶种可扩大固液两相间的浓度差，从而可加速铁的浸出速度和增加浸出率，也有助于控制产品的粒度，减少细粒产品。因为硫酸的浸出效果较盐酸差，一次浸出物中含有部分浸出不完全的矿物，这部分矿物返回还原或浸出作业重新处理。

浸出设备：立式搅拌反应器，尺寸为 $\phi2.0m \times (2.5 \sim 2.8)m$，钢壳，内衬耐酸砖，共 4 台。

操作条件:浸出剂为含22%～23%(质量分数)H_2SO_4的废酸,温度为130℃,压力为0.13～0.2MPa(约1.3～2kg/cm²),浸出过程温度通过通入水蒸气维持,当酸度降至10%(质量分数)H_2SO_4时,停止浸出。

(3)过滤和洗涤。浸出后的产物经固液分离,分离出的固相经洗涤即为富钛料,分离出的液相是含有$FeSO_4$的滤液,用于制取硫酸铵和氧化铁红:

$$3FeSO_4 + 6NH_3 + (n+3)H_2O + 1/2O_2 = 3(NH_4)_2SO_4 + Fe_3O_4 \cdot nH_2O \quad (4-25)$$

(4)煅烧。煅烧是除去富钛料中的水分和脱硫,煅烧温度为900℃左右,煅烧品经冷却后,包装为产品。

(5)硫酸亚铁的利用。滤液是含$FeSO_4$的废酸液,硫酸的质量分数达5%,结晶后得到副产品$FeSO_4$。含硫酸的母液返回使用,或者用作制取石膏的原料。$FeSO_4$还可以用作制取硫铵和氧化铁。硫铵可作化肥,而氧化铁可作炼铁原料。

日本石原法所用的钛精矿原料和人造金红石产品的典型成分见表4-10。

表4-10 日本石原法所用的钛精矿原料和人造金红石产品的典型成分(质量分数) (%)

成分	原料	产品		成分	原料	产品	
	印度钛精矿	普通人造金红石	焊条用人造金红石		印度钛精矿	普通人造金红石	焊条用人造金红石
TiO_2	59.62	96.1	95.9	MnO	0.48	0.03	0.03
FeO	9.47			P_2O_5	0.14	0.17	0.05
Fe_2O_3	24.62	1.7	1.85	V_2O_5	0.2	0.20	0.21
Al_2O_3	1.32	0.46	0.35	SiO_2	0.7	0.50	0.48
Cr_2O_3	0.16	0.15	0.18	ZrO_2	0.86	0.15	0.16
CaO	0.09	0.01	0.01	SO_3		0.03	0.03
MgO	0.28	0.07	0.05				

此方法的特点是：

（1）有效地利用硫酸法钛白生产排除的废稀硫酸，采用低浓度、低温酸浸，产品成本低；

（2）对过程中的“三废”集中处理，基本无污染；浸出后废酸液（含较多 $FeSO_4$ 和100g/L H_2SO_4）可用多种方法处理，可予以综合利用。

过程总回收率为91%。产品人造金红石品位高（TiO_2 的质量分数大于95%），杂质少，粒度与天然金红石相似，是氯化法钛白生产的优质原料。除部分自用外，还有部分出口（如出售给美国SCM、Keer McGee公司），由于质量好深受用户好评。

4.2.2　硫酸浸出攀枝花钛精矿

2000年，北京有色金属研究总院和攀枝花钢铁研究院合作，对硫酸浸出攀枝花钛精矿进行了实验室小试和扩试。试验表明，原矿需经过氧化和弱还原（$Fe^{3+} \rightarrow Fe^{2+}$）预处理，浸出酸的质量分数要求大于30%，才能取得较好的浸出效果，硫酸浸出攀枝花氧化—弱还原矿的实验结果见表4-11。试验获得了 TiO_2 的质量分数大于90%、钙镁氧化物的质量分数小于1.2%的粗粒人造金红石，其粒度与原矿粒度基本相同。

表4-11　硫酸浸出攀枝花氧化—弱还原矿的实验结果

编号		1	2	3
浸出条件	加入矿量/g	400	400	4500
	浸出液硫酸质量分数/%	30	35	35
	液固比/mL : g	3.75 : 1	3.75 : 1	3.75 : 1
	浸出温度/℃	140	140	140
	浸出时间/h	10	10	10
为反应完全矿占原矿比例/%		11.6	5.2	5.2
粗粒产品产率/%		91.4	44.2	93.0
细粒产品产率/%		8.6	55.8	7.0

续表 4－11

编　号	1	2	3
粗粒产品品位(以 TiO_2 计)/%	92.27	92.27	93.81
细粒产品品位(以 TiO_2 计)/%	83.07	95.55	85.70

4.2.3 硫酸浸出法总结

(1)该法如果使用优质的钛铁矿砂矿,可以制取优质的人造金红石。

(2)该法可以利用硫酸法浸出钛白工艺的废酸,可以达到废物利用,提高经济效益。

(3)该法富集钛铁矿能力属中等,用该法处理攀矿只能获得品位为83%～93%(质量分数)的人造金红石,尚未被攀枝花利用作为富集的工业方法。

4.3 三氯化铁浸出法

三氯化铁浸出法是将钛铁矿中的氧化铁先强还原为铁,再用 $FeCl_3$ 液浸出除铁,而使 TiO_2 富集。其中一种工艺流程如图 4－26 所示,简明工艺过程介绍如下。

过程的第一阶段为强还原,完全和锈蚀法相同。过程第二阶段是将经碳还原处理后的钛铁矿用 $FeCl_3$ 溶液浸出除铁,反应为:

$$2FeCl_3 + Fe \xlongequal{\quad} 3FeCl_2 \qquad (4-26)$$

在浸出过程中,铁转入 $FeCl_3$ 溶液中,浸出速率比较大。浸出结束后进行固液分离,用10%的酸液洗涤 TiO_2 固相富集物,再过滤、水洗和干燥,即为成品人造金红石。产物中约含25%的低价氧化物 Ti_2O_3。浸出液在适宜的温度下,通入氯气使 $FeCl_2$ 氯化成 $FeCl_3$,并循环使用。同时,应从浸出液中排出一部分高纯 Fe_2O_3,用作诸如生产铁粉等特殊用途。

这也是一种富集能力弱的工艺方法,尚未被工业应用。

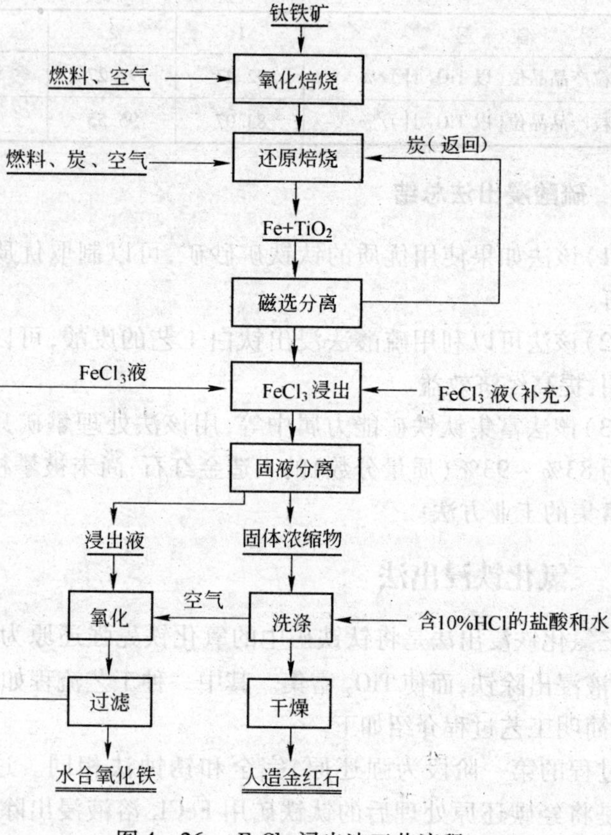

图 4-26 $FeCl_3$ 浸出法工艺流程

4.4 还原锈蚀法

Becher 法,即还原锈蚀法,是一种选择性除铁的方法。它首先将钛铁矿中的铁氧化物经固相还原为金属铁,然后用电解质水溶液将还原钛铁矿中的铁锈蚀并分离出来,使 TiO_2 富集成人造金红石。这个方法是澳大利亚 CSIRO 首先研究成功的,现在澳大利亚已建成的锈蚀法工厂,年产人造金红石能力达 1Mt。锈蚀法生产人造金红石的工艺流程如图 4-27 所示。

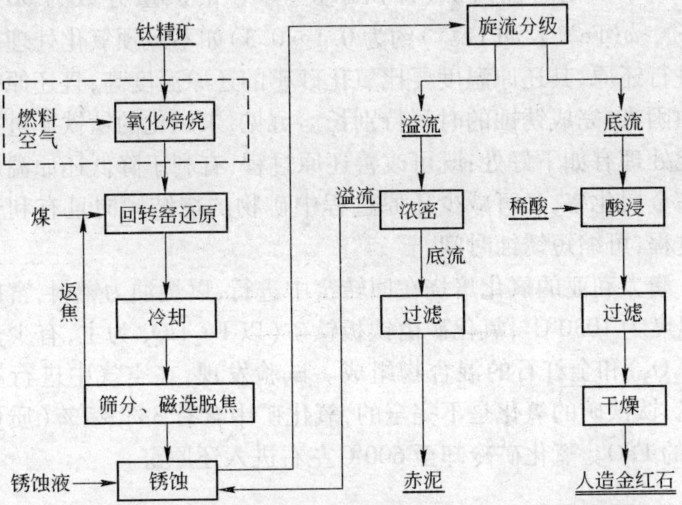

图 4-27 锈蚀法生产人造金红石的工艺流程

我国长沙矿冶研究院于 1973 年开始对该法进行研究,并和湖南东风冶炼厂合作,在该厂建立了 2kt/a 规模的工业试验车间,并一起进行了工业试验,目前车间已关闭。本节将澳大利亚的实践和我国的实验结合起来加以介绍。

4.4.1 预氧化焙烧

钛铁矿氧化生成高铁板钛矿(Fe_2TiO_5)和金红石:

$$2FeTiO_3 + 1/2O_2 = Fe_2TiO_5 + TiO_2 \quad (4-27)$$

澳大利亚在研究和工业化初期,还原之前进行预氧化处理。澳大利亚所用原料是半风化的钛铁矿(TiO_2的质量分数为 54% ~ 55%,$w(Fe^{3+})/w(Fe^{2+})$为 0.6 ~ 1.2)。预氧化的主要目的是为了减少在固相还原过程中矿物的烧结,但现在工业生产中已取消了预氧化工序。

国内实践表明,对于氧化砂矿(TiO_2 的质量分数为 58% ~ 60%,$w(Fe^{3+})/w(Fe^{2+})$约为 5),可不经预氧化而直接进行还原。但未风化的钛铁矿(即淡水矿,TiO_2 的质量分数为 50% ~ 53% ,$w(Fe^{3+})/w(Fe^{2+})$ 约为 0.1 ~ 0.3)如不经预氧化处理就直接进行还原,其还原温度要比氧化砂矿的还原温度高,且还原矿的锈蚀困难,完成锈蚀的时间特别长。可见,未风化的钛铁矿进行预氧化处理有如下好处:既可改善还原过程,有利于降低还原温度和提高金属化率,又可减少还原过程中矿物的烧结倾向且有利于锈蚀过程,可缩短锈蚀时间。

澳大利亚的氧化焙烧在回转窑中进行,以烧油为燃料,窑内最高温度为 1030℃ ,氧化矿由铁板钛矿(以 Fe_2TiO_5 为主,有少量的 $FeTi_2O_5$)和金红石的混合物组成。试验发现,在空气中进行氧化焙烧,钛铁矿的氧化是不完全的,氧化矿中含有 3% ~7%(质量分数)的 FeO。氧化矿冷却至 600℃左右进入还原窑。

4.4.2 预还原作业

还原作业是锈蚀法的关键步骤。表面上看来钛铁矿的碳还原的还原剂是固体碳,但研究表明,在温度超过 1030℃时,主要是碳气化反应产物 CO 的还原作用。钛铁矿的还原过程是复杂的,大致可分为两个阶段,第一阶段是 $Fe^{3+} \rightarrow Fe^{2+}$,具体反应为:

$$Fe_2Ti_3O_9 + CO = 2FeTiO_3 + TiO_2 + CO_2$$

$$Fe_2TiO_5 + TiO_2 + CO = 2FeTiO_3 + CO_2$$

还原的第二阶段是 $Fe^{2+} \rightarrow Fe$ 并伴随 TiO_2 的部分还原,具体反应为:

$$2FeTiO_3 + CO = FeTi_2O_5 + Fe + CO_2$$

$$nTiO_2 + CO = Ti_nO_{2n-1} + CO_2 \ (n > 4)$$

$$FeTi_2O_5 + CO = Fe_{3-x}Ti_xO_5 + Fe + CO_2 \ (2 \leqslant x \leqslant 3)$$

还原钛铁矿是由金属铁、Me_3O_5 型固溶体($FeTi_2O_5$-Ti_3O_5)和还原金红石三相组成。

钛铁矿的还原在回转窑中进行,采用煤作为还原剂和燃料,澳大利亚利用廉价的次烟煤。还原温度为 1180 ~ 1200℃。当温度超过 1200℃时,会发生矿物的严重烧结使窑结圈。窑内温度是通过调节加煤速度和通风速度控制的。实践表明,严格控制窑温是十分重要的,所以要求测温和控温要准确。

为了减少锰杂质对还原过程的干扰,澳大利亚在还原过程中采用了加硫技术,使矿中的 MnO 优先生成硫化物,减少它对钛铁矿还原的影响,而所生成的锰的硫化物可在其后的酸浸过程中溶解而除去,从而可提高产品的品位。

从还原窑卸出的还原矿温度高达 1140 ~ 1170℃,必须冷却至 70 ~ 80℃,方可进行筛分和磁选脱焦,分离出煤灰和余焦便获得还原钛铁矿。

预还原很重要,锈蚀法除铁的好坏在很大程度上取决于预还原过程的好坏。还原过程中铁的金属化程度越高,下一步锈蚀就越彻底。钛铁矿的预氧化和预还原工艺详见本书第 2 章和第 3 章。

将攀矿钛铁矿(经浮选 TiO_2 的质量分数达 43.55%)及上述矿再经电选的精矿(TiO_2 的质量分数达 50.52%)两种矿样经过预还原,研究表明:

(1)攀矿经过预氧化处理后,再预还原时会提高金属化率和有利于以后的锈蚀法浸出,所以攀矿料采用预氧化后再还原。

(2)还原剂种类的影响。实验表明,烟煤活性最好,焦次之,无烟煤较差。

(3)还原温度的影响。实验表明,还原温度在 1100 ~ 1200℃之间。1200℃时铁的金属化率达 94%,属最高,1150℃次之,1100℃最低,所以常用还原温度为 1200℃。

(4)还原剂粒级的影响。实验表明,粒度较细时还原的效果较好,所以常用粒度小于 0.370mm(-40 目)的还原剂。

4.4.3 锈蚀作业

4.4.3.1 锈蚀原理

锈蚀设备是一个封闭的带搅拌器的槽子,还原产物和水按一定比例加入其中,连续鼓风充空气,并不断搅拌,锈蚀温度为 50 ~ 75℃。

锈蚀是一种金属铁在水溶液中的氧化腐蚀过程，也是一种电化学腐蚀过程。还原物和低酸度的水溶液间形成了许多的微电池，铁槽子为阳极，还原物外界的水溶液为阴极，其基本反应为：

阳极 $Fe \longrightarrow Fe^{2+} + 2e$

阴极 $2H_2O + O_2 + 4e \longrightarrow 4(OH)^-$

上述两种反应的结果则生成 $Fe(OH)_2$，即：

$$Fe^{2+} + 2(OH)^- \longrightarrow Fe(OH)_2$$

$Fe(OH)_2$ 进一步氧化则生成水合氧化铁（铁锈），即：

$$4Fe(OH)_2 + 1/2O_2 \longrightarrow 2H_2O + 2(Fe_2O_3 \cdot H_2O)$$

铁的锈蚀率可达90%左右，但要进一步提高锈蚀率就比较困难。因为锈蚀速度较慢，并且锈蚀过程比较复杂，欲提高锈蚀速率，必须从了解锈蚀的机理和动力学入手。

4.4.3.2 锈蚀动力学

锈蚀时单纯用自来水，铁的成锈率差，铁锈分离率也低，所以必须加入腐蚀加速剂。腐蚀加速剂的品种很多，既有阴离子型的，如 HNO_3、HCl、H_2SO_4；也有阳离子型的，如 NH_4Cl、$FeCl_2$、$FeSO_4$ 等。

采用上述攀矿电选精矿，在950℃预氧化，用烟煤在1200℃下预还原，再经磁选，然后对矿样进行锈蚀实验，探索锈蚀机理。

影响锈蚀速度的动力学因素有：

(1)腐蚀加速剂的种类。加入不同种类的加速剂对腐蚀的影响是不同的。试验表明，将金属铁成锈率（即锈蚀时铁变成铁锈的百分率）和铁锈分离率（即生产的铁锈能用水洗的百分率）作为实验指标，采用相同锈蚀工艺条件下获得优良指标的锈蚀介质，各种锈蚀介质对锈蚀的影响见表4-12。从表4-12中可知，NH_4Cl 和 $FeSO_4$ 等均是有效的腐蚀加速剂。

表4-12 各种锈蚀介质对锈蚀的影响

序号	锈蚀介质	pH值	金属铁成锈率/%	铁锈分离率/%
1	0.1mol/L HCl	4.7~4.2	97.4	94.5

续表 4－12

序号	锈 蚀 介 质	pH 值	金属铁成锈率 /%	铁锈分离率 /%
2	0.1mol/L H_2SO_4	4.6 ~4.1	96.6	93.9
3	0.05mol/L HCl＋0.05mol/L H_2SO_4	4.9～4.7	93.8	99.6
4	0.1mol/L NH_4Cl	6.7～6.0	96.7	95.1
5	0.1mol/L NH_4Cl＋0.002mol/L NH_3	5.1～4.7	96.3	94.7
6	0.1mol/L $FeCl_2$	4.3～3.3	96.9	92.3
7	0.1mol/L $FeSO_4$	4.8～4.0	96.0	91.0

(2)锈蚀介质浓度的影响。通过锈蚀介质浓度对锈蚀过程的影响观察，表明介质的浓度达到 0.1mol/L 时，金属铁的成锈率和分离率均达到较佳状态，再提高浓度没有更多的好处。所以常用介质浓度为 0.1mol/L。

(3)锈蚀温度的影响。锈蚀温度一般在 50～70℃。攀矿料的实验表明，锈蚀温度达 70℃时，锈蚀速度最快，所以常用锈蚀温度为 70℃。

铁的锈蚀过程是放热过程，对于小型试验，需要稍加外热维持反应；对于工业生产大型反应器，只要依靠自身的放热就能维持反应。

(4)鼓风充气等的影响。适量鼓风即可达到充气的目的，同时进行搅拌，采用矿浆固液比一般为 1∶7。

(5)锈蚀速度。用 25L 槽进行连续取样试验，实验条件为：还原料 2.7kg，固液比 1∶7，锈蚀介质 0.1mol/L 硫酸铁，风量 80L/min，结果见表 4－13 和图 4－28。

表 4－13 在 0.1mol/L 硫酸铁溶液中的锈蚀速度

时间 /h	溶液温度 /℃	溶液 pH 值	富钛料成分/%			金属铁成锈率/%	铁锈分离率 /%
			TFe	Fe	TiO_2		
0.5	63	4.6	27.14	23.21	59.81	31.7	91.0

续表 4-13

时间/h	溶液温度/℃	溶液 pH 值	富钛料成分/%			金属铁成锈率/%	铁锈分离率/%
			TFe	Fe	TiO_2		
1.0	69.6	4.5	22.20	18.54	66.21	51.2	98.4
2.0	73.2	4.4	15.12	10.82	72.58	74.0	98.0
3.0	70.0	4.3	8.88	4.76	78.20	89.4	99.6
4.0	66.0	3.3	6.73	2.27	80.46	95.1	99.1
5.0	61.6	3.9	5.47	1.15	82.88	97.6	99.3
6.0	57.6	3.8	5.22	0.76	82.68	98.5	99.8

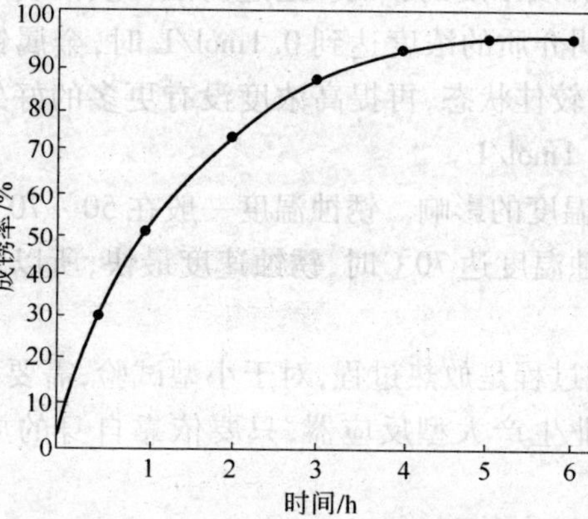

图 4-28 金属铁成锈率与时间的关系

由表 4-13 和图 4-28 可以看出，在 0.1mol/L 硫酸铁溶液中，铁的成锈率在前 3h 比较高，以后增加比较慢，从 4h 到 6h，仅增加 3.4%。

为较完全完成锈蚀，小型试验时常采用锈蚀时间为 6h，工业生产时锈蚀时间为 13～14h。

4.4.3.3 铁锈沉降速度

铁锈的沉降性能对于溶液的澄清和过滤影响很大，图 4-29 所示为在 0.1mol/L NH_4Cl、0.1mol/L $FeCl_2$ 和 0.1mol/L、0.2mol/

L、0.5mol/L $FeSO_4$ 介质中锈蚀后所得铁锈的沉降速度曲线。由图4－29 可以看出：在 0.1mol/L NH_4Cl 和 0.1mol/L $FeSO_4$ 溶液中，生成的铁锈沉降很快，在 0.1mol/L $FeSO_4$ 溶液中生成的铁锈沉降比 0.1mol/L NH_4Cl 和 0.1mol/L $FeCl_2$ 溶液中稍慢一些。在 $FeSO_4$ 溶液中，随着浓度增加，铁锈沉降变慢。

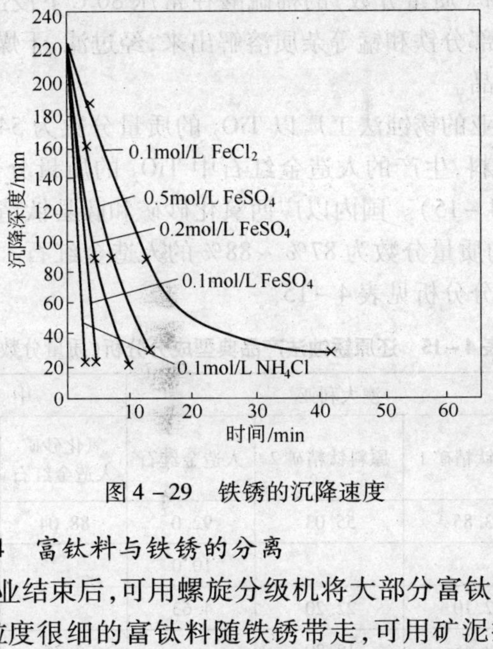

图 4－29　铁锈的沉降速度

4.4.3.4　富钛料与铁锈的分离

锈蚀作业结束后，可用螺旋分级机将大部分富钛料与铁锈分开，但少量粒度很细的富钛料随铁锈带走，可用矿泥摇床加以回收。经过矿泥摇床选后，铁锈 TiO_2 的质量分数降到 2.3%。攀矿锈蚀后分选所得产品的物料的成分和分配率见表 4－14。

表 4－14　攀矿锈蚀后分选所得产品的物料的成分和分配率

产品名称	质量/kg	质量分数/%	成分(质量分数)/%		分配率/%	
			TiO_2	TFe	TiO_2	TFe
富钛料(螺旋分级机产出)	2.61	45.2	82.68	5.22	87.3	7.6
中间产品(摇床精矿)	0.32	5.6	76.49	8.11	10.0	1.4
铁锈(摇床尾矿)	2.84	49.2	2.36	57.27	2.7	91.0

从表 4－14 中可知，锈蚀作业后所获得的攀矿富钛料中 TiO_2 的质量分数达 82.68%，其中 TiO_2 回收率达 87.3%，有少量的 TiO_2 进入铁锈中，铁锈中 TiO_2 的质量分数达 2.36%。

4.4.4　酸浸作业

采用 4%（质量分数）的稀硫酸在常压 80℃下浸出富钛料，其中残留的一部分铁和锰等杂质溶解出来，经过滤、干燥则可获得人造金红石产品。

澳大利亚的锈蚀法工厂以 TiO_2 的质量分数为 54%～55% 的钛精矿为原料，生产的人造金红石中 TiO_2 的质量分数为 92%～94%（见表 4－15）。国内以广西氧化砂矿和藤县钛精矿为原料可制取 TiO_2 的质量分数为 87%～88% 的人造金红石。还原锈蚀法产品典型成分分析见表 4－15。

表 4－15　还原锈蚀法产品典型成分分析（质量分数）　（%）

成分	澳大利亚			中国	
	原料钛精矿 1	原料钛精矿 2	人造金红石	氧化砂矿人造金红石	藤县矿人造金红石
ΣTiO_2	53.85	55.03	92.0	88.04	87.05
Ti_2O_3			10.0		
FeO	22.10	22.20	4.63		
Fe_2O_3	18.45	18.80		6.35	8.70
SiO_2			0.7	0.84	0.81
CaO			0.03	0.12	0.31
MgO	1.06	0.18	0.15	0.12	0.22
Al_2O_3			0.7	1.29	0.10
MnO	1.84	1.43	2.0	1.17	1.04
S			0.15	0.005	0.009
P				0.018	0.019
C			0.15	0.028	0.029

同时,采用攀矿电选钛精矿(TiO_2 的质量分数为 50.52%)为原料经锈蚀法可制取 TiO_2 的质量分数为 84.97% 的人造金红石。

4.4.5 还原锈蚀法的新进展

还原锈蚀法的新进展有:

(1)降低产品中的钍含量。RGC 矿砂公司对锈蚀工艺进行改进研究,称为 SREP 工艺,该工艺的特点是在还原炉料中加入一种硼酸盐熔剂,在高温还原过程中,由于硼酸盐的作用使钛铁矿表面形成玻璃相,各种杂质包括钍在内被富集在玻璃相中,玻璃相所吸收的杂质在随后的稀酸浸出过程中被除去,从而提高了产品品位和降低了产品的钍含量。

(2)赤泥的合理利用。原来生产中产生的赤泥没有利用,最近几年来将赤泥制成球团作为高炉炼铁的原料。

(3)处理未风化低品位矿的新工艺。NewGenSR 法属于锈蚀法的改进方法。针对锈蚀法的局限性,为了能处理澳大利亚大量的未风化的品位较低钛铁矿资源,如 Murray Basin 的钛铁矿,1996 年 CSIRO 与 Iluka 合作开始研究新的工艺技术,现已完成试验工厂的试验,并决定用新工艺建设新厂。该工艺流程是强氧化—强还原—锈蚀—硫酸常压浸出,与锈蚀法不同的主要有两点:一是因为未风化钛铁矿为原料,所以在强还原之前增加了一个强氧化工序;二是强还原不再采用回转窑,而是应用循环流化床反应器,该技术可降低还原温度,提高还原效率。

4.4.6 还原锈蚀法的总结

与其他方法相比,还原锈蚀法生产人造金红石具有如下主要优点:

(1)人造金红石产品粒度均匀,颜色稳定。

(2)用电量和化学试剂量均少,主要原料是煤,并可利用廉价的褐煤,因此产品生产成本较低。

(3)“三废”容易治理，在锈蚀过程中排除的废水接近于中性(pH 值为 6 ~ 6.5)，赤泥可经干燥作为炼铁的原料，也可进一步加工成铁红。

但国内的还原锈蚀法生产厂还存在还原窑结圈严重、还原窑的开工周期短(20 ~ 30 天)等主要问题。

总之，用还原锈蚀法处理攀矿钛铁矿后有下列经验和效果：

(1)攀矿钛铁矿用锈蚀法制取人造金红石是可能的。经初步研究，该法已经制备了一批 TiO_2 的质量分数为 82% ~ 84% 的人造金红石。

(2)锈蚀法有很多优点，但该法富集能力有限，仅适用于优质的砂矿，如澳大利亚砂矿，可以制取 TiO_2 的质量分数为 92% ~ 94% 的人造金红石。攀矿属低质的岩矿，用该工艺处理不适宜。

(3)锈蚀法仅适宜处理我国国内某些优质砂矿，才可能制取 TiO_2 的质量分数为 87% ~ 88% 的人造金红石。

5 制备人造金红石的干法工艺

制备人造金红石的干法工艺包括选择氯化法、还原磁选法等工艺方法。

5.1 选择氯化法

选择氯化法是利用钛铁矿中各组分氯化热力学性质的差异，控制适当的氯化条件，仅使氧化铁等组分优先氯化分离除去，而 TiO_2 便得到富集。

5.1.1 选择氯化热力学

5.1.1.1 氯化反应

钛铁矿中的 FeO 和 Fe_2O_3 等组分直接氯化比较困难。因此，在氯化过程中常常需要加入还原剂碳，这种氯化又称为加碳氯化。

钛铁矿加碳氯化时，其主要成分 TiO_2 和 FeO、Fe_2O_3 均可发生反应，相应的每组化学反应及反应的自由能变化（各式按 1mol Cl_2 计）分别为：

$$\frac{1}{2}TiO_2 + C + Cl_2 = \frac{1}{2}TiCl_4 + CO \quad (5-1)$$

$$\Delta G_T^{\ominus} = -5750 - 27T \quad (409 \sim 1940K)$$

$$\frac{1}{2}TiO_2 + \frac{1}{2}C + Cl_2 = \frac{1}{2}TiCl_4 + \frac{1}{2}CO_2 \quad (5-2)$$

$$\Delta G_T^{\ominus} = -25200 - 6.9T \quad (409 \sim 1940K)$$

$$\frac{2}{3}FeO + \frac{2}{3}C + Cl_2 = \frac{2}{3}FeCl_3 + \frac{2}{3}CO \quad (5-3)$$

$$\Delta G_T^{\ominus} = -30970 - 10.3T \quad (592 \sim 1809K)$$

$$\frac{2}{3}FeO + \frac{1}{3}C + Cl_2 = \frac{2}{3}FeCl_3 + \frac{1}{3}CO_2 \quad (5-4)$$

$$\Delta G_T^{\ominus} = -43930 - 3.1T \quad (592 \sim 1809\text{K})$$

$$FeO + C + Cl_2 \overset{}{=\!=\!=} FeCl_2 + CO \qquad (5-5)$$

$$\Delta G_T^{\ominus} = -46150 - 6.7T \quad (298 \sim 950\text{K})$$

$$\Delta G_T^{\ominus} = -34200 - 19.8T \quad (950 \sim 1285\text{K})$$

$$FeO + \frac{1}{2}C + Cl_2 =\!=\!= FeCl_2 + \frac{1}{2}CO_2 \qquad (5-6)$$

$$\Delta G_T^{\ominus} = -65600 - 13.35T \quad (298 \sim 950\text{K})$$

$$\Delta G_T^{\ominus} = -53600 - 0.2T \quad (950 \sim 1285\text{K})$$

$$\frac{1}{3}Fe_2O_3 + C + Cl_2 =\!=\!= \frac{2}{3}FeCl_2 + CO \qquad (5-7)$$

$$\Delta G_T^{\ominus} = -17000 - 27.3T \quad (592 \sim 1809\text{K})$$

$$\frac{1}{3}Fe_2O_3 + \frac{1}{2}C + Cl_2 =\!=\!= \frac{2}{3}FeCl_2 + \frac{1}{2}CO_2 \quad (5-8)$$

$$\Delta G_T^{\ominus} = -36450 - 7.25T \quad (592 \sim 1809\text{K})$$

同时，其他杂质如 CaO、MgO、MnO、Al_2O_3、SiO_2 等同时发生加碳氯化反应，分别进行类似的反应（略）。

系统中加入固体碳时，存在布多尔反应：

$$CO_2 + C =\!=\!= 2CO \qquad (5-9)$$

上述每个金属氧化物发生一组变化，均是因为布多尔反应存在。系统中 p_{CO}/p_{CO_2}之比变化按式（5－9）达到平衡。而且系统中 p_{CO}分压的大小应符合图 5－1 中曲线 3 所示的规律。

由于固体碳在本工艺中实际参与反应的几率很小，由于布多尔反应存在相态的转化，碳还原过程常常变成 CO 气体还原过程。此时，该工艺过程中，还原氯化剂 $C + Cl_2$ 变成了 $CO + Cl_2$，即变成两种气体，这有利于提高反应过程的扩散速率。此时，选择氯化可以简化成为主要反应时 $FeO \cdot TiO_2$ 的 $CO + Cl_2$ 还原氯化过程。此时，各组分又可写出一系列加 $CO + Cl_2$ 氯化反应方程式来（略）。

反应过程中 FeO 和 Fe_2O_3 的氯化生成物有 $FeCl_2$、$FeCl_3$ 和 Fe_2Cl_6（$FeCl_3$ 的二聚分子），它们的含量分别由下列两个平衡式决定：

$$\frac{1}{2}Fe_2Cl_6 \rightleftharpoons FeCl_3 \quad (5-10)$$

$$\frac{1}{2}Fe_2Cl_6 \rightleftharpoons FeCl_2 + \frac{1}{2}Cl_2 \quad (5-11)$$

式(5－10)和式(5－11)两反应式平衡组成与反应温度的关系曲线分别绘于图5－1中。由图5－1可见，在低温下(<500℃)可生成少量$FeCl_2$和$FeCl_3$，但主要生成Fe_2Cl_6；在高温下(>900℃)生成物几乎全是$FeCl_3$；在500～900℃时生成物主要是$FeCl_3$和少量的Fe_2Cl_6，而很少有$FeCl_2$，这与实践吻合。当氯化温度为900～1000℃时，在$FeCl_3$冷凝物中$FeCl_2$约占1%。

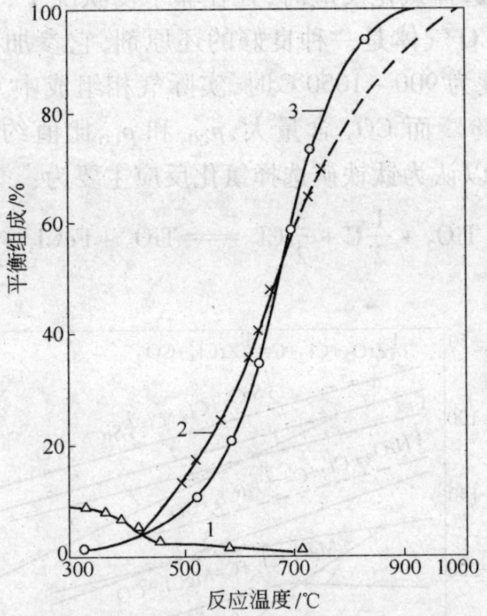

图5－1 平衡组成与反应温度的关系

1—式(5－11)反应的固相$FeCl_2$含量；2—式(5－10)反应的气相$FeCl_3$含量；3—式(5－9)反应的气相CO含量

将上述各式自由能变化绘于图5－2中，从图5－2中可以看出，在1200K时，钛铁矿中诸成分的氯化优势先后顺序为：CaO > MnO > FeO(→$FeCl_2$) > Fe_2O_3 > FeO(→$FeCl_3$) > TiO_2 > Al_2O_3 > SiO_2。

以上顺序表明，钛铁矿中的主要杂质 FeO 和 Fe_2O_3，以及 CaO、MnO、MgO 等比 TiO_2 容易氯化，因此，可以通过控制加碳加氯量仅使氧化铁等主要杂质优先氯化挥发除去，而 TiO_2 则不被氯化，留在残渣中得到富集。为了使铁钛更好分离，必须提高 FeO 和 Fe_2O_3 的氯化率，同时抑制 TiO_2 的氯化。实际氯化顺序有时与上述理论计算顺序稍有出入。在氯化残渣中残留的氧化铁主要是 Fe_2O_3，而 FeO 却很少，同时，还残留了一部分 MgO 和 CaO。

在选择氯化反应中，当达到平衡状态时，CO 和 CO_2 比例应服从布多尔反应式(5－9)，理论气相组成符合图 5－1 中曲线 1 的规律，但实际选择氯化反应时，处在非平衡状况下，所以有较大偏差。特别是 CO 气体是一种良好的还原剂，它参加各种反应。所以在反应温度为 900～1050℃ 时，实际气相组成中 CO 含量很少，仅占 1%～2%。而 CO_2 含量大，p_{CO_2} 和 p_{CO} 比值约为 10，甚至更大。因此，可以认为钛铁矿选择氯化反应主要为：

$$FeO \cdot TiO_2 + \frac{1}{2}C + \frac{3}{2}Cl_2 = TiO_2 + FeCl_3 + \frac{1}{2}CO_2 \tag{5-12}$$

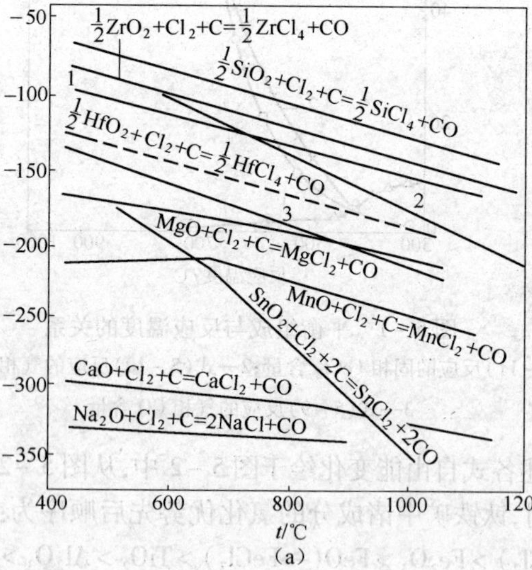

(a)

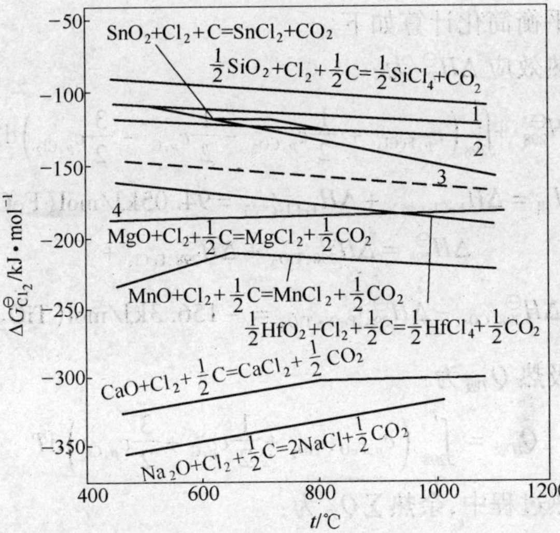

（b）

图 5-2　$\Delta G^{\ominus}-t$ 关系图

（a）$\frac{1}{n}Me_2O_n + C + Cl_2 = \frac{2}{n}MeCl_n + CO$ 的 $\Delta G^{\ominus}-t$ 图：

1—$\frac{1}{2}TiO_2 + C + Cl_2 = \frac{1}{2}TiCl_4 + CO_2$；

2—$\frac{1}{3}Al_2O_3 + C + Cl_2 = \frac{2}{3}AlCl_3 + CO$；

3—$\frac{1}{3}Fe_2O_3 + C + Cl_2 = \frac{2}{3}FeCl_3 + CO$；

（b）$\frac{1}{n}Me_2O_n + \frac{1}{2}C + Cl_2 = \frac{2}{n}MeCl_n + \frac{1}{2}CO$ 的 $\Delta G^{\ominus}-t$ 图：

1—$\frac{1}{2}ZrO_2 + \frac{1}{2}C + Cl_2 = \frac{1}{2}ZrCl_4 + \frac{1}{2}CO_2$；

2—$\frac{1}{2}TiO_2 + \frac{1}{2}C + Cl_2 = \frac{1}{2}TiCl_4 + \frac{1}{2}CO_2$；

3—$\frac{1}{3}Al_2O_3 + \frac{1}{2}C + Cl_2 = \frac{2}{3}AlCl_3 + \frac{1}{2}CO_2$；

4—$\frac{1}{3}Fe_2O_3 + \frac{1}{2}C + Cl_2 = \frac{2}{3}FeCl_3 + \frac{1}{2}CO_2$

5.1.1.2　热平衡计算

现将钛铁矿（未经预处理）按式（5-12）制取 1mol TiO_2 的反

应物的热平衡简化计算如下。

反应热效应 $\Delta H_T^{\ominus}$ 为：

$$\Delta H_T^{\ominus} \approx \Delta H_{298}^{\ominus} + \int_{298}^{T}\left(c_{p,\mathrm{FeCl_3}} + \frac{1}{2}c_{p,\mathrm{CO_2}} - \frac{1}{2}c_{p,\mathrm{C}} - \frac{3}{2}c_{p,\mathrm{Cl_2}}\right)\mathrm{d}T + \sum \Delta H_{相}$$

式中 $\sum \Delta H_{相} = \Delta H_{\mathrm{FeCl_3}(熔)} + \Delta H_{\mathrm{FeCl_3}(气)} = 94.05\mathrm{kJ/mol}(\mathrm{FeCl_3})$

$$\Delta H_{298}^{\ominus} = \Delta H_{298,\mathrm{TiO_2}}^{\ominus} + \Delta H_{298,\mathrm{FeCl_3}}^{\ominus} + \frac{1}{2}\Delta H_{298,\mathrm{CO_2}}^{\ominus} - \Delta H_{298,\mathrm{FeO\cdot TiO_2}}^{\ominus} = -156.3\mathrm{kJ/mol}(\mathrm{TiO_2})$$

物料吸热 $Q_{T吸}$ 为：

$$Q_{T吸} = \int_{298}^{T}\left(c_{p,\mathrm{FeO\cdot TiO_2}} + \frac{1}{2}c_{p,\mathrm{C}} + \frac{3}{2}c_{p,\mathrm{Cl_2}}\right)\mathrm{d}T$$

在绝热过程中，余热 $\sum Q_T$ 为：

$$\sum Q_T = \Delta H_T^{\ominus} + Q_{T吸}$$

上述计算结果见表 5－1。

表 5－1 钛铁矿选择氯化热平衡计算结果

温度/K	800	1000	1200
$\Delta H_T^{\ominus}/\mathrm{kJ\cdot mol^{-1}}$	−48.9	−42.2	−39.4
$Q_{T吸}/\mathrm{kJ\cdot mol^{-1}}$	21.6	30.9	40.6
$\sum Q_T/\mathrm{kJ\cdot mol^{-1}}$	−15.3	−11.3	1.2

从表 5－1 中可以看出，钛铁矿选择氯化的热效应较小，而且反应温度增高时释放出的余热降低。在正常选择氯化反应时温度不能依靠自身热反应，必须及时补充热量才能有效地维持反应的正常进行。

工艺中补充热量可以采用的方法大致有三种：一是预处理钛铁矿；二是预热钛铁矿进料；三是在混合料中配入适量的过量碳，并通入相应的氧气，使碳燃烧放热。实践证明，第三种方法更简单有效，比较常用。这样，加碳氯化时，系统中加入碳有两种作用：一是作为还原剂；二是用作热源的燃料。

5.1.2 选择氯化动力学

选择氯化一般采用流化反应器，就工艺过程而言，它与制取 $TiCl_4$ 的沸腾氯化过程大同小异。由于选择氯化也是固气系多相反应，因此，它们在动力学上具有许多相似的特性。

前述钛铁矿中 FeO 的优先氯化过程中，它属于多相反应过程，它的主要反应可认为是固（$FeO \cdot TiO_2$）—气（$CO + Cl_2$）反应过程。动力学过程速度限制环节为气体 $CO + Cl_2$ 向钛铁矿颗粒内部的扩散。

微观动力学研究表明，该反应速度微观动力学模型属于颗粒不变的未反应核收缩模型。以一个球形理想的钛铁矿颗粒为例，它的反应速度模型如图 5－3 所示。原始的颗粒半径为 r_0，实际的反应表面粒子半径为 r。随着反应的进行，该固体粒子基本不变。但是，气体 $CO + Cl_2$ 不断地通过惰性的灰层，即产物 TiO_2 层渗透，到达反应表面区域后才能和 FeO 反应。此时，选择氯化反应的进行往往取决于通过灰层的内扩散阻力。

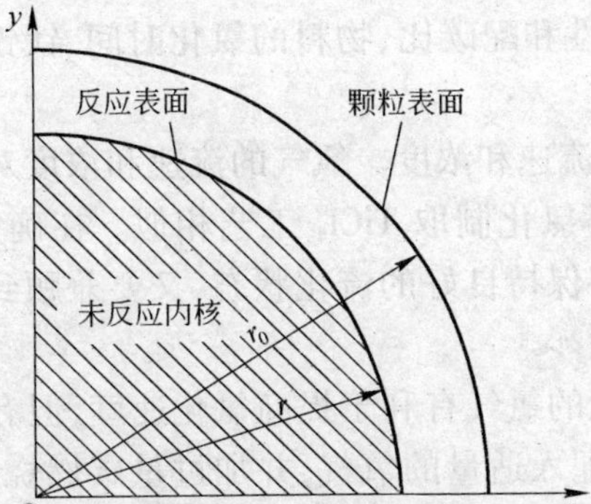

图 5－3 未反应核收缩模型

选择氯化反应在反应初期，反应区域在颗粒表面时反应速度比较大，随着反应的进行，当未反应核半径 r 越来越小，反应表面进入核内部时，扩散阻力越来越大。如果灰层致密，孔隙少也会增加扩散阻力；反之亦然。因此，越到反应后期速率越小。

用攀枝花钛铁矿选择氯化获得的人造金红石产品进行了镜下分析，发现人造金红石颗粒内部发现了“夹心”。该夹心即是颗粒内部的“未反应核”。这证实上述分析是正确的。

对于核收缩模型（颗粒不变）的气固反应，已有许多人进行过研究，动力学数学表达式基本能用的有克－金－布式来表达：

$$1-\frac{2}{3}R-(1-R)^{2/3}=Kt \tag{5-13}$$

$$R=\frac{W_0-W}{W_0}$$

式中 R——反应分数或反应率，%；

W_0——原始质量；

W——未反应核质量；

t——反应时间；

K——系数。

选择氯化动力学主要影响因素有：氯气的流速和浓度、反应温度、还原剂的活性和配碳比、物料的氯化时间、钛铁矿的特性和颗粒等。

（1）氯气的流速和浓度。氯气的流速和浓度对过程动力学的影响情况与沸腾氯化制取 $TiCl_4$ 工艺相似。在确定氯气流速时，必须考虑到既要保持良好的流化状态，又要兼顾到氯化的良好选择性这两个因素。

采用浓度大的氯气有利于提高氯化速度，但有时为了增加热量，需在氯气中配入适量的氧气，并加过量碳燃烧维持反应温度。实践表明，配入的氧气适量不会干扰氯化的选择性。采用配入空气为25%～40%的稀释氯气进行氯化，产品品位和钛的回收率都很高。配入的氧（或空气）过多，则会降低钛的回收率。有的工厂采用 $CO+Cl_2$ 的混合气体作还原氯化剂，结果证明也是行之有效的。

（2）反应温度。反应温度对选择氯化的影响服从反应速度常

数 K 的指数定律：

$$K = Ze^{-E/(RT)} \qquad (5-14)$$

式中 K——化学反应速度常数；

Z——频率因子；

E——反应的表观活化能。

式(5-14)表明，随着反应温度的增高，其氯化速度按指数规律递增。因此，保持较高的反应温度有利于提高生产率。但是反应温度过高(如大于1200℃)，会干扰氯化的选择性，即使部分 TiO_2 也被氯化，降低了钛的回收率；反应温度过低，氧化铁氯化反应速度慢，氯化也不完全，降低了成品中 TiO_2 的品位。实验表明，选择氯化较适宜温度为800~1050℃。

(3)还原剂的活性和配碳比。适用于选择氯化的还原剂种类很多，但常用的是石油焦。

从流态化工艺要求，应用颗粒适宜的石油焦，为了避免两种固体物料分层，在选择氯化工艺中，产品人造金红石是以固体炉渣形式定期排出的。物料在炉内的平均停留时间远比制取 $TiCl_4$ 的工艺短，所以宜用较小的颗粒，以提高其利用率。

配碳比对选择氯化的影响很大。配碳量过大，当氧化铁还未充分氯化时氧化钛就发生氯化，降低了钛的回收率。配碳量不足，铁的氯化率下降，产品的 TiO_2 品位变低，而且反应不能维持自热。即使配碳比适宜，当沸腾炉中混合物料的氧化铁的质量分数降低到2%以下时，氧化钛也会被氯化，从而降低了钛的回收率。

配碳比与钛铁矿的成分，特别是与 FeO 和 Fe_2O_3 量有关。根据理论分子式 $FeO \cdot TiO_2$ 按式(5-12)计算得到理论配碳比为4%，实际钛铁矿属 TiO_2-FeO-Fe_2O_3 三元系矿物，并含有其他杂质，其理论配碳比约为4%~7.5%。计算举例如下。

例1 我国广东矿中 TiO_2 的质量分数为49.57%、FeO 的质量分数为38.30%、Fe_2O_3 的质量分数为8.06%、MnO 的质量分数为2.9%、CaO + MgO 的质量分数为0.61%、SiO_2 的质量分数为0.75%、Al_2O_3 的质量分数为0.15%，理论配碳比为4.3%。

例 2　澳大利亚西部矿经预氧化后，TiO_2 的质量分数为 52.4%、FeO 的质量分数为 1.75%、Fe_2O_3 的质量分数为 38.9%、MnO 的质量分数为 1.74%、SiO_2 的质量分数为 0.47%，理论配碳比为 4.7%。

如果考虑到反应多样性的存在、碳的机械损失和碳的反应率的影响，实际配碳比应（较上述简化计算）过量。随着采用的碳颗粒粒度增大，碳的反应率降低，实际配碳比可相应增大，约为 8% ~ 12%。

（4）物料的氯化时间。在选择氯化工艺中，产品呈残渣从氯化炉中排出。由于是间隙作业，因此物料的氯化时间就是物料在炉内的停留时间。试验表明，氯化时间以大于 20min 为宜。增长氯化时间虽可提高氧化铁的氯化率，但相应地降低了生产率。因此，实践上常常是在保持较高的铁的氯化率的条件下，确定较短而适宜的氯化时间。

（5）钛铁矿颗粒特性。钛铁矿颗粒特性包括颗粒的大小和形状、矿物的组成和氧化铁的形状，特别是颗粒结构的致密和疏松程度，它们对氯化过程中的动力学都有影响。一般情况下，颗粒较小、形状复杂多孔、固体反应物比表面积大有利于提高选择氯化速度；钛铁矿中的氧化铁中 Fe_2O_3 较多、颗粒疏松多孔有利于提高反应过程的扩散速度，也就相应提高了选择氯化速度。因此，对于某些结构致密的岩矿物，像攀枝花矿那样的矿物，常需经预处理后再进行选择氯化作业。

5.1.3　选择氯化法工艺流程和设备

选择氯化法工艺流程如图 5－4 所示。北京有色金属研究总院等单位参加该课题的实验研究，并和重庆天原化工厂等合作，在该厂进行了工业试验。

选择氯化设备包括氯化炉（流化反应器）、$FeCl_3$ 冷凝器、尾气吸收塔、选矿设备等。

工业实验用流化氯化炉特征尺寸为 $\phi0.5\ m \times 6.89m$。选择

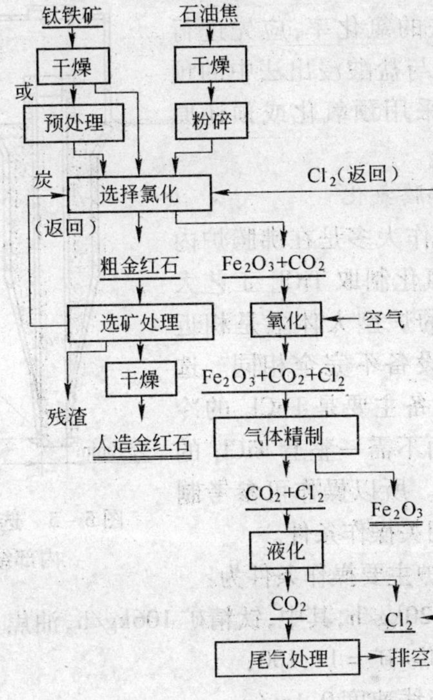

图 5－4　选择氯化法工艺流程

氯化炉内部结构如图 5－5 所示，它仅是炉上部结构，缺炉底。该炉结构经过数次改进，原设计是炉上部有二级扩大，后为了延长物料在沸腾段内停留时间，改成目前的结构形式。缺点是由于无扩大段，夹带现象严重，所以炉型还有待进一步改进。

使用的原料是攀枝花钛铁矿，成分（质量分数）为：TiO_2 46.17%、CaO 0.51%、MgO 6.40%。

5.1.4　选择氯化法生产工艺

选择氯化法生产工艺简述如下。

5.1.4.1　预处理

在选择氯化工艺中，一般钛铁矿砂矿可不经过预处理。但对于结构致密的岩矿，为了提高氯化的选择性和氧化铁的氯化率，应先进行预处理。其方法与盐酸浸出法中的预处理相同，即常采用预氧化或预还原（弱）焙烧。

5.1.4.2　沸腾氯化

选择氯化操作大多是在沸腾炉内进行的，和沸腾氯化制取 $TiCl_4$ 工艺大同小异，所采用的炉型大体上是相近的，只是后处理设备不完全相同。选择氯化后处理设备主要是 $FeCl_3$ 的冷凝和收集设备，而不需一整套 $TiCl_4$ 的冷凝和过滤设备。所以操作可参考制取 $TiCl_4$ 工艺的相关操作条件。

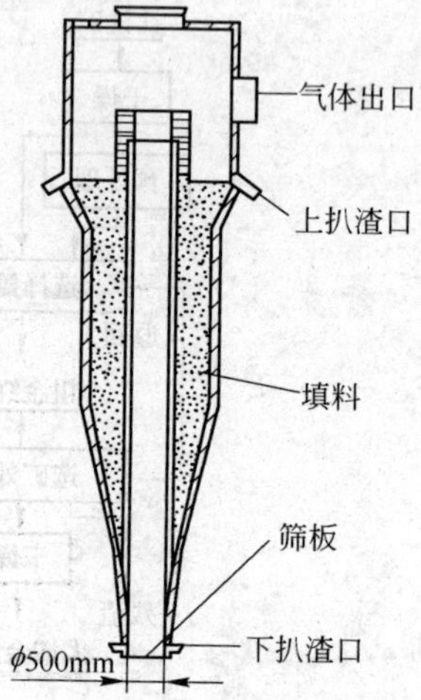

图 5-5　选择氯化炉内部结构

该工业实验炉主要操作条件为：

（1）加料量 120kg/h，其中，钛精矿 106kg/h，油焦 14kg/h；

（2）配碳量：焦/矿 = 12/100；

（3）气体空膛线速度 0.1m/s；

（4）氯气和空气比例 1∶1，加氯气 5.5m^3/h，加空气 5.5m^3/h；

（5）氯化温度 900～950℃；

（6）尾气氯含量小于 0.5%。

氯化可达主要技术指标为：TiO_2 回收率 93.35%，氯气利用率 70%，氧化铁氯化率 96%，氧化镁氯化率 50%，氯化炉产能（以粗金红石计）8t/(d · m^2)。

5.1.4.3　选矿处理

在 TiO_2 富集物中仍残留有少量未被氯化的氧化铁、焦炭和 $CaCl_2$、$MgCl_2$、$MnCl_2$ 等杂质，常借助选矿进一步把它们分离出去。

可采用重选—磁选或浮选—磁选相结合的方法进行选矿处理。重选或浮选可以选离出石油焦，磁选可将未被氯化或氯化不完全（带氧化铁）生料分选出来。某些杂质氯化物也可以在重选或浮选时溶于水,分离除去或部分除去。经选矿处理可得到富集后品位高的人造金红石。

5.1.4.4 三氯化铁的氧化

选择氧化炉排出的 $FeCl_3$ 有如下几种处理方法:

(1)直接利用;

(2)氢还原为铁粉并产出 HCl;

(3)氧化为 Fe_2O_3 并回收氯。

第三种方法可实现氯气在过程中的循环使用,工业生产中多采用这种方法。

$FeCl_3$ 在低于100℃时不与氧发生反应,在100~200℃时部分分解,并有少量被氧化为 FeOCl,即有:

$$2FeCl_3 = 2FeCl_2 + Cl_2$$

$$2FeCl_2 + O_2 = 2FeOCl + Cl_2$$

在高于200℃时,FeOCl 发生分解,$FeCl_3$ 被缓慢氧化:

$$3FeOCl = FeCl_3 + Fe_2O_3$$

$$2FeCl_3 + 3/2O_2 = Fe_2O_3 + 3Cl_2$$

但是温度低于300℃时,上述反应都是很慢的,只有在500~600℃时,$FeCl_3$ 的氧化反应才有足够的速度。因此,$FeCl_3$ 的氧化反应一般在600~900℃下进行。NaCl 对 $FeCl_3$ 的氧化反应具有催化作用,其加入量为 Fe_2O_3 的0.2%左右。

$FeCl_3$ 的氧化通常是在沸腾炉内进行的。选择氯化炉排出的气体 $FeCl_3$ 和 CO_2 直接进入氧化炉,此时 $FeCl_3$ 与氧进行反应。

从氧化炉排出的气体中,除氯气外,还有大量的 CO_2,以及未反应的氧气和 $FeCl_3$ 等,需要进行净化和液化处理后,氯气才能返回使用。

$FeCl_3$ 沸腾氧化处理过程遇到的最大困难是 Fe_2O_3 的结疤问题。

5.1.5 实验结果

选择氯化制取人造金红石工艺是可行的,但不理想,仍存在一些问题。

(1)氯化产物。用西昌太和矿和攀枝花矿钛精矿为原料进行工业实验,实验中得到的粗金红石、固体三氯化铁的典型成分见表5-2和表5-3。

表5-2 粗金红石的典型成分(质量分数) (%)

成分	西昌太和矿			攀枝花矿	
	1974年	1976年	1977年	1978年	1979年
TiO_2	66.22	72.17	66.87	71.55	72.87
Fe	3.48	3.76	2.55	2.58	5.73
MgO	6.52	4.87	4.72	6.20	4.94
CaO	0.34	0.01	1.33	0.32	0.50
SiO_2			2.34	3.14	3.28
Al_2O_3		2.87	0.63	1.34	0.95
C			9.5		

表5-3 固体三氯化铁的典型成分(质量分数) (%)

成分	时间				
	1974年	1976年	1977年	1978年	1979年
$FeCl_3$	95.01	91.13	92.28	91.43	90.01
$FeCl_2$	3.46	0.73	0.41	0.43	0.72
水不溶物	1.33	3.57	3.15	5.11①	5.73

① 其中TiO_2的质量分数为2.22%,MgO的质量分数为0.24%,CaO的质量分数为0.19%。

从表5-2中可知,粗金红石中TiO_2的品位大约为66%~73%(质量分数)之间。

(2)经浮选—湿磁选后,选择氯化法产品人造金红石中TiO_2品位可达82.4%~86.7%,经干式磁选后攀枝花矿可获得品位达83%的产品,其中MgO+CaO的质量分数为5%。人造金红石典型成分分析见表5-4。

表 5-4 人造金红石典型成分分析(质量分数) (%)

选矿方法		浮选—湿磁选			干式磁选
矿源		太和矿(1)	太和矿(2)	攀枝花矿(1)	攀枝花矿(2)
成分	TiO_2	86.75	84.80	82.40	83.20
	Fe_2O_3	1.8	2.34	1.49	5.06
	MgO	2.5	4.25	4.95	5.00
	CaO	0.08	0.09	0.26	0.42
	SiO_2	2.67	2.45	2.23	3.69
	Al_2O_3	0.067		1.52	1.23
	V_2O_5	0.0025	2.23	0.028	
	MnO	0.02	0.65	0.035	0.38
	P_2O_5		0.25		0.32
	C		0.031	0.017	0.015
	S		0.016		0.015
原矿 TiO_2		45.47	42.85	42.35	44.43

(3)副产品 $FeCl_3$ 品位可达 90% 以上,可用作水质净化剂。但大批量生产时必须解决副产品销售问题。

(4)如果 $FeCl_3$ 可作水质净化剂销售时,金红石成本可达 1200 元/t 左右。

(5)本工艺采用流态化工艺,生产效能大。但本工艺对攀枝花矿钛铁矿的富集能力有限,生产的产品品位不可能太高。

5.1.6 无筛板流态化工艺

针对选择氯化工艺出现的流态化过程的一些问题,进行了工艺改进,其中最成功的是无筛板流态化氯化。

无筛板流态化选择氯化工艺流程、流态化炉和工艺操作步骤大体和流态化选择氯化工艺相同。但区别在于流态化炉结构,前者无筛板,后者有筛板。广州有色金属研究院进行了该课题的基础理论和实验研究,并和广东江门电化厂合作在该厂进行了工业试验。

本实验是在 ϕ600mm 无筛板流化氯化炉中进行的。该炉底结构示意图如图 5 – 6 所示。

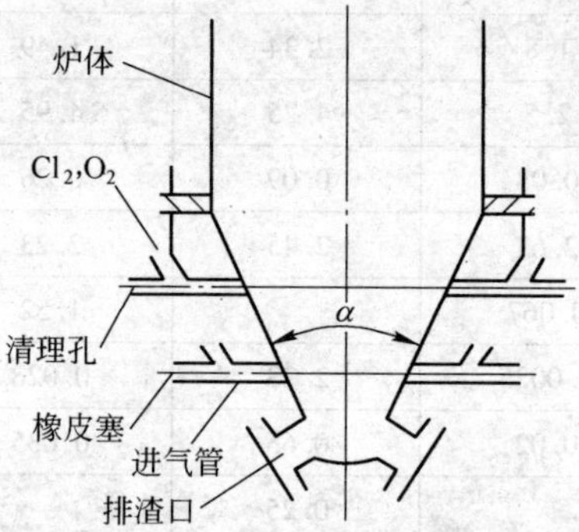

图 5 – 6　选择氯化无筛板炉底结构示意图

ϕ600mm 无筛板流化氯化炉炉底主要技术参数为:

(1)炉底底角 45°;

(2)喷嘴孔径 ϕ16mm;

(3)下排管率 42.9%(其中上排管 8 根,下排管 6 根);

(4)开孔率 1%(各喷嘴断面积之和与炉膛断面积之比);

(5)上排管距底法兰 120mm;

(6)下排管距底法兰 400mm。

氯化过程主要技术条件为:

(1)配料比(质量比)钛铁矿∶石油焦 = 100∶13;

(2)加料量(混合料)300 ~ 320kg/h;

(3)氯气量 75 ~ 82m^3/h;

(4)空气量 12 ~ 15m^3/h 或氧气量 5 ~ 7m^3/h;

(5)反应温度 900 ~ 950℃;

(6)溢流高度距上排管喷嘴 1020mm;

(7)床层压差约 0.11MPa。

粗金红石主要技术经济指标(连续运转 30 天平均结果)为:

(1)钛直收率 92%；

(2)镁氯化率 44%；

(3)氯气利用率 90%；

(4)钙氯化率 90%；

(5)铁氯化率 92%；

(6)单位炉产能(以粗金红石计)12.66t/(m^2·d)；

(7)产品质量，粗金红石 TiO_2 品位 80.86%(其中 MgO 的质量分数为 5.1%，CaO 的质量分数为 0.19%)，三氯化铁品位 82% ~ 95%，人造金红石中 TiO_2 的质量分数达 85% ~88%；

(8)尾气氯含量小于 0.69%；

(9)经济指标，粗金红石成本 758 元/t，粗金红石经选矿处理后 TiO_2 品位可达 88.24%(一级品)，成本为 958 元/t。

钛铁矿和生产出的人造金红石产品的化学成分见表 5-5。

表 5-5 钛铁矿和生产出的人造金红石产品的化学成分(质量分数) (%)

化学成分	TiO_2	$\sum Fe$	Mg	CaO	SiO_2	Mn
原料攀枝花钛铁矿	46.86	31.88	4.82	1.09	3.43	0.46
粗金红石	80.86	4.46	5.10	0.19	3.15	0.17
摇选金红石	82.02	3.95	4.92	0.14	2.97	0.033
磁选金红石 A	85.17	1.69	4.13	0.10	2.85	0.033
磁选金红石 B	88.24	1.01	3.00	0.09	2.78	0.053
化学成分	Cr	V	P	S	C	Al_2O_3
原料攀枝花钛铁矿	<0.01	<0.01	0.018	0.85		1.13
粗选金红石	<0.01	<0.01	0.015	0.03		1.06
摇选金红石	<0.91	<0.01	<0.01	0.012	0.0041	0.87
磁选金红石 A	<0.01	<0.01	<0.01	0.018	0.0087	0.89
磁选金红石 B	<0.01	<0.01	<0.01	0.018	0.0044	0.89

5.1.7　选择氯化工艺小结

(1)选择氯化制取人造金红石工艺是可行的。特别是采用无筛板流化氯化炉工艺更具有技术优势,它克服了有筛板的流化氯化炉筛孔易于堵塞的弊病,具有流化质量稳定、生产率高的特点。

(2)该工艺制取的人造金红石质量和原料的质量直接相关。日本三菱公司使用了质量好的钛铁矿砂矿(TiO_2的质量分数为53.9%),用该法制取的人造金红石 TiO_2 品位可达 96.3%。但是,攀矿质量较差,用该法只能制取 TiO_2 品位达到 82% ~88% 的人造金红石。这是该工艺的缺点,攀矿用该工艺欲制取高品位的富钛料是困难的。

(3)该工艺的出路是必须使副产品 $FeCl_3$ 能直接应用,否则会影响到该工艺的技术经济指标。

(4)鉴于该工艺制取的富钛料品位低,技术经济指标低,而且环保条件也差,因此该工艺未被市场采纳、应用。

5.2　还原磁选法

长沙矿冶研究院等单位对还原磁选法进行了实验研究,随后进行了工业实验。

5.2.1　还原磁选法的基本原理

还原磁选法是一种直接还原与选矿相结合的方法。其基本过程是:将钛精矿和固体还原剂及助熔剂(钠盐)混合,在隧道窑内进行直接还原,还原物料经磨细、磁选,分离成粗富钛料和铁粉两个产品,然后用粗富钛料制人造金红石。

还原磁选法的关键是还原,还原的目的是使铁、钛分离,因而在原理上与一般海绵铁还原不同,多了一个金属晶粒长大的过程。

还原磁选法的原理可概括为:用固体还原剂使钛精矿中的氧化铁充分还原为海绵铁;并借助于硫酸钠(或其他钠盐)的助熔作用,在一定温度下使铁粒子聚合长大到可以机械分选的必要粒度。

有硫酸钠存在条件下,还原温度在900℃时,钛铁矿开始有金属铁出现,1000℃以上还原反应迅速进行,金属铁首先沿双晶面、解理面和裂缝析出,钛的高价氧化物则还原为低价氧化物(五氧化三钛)。过程的反应式为:

$$3FeO \cdot TiO_2 + 4C = 3Fe + Ti_3O_5 + 4CO \quad (5-15)$$

随着温度升高,还原过程发展,金属铁增多,且聚合长大;氧化钛则继续还原,其顺序是:

$$TiO_2 \rightarrow Ti_3O_6 \rightarrow Ti_2O_3 \rightarrow TiO \rightarrow Ti(N)C \rightarrow Ti(Fe)$$

温度超过1200℃时,在氮气存在条件下,开始生成碳(氮)化钛:

$$FeO \cdot TiO_2 + 4C = Ti(N)C + Fe + 3CO \quad (5-16)$$

由于 TiN、TiC、TiO 的晶格常数非常接近(分别为 4.328、4.23、4.15),因此实际上是 Ti(N)C 和 Ti(O)C 的连续固溶体。温度越高,碳(氮)化钛生成越多。生成大量碳(氮)化钛的温度在1400℃以上。

在隧道窑内实验表明,还原过程中钛精矿的转化形式对产品结构和质量有着重大影响。例如:反应温度为1250~1280℃时,有钠盐存在条件下,金属铁粒度常见为20~30μm,50~60μm次之,最大为70~100μm,钛矿物经X射线结构分析及显微观察,主要为五氧化三钛(黑钛石),粒度为20~40μm。进行磨、选处理后,可得到良好铁、钛分离指标,得到的金属铁固溶有少量钛和锰以及微量的钴、镍等有益元素,这种铁粉是粉末冶金中的原料。获得的粗富钛料主要是五氧化三钛为基体的含镁低价固溶体,其主要杂质是 MgO、Fe_2O_3、FeO、Al_2O_3、SiO_2、CaO、MnO 等,它们可为粗富钛料形成黑钛石固溶体结构提供必要的二价和三价的金属阳离子,具有稳定黑钛石固溶体的作用,其化学结构可表示为:$m[(Mg,Fe,Mn,Ti)O \cdot 2TiO_2]n[(Ti,Al,V,Cr)_2O_3 \cdot TiO_2]$。

攀枝花粗富钛料中含有较多的 MgO(质量分数为7%~8%),所以在黑钛石固溶体中,镁黑钛石的比例最大。

富钛料的酸溶性能与它的物相结构密切相关,黑钛石固溶体中的 $MgO \cdot 2TiO_2$、$FeO \cdot 2TiO_2$ 是最易溶于酸的,所以富钛料中的

MgO 和 FeO 具有促进富钛料在酸中溶解的作用,是可溶性富钛料不可缺少的杂质成分。

反应温度在 1380 ~ 1480℃ 时,主要是选择性固态碳(氮)反应,其重要特征是生产不纯的、多组元碳(氮)化物,而脉石成分很少或基本不生成。值得指出的是,还原温度高,虽然可获得颗粒粗大的金属铁,但由于此时碳(氮)化钛与金属铁紧密共生或沿金属铁粒子的边缘呈薄膜状包裹,粒度极细,反而影响还原料中铁和钛的磁选分离,并引起金属铁中化合碳增多。综上所述,合理组织还原过程,就能有效地进行铁、钛分离,而选择一定的还原条件,控制钛铁及杂质的转化形式,便能达到生产特定用途产品的目的。

5.2.2　还原磁选法工艺流程

还原磁选法的原则工艺流程如图 5 – 7 所示。

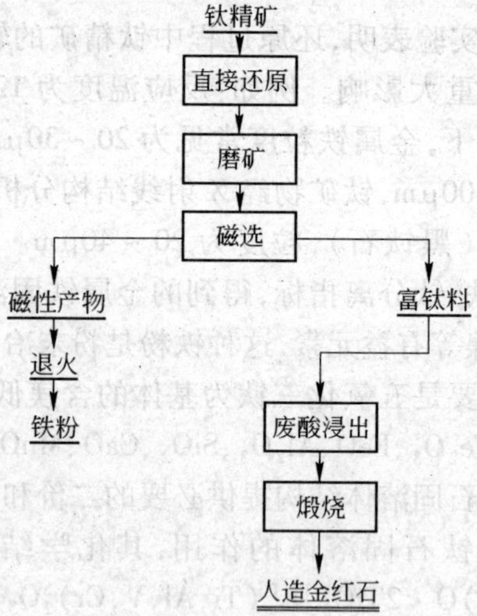

图 5 – 7　还原磁选法原则工艺流程

根据 1971 ~1972 年小型试验结果,选定两个典型意义的还原制度分别进行了扩大试验及工业试验。

第一个还原制度，烧成温度为1350~1480℃，在武钢耐火厂157m工业隧道窑内进行直接还原试验，成功地烧成四整车攀枝花和两广钛精矿（约有9~10t钛精矿），还原物料在试验厂进行后工序的扩试，取得良好指标，验证了实验室结果。

在益阳市建成的还原磁选生产试验厂，采用第二个还原制度，烧成温度为1280℃。以日处理钛精矿5.7t的规模（年处理钛精矿1700t）进行了还原磁选法全流程工业试验。

5.2.3 工业试验结果

（1）以攀矿钛铁精矿（TiO_2的质量分数为46.52%）为原料用还原磁选工艺制备出了粗富钛料和铁粉。

粗富钛料的化学成分和矿物组成分别见表5-6和表5-7。

表5-6 粗富钛料的化学成分 （%）

化学成分	TiO_2	Fe	Mn	Cr		V_2O_5	Co	Ni
质量分数	66.92~70.72	7.5~10.03	0.74	0.0030	0.11	<0.0049	<0.0030	
化学成分	SiO_2	Al_2O_3	CaO	MgO	S	P	C	ΣFe
质量分数	4.24	1.55	1.44	7.91	2.77	0.008	0.68	1.42

表5-7 粗富钛料的矿物组成 （%）

矿物	五氧化三钛	碳氮化钛	金属铁	硅酸盐玻璃质矿物	石墨
质量分数	80	1~2	9~10	8~9	1~2

铁粉的化学成分、粒度组成、力学性能和工艺性能分别见表5-8~表5-11。

表5-8 铁粉的化学成分 （%）

化学成分	TFe	ΣFe	TiO_2	MnO	Cr	V_2O_5	Co
质量分数	96.94	96.38	2.33	0.23	0.007	0.013	0.048

化学成分	Ni	SiO_2	Al_2O_3	CaO	MgO	S	O	P
质量分数	0.025	0.19	0.13	0.32	0.30	微量	0.10	0.006

表 5－9　铁粉的粒度组成

粒度/mm	>0.125	0.093～0.125	0.074～0.093	0.037～0.074	<0.037
组成/%	15.1	6.6	20.8	16.0	41.5

表 5－10　铁粉的力学性能

$w(C)$/%	$w(Cu)$/%	烧结密度/$g \cdot cm^{-3}$	抗拉强度/MPa	伸长率/%
0	0	5.93	1.1	3.0
0.3	2	5.89	1.76	2.0

表 5－11　铁粉的工艺性能

松装密度/$g \cdot cm^{-3}$	流动性/$s \cdot (50g)^{-1}$	压制后密度/$g \cdot cm^{-3}$				
		3T/cm^2	4T/cm^2	5T/cm^2	6T/cm^2	7T/cm^2
2.1	51.3	5.91	6.22	6.46	6.62	6.70

(2)用粗富钛料进一步被稀酸(废盐酸或废硫酸)浸出并煅烧，制取人造金红石。人造金红石的化学成分见表 5－12。用攀矿制取的人造金红石中 TiO_2 的质量分数为 85.96%；用广西北海矿制取的人造金红石中 TiO_2 的质量分数为 94.45%。

表 5－12　人造金红石的化学成分(质量分数)　　(%)

产　地	TiO_2	TFe	MnO	Cr_2O_3	Co	Ni
攀枝花矿	85.96	0.70	0.076	<0.003	<0.0049	<0.0032
广西北海矿	94.45	0.64	0.81	痕量		

产　地	SiO_2	Al_2O_3	CaO	MgO	S	P	C
攀枝花矿	2.48	0.68	0.83	8.58	<0.002	0.003	<0.02
广西北海矿	1.65	0.61	<0.1	0.25	<0.01	0.003	<0.02

(3)将工艺副产品——铁粉作原料，由粉末冶金法加工出粉末冶金铁质零件。经试验表明，铁制品的力学性能差，断裂韧性

低，易断裂，不适宜用作粉末冶金原料。估计是该种粉末氧含量太高造成的。只能将此铁粉压制成团块料作炼钢的原料。

5.2.4 还原磁选法小结

(1)还原磁选法制取富钛料，然后再进一步酸浸制取人造金红石，工艺上是可能的。

(2)用该法制取的人造金红石质量与原矿质量有关，若用广西北海矿，TiO_2的质量分数可达94.45%的水平；而用攀矿仅获得TiO_2的质量分数为85.96%的水平。所以对攀矿而言，该法的富集能力有限。

(3)该工艺副产品的铁粉无法直接应用于制取铁质粉末冶金制品，所以使该工艺方法失去了预想的竞争力。

(4)该工艺的基本原理和富集效果同电熔熔炼钛渣大同小异。当该法副产品铁粉无法直接应用时，它无法与十分成熟的钛渣工艺相竞争而获得市场的青睐。

第三篇 钛 渣

6 熔炼钛渣的多渣熔池

6.1 多渣熔池分类

某些以电能为能源的熔炼炉,通常将整个炉膛空间称为熔池。但对矿热熔炼电炉而言,矿物原料是靠电弧加热还原熔炼金属或合金的,熔池是指熔渣和金属液积存的炉膛部分,有的指电极周围原料不断下降的工作区,也有的指电弧所作用到的区域。无论如何定义熔池,它终归是进行冶金反应的场所,因此,可按形状和类型及不同工艺条件与方法来划分。

钛铁矿碳热还原除铁富集钛可有多种方法,但是目前工业广泛应用的是以液态生铁和高钛(TiO_2)熔渣形式进行铁钛的分离,这一过程必然形成熔池。

作为多渣熔池反应器,高炉熔炼钛铁矿过程中由于不可避免地产生碳氮化钛 Ti(C,N),所以导致熔渣变稠,从而恶化冶炼进程。实践证明,在高炉冶炼过程中,当炉渣中二氧化钛的质量分数大于 20% 时,炉况就会出现异常,只有对 Ti(C,N)采取氧化措施时才能保持炉况正常。当二氧化钛的质量分数大于 25% 时,这种氧化措施也是无能为力的。但是,在电弧炉冶炼中当二氧化钛的质量分数达 73%,甚至达 85% ~90% 以上时,也可以保持正常冶炼。本书中熔池即指多渣的矿热电炉熔池。

根据熔炼钛渣的工艺方法和电弧制度的不同,矿热电炉熔池可分为如下几种。

6.1.1 间断法熔炼钛渣熔池

间断法是指一次性装入炉料送电熔炼，直到全部炉料熔炼成熔渣（熟化钛渣）和铁水，渣铁混出或分出完成一个炉次的熔炼工艺。炉料入炉形态可分为压球料、拌和料和散料。该工艺的熔池特点是：在熔炼前期有料层堆积，电弧在料层下燃烧，在压球料或拌和料的料堆内形成“坩埚”，而散料内的“坩埚”则不明显，当“坩埚”顶层散料发生软熔和结壳而不能连续自行下料时，则需要人工捣炉，炉料熔毕形成的熔池结构如图 6－1 所示，此时电弧转变为渣埋或半敞露状态。

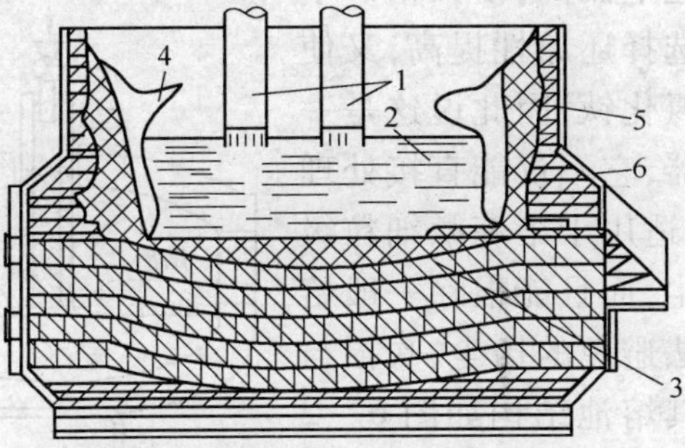

图 6－1 间断法熔炼钛渣末期的熔池形态

1—电极；2—熔渣层；3—铁水与死铁层；4—凝壳；5—死料层；6—炉衬

6.1.2 连续法薄料层熔池

连续法薄料层熔池是钛精矿和煤粉或焦粉混合料以散料形态连续加入炉内，在熔渣层上面连续均匀分布，并始终保持固定的、较薄的料层厚度，其另一重要特点是采用六根电极一字排列的矩形熔池。加拿大魁北克铁钛公司（QIT）的索雷尔冶炼厂即采用这种熔池的熔炼钛渣技术，以后又将该技术转让给南非理查兹湾矿业公司（RBM），且电炉单容扩大到 105MV·A。

四川攀枝花市金江钛业有限公司正在建设的自主研发设计的两台30MV·A电炉钛渣项目，其熔池即属于此种结构的熔池。

6.1.3　电极中空加料无料层覆盖的敞开式熔池

无料层覆盖的敞开式熔池，在冶金中应用不乏其例。如在电炉炼钢中废钢等原料基本上是采用敞露式电弧熔化，熔毕进入精炼期时电极浅插于熔渣层，这就是典型的敞开式熔池。

钛精矿和炭粉从中空电极加入，属于管道输送，其熔炼特性为喷射冶金，是一种反应动力学条件优越而生产过程强化的熔池熔炼，而电弧柱经过喷出口的约束和输送炉料载气(兼工作气)的作用则成为等离子体电弧，这种电弧的温度比普通电弧高，使钛精矿中铁氧化物的选择还原性提高，又使钛不生成碳氮化钛，因此说这是一种理想反应器，它不仅能直接处理粉矿，还特别适用于熔炼微细粒级钛精矿或烟尘，而且能根除一般熔炼过程所无法避免的扬尘、吹损与环境污染。其熔池结构如图6－2所示。这种熔池的熔炼钛渣技术最早为南非纳马克瓦砂矿公司(NSL)所采用，我国云南禄劝县引进该技术并建设生产厂。

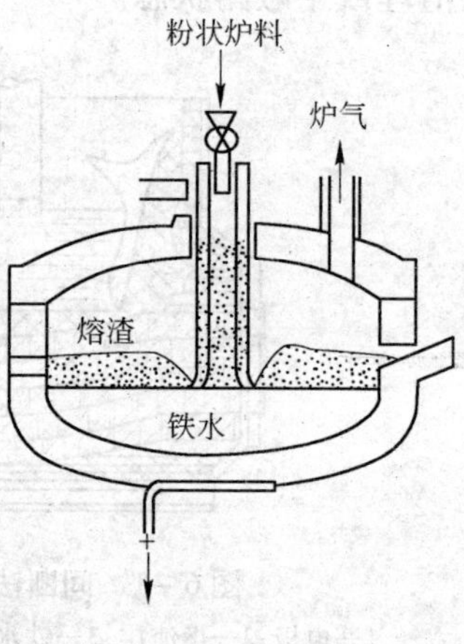

图6－2　电极中空加料的直流电炉熔池结构

6.1.4　连续法熔炼钛精矿预还原球团的熔池

日本的研究人员曾解剖了熔炼钛铁矿球团的50kW试验电炉，得出如图6－3所示的熔池结构。将钛精矿制球并在链箅机—回转窑上预还原到金属化率60%～70%和终还原在电炉中熔炼并完成钛渣与生铁分离的典型工艺，应首推挪威的廷弗斯铁钛公司(TTI)。但TTI的电炉熔池不会产生残炭层，因为熔炼时焦炭的机械强度不高且配入量较少。

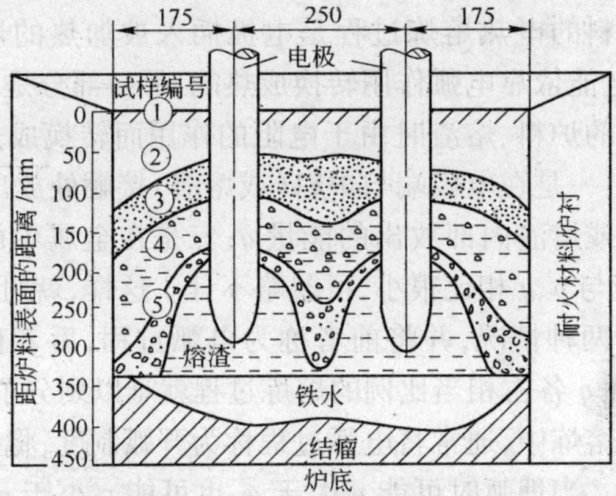

图6-3 熔炼含钛铁矿球团的50kW试验电炉解剖图

①—料面;②—预热层;③—炽热层;④—软熔层;⑤—残炭层

6.2 钛渣熔池的电热制度

虽然矿热电炉熔炼工艺的产品品种不同,但都有与之适应的熔池电热制度。

电热制度就是熔池内电阻热和电弧热的分布比例。因为输入熔池的电功率是由电阻功率和电弧功率组成的,所以电阻功率和电弧功率的比例之和为1。如电炉法生产碳化硅、硫化碳、氰胺化钙等产品时,产品无需形成液态,可采用不生成电弧的、近百分之百的电阻功率制度;对电熔镁砂和电熔刚玉等,前者一般采用0.35~0.45的电阻功率,此值过大则熔池温度低、化料慢,过小即电弧功率比例过大,则化料过快而易使物料“烧飞”、还原除杂(铁)不充分、熔池达不到足够深度,也不稳定,且热效率低;电炉熔炼硅铁时,产品含硅越高应越采用高比例的电弧功率;在熔炼钛磁铁矿精矿球团的情况下,电弧功率比例为75%。上述举例都是对既定产品和工艺条件下的最佳选择。连续的有块料堆积的熔池结构，如图 6 – 3 所示。

关于熔池电热制度，前苏联学者马克西门柯最早做了定性说明。矿物原料的电热熔炼过程是电极插入被加热的炉料或熔体内，一部分电能依靠电弧作用转换成热能，另一部分是由电流通过与电极接触的炉料、熔渣时由于电阻的作用而转换成热能。有三处放出电能：一是在电极端与炉料（或熔渣）接触处放出的能量 p，二是在炉料或熔渣内部放出的能量 q；三是在金属中放出的能量 r。由于 r 值与 p、q 相比很小，可忽略不计。这样，就可假定有 $p > q$ 和 $p < q$ 的两种情况，并将前者称为电弧过程，后者称为电阻过程，但对 p 和 q 各占相当比例的熔炼过程就难以划分了。

在矿热熔炼中，通常将电弧过程称为开弧制度，将电阻过程称为埋弧制度。当埋弧时可能 p 大于 q，也可能 p 小于 q（对已生弧的 q 绝对小于 1）。至于钛渣熔炼常用的行业术语中的“埋弧”和“开弧”，多被理解成电弧是否为炉料所覆盖。实际上，这仅对连续法且有块料堆积的熔池才是正确的，但对其他类型熔池则是不准确的。因为随着电极插入的变浅或其他因素导致电弧功率比例增大，也会导致电弧外露。

对连续薄料层熔池，电极浮在炉渣上面，电极下端面与渣面接触产生的短弧又被涨泡的熔渣和炉料的混合物所遮蔽，而输送给熔池的电弧功率比例接近于百分之百且电弧并不外露。

敞开熔池的渣面根本不存在固态炉料，电弧全靠涨泡熔渣包裹，$p \approx 1$；对于间断法工艺，仅在占每炉次很小比例的时间内 $p < q$，并很快进入 $p/(q+p) > 0.95$ 的电弧过程，且电弧也不是呈完全敞露状。

综上所述，除了连续有块料堆积的熔池之外，电弧功率所占比例均大于电阻功率，甚至全部为电弧功率，实质上都属于埋弧制度，仅是自由电弧即弧柱未被约束或未被炉料埋住、熔渣包裹的敞露电弧，才应称开弧；敞开熔池钛渣熔炼过程是名副其实的埋弧，它的 $p \to 1$、$q \to 0$；电极浅插甚至未插入渣层却为涨泡渣体所包裹时，可称为渣埋。

6.3 研究熔池的物理模拟法

人们对矿热电弧炉熔池的电气、冶金和几何等特性,是从模拟试验开始认识的。

电弧炉作为一种反应器,在其熔池中进行着复杂的热能转换和动量传输等物理过程,而这些物理过程又与冶金过程密切相关,并且直接影响到冶金效果,所以对熔池的研究与测试也就成为优化生产和设计不可或缺的一种手段。由于受电炉熔炼的高温和恶劣条件的限制,很难乃至无法直接进行试验测试,因此利用相似原理与模拟试验是一种可行的研究方法。

电能转变为热能的转化率在很大程度上取决于熔池内电流的分布。利用炉体解剖方法虽然可以知道熔池结构,却无法“看到”熔池内电流分布形态即电场,而模拟试验则可以“探查”到熔池内电流的行踪与分布,并可以用电力线进行描述。

在矿热熔池的研究中,采用水模型最多。根据相似原理,在溶液导电电场中电流密度分布规律与溶液介质的电导率无关,仅取决于电极形状、尺寸和相对位置以及模型形状、尺寸,因此,可用室温的水或稀盐水溶液代替高温熔渣(炉料熔体)进行模拟试验;此外,也可以焦末、铁屑或熔渣作为介质进行模拟试验(后者称为火模型)。

在对熔池电场的物理模拟研究中,大多将模型通电后测得的电位降百分数相等的区域用想象线连接起来,从而在电极周围构成一层层等位面,同时又可用想象线来表示电流流通方向和大致的密度,由此便可得到一幅直观、形象的电场图。

如果炉子尺寸的改变遵循几何相似原则,同时电压降又是以百分数计算时,则其电场的形状、等电位面和电流线的位置将与实型电炉的工作电压、炉渣导电性、炉子尺寸无关。

使用圆柱体电极和导电炉底的单相电炉或直流电炉的熔池电场最为简单,这种电路的电场对称于电极中心线,无论是负荷不均还是电路上存在导电性差异极大的金属层和熔渣层,都不会破坏电场的对称性。由模型试验得到的熔池电场图如图 6 – 4 所示。图 6 – 4 中,虚线表示等位面,它是电场空间中电位相等的点集合组成的曲面,其重要性质就是等位面处处与电力线垂直,而等位面密疏程度可以反映场强的大小;各等位面几乎保持它们的相互平行性,在等位面达到炉衬附近时与之相交而终止。电力线及对应的等位面,其稀疏程度所显示的正是电炉熔炼的强度,分布不到的地方形成死料层。通过对电极不同部位的间隔绝缘,可以测定电极端面、侧面和垂直各段流出电流的情况;而改变电极直径和电极下端到炉底间距 h_0,则可模拟出实际电炉熔池的某些变化规律。试验结果表明,增大电极直径及电极与炉衬间距时,电力线变得稀疏,包括等位面在内的弯曲程度都变缓,而减少 h_0 则等位面变密。

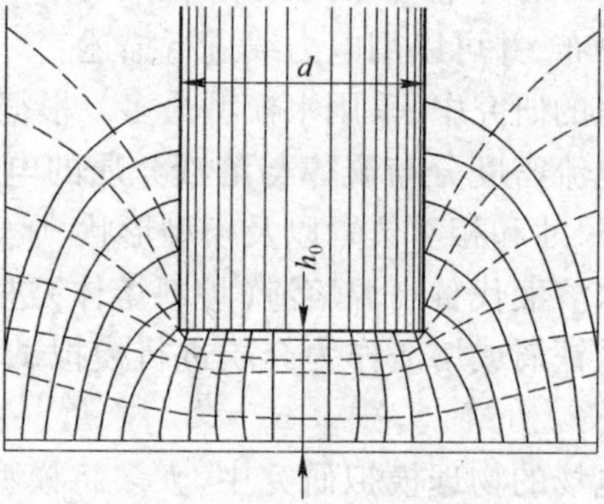

图 6 – 4　单相电炉熔池的电场

图 6 – 4 中的实线表示电力线,可见电流都是从圆柱体电极的端面和侧面流出且流线方向与电极面垂直;侧面电流离开电极便立即弯曲向下,最后几乎垂直地流入炉底。

在单相电炉内如插入第二根电极(包括三相电炉的三电极),电场图会发生很大变化,因为如此装置电极,电流不仅在电极与炉底之间通过,还要在电极—金属—电极之间通过。如图 6 – 5 所示的三相电极(一字形排列)熔池的一个横截面。

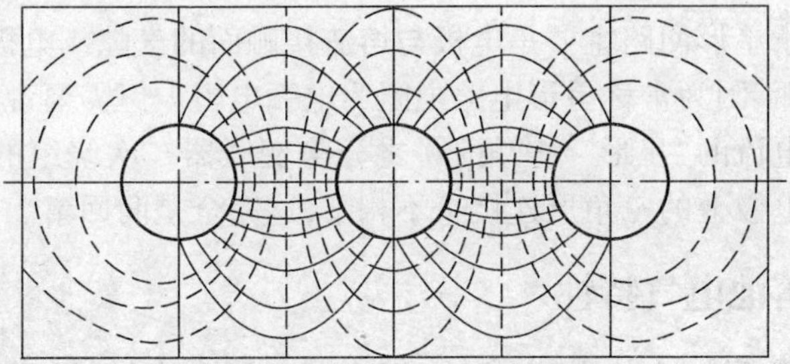

图 6－5 直列电极三相电炉水平剖面图（电极直径 $d = 10\text{cm}$）

从图 6－5 可以看到，等位面（虚线表示）在边电极外侧的分布密度明显小于电极内侧的分布密度，而且两个边电极等位面不能与中电极等位面交叉，这说明无论电极间距如何只能改变其内的电位梯度而不能加和。

对三相六电极（一字排列）矩形电炉，由于它是由 3 台单相变压器供电，每个单相变压器又接一对电极，这就可以看成是由 3 个单相双极熔池组成。水模型的研究得出：电流密度在矩形熔池的横向分布是自电极至侧壁逐渐减小，在侧壁附近电流所释放的焦耳热已很微弱，此处热量主要靠电极附近的高温熔体通过对流传递；对同一变压器的两电极之间中心截面，垂直于矩形熔池长度方向的电流为零，因为它们是零位面（这与三相电极之间的情况相同，如图 6－5 所示），但不同变压器的相邻两电极之间的情况则更复杂。

除了炉底导电的单相炉和直流炉之外，插入熔池内的各个电极的电流流动路线，如模拟试验所证实，有两种：一是从电极侧表面辐向流出，途经导电体进入另一支电极或另一相电极的闭合电路，即电流沿电极 A→炉料或熔渣→电极 B 的路线，称为角形电路，电流称为角形电流，其负荷称为角形电阻；二是闭合在炉底或金属层的回路，它是经过电极 A→熔渣→金属→熔渣→电极 B 的路线，则相应称为星形电路，电流称为星形电流，其负荷称为星形电阻。

由于星形回路主要是电极与熔渣接触面的气隙或电极与金属间的电弧,因为常称星形电路电阻为电弧电阻。但需要说明的是,熔池中电流的“星形”和“角形”之分与变压器二次绕组的星形连接或在电极上的三角形连接毫不相干,这完全是两回事。

6.4　熔池电气特性

如前所述,电极电流(总电流)包括电弧电流(即星形电流)和电阻电流(即角形电流),两者在熔池内并存,其分布比例主要取决于电极插入深度、电极直径、电极间距和熔池深度等。对单相双电极熔池,由电极侧面流出的电流即角形电流 I_n 和电极端面流出的电流即星形电流 I_m 的比例如图 6-6 所示。

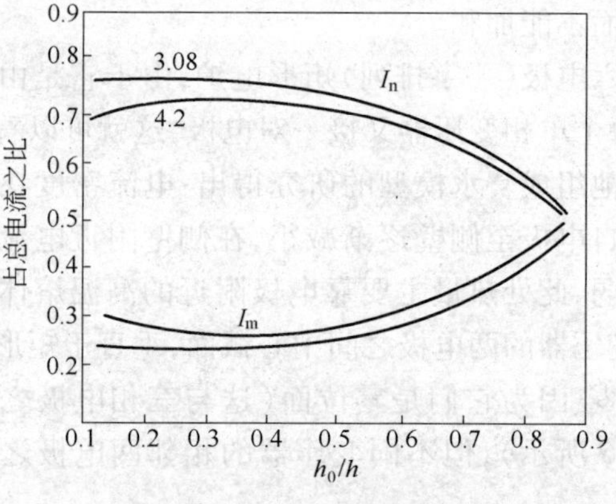

图 6-6　电极至熔池的电流通过情况与电极插入深度的关系
(曲线旁数字为电极直径,cm)

图 6-6 表明:随着电极插入深度(在此用电极端与炉底之间距离 h_0 与熔池深度 h 之比表示)的增加,即 h_0/h 值的减少,通过电极侧表面的 I_n 不断增大,当 $h_0/h \approx 0.25$ 时,I_n 增大到全部电流的 75%;而通过电极端的电流 I_m 在总电流中的比值随电极插入的逐渐增大而减少,尽管电极深插时电极端更接近炉底(金属),到

$h_0/h \approx 0.25$ 处 I_m 相应降至25%。

熔池深度对 I_m 和 I_n 分布比变化的影响的试验结果如图6-7所示，表明角形电流将随导体层(熔池)高度的增加而依直线规律地增大，即星形电流对应地减小。电极通过的电流 I_n 随电极直径 d 的增大而减小，I_m 则随 d 的增大而增大，这从图6-6中可以看出。

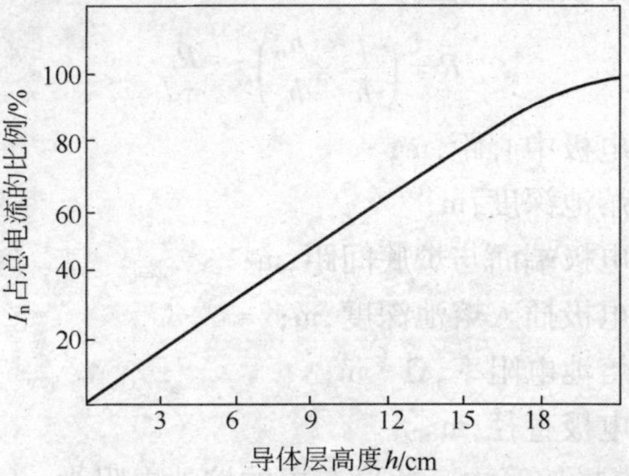

图6-7　电极流过的角形电流 I_n 与导体层高度 h 的关系

电极间距对角形电流变化的影响：有试验指出，当电极中心距从80mm减少到60mm(相当于实型从3000mm减少到2200mm)时，角形电流相对值大致按中心距减小的同一比例增大。

I_m 和 I_n 在熔池中分布比率的变化实际上是熔池特性参数熔池电阻变化的结果，因为熔池电阻 R 增大使通过的角形电流 I_n 减少、星形电流 I_m 增大。在矿热电炉中，将电极下端—炉底之间的电阻定义为操作电阻(负载电阻或工作电阻)，其值为炉子总电阻减去线路电阻损失。

操作电阻也可理解为电炉内星形回路的相位电阻和角形回路的相位电阻两个并联的电阻，这一概念包容了整个电流作用区即熔池，这样就可认为操作电阻即是熔池电阻。准确地说，操作电阻应是熔池有效电阻。因此在某些场合下，两者能够通用。

为了方便起见，将操作电阻和熔池电阻都以同一符号 R 表示。对于开弧制度工作的电炉，电极电流几乎全部流经星形主回路，工作电压绝大部分降落在电弧电阻上，因此，电弧电阻基本反映了操作电阻的特性，就此意义而言，操作电极即电弧电阻。

由模型试验结果给出的熔池参数及其变化关系，通过数据回归分析得到熔池电阻的回归方程（经验公式），其例如下。

单相双极熔池的电阻为：

$$R=\left(\frac{l}{h}\times\frac{h_0}{h_s}\right)^{0.33}\frac{\rho}{\pi d} \tag{6-1}$$

式中　l——电极中心距，m；

h——熔池深度，m；

h_0——电极端面与炉底间距，m；

h_s——电极插入熔池深度，m；

ρ——熔池电阻率，Ω · m；

d——电极直径，m。

三相三电极按等边三角形布置的熔池电阻为：

$$R=0.5\beta\left(\frac{l}{h}\times\frac{h_0}{h_s}\right)^{0.33}\frac{\rho}{\pi d} \tag{6-2}$$

根据试验数据，式（6－2）中的系数 β 为 0.92。

水模型试验的结果查明，电极释放功率的分布状态主要受电极插入深度的制约。用模拟电极—熔渣间接触产生电弧的沸腾溶液做试验，当溶液厚度（熔池深度）为 30mm，电极插入其内 1/30 的浅插和 14/30 的中等插深时的功率分布情况如图 6－8 和图 6－9 所示，图中的粗线代表电力线，曲线旁的数字为电极和电场该点之间的电压降（以相电压的百分数表示），细线代表等位面。

从图 6－8 所示的电场形状可见，在与实型相似的点即在电炉中距电极周边 100mm 处的电压降达到 84.4%（即相应放出的功率）。而在电极插深为 14/30 的距电极周边 100mm 处，正像图 6－9 所示的，电压降仅为 43.4%。这表明，随着电极插深的增加，电极—渣层接触处放出的功率减少，而且当电极深插至 25/30 时

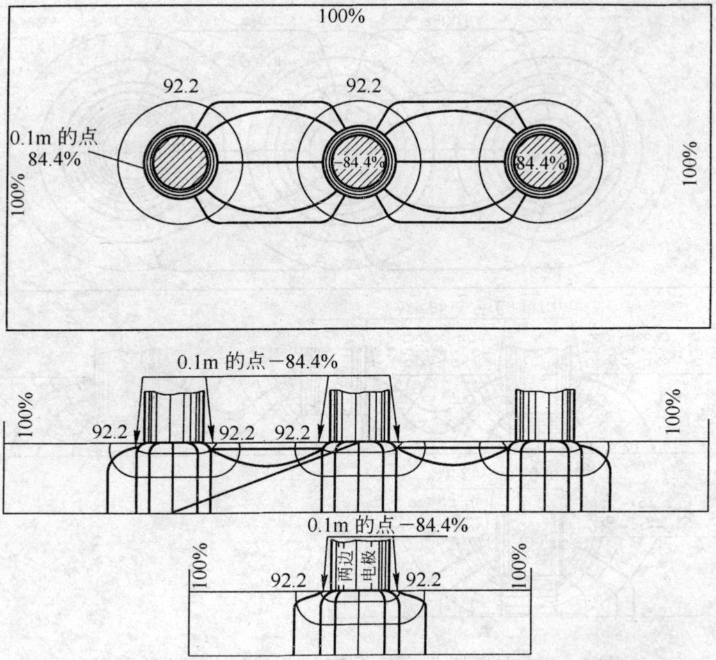

图 6－8　电极插入很浅(1/30)时电炉的电场

会降到 37.5%。

总之,从模拟试验结果看,电极在熔池内的深度对功率分布的影响主要体现在电极浅插时电极与渣层接触处放出的功率的激烈变化上。例如,电极从渣表面插入的深度不大的情况下,电压降会急剧地降至 53% ~55%,从此再深插则其变化很小(从 53% ~55% 降到 43% ~47%)。

电极释放功率的这种分布特性决定了加料制度和布料制度需与之匹配,如 QIT 所做的那样。这种取决于电极—熔渣接触面积的特点才适用于大多数以电极插入或浮在渣层熔炼钛渣工艺的表述,而在这些工艺制度下,既不形成像连续法块料堆积的熔池,也不形成“坩埚”熔池,且其电弧为另一类埋弧——气隙微弧。

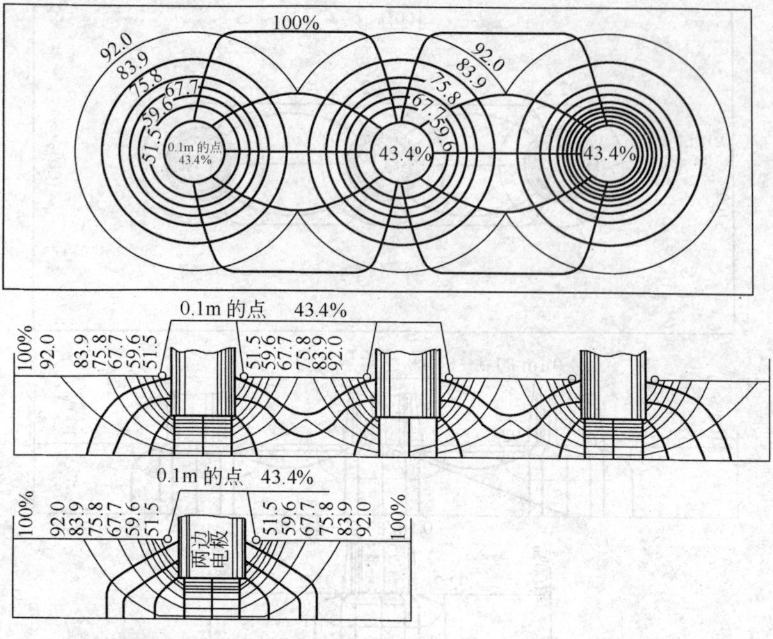

图 6－9　电极插入中等深度(14/30)时电炉的电场

由于熔渣对碳质电极的非浸润性和电磁力的排斥作用，会在电极——熔渣接触处产生一层非均匀的气隙，电流通过气隙时便形成由微小点状电弧形态的微弧层，由于气隙的电阻很高，使此处电压有很大的降落。多渣熔池中气隙微弧的发生和特性是通过水模型研究得到的，发现溶液沸腾状态所测得的功率分布与非沸腾状态时有很大的出入，即模型与实型不相似，原因就在于沸腾溶液与电极接触的部位形成一层附着蒸气，就好似圆柱体电极的这一部位被套个布袋(所以称为气袋)一样，这样，在气袋面积小(即电极浅插)时，由于电流密度大(即功率密度大、温度高)，而使此区域更加靠近电极，相反，高温区则远离电极。除了电极插深影响着熔池功率分布外，渣层厚度、电极直径、电极底端形状以及熔池形状等对电场的形状也有某些影响。

理论推导出的三相三电极的熔池电阻 R 定量表达式为：

$$R=\frac{1}{\pi\left[\frac{d}{\rho_{m \cdot A}+\rho_{m \cdot B}\left(1-\frac{r_0}{h_m}\right)}+\frac{3h_n}{\rho_n I_n \frac{l}{d}}\right]} \tag{6-3}$$

式中 d——电极直径，m；

$\rho_{m \cdot A}$——炉料层下的电弧电阻率，Ω·m；

$\rho_{m \cdot B}$——料层下的熔体电阻率，Ω·m；

r_0——电极端半球形的半径，m；

h_m——熔体层深度，m；

h_n——两电极间的深度，m；

ρ_n——两电极间深度 h_n 内料层的电阻率，Ω·m；

I_n——流过两电极间炉料层的电流，A；

l——两电极中心距，m。

式(6-3)清晰地反映了有关的熔池参量对其电阻的影响。在钛渣熔炼特别是薄料层和敞开熔池的熔炼工艺中，大多是处于电极插入很浅甚至是离开渣面的条件运行的，可以认为 $h_n \to 0$。这样，式(6-3)中的分母右项接近于零，表明熔池电阻（操作电阻）对电极直径等几何参数的依赖性变小，这是因为电极只有插入熔池才能成为熔池的组成部分，而且是插入越浅“亲缘”关系越远。

再有，钛渣熔体的电阻率比一般冶金熔渣小得多，如做 $\rho_{m \cdot B} \to 0$ 处理，则 R 就仅取决于电弧电阻率了，即此时的电弧电阻就是操作电阻。

根据欧姆定律，电流与电阻成反比，而电热功率又是电流平方与电阻的乘积，电阻又可根据欧姆定律的微分形式导出，所以星形电路电热量在全部热量所占的比率 $k_{m \cdot t}$ 可表达为：

$$k_{m \cdot t}=\frac{R_n}{3R_m+R_n}=\frac{1}{1+\frac{3h_n\left[\rho_{m \cdot A}+\rho_{m \cdot B}\left(1-\frac{r_0}{h_m}\right)\right]}{d\rho_n I_n \frac{l}{d}}} \tag{6-4}$$

如前所述，钛渣和硅铁等铁合金的各种熔炼工艺方法都要求高的电弧功率分布比例，由式(6－4)可知，应尽量增大炉料电阻和降低熔渣电阻或减小电极插入深度 h_n；对常规的矿热熔炼包括采用料堆内形成“坩埚”的钛渣熔炼工艺来说，减小电极埋入料层深度 h_n 使 $k_{m\cdot t}$ 增大，但不是 $p>q$ 所定义的电弧制度埋弧，而是敞露式的自由电弧，也就只能靠使电极插深(如增大炉料电阻)来提升 $k_{m\cdot t}$ 值；熔炼钛渣自身的 R_m 值较小，加上渣体特有的高涨泡性，可实施渣埋弧而允许采取较小的电极插深，可很容易达到较高的电弧功率分布比 $k_{m\cdot t}$，或者说电极浅插更适宜于熔炼钛渣。

在炉料和熔体电阻率等因素既定的条件下，由式(6－4)可见，电极插入料层深度 h_n 越小、电极间距 l 越大、电极直径 d 越小、电极端与炉底间距离 h_m 越大，即电极插入熔池深度越小，则 $k_{m\cdot t}$ 值越大，这与熔池的物理模拟所得结果一致。

形成料堆结构的连续法或间断法的熔池中的电流分布如图6－10所示。

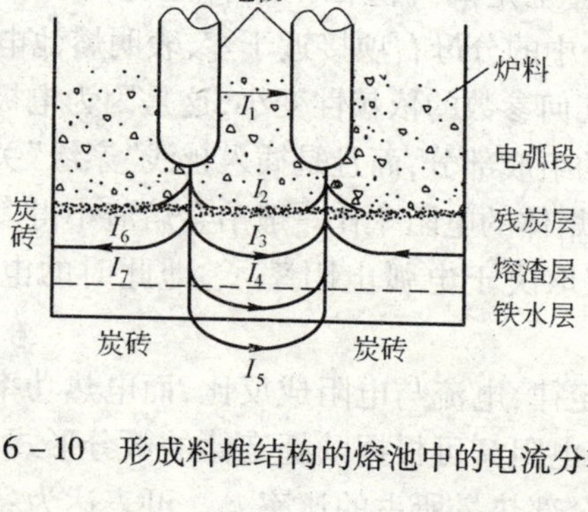

图6－10　形成料堆结构的熔池中的电流分布

钛精矿特别是岩矿的电阻率比一般矿料要低得多，如果是其金属化球团就更低，而且在受电初期电极插入较深，所以角形电流(I_1)发达；但这并不是所希望发生的，因为这会导致炉料的过早软熔而恶化固相还原和产生“坩埚”，造成不能自动下料。残炭层的形成取决于焦炭的强度、块度和配加量。在形成残炭层的情况下，它除了决定电极插入深度外，也成为冶金反应的主要场所；有的还产生通过熔渣层和铁水层的电弧电流（星形电流）以及导电炉衬的支路电流。

对于其他类型的熔池都不会形成残炭层和“坩埚”，薄料层则希望炉料尽早熔化，也就是说岩矿不适于有料堆的熔池。薄料层熔池的电流分布也主要集中在电极端与熔渣层的接触部位，且为高效的星形电流，其他各支路的电流不是必需的。

6.5 熔池的冶金特性

钛铁矿碳热还原熔炼钛渣与生铁是典型的多渣过程，它是在多渣熔池中进行的。与火焰炉不同，矿热电弧炉的熔炼不是依靠炽热火焰向料层传热，而是炉料的加热和电热转换同时进行的，属于内热源加热，其热阻小、热效率高。同时，多渣电热熔池的传热机制也比较特殊，它的高温区是在电极周围由强大电流通过电极—熔渣接触区的高电阻气隙（气袋）所生成的，其热能作用的范围是自电极中心到电极直径约 2 倍的地方，因此会在熔池内产生极大的温度梯度。

由于熔池温度场的不均匀性，以及电磁力和有等离子射流或气 - 粉射流（如直流空心电极中空加料式熔池）的影响，将引起熔体的强制对流运动。熔池流场中速度分布可以用纳维—斯托克斯方程数值求解的方法得出，也可以用模型进行流场的模拟测定。固态炉料和熔渣的热导率都很小，导热作用不大，所以熔炼主要靠熔渣这个载热体的对流传热使热量从热区传至冷区。

图 6 - 11 所示为熔池内熔渣对流运动示意图，它是根据在水模型和火模型上的观察并经工厂的实践证实后绘制的。在电极—熔渣接触区温度最高，熔渣处于强烈的过热状态，化学反应产生大量气体，弥散于熔渣中的气泡使其体积胀大、密度减少，从而在靠近电极处的熔渣不断上浮至渣 - 料界面并向四周运动。高温熔渣也将热量带到温度很低的炉料软化表面，炉料吸收了过热熔渣的热量而熔化并发生其他化学反应，同时熔渣的温度相应降低，熔渣

内部气泡体积大为减少;熔化的炉料与已降温的熔渣一同混合,由于其密度增大而下沉,当下沉到电极插入深度时,又受到过热熔渣的作用,一部分熔体转向电极做水平运动,并在电极—熔渣接触区又被加热而上升,另一部分下沉到料堆末端,由于温度仍高于炉料表面温度而继续沿着料堆下部熔化表面做水平运动,直到其温度接近炉料熔化温度为止。这是一种强制对流,其运动轨迹如图6－11(a)所示。

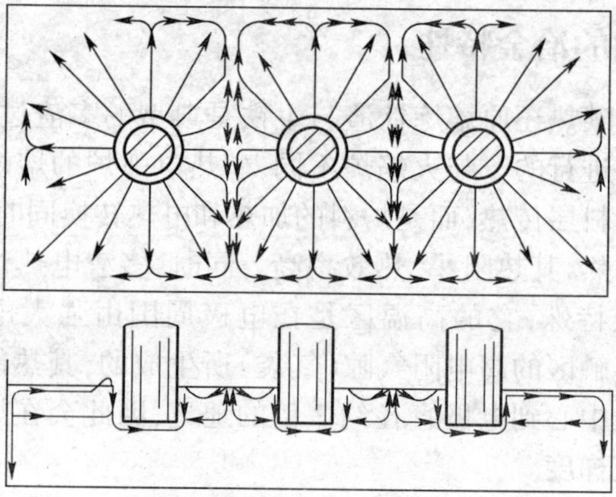

(a)

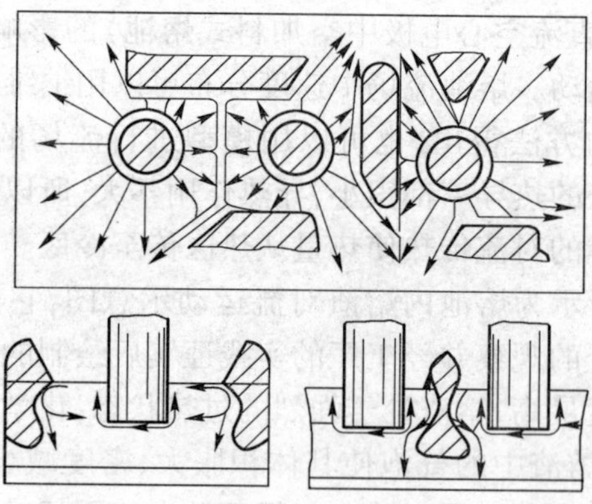

(b)

图6－11　熔池内熔渣对流运动示意图

(a)无料堆时的熔渣循环运动;(b)有料堆时的熔渣循环运动

熔池内存在料堆将使渣流轨迹有所改变,料堆的存在如同炉墙一样阻拦渣流,使流股向水平方向上的空隙流动,提前转向下部渣层;在下部渣层,渣流冲刷着沉没的料堆表面,形成凹弧形的流动面,如图 6-11(b)所示。在熔渣下层形成的熔体运动是速度较慢(约为 0.02~0.03m/s)的自然对流。

对多渣熔池的熔炼过程,炉料的熔化速度直接影响炉子的生产率,因此,加快化料是强化生产的重要措施。化料速度由熔渣对炉料的对流换热量 Q(J/s)决定,对流换热量 Q 计算表达式为:

$$Q = \alpha(t_s - t_{ch})F_{ch} \tag{6-5}$$

式中 α——对流换热系数,W/(m^2·℃);

t_s,t_{ch}——分别为熔渣、料堆表面温度,℃;

F_{ch}——与流动熔渣接触的料堆表面积,m^2。

由式(6-5)可知,提高化料速度的措施主要有:一是增大对流换热系数 α,其值取决于熔渣的流动速度,不仅应依靠自然对流还要促进强制对流的发展;二是提高熔渣温度 t_s,增大电弧功率所占比例;三是增大与流动熔渣接触的料堆表面积。这从图 6-11(b)中也可以看到,被熔渣涮成凹弧、哑铃等形状的料堆与熔渣的接触面积增大,或者熔渣沿料堆流动的路径加长,但前提是料堆沉下及沉下的料堆不引起熔渣沸腾。

熔炼不经造球的钛铁矿精矿时,因矿粉-炭粉混合料的堆密度小于熔渣,所以料堆难以沉入渣层,最终支离成冰山状随波逐流。根据放置冰块的水模型实验,流动水上的冰块会相互碰撞和打转翻滚,如同冰封江河产生的凌汛。受此启示,存在料堆的钛渣熔炼方法并不可取,因为料团滚落进入渣层会爆发化学反应和骤然放出大量气体而导致翻渣喷溅。

连续薄料层熔池既有相当大的 F_{ch} 值,又可将炽热的铁水-熔渣盖上一层松软的保温层。对于连续薄料层熔池,其不同功率密度区(温度场)的化料速度不同,对应的加料、布料速度也不同,以此来保持其厚度恒定和料层整体连续,这是一项关键技术,加拿大魁北克铁钛公司拥有此项专利技术。

电极电流所能作用到的区域约为 2 倍的电极直径，其以外区域的电力线分布减弱直至消失，这也为实验所证实。根据在单列布置三相电极（直径 $d = 3.2\text{cm}$）电解槽槽底上的电流踪迹照片，约在 $2.4d$ 区域为紫铜色圆面，向外至 $3.5d$ 时为红色圆环，再向外至 $4.8d$ 时为黑色圆环（电流盲区）。有效反应区的概念由此而生。

对三相三电极等边三角形布置的熔池，由三个电极的有效反应区构成，呈三瓣花状，但为简化和强化电炉结构起见，多将电炉建造成圆形。以 D 表示一支电极有效反应区的直径，这样就会有三个 D 圆相切、相交和过度相交的三种情况。显然，三圆相切时会产生炉心死角，而三圆过度相交又会产生炉心过热区，只有如图 6 - 12 所示的相交是最为理想的，并且有如下的几何关系：

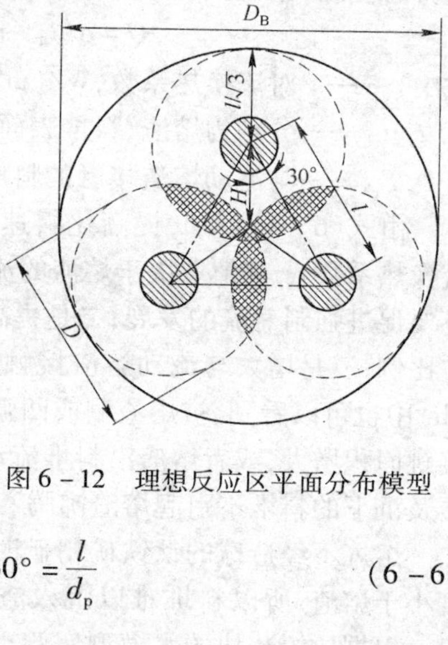

图 6 - 12　理想反应区平面分布模型

$$\cos 30° = \frac{l}{d_p} \qquad (6-6)$$

即极心圆直径 d_p 为：

$$d_p = \frac{l}{\cos 30°} = \frac{2l}{\sqrt{3}} = 1.16l \qquad (6-7)$$

$$D = 1.16l$$

$$2H = d_p$$

式中　d_p——极心圆直径，m；

D——一支电极有效反应区的直径，m；

l——任意两支电极之间的距离，m；

H——极心圆半径，m。

极心圆直径(或矩形电炉的极心距)是一个重要的熔池参数,人们曾通过各种方法研究它的最佳值。例如,利用水模型实验以获得最大熔池电阻为目标进行研究,得出 $d_p/d=3.3\sim3.6$(d 为电极直径)。前苏联的熔炼钛渣电炉设计取 $d_p/d=2.9\sim3.3$;攀钢钛业公司钛冶炼厂 25.5MV·A 钛渣电炉,自焙电极,直径 $d=1.0\sim1.2$m,选择 $d_p/d=3.1$;我国其他钛渣电炉的 d_p/d 比值主要有:7MV·A 电炉,石墨电极,$d=500$mm,$d_p/d=3.3$;6.5MV·A 电炉,自焙电极,$d=750$mm,$d_p/d=2.7$。

熔炼过程是通过反应区把冶金条件与电气条件结合在一起实现的,反应区尺寸与电气参数密切相关,即冶金条件与电气条件和几何条件不可分割。如上所述,最恰当的反应区直径应等于极心圆直径,而极心圆直径又对应着最合适的熔池电阻。熔池电阻对不同的冶炼品种和工艺方法有不同的适宜值,这个适宜值刚好能产生最佳的冶金效果。

美国的安德烈(F. V. Andrae)根据多年的生产实践和大量的电炉数据,先后于1933年和1950年两次提出了电极周边电阻的概念:用同样炉料熔炼某产品,电极端部与炉底间电阻(操作电阻)R 乘以电极直径 d 为一常数 K,并以数学公式表达为:

$$K=R\pi d=\frac{U}{I}\pi d \tag{6-8}$$

式中 K——电极周边电阻,又称 K 因子或安氏常数,Ω·cm;

R——电炉操作电阻(熔池有效电阻),Ω;

d——电极直径,cm;

U——电极—炉膛电压(有效相电压),V;

I——电极电流,A。

式(6-8)第一次将电气条件和冶金条件联系起来,表明了合适的冶金过程的电气条件与工艺参数之间的合理关系。安德烈把电极周边电阻概念与电流在电极内所产生的热量和由高温区传导到电极的热量联系起来,得到了电极的周边电阻为常数时电极截面功率密度必定为常数的结论。

安德烈和凯利(W. M. Kelly)共同分析了矿热电炉最佳运行状态,认为冶炼不同品种的 K 因子数值分布在一定范围,并根据当时所掌握的数据提供了 K 因子的范围,如黄磷为 1.19 ~ 2.54、电石为 0.48 ~ 0.56、生铁为 1.0、高碳锰铁为 0.20 ~ 0.33。凯利还以电极周边电阻 K 为纵坐标、电极端面功率密度 ψ 为横坐标作图,并在图中标出电压和电流的标尺,形成凯利对安德烈公式的图解。

以安德烈公式来计算矿热电炉各项参数是电炉设计和调整电炉运行常采用的方法。例如,在 187kV · A 电炉上做攀枝花预氧化钛精矿熔炼钛渣试验,在 72V 运行电压下其相电压为 41.57V,线路电压降为 2V,所以有效相电压为 41.57 - 2 = 39.57V,工作电流为 1500A,由此得出其操作电阻和电极周边电阻为:

$$R = \frac{39.57}{1500} = 0.0266(\Omega)$$

$$K = 3.14 \times 10 \times 0.0266 = 0.828(\Omega \cdot \mathrm{cm})$$

另有实验确定钛渣熔炼的合理 K 值为 1.55Ω · cm,欲从 0.828Ω · cm 提高到 1.55Ω · cm,按安德烈公式可用增大 U 值或减少 I 值来达到,而根据输入熔池功率的公式 $P = I^2R = U^2/R$,减少工作电流 I 即是降低输入功率并降低炉子的生产率,而增大工作电压 U,则是提高输入功率,提高生产率。

近年来有人从实践中发现,安德烈公式的 K 因子并不守常,当炉子大到一定程度或炉料(或熔渣)电阻变化比较大时,K 因子偏离直线。对大型电炉,由给出的 K 因子直线外延时会出现负值。

另外值得指出的是,以电极直径为基础计算熔池参数,隐藏着两个难以解决的问题:一是不同种类的电极如石墨电极和自焙电极(包括炭素电极)的允许电流密度各不相同,常在生产和设计中将容量相近的电炉采用同一直径电极,以致会出现不同容量电炉的熔池参数相同而使参数选择不够合理;二是对于开弧制度的熔炼过程,由于电极直径与熔池参数的关系变得不密切,使基于电极直径的电流密度选得很大,计算出的炉子尺寸偏小。

7 钛渣电炉

7.1 矿热电炉的概念

目前,以钛铁矿为原料熔炼钛渣与生铁的反应器均应用电弧炉,因其在冶金中应用最广泛而常被直呼为电炉,其他种类的电炉需要专门注明。又因电炉熔炼的是矿物原料,而属于矿热电炉。

常见的矿热电炉主要包括:以金属矿物为原料的铁合金电炉、以石灰石为原料的电石电炉、以磷矿石为原料的黄磷电炉、以镁矿石为原料的电熔镁砂电炉、以铝土矿为原料的电熔刚玉电炉、以铜镍硫化矿为原料的铜镍锍电炉、以普通铁矿为原料的炼铁电炉和以钛铁矿为原料的钛渣电炉等。

7.2 钛渣电炉本体结构

7.2.1 钛渣电炉主要结构类型

钛渣电炉与其他矿热电炉一样,都未沿袭炼钢电炉以吨位大小表示炉容大小的做法,而是以所选配的变压器额定容量(视在功率)大小来表示,单位为兆伏安(MV·A)或千伏安(kV·A)。

钛渣电炉由于没有必要倾翻炉体排放渣铁,因此一般都采用固定式。钛渣电炉按炉体是否密封可分为敞口式(现仅见于个别小型电炉)、有盖密闭式,或者是矮烟罩半密闭式。

钛渣电炉按炉体截面结构不同还可以分为圆形钛渣电炉和矩形钛渣电炉。

7.2.2 圆形钛渣电炉

圆形电炉具有结构紧凑、炉子体积小等优点,炉子单位容量投资低,且圆形炉底散热损失比矩形电炉低1.5%~2.6%。对于直流电炉，可采用一根电极多则三根电极，选择圆形电炉更为合适。国际上设计钛渣电炉时，对 40MV · A 以下的多为圆形电炉。

钛渣电炉本体通常由炉壳、炉衬和炉顶(盖)等组成。炉壳既要承载炉衬、炉料和熔渣及铁水的全部质量，还要抵抗部分炉衬在受热膨胀时产生的膨胀力及其他冲击力，所以炉壳要用一定厚度的锅炉钢板制作。为了增大强度和利于散热，炉壳外围常焊有翅状筋片，图 7 – 1 所示为熔炼钛渣的 25.5MV · A 三相交流电炉(圆形熔池)的炉壳外观及主要尺寸。

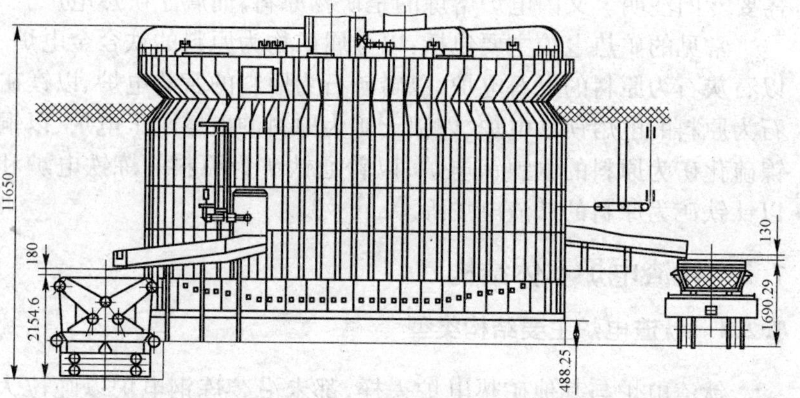

图 7 – 1　熔炼钛渣的 25.5MV · A 三相交流电炉的炉壳外观及主要尺寸

炉衬的结构一般自炉壳向内分为绝热层、隔热层、保温层和工作层。绝热层材料为石棉板或耐火纤维毡等。隔热层即缓冲层，其内填充水渣、炉渣等散料，此层要求有一定的压缩性，以满足炉衬热膨胀的需要，避免因热膨胀力直接传递给炉壳而使炉壳变形甚至炸裂，此层也是一段空气隔热层，可起到一定隔热作用。炉衬的保温层为砌筑黏土砖，此层具有一定隔热性和抗氧化性。炉衬的工作层是直接抵御化学机械侵蚀和冲刷的耐火材料层。

目前，钛渣电炉炉衬的工作层有镁质、镁碳质、石墨质和碳质 – 高铝质复合材质等。炭质材料具有极高的耐火度和机械强度，为大多数矿热电炉所采用，但对钛渣电炉，由于它的熔炼是亏碳过程，不可避免地要氧化炉衬中的碳，造成炉衬寿命不长，现在仅在一些小型钛渣电炉上应用。图 7 – 2 所示为熔炼钛渣 25.5MV · A 圆形密闭电炉炉体(炉衬)结构。

国内钛渣电炉冶炼实践证明，炭质 – 高铝质内衬的寿命长于炭质，镁质长于石墨质。

7.2.3 矩形钛渣电炉

当今钛渣电炉不断向大型化、高功率密度方向发展。圆形钛渣电炉便显出诸多的不适应，如三相电极间距相对较小，把持器等靠得过近，操作不便；大直径下料管布置困难，熔料和布料不易协调；三相电极的电弧区特别集中，炉中心易过热，辐射等热损失较大，炉盖热负荷较大和热腐蚀严重，同时热效率下降；电弧偏向造成炉壁的热点加剧，其中三角形排列电极造成的热点数目多于单列式电极，所以从减轻炉壁损坏和减少耐火材料消耗的角度上考虑，矩形电炉占有一定优势。

圆形电炉一般由 3 根电极、1 台变压器供电，而矩形电炉由 6 根电极、3 台变压器供电。在设计 1 个相同功率的电炉时，矩形电炉的电极直径和单台变压器功率都要比圆形电炉的小，这对于建造大型密闭电炉特别重要。

大直径石墨电极制造困难，价格昂贵，这是制约电炉进一步大型化的一个重要因素。而矩形电炉如果要增大炉容积，就仅需增加电极根数及炉子沿纵向延长即可。同时，增加电极根数也意味着可以采用较小尺寸的电极。

虽然自焙电极的直径可以“任意”扩大，但据对直径 1200 ~ 2400mm 的电极参数计算表明，电极电流增加到 2.5 倍时，电极把持器的质量将增加 10 倍以上，每千伏安的基建投资则增加 15 ~ 20 倍。

圆形密闭电炉在排放渣铁时，可能会在炉内出现负压而吸入空气，需要采取特别措施来防止这种情况的发生，这给操作和控制

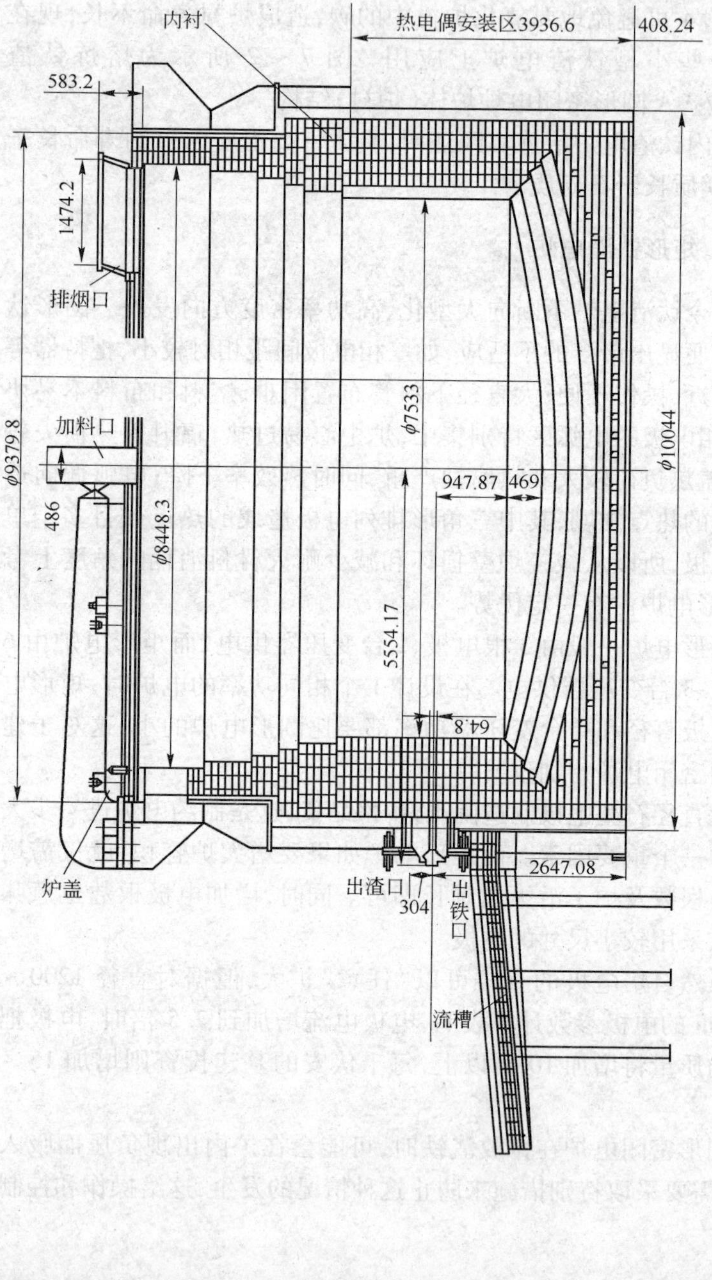

图 7－2　熔炼钛渣 25.5MV·A 圆形密闭电炉炉体结构

带来麻烦。矩形电炉则可以在一相停电、另外两相工作的情况下出炉，出炉过程中炉内反应基本不停，气体放出量基本不减，不会出现炉内负压，从而可使密闭熔炼过程不间断地进行。另外，矩形电炉连续加料熔炼，可以在炉子两端分别出渣、出铁，互不干扰，易于对渣、铁分别处理。矩形密闭电炉的炉盖结构比圆形电炉的简单，可以分块制造和维护，更换也比较容易。

熔炼钛渣的矩形电炉是由熔炼铜镍锍的电炉移植过来的，移植前的一种典型结构如图 7－3 所示。

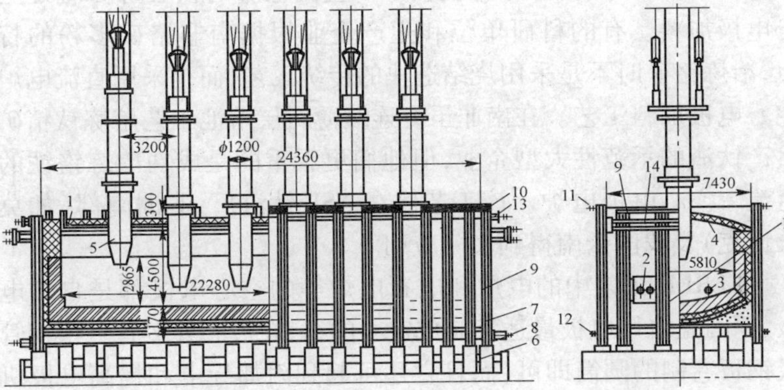

图 7－3 30MV·A 矩形矿热电炉炉体及其框架结构简图

1—排烟口；2—排渣口；3—金属排放口；4—加料口；5—电极；6—柱状基础；7—底板；8—下部纵拉杆；9—立柱；10—炉顶上方钢梁；11—上部横拉杆；12—下部横拉杆；13—上部纵拉杆；14—横梁；15—围板

矩形电炉炉壳外围需用钢骨架进行补强，骨架由炉底的底梁和底板，侧墙和端墙的围板、立柱、横梁，拉紧装置的拉杆、弹簧、锁紧螺母及隔磁接头等组成。由图 7－3 中右图可见，炉底衬最下部为镁质捣打层，其上部为黏土砖层，炉底和炉墙的工作层为镁砖。

采用矩形电炉熔炼钛渣与熔炼铜镍锍的不同之处主要是将自焙电极改为石墨电极。但随着装有组合式把持器的自焙电极在钛渣电炉上的推广使用，对其危害较大的电极软断事故也随之基本消除,熔炼钛渣的矩形电炉也就没必要使用石墨电极。

7.2.4　空心电极直流钛渣电炉

1959 年开始将空心电极应用于电石电炉。现在国内有的电石厂引进或自主开发了此项技术。在电炉炼钢方面,为提高废钢熔化期的电弧燃烧稳定性和化料速度,以及降低电极消耗和电耗,曾有人采取石墨电极中心钻孔并通入氩气以获得等离子工作气的措施。

瑞典和瑞士的联合体 ABB 公司在所开发的 ELRED 法熔融还原炼铁装置中,其终还原反应器——直流电炉的核心部分就是空心电极加料。有的科研单位和生产企业根据南非铬矿多粉的特点,冶炼铬矿时不是采用烧结造块的传统工艺,而是采用直流电炉空心电极加料工艺。在南非虽有连续薄料层熔池工艺熔炼钛精矿生产钛渣的示范性大型企业,但他们更看重的是成功冶炼铬铁的直流 - 空心电极电炉。该工艺已在 NSL 钛渣厂、非洲南部(如莫桑比克)及我国云南得到实际应用。

ELRED 工艺中的电炉和电石电炉等的空心电极都是自焙电极,原因是自焙电极最适宜制成空心的,只在极心处多置一根钢管或钢板卷制的圆筒即可,而且它还可起到附加导电和提高电极机械强度的作用,使电极不易发生软断和硬断。

同样是担心电极发生软断,而要采用价格更高的特制空心石墨电极。攀钢 25.5MV · A 钛渣电炉成功地改用带组合式把持器的自焙电极,这是一个典型的范例。

熔炼钛渣的空心电极直流电炉,它的阴极顶电极有喷吹加料的空腔,炉底为导电阳极,其炉体结构如图 7 - 4 所示。弧形炉底的外壳和渣线下的炉墙外壳为普通耐热钢板。炉底钢壳上叠置 4 块弧形铜板,并用螺栓紧固,在每块铜板下面都焊有铜接线端子。炉底的砌体是:铜板上先用石墨膏抹平,其上立砌 3 层经过热处理的沥青或树脂结合的导电良好的镁碳质耐火砖和保温砖,其中上面两层为永久层。为保证充分的导电性能,每块砖的底面和侧面用一层“L”形薄钢片包起来,以增加炉底的导电性。

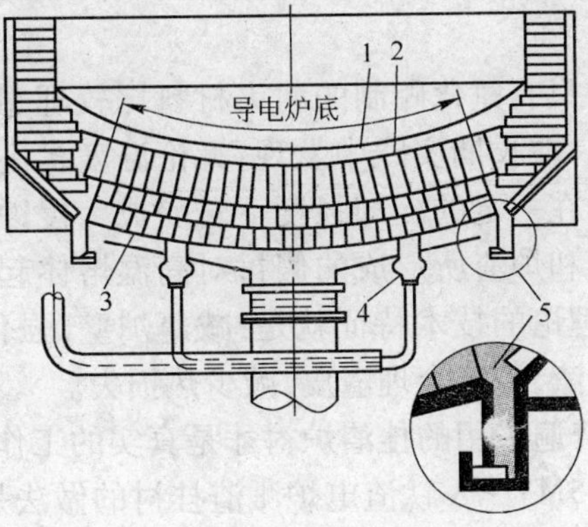

图 7-4 直流电炉导电炉底结构

1—工作层(MgO-C 质捣打料);2—永久层(镁碳砖);
3—铜板钢板炉底外壳;4—接线端子;5—绝缘装置

为了保证昂贵的炉底导电砖不受侵蚀,导电砖上面可加砌厚度约 400mm 的工作层(捣打层)。渣线以下部分的炉墙采用镁碳砖砌筑,渣线以上部分采用水冷挂渣炉壁。

导电炉底也是电炉的载电部件,必须与具有接地电位的炉壳进行绝缘,这对原料中含有铅的熔炼尤为必要,因为还原出的铅的密度大,极易顺炉衬缝隙渗进炉底并在较冷的下部凝集,这可能破坏炉底电极和炉壳间的绝缘,形成炉壳和导电炉料(或铁水)间的阳极到阴极的通路,导致在水冷炉壁和导电炉料间发生放电。因此,将炉壳分成上下两段,如图 7-4 中"5"所示。在上段炉壳的下沿周边上焊有下垂形的环槽,在沟槽内间隔地垫有纤维加陶瓷片,下段导电炉壳的上法兰坐在其上,沟槽内垫块与法兰的间隔处用不导电的耐火捣打料填实。

7.2.5 钛渣电炉的炉衬

钛渣熔炼不仅温度高,而且由于含有高浓度的活性极强的 TiO_2,因此高温钛渣熔体具有非常强的侵蚀性,同时钛渣熔炼又是一个亏碳过程,有极高耐火度和抗渣性的炭砖也难抵御高温钛渣的侵蚀。

研究发现,只有氰化硼制的耐火材料比较理想,但价格昂贵,因而无法利用。在长期实践中发现:无论温度多高和化学侵蚀多强的熔体,都会在一定的冷却强度下转变成为侵蚀作用极小的固态,凝固的金属和炉渣所形成的假衬对高温熔体起着良好的防护作用。这种新理论的技术特征就是:减薄炉壁,强化冷却,降低炉壁温度;炉壁挂渣,稳定合理渣皮,减少热损失。

钛渣电炉普遍采用的挂渣炉衬才是真实的工作层。前苏联的5MV · A 和 10. 5MV · A 钛渣电炉溅渣挂衬的做法是:炉体烘烤完成后,加炉渣(最好是废钛渣)送电熔化,进行渣洗;排出洗渣,加钛精矿和无烟煤用高档电压进行熔化,渣体涨泡和沸腾而溅射到周围炉壁上,剩余的炉渣会在沸腾结束时填充墙角和沉积在炉底;每次沸腾后都要加一批新料,这种加料沸腾一直重复进行到内衬挂上需要厚度的渣层为止。前苏联钛渣电炉的炉役期可达 10 年,而我国仅 2 ~ 3 年。

日本大阪钛公司的钛渣电炉炉衬挂渣采用的做法是:把钛精矿、木炭、焦油按 60 : 20 : 20 的质量比制成团块,加入新炉熔炼,使钛氧化合物过还原,生成难熔的低价氧化钛和碳氮化钛,并被溅挂在炉壁和沉积在炉底。

加拿大 QIT 电炉的寿命据称自投产后一直未换过新衬,其措施也是尚在保密中的炉衬挂渣技术。在挂渣层与炉衬之间插有热电偶,用以监测挂渣层的工作情况,建立炉衬厚度的数学模型,即通过炉衬温度或热流量及相应的炉衬厚度,用数理统计方法可建立炉衬厚度 L 与炉衬温度(或热流量)T 的关系 $L = f(T)$。

我国新建的 25. 5MV · A 钛渣电炉也装设有热电偶监测系统。

7. 3　电极

7. 3. 1　电极的材质

电极是电能转换成热能的终端,又是熔池的重要组成部分,因此其性能及工况将在很大程度上决定电炉熔炼的效果。

矿热电炉熔炼都采用相对较低的电压和较高的电流,电极端产生的电弧焰有3000℃以上的高温,所以电极材料必须具有高熔点、低电阻及较高的机械强度和热强度。在自然资源中,具备这样条件又价廉易得的材料首推炭素材料。

由低灰分无烟煤经煅烧、粉碎,再配入黏结剂沥青,通过压制成形、电极坯焙烧,便可制成炭素电极;如果将煅烧料配加沥青可制成电极糊。采用灰分含量更低的石油焦等炭材,制成的电极坯经焙烧和石墨化,其产品为石墨电极。

在熔炼钛渣电炉中,现在既有使用石墨电极的,也有使用自焙电极的,极个别还有使用炭素电极的。石墨电极(不包括超高功率石墨电极)技术条件和电极糊的理化性能分别见表7-1和表7-2。石墨电极的导电性能和机械强度、热强度最高,但价格昂贵,凡是可用自焙电极或炭素电极的冶炼工艺中尽量不用石墨电极。

表7-1 石墨电极技术条件(YB/T 4088—2000)

项目		公称直径/mm							
		75~130		150~225		230~300		350~500	
		优级	一级	优级	一级	优级	一级	优级	一级
电阻率/μΩ·m	电极	≤8.5	≤10.0	≤9.0	≤10.5	≤9.0	≤10.5	≤9.0	≤10.5
	接头	≤8.5		≤8.5		≤8.5		≤8.5	
抗折强度/MPa	电极	≥9.8		≥9.8		≥7.8		≥6.4	
	接头	≥13.0		≥13.0		≥13.0		≥13.0	
弹性模量/GPa	电极	≤9.3		≤9.3		≤9.3		≤9.3	
	接头	≤14.0		≤14.0		≤14.0		≤14.0	
体积密度/g·cm^{-3}	电极	≥1.58		≥1.52		≥1.52		≥1.52	
	接头	≥1.63		≥1.63		≥1.68		≥1.68	
线膨胀系数(100~600℃)/℃$^{-1}$	电极	≤2.9×10^{-6}		≤2.9×10^{-6}		≤2.9×10^{-6}		≤2.9×10^{-6}	
	接头	≤2.7×10^{-6}		≤2.7×10^{-6}		≤2.8×10^{-6}		≤2.8×10^{-6}	
灰分的质量分数/%		≤0.5		≤0.5		≤0.5		≤0.5	

表 7－2　电极糊的理化标准（YB/T 5215 — 1996）

项　目	密闭糊		标准电极糊		
	1 号	2 号	1 号	2 号	3 号
灰分的质量分数/%	≤4.0	≤6.0	≤7.0	≤9.0	≤11.0
挥发分的质量分数/%	12.0～15.5	12.0～15.5	9.5～13.5	11.5～15.5	11.5～15.5
抗压强度/MPa	≥18.0	≥17.0	≥22.0	≥21.0	≥20.0
电阻率/$\mu\Omega \cdot m$	≤65	≤75	≤80	≤85	≤90
体积密度/$g \cdot cm^{-3}$	≥1.38	≥1.38	≥1.38	≥1.38	≥1.38
伸长率/%	5～20	5～20	5～30	15～40	15～40

熔炼钛渣电炉使用自焙电极，既不存在自焙电极外壳熔铁污染产品，也不怕自焙电极比石墨电极更能导致产品增碳。但熔炼钛渣特别是密闭式电炉和敞开熔池或薄料层熔池的工艺制度，一旦发生自焙电极软断事故，流出的电极糊会引起严重的渣沸腾甚至爆炸，事故的处理和恢复也尤为困难。这便是有的生产厂家宁愿使用价格昂贵的石墨电极的主要原因。

为了综合两种电极的优缺点，有的生产厂采用炭素电极，但从实践效果看，炭素电极的氧化和折断（主要是接头折断）消耗很高，而且导电铜瓦的打弧、烧穿、漏水事故严重。

对于自焙电极，尽管可以采取诸如提高电极糊质量和加强管理、改进操作等措施来减少软断，但无法根除软断。近年来，挪威埃肯公司为解决自焙电极易软断问题，研究出一种具有全新理念的组合式把持器，现已首次成功地用于我国的 25.5MV·A 钛渣电炉上。

自焙电极的烧成：在炉子运行中，装在电极壳内的电极糊利用本身通过电流产生的电阻热和炉膛内的传导热和辐射热，进行软化、挥发分逸出、烧结等一系列物理化学过程，软化了的电极糊靠糊柱自身压力自动成形,并不断烧结、焦化、硬化,其烧成段便是电极的工作端。

工作端通常是指接触导电体(如铜瓦)以下的电极区段。对密闭式电炉,工作端有两种运行方式。一是在电极升降范围以内,以接触导电体为标志运行于炉盖之上(我国新建的25.5MV·A钛渣电炉的自焙电极即属此,参见图7-4);二是运行于炉盖上、下。显然,如发生电极软断,则第一种运行方式流出的电极糊可以避免或不致全部灌入炉膛。

当黏结剂沥青结焦、烧结后,电极糊才能具有较高的机械强度和较低的电阻率,也才能承重和导电,如图7-5所示。图7-5(a)所示为电极工作端运行于炉盖上方,因受铜瓦限制,其未烧结的电极区段质量和导电主要靠电极壳(包括筋片)来承担。如果使铜瓦也能运行于炉盖之下,则由于受炉膛高温和糊柱电阻热作用,铜瓦区的极柱温度也必须达到如图7-5(b)所示的水平。

自焙电极工作端与石墨电极在使用过程中的性能差异不太突出,有的性能指标甚至还优于石墨电极。从导电性能看,普通石墨电极的室温电阻率为6~10μΩ·m,自焙电极(烧结段)的室温电阻率为55~80μΩ·m,即前者仅相当于后者的1/8~1/9。但非晶碳与石墨碳的电阻率的温度特性完全不同,如图7-6所示。石墨电极(曲线1)的电阻率在低温时呈负态特性变化,约在400℃达到最低。在大于400℃时呈正性变化,即电阻率随温度升高而大幅增加,约在1700℃时将升至室温电阻率ρ_0的1.26倍;主要为非晶碳的自焙电极的电阻率随温度变化(曲线3)基本呈线性下降,约1500℃时电阻率仅为室温时的一半左右。所以,这两种电极在相同使用温度下其电阻率变化差异非常大。

在机械强度上,石墨电极与烧结后的自焙电极相差不大,如抗折强度分别为5~18MPa和5~10MPa,抗压强度分别为16~32MPa和17~28MPa,抗拉强度分别为3~12MPa和3~5MPa。

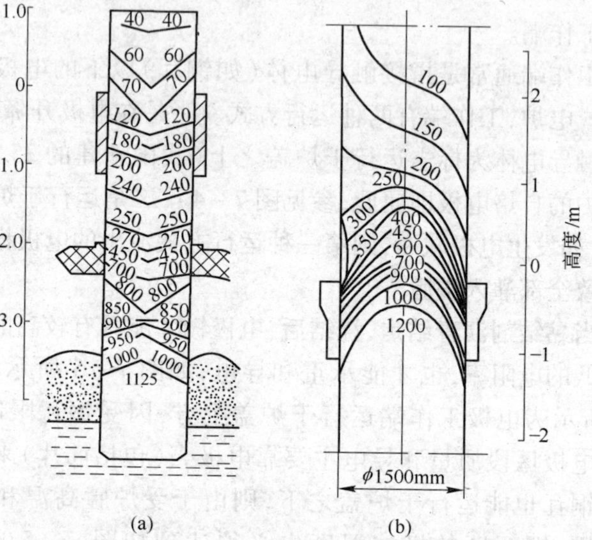

图 7-5　自焙电极运行方式及其温度分布

(a)电极工作端运行于炉盖上方；(b)自焙电极温度分布

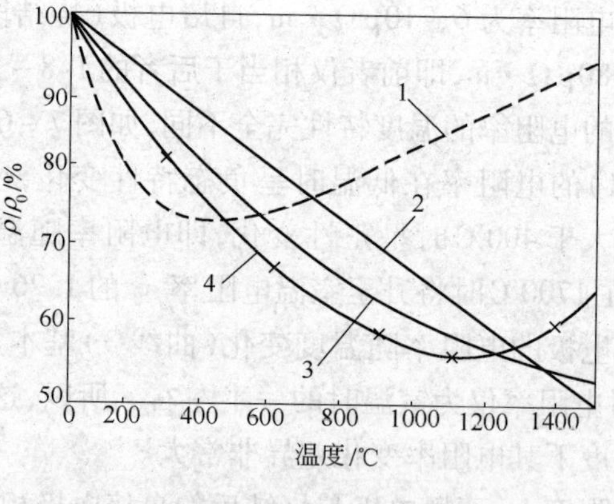

图 7-6　电极的电阻率 ρ 与温度的关系

1—石墨电极；2—炭素电极；3—自焙电极（焙烧至 1200℃）；

4—自焙电极（焙烧至 2500℃）

弹性模量 $E=\delta/\varepsilon$，E 值小则表示在一定应力 δ 下产生的应变 ε 大，即表征材料在经受剧烈温度变化时不易发生断裂。各类电极的弹性模量以自焙电极（1000℃焙烧后）为最小，一般为 3.5GPa，而石墨电极一般为 7.7GPa（标准规定小于 9.3GPa），高功率石墨电极为 10.7～12.2GPa（标准规定小于 12.0GPa）。

7.3.2　电极把持器和升降机构

7.3.2.1　电极把持器

电极把持器的基本功能是夹持和放松电极，以及将电流传给电极，并在升降机构的配合下操纵电极上下移动。

A　悬臂式和吊挂式电极把持器

电极把持器按总体结构可分为吊挂式和悬臂式。矿热电炉包括一些使用石墨电极（或炭素电极）的电炉，大都采用悬臂式电极把持器。

悬臂式电极把持器多用于需要炉体倾翻和炉盖旋转的炼钢型电炉上。使用石墨电极或炭素电极的矿热电炉上，既有使用悬臂式电极把持器的，也有使用吊挂式电极把持器的。熔炼钛渣的直流－空心电极电炉的电极把持器为悬臂式。

悬臂式电极把持器常被称为夹持器，由卡头、横臂、导电铜管、立柱和升降装置等组成。传统的横臂都是钢制的，其导电和支持电极两个功能分开设置，即卡头和夹紧机构固定在横臂上，导电铜管则安装在横臂上面。

吊挂式电极把持器的特点是所有承重都通过一个圆筒（称为把持筒）吊挂在卷扬机上或支承在液压缸上，从电极到系统的全部荷重都传递给上方的某一楼板上；悬臂式电极把持器的电极及其系统的全部荷重则传递给工作平台或特制的基础上。

吊挂式电极把持器一般由电极夹紧环、导电管、铜瓦、吊挂装置、护板（对铜瓦运行于炉盖之上的电极则不需要）、把持筒、横梁或集线环、电极压放装置以及夹紧环提升装置等所组成，其主要作用是将强大的电流通过铜瓦传递给电极及夹紧电极和控制电极糊的烧结。锥形环式电极把持器的结构如图 7－7 所示。

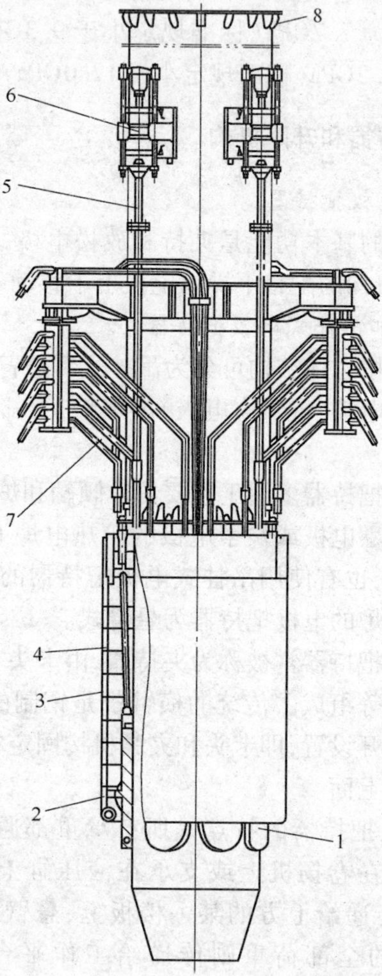

图 7－7　锥形环式电极把持器的结构

1—铜瓦；2—锥形环；3—吊架；4—导向套；5—顶杆；6—松紧油缸；7—导电管；8—把持筒

夹紧电极的方式是在铜瓦的外侧表面加工成斜面的凸台，锥形环的内表面加工成与铜瓦凸台斜度一样的倒斜面，靠油缸通过顶杆使锥形环上升或下降来夹紧或松开电极。铜瓦与电极接触既导电，也起一定的夹持电极作用。由于自焙电极在铜瓦处的电极糊尚未完全烧结变硬而能使两者接触（夹紧）良好，在锥形环上提时，两者又能较好地自找中心而达到每块铜瓦与电极表面压紧程度相近。

石墨电极和炭素电极是刚性体，采用锥形环不如螺丝与弹簧联合夹紧方式好。在夹紧电极的方式上，除了上述的锥形环夹紧和螺栓顶紧、弹簧压紧之外，尚有液压弹簧式和近年开发的波纹管式、胶囊式等。

B 自焙电极的组合式把持器

挪威埃肯公司从解决自焙电极多发的软断事故入手，建立起自焙电极三维解析模型，并与新研制的组合式把持器进行了仿真试验。这种全新理念的组合式把持器主要由滑放装置、电极壳、母线铜管、接触装置、罩（非磁性钢罩和铜罩）等部件组成，如图 7－8 所示。

组合式电极设备和电极本体均由悬置架悬挂和升降，悬置架也用作空气（由风机供给）进入电极把持器下部的导管，空气导管对接触装置和铜防护罩起着必要的冷却作用。

接触装置是一种弹性负荷元件，起着夹紧电极壳筋板并传导电流至电极外壳的作用。筋板的数量取决于接触装置的数量，而接触装置的数量取决于电极直径和最大电流。

滑放装置为液压操作，滑放电极时夹紧缸动作，克服夹钳的弹簧力使夹钳松开筋板，液压缸上升使夹钳沿筋板向上滑动一段距离，提升到位、夹钳夹紧；电极壳上有若干个滑放装置，依次按此动作。全部动作完毕，液压提升缸将克服下部接触装置夹电极壳筋板的摩擦力，向下移动将电极相对于把持器下滑一段距离，即立缸复位，电极滑放结束。

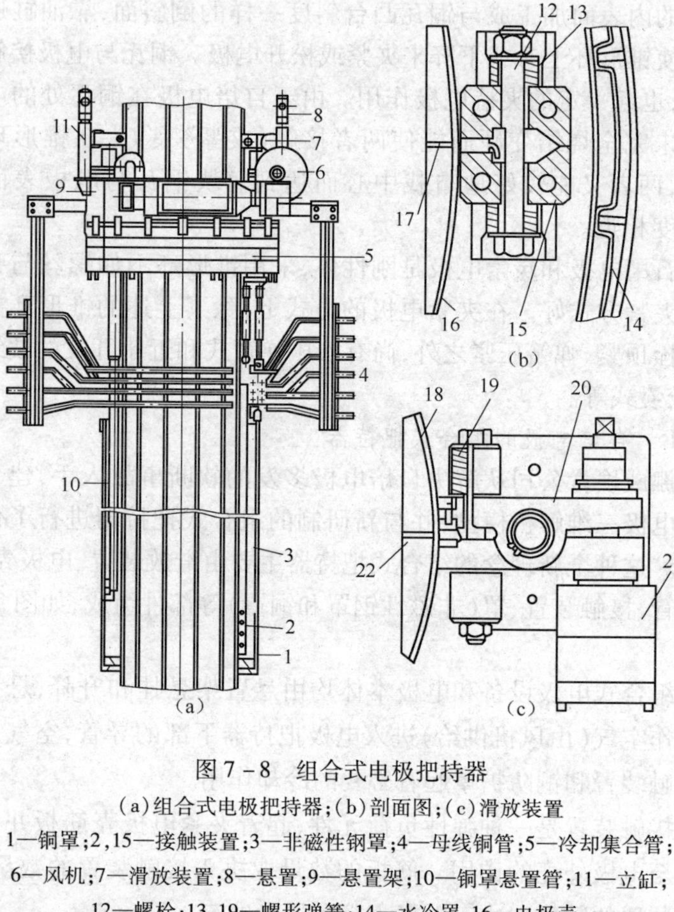

图 7－8　组合式电极把持器

(a)组合式电极把持器；(b)剖面图；(c)滑放装置

1—铜罩；2，15—接触装置；3—非磁性钢罩；4—母线铜管；5—冷却集合管；6—风机；7—滑放装置；8—悬置；9—悬置架；10—铜罩悬置管；11—立缸；12—螺栓；13，19—螺形弹簧；14—水冷罩；16—电极壳；17，22—电极壳筋板；18—电机壳；20—夹钳；21—油缸

7.3.2.2　电极升降机构

现代化矿热电炉几乎都采用液压装置升降电极，它安装在把持筒的上端，如图 7－9 所示的一种结构。将两个升降油缸缸体固定在单独的底座上，液压缸柱塞经万向节与把持筒横梁连接，压力油从缸体油口进出，柱塞即可上下运动而带动电极升降，升降同步

靠装设液压随动阀、伺服阀调节。

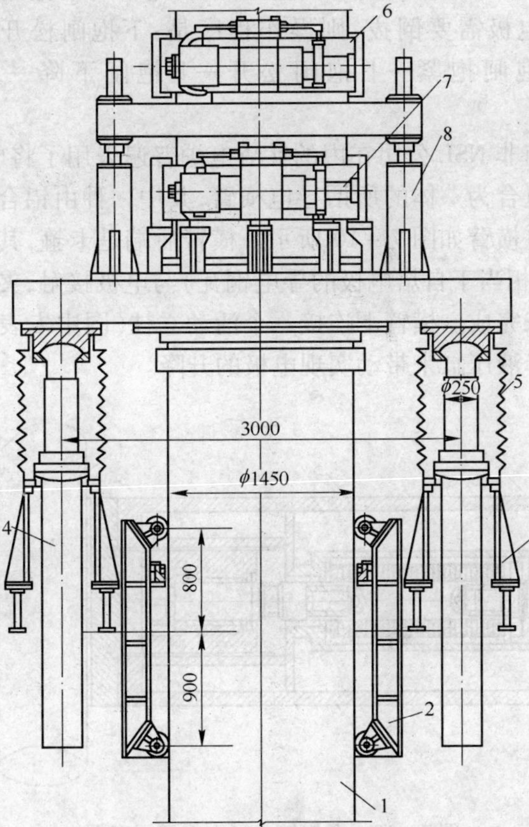

图 7－9 铰性连接液压升降装置

1—把持筒；2—挡轮装置；3—底座；4—电极升降油缸；

5—防尘罩；6—上闸环；7—下闸环；8—导向柱

在图 7－9 中，上部是常规电极压放装置的上、下抱闸，两个抱闸之间有 2～3 个中间油缸，中间油缸固定在升降油缸的顶部构件上，油缸可带动上抱闸移动，其移动最大行程一般为一次最大的压放量。压放电极时，打开上抱闸，中间油缸带动上抱闸上移到要求的距离后，上抱闸抱紧电极，松开下抱闸，油缸带动上抱闸将电极向下压放，压放完毕后下抱闸再抱紧电极。如果电极需要倒拔，则操作程序是：下抱闸松开—上抱闸升起—下抱闸抱紧—上抱闸松开—上抱闸下降—上抱闸抱紧。

包括南非NSL公司在内的钛渣电炉普遍采用了将电极支持、升降和导电合为一体的所谓导电横臂，其中一种由铝合金板制作的箱式导电横臂如图7－10所示。横臂后端是卡箍，其内圆侧有铜制卡头（相当于自焙电极的导电铜瓦）与电极接触，夹紧电极靠蝶形弹簧来完成。横臂下连接一个活动立柱（图中未表示），靠其下部的升降液压缸来带动实现电极的升降。

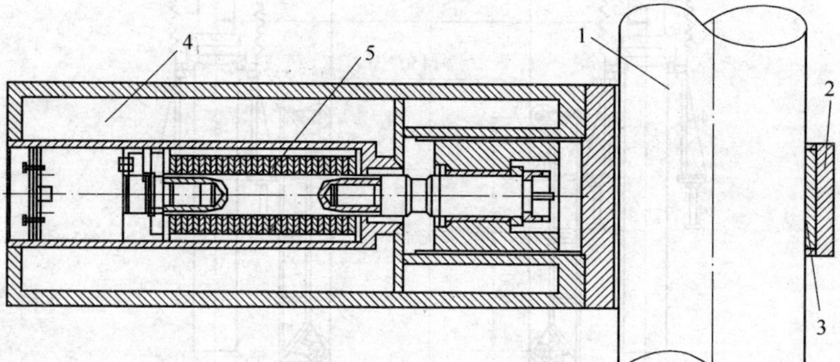

图7－10　全铝箱式导电横臂示意图

1—电极；2—卡箍；3—卡头；4—通水冷却的铝臂箱体；5—蝶形弹簧

8 炉子电气运行

8.1 电弧及其特性和稳定燃烧条件

8.1.1 电弧及其特性

熔炼钛渣的电炉均属电弧炉,其重要特征是炉子运行中产生电弧,电弧不是一般的物质燃烧,而是在电源供给一定电压的两个电极间的一种气体放电现象,而气体导电必须电离产生带电微粒——正离子和电子或负离子,对电离度在0.01%左右的气体放电称为辉光放电(用于日光灯、霓虹灯等),电离度大于0.1%的气体放电才是具有强烈光和热的弧光放电,并称为电弧。

在电弧炉中,当两极与电源接通时,将两电极做短时间的接触(如用导电炉料接通),而后分开并保持一定距离,在两极之间就会出现电弧。这是由于电极接触时通过的短路电流很大,而电极接触仅仅是某些凸点的接触,在这些接触点处通过大的短路电流,其电流密度很大,并很快将接触处加热到较高的温度,这样,电极间材料发生熔化、蒸发,从而引起强烈的热电子发射和热电离;气体电离时要吸收的热量基本是电场供给的电能,而带电离子复合时会放出电离时吸收的能量。就最终效果而言,或者使中性分子激化而发光,或者强化热运动而发热、升温,靠同时进行的电离与复合过程,电弧把电能转换成热能。

图8-1所示为电弧及各区域的电压分布,由图中的电压降U_h分布曲线可以看出,根据沿弧长的电弧压降分布特征可以分为3个区域,即阴极区、弧柱区和阳极区。

阴极区是指电弧中紧靠阴极端面的气体微薄区域,其长度约等于电子在气体中的自由程(约10^{-6}cm),阴极区压降的大小主要取决于阴极材料和气体介质。例如:同是碳的两种阴极材料,气体

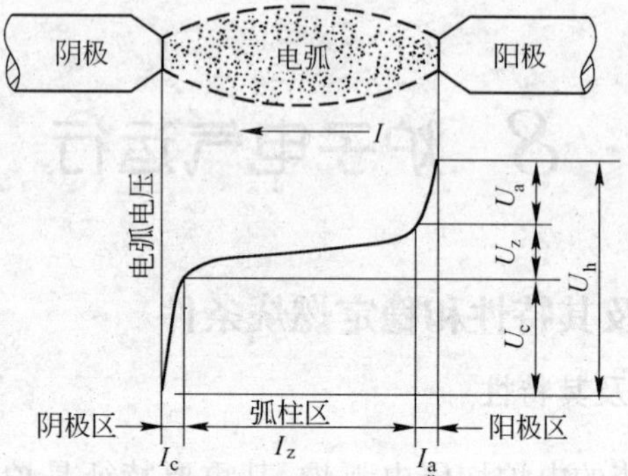

图 8－1　电弧及各区域的电压分布

介质分别为空气和氦气的阴极压降则分别为 9～11V 和 20V，而气体介质为空气、阴极材料为铁的阴极区压降为 8～12V。

阳极区长度（约 10^{-4}cm）约为阴极区的 3 倍，所以阳极区压降大约在 30V；弧柱区是阴极区和阳极区中间的区域，它的长度比阴、阳两区要大得多，占电弧的绝大部分，所以电弧长度近似等于电极间距。在常压和绝热条件下，弧柱中单位体积产生热量的多少以及所达到的最高温度取决于气体电离功的大小。弧柱最高温度 T_Z（K）与电离电位 V_i 的关系为：

$$T_Z = 810V_i \tag{8-1}$$

熔炼电炉中的电弧气体除空气外也有金属和碳的蒸气，综合电离电位为 6～10V，所以理论上弧柱的最高温度可达 5000～8000K。

弧柱长度（或不特别严密情况下的电弧长度）l(mm) 可表示为：

$$l = \frac{U_h - U_e}{E_p} \tag{8-2}$$

式中　U_e——阴极压降＋阳极压降＋电极附近其他压降，约为 30～50V；

E_p——弧柱平均电位梯度，通常弧柱电位梯度为（1±2）V/mm。

一般情况下，可以认为 U_e 为恒定值，因此电弧长度与电弧电压成正比。

8.1.2 电弧及其稳定燃烧条件

对直流电弧，维持其在极间稳定燃烧的条件是需要一定的供电电压和外加适当的电阻。电弧为非线性负载，其阻值随电流、电压等因素而定，也就是说，弧压和弧流是互相关联的。当电离与消电离处于平衡状态时电弧则稳定燃烧，电弧电流不因时间而变化，即：

$$\mathrm{d}I/\mathrm{d}t = 0 \tag{8-3}$$

电弧稳定时的电压与电流的关系称为伏安特性，而 $\mathrm{d}I/\mathrm{d}t$ 时 $\neq 0$，称为动伏安特性，所以，电弧燃烧稳定性可用电弧静伏安特性来说明。对不具电感的直流电弧电路，可由实验或理论推导得出，是一个"U"形曲线。在电弧燃烧达到稳定态后，电流不随时间而变化，则可得出电压平衡方程：

$$U_h = E - IR_S \tag{8-4}$$

对式(8-4)两边取电流的导数，则有：

$$\frac{\mathrm{d}U_h}{\mathrm{d}I} = -R_S \tag{8-5}$$

这表明当电源电压 E 一定时，不包括电弧电阻 R_h 的电路电阻 R_S 为定值。电弧电路的伏安特性曲线与外电路的伏安特性直线必有交点或切点，但只有一个是电弧能够稳定燃烧的工作点，这可用图 8-2 所示的曲线进行分析。

对电弧过长的情况，电弧越长即电压越高，则电弧静伏安特性曲线（"U"形线）越是上移。图 8-2 中的曲线 3′和 3″不能与外电源电阻伏安特性直线 1 相交时，电源电压不足以平衡电弧电压和线路电阻压降，电弧长度将减小直至熄灭。如果曲线与直线相切，则处在电弧燃烧与熄灭的临界点，电弧燃烧不稳定。

如果有两个交点 F 和 G，由于交点 F 点处在曲线的下降区段，即随弧流 I 的增加弧压 U 下降，因为 $U = IR = I\dfrac{l}{\gamma A}$，所以一定弧柱

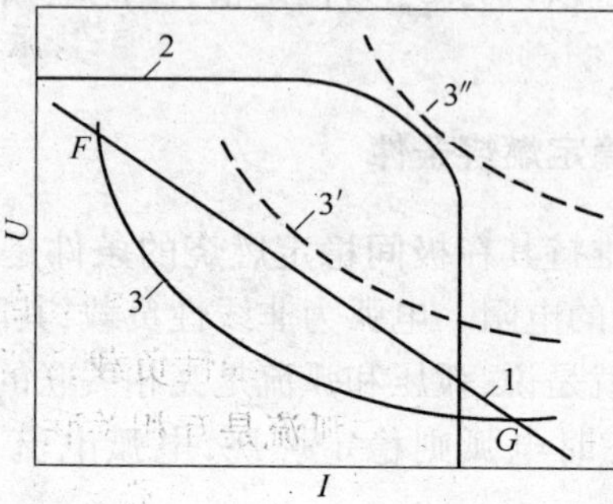

图 8－2　直流电弧稳定性工作点及与电源外特性的关系

长度 l 和弧流 I 时，弧柱截面积 A 和电导率 γ 的乘积增大。

弧柱的这种特性可表述为：自由电弧是两个电极之间的气体导体，它可以自由扩大和缩小其导电截面。当电流一定、气体介质一定时，稳定燃烧的电弧将自动选择一适当截面，以保证弧柱中有最小的电场强度，即在固定弧长上的电压为最小，称为最小电压原理。

直流电弧特性曲线大都呈“U”形，这是弧柱放热方式变化的结果，其中的下降区段是辐射和传导传热所致，水平区段是电弧对流传热的结果，上升区段是电弧体积冷却（即弧柱内混有炉料颗粒的冷却）作用的结果。

由以上分析可知，图 8－2 中的 F 点是个不易得到稳定电弧功率的工作点，而 G 点则是稳定电弧的工作点，也就是说，最稳定的工作点只能在曲线的水平段，最好在上升区段。但是，外电源的伏安特性曲线主要是直流发电机串一电阻的整流器才呈直线，其他的诸如晶闸管整流器等则有像图 8－2 中曲线 2 一样的陡降特性，弧长至曲线 3′的水平也有电弧稳定燃烧的工作点。

交流电弧的起弧与燃烧，就其本质而言与直流电弧相同，电弧的电气特性对交流电弧也是适用的。但从电工学得知，两种电流存在着根本区别，直流电的方向不随时间而变化，交流电的大小和方向则是随时间不断变化的,这用波形图表示就是直流电流是平行于时间轴(横轴)的直线,而交流电流则是正弦波。当电极供交流电时,由于电源电压的瞬时值随时间呈周期性变化,因此电弧的瞬时电流随时间变化,瞬时功率也随时间变化,是波动的电弧,而且还可能暂时中断即可能不连续燃烧。在纯电阻的交流电路中,电压与电流同相位,这可用三角函数表示:

$$u = U_{\mathrm{m}}\sin(\omega t) \tag{8-6}$$

$$i = I_{\mathrm{m}}\sin(\omega t) \tag{8-7}$$

式中 u,i——分别为电源电压、电源电流;

$U_{\mathrm{m}},I_{\mathrm{m}}$——分别为电源电压、电源电流的幅值;

ω——角频率。

由于电压比电流超前90°(即 π/2),则式(8-6)和式(8-7)应为:

$$u = U_{\mathrm{m}}\sin\left(\omega t + \frac{\pi}{2}\right) \tag{8-8}$$

$$i = I_{\mathrm{m}}\sin(\omega t) \tag{8-9}$$

由此可知,电弧电路如果是纯电阻负载,则电弧电流与电源电压为同相位(即两个同频率正弦量的相位差为零),当所需的电弧电压大于电源电压时,电弧熄灭,这样在时间横轴上当电源电压过零时的前后就有一段时间间隔即零休息时间 Δt。在 Δt 时间内电弧熄灭,电极和四周空间被冷却,再起弧时就需要更高的电源电压。

熄弧时间越长,电弧越不稳定。当交流电弧的电路中存在电感负载时,则电弧电流与电源电压之间产生一个相位角 φ,其增大到一定值时就会使电流不断、电弧连续。这是因为在电源电压减小直至为零时,电感负载两端出现的感应电势和电源电压相加后就会大于所需的电弧电压,使得电弧能连续维持燃烧;在电流过零时,电源电压已在相反方向增大到足以使电弧重新点燃的电压值,电弧立即重新燃烧,也就不存在停燃的零休息时间。但相位差 φ 角不宜过大,以免过分降低电路的功率因数。

理论分析表明，只要电路的感抗 X_L 与电阻 R 之比大于4，就能确保单相电弧炉电弧的连续性。对于三相电弧，由于相间存在互感，电弧的连续性加强，只要 U_h 与 U_m 比值大于0.6，即 $\cos\varphi \leqslant 0.94$，$\varphi \geqslant 19.5°$，就能使三相电弧连续不断。

电弧是气体导体，不同于刚性导体，弧柱能在外力作用下被压缩、扭曲、拉长等，其形状也受周围介质的制约或被遮蔽、包裹，没有这些约束的电弧称为自由电弧或敞露电弧。

有人把电弧（弧柱）比为橡皮筋，那电弧阻抗便是“橡皮筋的弹性”，能拉长也会拉断，作为特殊负载的电弧具有阻抗元件的电气性质。电弧阻抗 Z 是其电压 V 与电流 I 的商，即 $Z=V/I$。电弧阻抗值越高，表明弧柱的“弹性”越好，也就等于在相同功率下采用较高的工作电压（即 V/I 值），而这正是能以较小直径的电极等电流导体和炉子等设备达到较高生产率和电效率。如图8－3所示，直流电弧阻抗最佳设定值比交流的高，另外从各值功率的电流电压特性可见，直流为较陡的线，而交流较平缓，这又说明直流电弧的电流稍加减小便可使阻抗值大增，而交流却要较大幅度减小

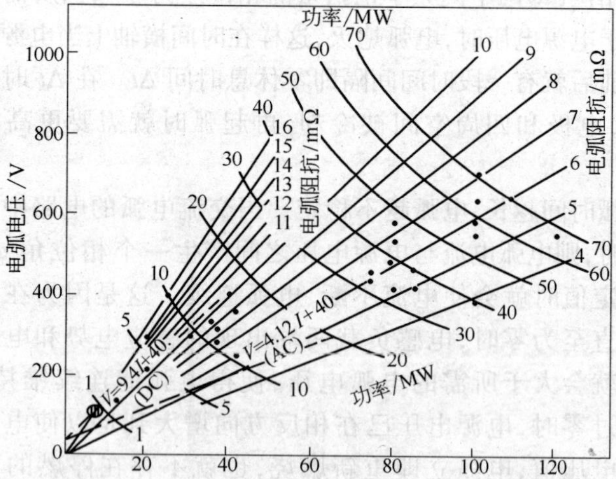

图8－3 不同功率下的直流（DC）、交流（AC）电弧阻抗的设定值

电流才能达到相同的阻抗增加值。

被炉料覆盖或熔渣包裹的弧柱称为埋弧。根据前述的熔池电阻与电极插入深度的模型实验结果和理论推导公式,熔池电阻越大则电极插入熔池越深,反之亦然。因此,电极能深入电阻高的料堆内并在电弧作用下形成"坩埚",其内电弧基本保持着自由电弧的形态,区别仅在于它不是敞露弧。电极之所以能深入电阻高的熔渣层,是因为熔渣是流体,而不能在其内形成"坩埚",只能形成"布袋",所以电弧形态是气隙微弧。

对于电阻小的熔渣,电弧只能在渣面上以自由电弧的形态燃烧,至于是埋弧还是敞露弧,则取决于它能否被涨泡渣体所包裹。在现代炼钢中是依靠人造泡沫渣,而熔炼钛渣则是借助其自身的天然涨泡性。

电弧埋入熔池,电极便成为熔池的组成部分,使埋弧电阻对应于熔池电阻。埋弧电阻 R 尚无可靠的定量公式,但已有诸如 $R=\rho\dfrac{4l}{\pi d^2}$、$R=\dfrac{\rho}{\pi d}$、$R=\dfrac{k}{\pi d}$ 等实验公式,它们既不适用于自由电弧,也无严格的理论证明,但量纲的因次关系正确,即:

$$\frac{\pi d}{\rho}R=\text{idem} \tag{8-10}$$

这是个相似准数,可以称为埋弧准数,因此,对于几何条件和理化条件相似或近似的矿热电炉都适用。

式(8-10)有明确的含义,它等于特定条件下的电弧电阻。与自由电弧不同,埋弧由许多微弧组成,不能明确每一微弧的电阻只能用实验方法求其综合效应的等效值。设弧长为 kd(k 为比例系数),则式(8-10)可改写为:

$$R=\frac{\rho}{\pi d}\times\frac{kd}{kd}=\rho\frac{kd}{k\pi d^2} \tag{8-11}$$

即 R 相当于弧长为 kd、截面为 $k\pi d^2$ 的弧柱电阻,由此也可以认为埋弧电阻是埋弧的等效电阻。根据这个关系,可以认为有关自由电弧的规律性,原则上对埋弧也是适用的。

弧柱具有可压缩性,弧柱在绝热条件下的压缩与理想气体相似,即满足气体的状态方程——温度与体积成反比。因此,在一定的弧长下,压缩过程中随截面减小而温度相应升高,反之,膨胀过程则温度降低。

使弧柱压缩可以利用机械压缩效应、磁收缩效应(箍缩效应)和热收缩效应等实现。一般工业中多利用机械压缩效应即利用喷嘴来紧缩弧柱横截面,以提高密度和温度。有实例表明,即使是自由电弧受到直径 $\phi=4.75$mm 喷嘴的稍加压缩,电弧电压便可增加1倍、温度提高30%。自由电弧弧柱的电离度为1%以下,弧柱受到约束时,温度升高即电离度随之提高,当弧柱被压缩使其温度达到6000~20000K时,即成为热等离子体或称电弧等离子体。

自由电弧通常不称为等离子体。将约束弧柱的装置称为等离子枪,对阴极发弧而喷嘴又是阳极,即工件不接电路的电弧称为非转移弧。对阴极发弧、喷嘴仅用于约束弧柱、工件(炉料)为阳极的电弧,由于电弧转移到工件而称为转移弧。用于冶金特别是矿热熔炼的等离子体,对弧柱不要求很高的压缩程度和温度,因此可用石墨等离子枪代替昂贵的、有放射性危害的铜质枪身和钍钨电极一类的等离子枪。

现在工业上应用于钛渣冶炼等的直流-空心电极加料熔炼技术,其空心电极与石墨等离子枪具有相近或相似的功能,因此,直流-空心电极电炉也被称为转移弧等离子电炉。

约束的电弧或者说等离子弧不但比普通电弧的温度高,而且还可以改善反应动力学条件和提高生产效率,对熔炼钛铁矿生产钛渣与生铁或钛磁铁矿炼铁来说,还有少生成或不生成Ti(C,N)的功效。

等离子弧的燃烧稳定性要比普通电弧高,这可由它的伏安特性曲线来说明,例如,根据一项等离子熔融还原钛铁矿试验中测定的转移弧型等离子电弧特性曲线(见图8-4)可知,它没有普通直流电弧的伏安特性曲线的下降和平直区段,只有上升区段,这表明外电源特性曲线与之相交的点都是稳定工作点,也允许采用更高的弧压(弧长)和可耐更大的短路冲击电流。

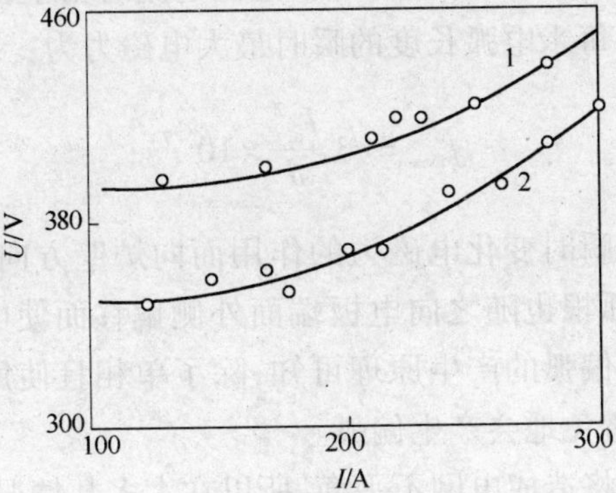

图 8-4 转移弧型等离子电弧特性曲线

1—CO 流量 12.8m^3/h;2—N_2 流量 8.4m^3/h

8.2 电弧偏向

通常置于磁场中的导体若有电流通过,按照左手定则,将产生作用于该导体的电磁力。由于电弧是产生于电极间最短距离的气体导体,所以在受到外加磁场的电磁力作用时,就会造成偏斜或弯曲。

磁场作用于导体上的电磁力 f 与磁感应强度 B 成正比,作用在弧柱上的力 $f=IB$,而 B 与直线导体上流过的电流 I 成正比,所以电磁力将与电流平方成正比。鉴于此,由于小型电炉的电流不大,产生的电磁力也不大,偏弧程度较小甚至显现不出来;而随着炉子功率的增大和相应的电流增大,引起偏弧现象愈加突出,甚至会成为炉容扩大的一个主要制约因素。

8.2.1 交流电弧的偏向

在三相交流电炉中,每相电弧要受其他两相电弧所建立的磁场作用。作用于 A、B、C 相序的电弧每米长度上的电磁力 f_A、f_B、

f_C 的轨迹形成一个圆，每个电极电弧的中心为以 f 最大值为直径的圆周上的点，其旋转方向与每个电极电流的相序旋转方向一致，在 $t=\pi/2$ 时，每米电弧长度的瞬时最大电磁力为：

$$f_{max}=\sqrt{3}\,\frac{I_m^{\ 2}}{d}\times 10^{-7} \tag{8-12}$$

弧柱受到瞬时变化电磁力的作用而向炉壁方向弯曲，形成所谓炉壁热点，弧根也随之向电极端面外侧偏移而使电极端呈斜向烧损。从交流偏弧的产生原理可知，除了单相且使用一根电极的电炉，都不可避免地会产生偏弧。

单相电炉将造成电网不平衡，所以在大多数情况下不宜采用。以短弧（即低电压）操作来换取偏弧的减轻又与生产的高效相悖，也曾有试验证明使用空心电极比实体电极少产生炉壁热点，但缺少实用性。现有研究证明，泡沫渣及料埋弧和渣埋弧的工艺制度都有抑制偏弧并减轻其危害的作用。

8.2.2　直流电弧的偏向

在直流电炉复兴之初，曾认为直流电弧不产生偏向，后来，经大型炉子运行一段时间后便发现，直流电弧往往并非从位于炉子轴心的电极端部垂直向下燃烧，它也存在偏弧现象。但直流偏弧与交流偏弧的形成机制完全不同。交流电弧是受其他两相电弧相互作用产生的电磁力造成偏弧，而直流电弧的偏弧则主要是直流电路（二次导体即阴、阳极短网）形成的磁场作用的结果，而且直流电弧的偏弧都朝直流供电设备（整流电源）的相反方向。

既然直流偏弧产生的根源是二次导体所产生的磁场，便可采取电弧点远离磁场作用区、设法遮磁和改变导体布置等措施来消除偏弧。在直流－空心电极电炉上，为了消除偏弧危害，将所有二次导体包括整流装置平分两套，双向各与阴、阳极连接并以电弧点为中心对称布置（见图 8－5），使导体产生的磁场互相抵消。

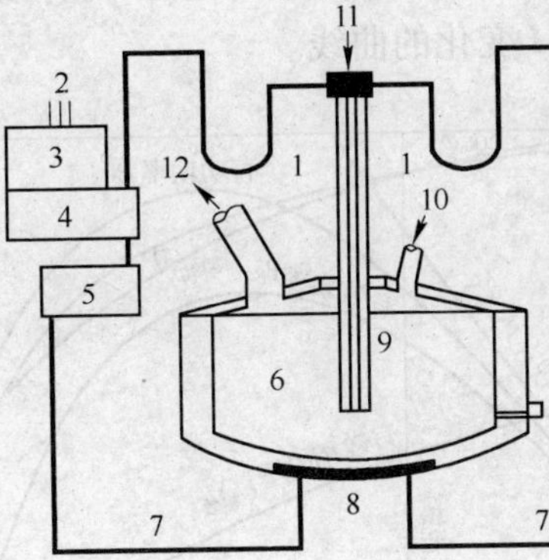

图 8-5 具有二次导体对称布置的空心电极加料直流矿热电炉系统示意图

1—软电缆;2—交流电源;3—变压器;4—整流器;5—电抗器;6—电炉;7—短网;8—底阳极;9—空心电极;10—炉盖加料口;11—空心电极加料装置;12—烟气

8.3 交流电炉运行的电气特性

电弧炉与其他电气设备一样,在不同的负载下各电气参数具有不同的运行电气曲线或图解,可利用它们来分析、选择、优化供电制度。

运行电气曲线:在无限容量电网的理论条件下,假定运行电流为三相平衡的正弦波电流,在给定的二次电压及线路电抗和电阻下,各项功率等重要运行参数随电极电流变化的曲线既可以按公式计算得出,也可以利用短路试验法绘制。

因为电极电流为:

$$I = \frac{U}{Z} = \frac{U}{\sqrt{(r+R)^2 + X^2}} \tag{8-13}$$

所以要以一定的工作电压 U、线路电阻 r 和电抗 X 来绘制电气特性曲线。

各运行参数随电极电流的变化都遵循一定的电工原理,即曲线的变化趋势相同而形状有差异。图 8-6 所示为 12.5MV · A 矿热电炉的电气特性曲线，图 8－7 所示为电阻 R、有效功率 P_A 和有效相电压 $U_{相效}$ 随电流 I 变化的曲线。

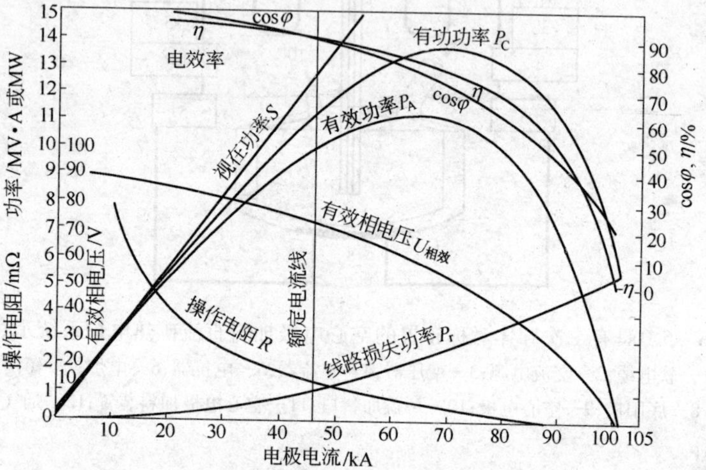

图 8－6　12.5MV · A 矿热电炉的电气特性曲线

（工作电压 157V，$r=0.18\text{m}\Omega$，$X_r=0.88\text{m}\Omega$）

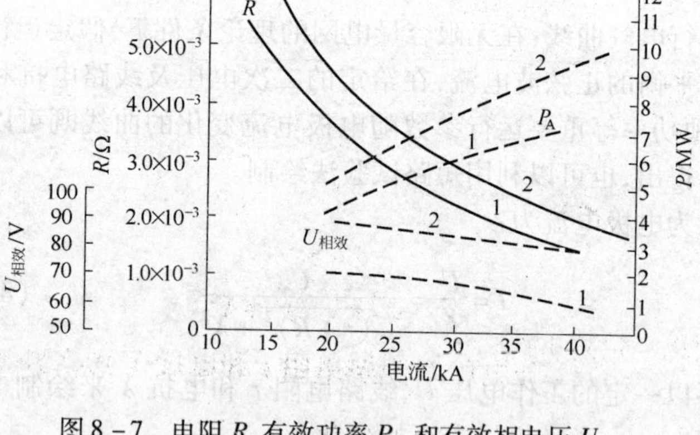

图 8－7　电阻 R、有效功率 P_A 和有效相电压 $U_{相效}$

随电流 I 变化的曲线（仅取功率曲线上升区段）

1—电压为 126.5V；2—电压为 158V

(1)有功功率 P_C。P_C 为有效功率 P_A 与电损功率 P_r 之和,即:

$$P_C = P_A + P_r = 3I\sqrt{U^2 - (IX)^2} = 3IU\cos\varphi = S\cos\varphi \quad (8-14)$$

所以在开路空载即 $\cos\varphi = 1$、$I = 0A$ 时,有功功率与视在功率 S 同处一个零起点。当电极电流增加,开始时有功功率还基本按直线上升,伴随着功率因数的减小,有功功率逐渐离开视在功率而弯曲。在电流增加到一定程度时,与电流二次方成正比的电损功率($P_r = 3I^2r$)增长并追上 P_C 增长,所以此时也就是有功功率抛物线的峰点。电流过此点,电损功率的增长速度便大于 P_C 的增长速度,P_C 逐渐下降。当达到短路电流时,全部的有功功率变成了变压器和短网的消耗,因此,有功功率与电损功率两条曲线在此汇合。

(2)有效功率 P_A:

$$P_A = 3I^2R = 3I[\sqrt{U^2 - (IX)^2} - Ir] \quad (8-15)$$

有效功率是有功功率与电效率 η 的乘积,所以它随电流变化的走向与有功功率相似。在空载时 P_A 也为零,随着电流增大,P_A 逐渐与 P_C 拉开距离,这个距离即大致相当于电效率“长度”,正因为如此,有效功率要比有功功率先一步到达最大值。当电流达到短路时,P_A 下降为零,表明对电炉没有功率输入。

(3)电损功率 P_r。在输入电炉的电流中,通过熔池电阻产生有功功率是其有效部分,而通过变压器和短网等线路产生的热量则散失于空间,虽然也是有功功率却是无效部分,称为电损功率 P_r。

P_r 曲线总的变化趋势是随着电流的增加而急剧地按抛物线规律上升,最后在短路电流时与有功功率曲线相交,这表明电网输入的全部电力均消耗于电损功率。

(4)功率因数 $\cos\varphi$。功率因数 $\cos\varphi$ 是交流电路的一大特征。对三相交流电路,有功功率为:

$$P_C = \sqrt{3}UI\cos\varphi \quad (8-16)$$

式(8－16)说明在一定功率及电压不变的情况下,功率因数随电流的增大而减小,曲线特征如图 8－6 所示。这说明当功率和电流一定时,功率因数随电压增大而减小,也说明电炉容量越大,由于导体截面积大,因此电抗大,则功率因数相对较低;相反,小型电炉的功率因数相对较高。

(5)操作电阻 R 和有效相电压 $U_{相效}$。操作电阻和有效相电压随着电流的增加而下降,这表明操作电阻是个非线性电阻,又显示有效相电压的负电阻特性。当电流由小到大的增长前段,操作电阻呈陡降趋势,电流再增加时其下降变缓,达到短路电流时 $U_{相效}=0$、$R=0$。

因为操作电阻 R 是总电阻与短网电阻 r 之差,从而操作电阻也对应着产品单电耗,最低的单电耗所对应的是最佳操作电阻 $R_{佳}$。如果在功率特性曲线图中加画单位产品电耗曲线,应是“U”形曲线,即偏离 $R_{佳}$ 值时单位电耗都会急剧增加。

对炉料电阻率很小的钛渣熔炼工艺过程,在 R 值较小的条件下要获得足够高的熔池功率,从公式 $P_A=I^2R=U^2/R$ 得知,只能采用较大电流或较高电压来达到。显然,高电压比大电流有电损功率小即单电耗较低的优势,且 R 值越小,熔池功率即有效功率 P_A 越大。

从图 8－7 所示的钛渣电炉电气特性曲线可以看出,随着电流增大,158V 和 126. 5V 的两条 P_A 曲线拉开间距越大,说明选用 158V 更合理,尤其在电流大时更显出优势。在相同电压下,若电流为 38. 5kA 时可以达到最大有效功率 9. 2MV · A,则此时操作电阻恰好能体现最适宜的电极插入深度,也对应着最大的产能和最低的单位电耗与单位物耗。同时也不难想象,如果不是恒电压特性曲线,电压越高则有功功率和有效功率的峰值会越大,且向右移,这说明在相同电流下输入炉内的有功功率和有效功率升高。

在确定合理的工作电流(工作点)时,最重要的是要遵循电气特性曲线所表达的规律性。在考虑约束条件下,总的原则是选择功率曲线上升区段,同时又要求电炉的电气运行能达到高的生产效率和低的产品单电耗。

电炉在输入最大有功功率 P_C 时产率最高，最大 P_C 比最大 P_A 在电流较大时到达，如图 8－6 所示。而最大 P_A 中包含有较低的电效率 η 和功率因数 $\cos\varphi$，则对应着较高的单电耗，也就是说，高产率与低单位电耗不能兼得，只能在 P_{Cmax} 与 P_{Amax} 之间权衡一个折中的工作点（称为经济电流）。

上述的电气运行曲线的编制过于繁杂，特别对变压器二次侧电压级挡多的更是如此。为此，可采用做电气圆图的方法，这种圆图也称为功率圆图或电炉实用圆图。图 8－8 所示为 25MV · A（有功功率 20.541MW）的矿热电炉功率圆图。

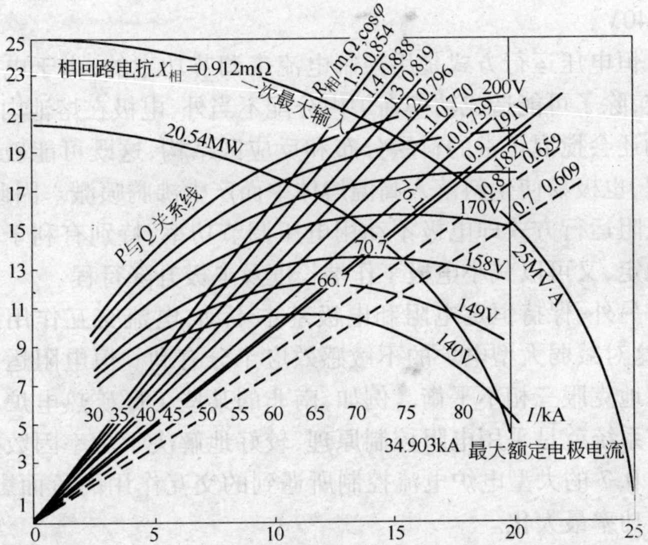

图 8－8　电炉功率圆图

图 8－8 清楚表明：由于功率圆是一些扇形面逐步上移放大的半圆弧线，电压越高则与之交点的位置越往上移，即有功功率的作用越大；一组电阻负载准线随着炉内电阻的变大对电能吸收能力

也越大,放射式直线也越往上移,同时功率因数也越高;电阻负载准线与功率圆的交点就是各个电压级下有功功率最大值点,可见电炉的合理用电区只能处在准线以上,因为准线以下的所有运行点不但电流过大、损耗过多,而且有功功率已经衰减了,所以负载准线是确定电炉运行用电点合理与否的分界线,即确定合理运行区的基准线。

由最高和最低电压级所划出电炉功率圆弧线与最大、最小负载线及额定负载所圈定的区域为最大工作区,电炉用电所有制度都不可超越该区。图 8 – 8 中的最大工作区范围由下列数值界定:最大允许电流 34. 903kA,变压器的最大视在功率 25MV · A,保持电弧稳定的最大功率因数 0. 856,最大二次电压 200V,最小二次电压 140V。

恒电压运行方式是用控制电流来调节功率的,由于电极位置不定,除了可能造成功率在炉内分配不当外,电极在熔池内的频繁窜动还会搅混正常的料层分布和反应区结构,这既可能破坏熔炼过程,也极易使生料落入高温熔体中而产生沸腾喷溅。因此,采用恒电阻运行方式即电极不动用电压调节功率,特别有利于保持炉况稳定,又可以减小电极工作端长度及电极升降行程。

另外,保持恒定电阻和电极基本不动,电流交互作用影响很小,这对减弱大型电炉的不敏感效应十分有利。恒电阻运行还能有效地克服三相不平衡。例如,南非的某些工厂矿热电炉的功率调节系统就是采用电阻控制原理,较好地解决了功率因数接近或小于 0. 7 的大型电炉电流控制所遇到的交互作用的负面影响,使输入功率最大化。

8. 4　直流电炉运行的电气特性

直流电弧的电压、电流两者的特征值呈线性关系:

$$U_d = 9.4I_d + 40$$

这表明在直角坐标系中电弧电阻 R 是一条通过坐标原点的直线,如图 8 – 9 所示。由直流功率 $P = U_d I_d$ 可知,它的轨迹是转轴的"$xy=k$"等边双曲线，而且仅在坐标系的第一象限内是正的。

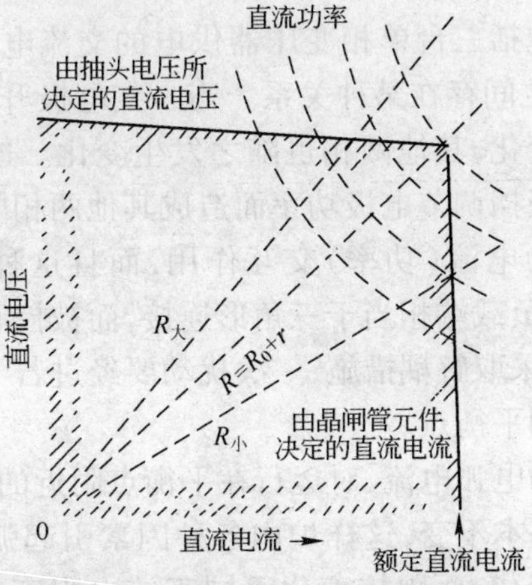

图 8-9 直流电弧炉的直流电压与直流电流特性曲线

直流功率的选择仅受电弧电阻(熔池电阻)$R=U_d/I_d$ 的制约，而不同于交流的阻抗，在 $R_{大}$ 时可选择大的 U_d、小的 I_d。如果把交流电炉等值置换成直流电炉，那么在直流供电操作条件下，电弧电压和电弧电流之间关系发生根本改变。按照整流理论，直流的电弧电流是交流的$\frac{\sqrt{3}}{\sqrt{2}}=1.22$ 倍，电弧电压是交流的 $3\sqrt{6}/\pi=2.34$ 倍，电弧阻抗是交流的 $6/\pi=1.91$ 倍或约 2 倍。所以，采用直流电炉熔炼更适于长弧操作制度。

直流电压 U_d 和直流电流 I_d 可以设定在图 8-9 中，由整流变压器二次侧抽头所决定的直流电压最大值 U_{dmax} 和由额定电流最大值 I_{dmax} 即斜影线所圈定区域内的任一点上，这与交流电炉只能用抽头电压分级设定的交流电压相比明显变宽。

另外，从图 8-9 中的呈垂直的额定直流电流斜影线可知，由整流器控制的电流为恒稳，即基本不会发生像交流电炉经常遇到的电极短路跳闸情况。

8.5　交流电炉相间电流的耦合关系

交流电炉包括三台单相变压器供电的交流电炉，运行中的电极电流（功率）之间存在某种关系。当一支电极升降时，不仅该相电极电流出现变化，其他两相也随之发生变化。这种通过升降电极或切换电压级挡调节电极功率而造成其他两相电极功率也随之变化的现象称为电流（功率）交互作用，而且这种变化是非线性的。这是因为：负载端相当于三角形连接，而被控制的三相线电流相互耦合，若不采取解耦措施，一次扰动要经过若干次调节才能使三相电流恢复到平衡点。

三相电炉的电弧电流，对运行在平衡点附近的工作情况，可以认为进线电压基本不变，这样炉内各种因素引起弧流的变化最终归结为阻抗的变化，而阻抗变化不同于纯电阻变化，前者为非线性，后者为线性。

在实际生产过程中，交流电炉既是非线性又是存在严重随机干扰的系统。例如：电网波动引起的负荷波动，常规方法控制的不理想（误差和应答迟缓等），由原料质量差或炉料配比不适、混料不均、布料不当等造成炉况变坏，以及钛渣熔炼所特有的易产生的塌料、翻渣、喷溅，这些因素都会使本来稳定的运行系统突然振荡起来。

因三相耦合而产生的电流交互作用使各相电流变化呈非线性关系。研究发现，电流变化的比例与电炉功率因数的平方成正比。功率因数越低，电流对电极移动的敏感性越小，即为了增加较小的电极电流，电极要有较大的移动，这种现象称为大型电炉的不敏感效应。当 $\cos\varphi < 0.8$ 时，交互作用已经十分明显；当 $\cos\varphi < 0.85$ 时，提升某相电极以降低该相电极电流时，下一相的电流不但不降低反而增加；当 $\cos\varphi = 0.7$ 时，交互作用十分明显，操作不当就会干扰电炉运行。当电炉在更低的功率因数 $\cos\varphi < 0.5$ 下运行时，升降某一相电极会导致前一相电极电流的变化大于该相。

对电流的交互作用，南非的研究者认为，电阻控制不受交互作用的干扰。现已研发出一种基于电阻控制原理的矿热电炉电极功率控制系统，在大型电炉上应用可大大优化输入熔池的有功功率指标。

使用神经网络模型的智能电炉，既“了解”三相之间作用的规律，又“知道”该如何保持近于平衡状态下的运行；如再带有一个专家系统作为电炉工作条件的监视器，其功能只允许在正常运行情况下由神经网络控制，而在非正常情况下则将人工智能控制模式切换到传统规范控制。

对交流电炉电气运行随机干扰十分严重的非线性开关控制系统，采用模糊控制来解决电流交互作用等更显优势。

8.6 电气运行中的污染与防治

电弧炉包括交流电炉和由晶闸管整流的直流电炉，其电气运行的是冲击性、波动性负荷，加之短网（包括电极）等的结构和布置缺陷，从而难免发生诸如谐波、电压波动、闪变、三相不平衡等，它们既污染电源又殃及自身，成为电网公害。为此，国家制定有关标准并采取措施强令企业达标运行。

8.6.1 谐波

交流电流本是额定频率为50Hz的正弦波，线性负载（如纯电阻负载）的工作电流的波形与输入电压的正弦波形完全相同。但当电弧炉等非线性负载接入电网时会产生谐波电流，注入电网后通过电网阻抗产生谐波压降，叠加在电网基波上而导致电流波形发生严重畸变，这种畸变波形含有2、3、4、5、6、7等高次谐波。一个周期电气量的正弦分量为基波频率整数倍的称高次谐波，例如2、3、4、5次谐波，其频率依次为100Hz、150Hz、200Hz、250Hz。

以三相交流为输入、直流为输出的整流电路，含有高次谐波，其次数随整流器的脉动数而定，也就是说，直流电炉的谐波产生于交整直的过程中，整流电路实际上可看成是一高次谐波源。

谐波电流输入电网，使电压波形发生畸变，引起电气设备发热、震动及保护装置误动作等，还会引起配电线路的传输效率下降、损耗增大并干扰电力载波通信系统的工作等。

我国现行国家标准 GB/T 14529—1993《电能质量　公用电网谐波》对 6 ~ 110kV 各级电压总谐波畸变率作出规定，见表 8 – 1。

表 8 – 1　公用电网谐波电压（相电压）限值

电网标称电压/kV	电压总谐波畸变率/%	各次谐波电压含有率/%	
		奇次	偶次
0.38	5.0	4.0	2.0
6	4.0	3.2	1.6
10	4.0	3.2	1.6
35	3.0	2.4	1.2
66	3.0	2.4	1.2
110	2.0	1.6	0.8

采用交流无源滤波装置就近吸收谐波源所产生的谐波电流，降低供电点的谐波电压，这是抑制谐波污染的一种有效措施。这种滤波装置一般由电力电容器、电抗器（常用空芯的）和电阻器适当组合而成，运行中和谐波源并联，除起滤波作用外还兼顾无功补偿的需要。对交流电炉，现在一般都不“单补”，而是采用具有包括滤波在内的多种补偿功能的装置。装设滤波器的直流电炉基本电炉如图 8 – 10 所示。

8.6.2　电压波动和闪变

电压波动是指多个正弦波的峰值在一段时间内超过（或低于）标准电压值，大约从半周波到几百个周波，即从 10ms 到 2.5s，包括过压波动和欠压波动。

电压波动的一种特殊反应是闪变，它是指由于光源供电电压小幅度的快速变化，导致电光源输出照度的闪烁对人眼所产生的不良刺激现象。

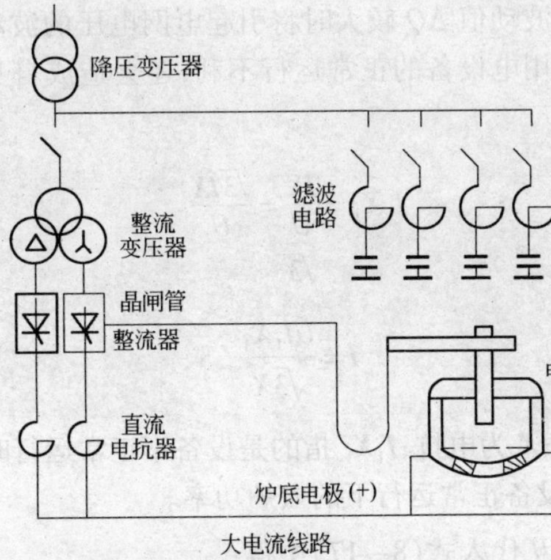

图 8－10 装设滤波器的直流电炉基本电路

在交流电流运行中所产生的波动性负荷，必将引起有功功率 P 和无功功率 Q 的相应快速变化。这可用图 8－11 所示的电炉运行电气特性曲线来分析，当电流有变动 ΔI，相应有一有功功率变动量 ΔP 和无功功率变动量 ΔQ，ΔQ 值远大于 ΔP 值。

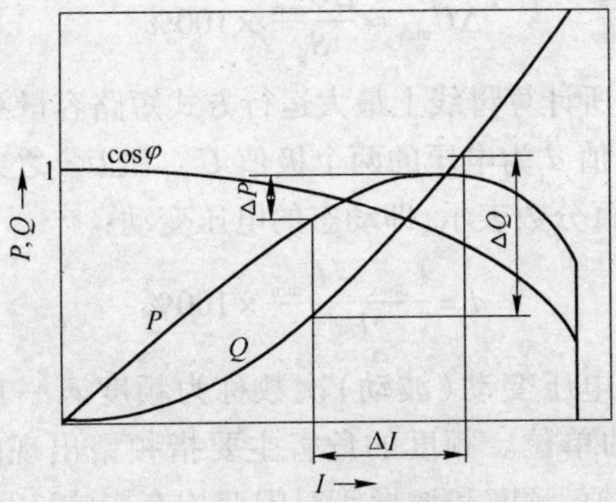

图 8－11 用功率特性曲线表示电流波动量与相应的有功功率和无功功率变动量的关系

无功功率波动值 ΔQ 较大时将引起电网电压的波动。电压波动不但对其他用电设备的正常运行不利,还会造成自身的入炉功率降低,因为:

$$I_1X_1=\frac{IX}{\frac{U}{\sqrt{3}}}=\frac{\sqrt{3}IX}{U} \tag{8-17}$$

即

$$I=\frac{UI_1X_1}{\sqrt{3}X} \tag{8-18}$$

式中,I 为电流;X 为电抗;I_1X_1 指的是设备不正常运行时的入炉功率;IX 指的是设备正常运行下的入炉功率。

将 $P=\sqrt{3}UI$ 代入式(8-17)中得:

$$P=\frac{U^2}{X}I_1X_1 \tag{8-19}$$

式(8-19)表明,入炉功率与工作电压平方成正比,所以电压波动会使入炉功率减少,生产率下降。

电压波动的影响和危害主要取决于它的波动幅值和频度。最大电压波动量 $\Delta U_{\max}$ 可大致表示为:

$$\Delta U_{\max}\approx\frac{\Delta Q_{\max}}{S_k}\times100\% \tag{8-20}$$

式中　S_k——所计算母线上最大运行方式短路容量乘以0.7。

电压波动值 d 为电压的两个极值 $U_{\max}$ 和 $U_{\min}$ 之差 ΔU 对其标称电压 U_N 的百分数表示,即动态的电压变动:

$$d=\frac{U_{\max}-U_{\min}}{U_N}\times100\% \tag{8-21}$$

单位时间电压变动(波动)次数称为频度 r,一般以 min^{-1} 或 s^{-1} 作为频度的单位。频度的危害主要指频繁出现的电压波动。电压波动的幅值、频度和波形等对闪变均有影响。尽管广义的闪变包括电压波动的全部有害作用,但不能以电压波动来代替闪变,因为闪变是人对照度波动的主观视感。

由波动负荷引起的公共连接点电压的快速变动，以及由此可能使人对灯闪明显感觉的场合，我国国家标准 GB 12326—2000《电能质量 电压波动和闪变》中均有规定，见表 8－2。

表 8－2 电压波动允许值

额定电压/kV	电压波动允许值 ΔV/%	
	P_{st}	P_{lt}
10 及以下(LV)	1.0	0.8
35～110(MV)	0.9	0.7
220 及以上(HV)	0.8	0.6

表 8－2 中 P_{st} 为短时间闪变值，即衡量短时间(若干分钟)内闪变强弱的一个统计量值；P_{lt} 为长时间闪变值，由 P_{st} 推算出，是长时间(若干小时)内闪变强弱的一个统计量值。

闪变既然由波动性负荷所致，那么直流电炉与交流电炉相比，由于直流电弧不存在零休时间，没有周期性的点弧和熄弧现象，所以直流电弧的燃烧稳定性好。又因有晶闸管电流调节的快速而准确控制，即使遇有电弧间隙突然增大，此时晶闸管装置也会立即在电极调节前快速补偿电压的不足，不致发生断弧；晶闸管整流器不仅能够控制恒稳的直流电流，它的电控设备的应答性远高于交流电炉的电极升降装置，所以在发生电弧短路时也可以在 3ms 内使这种冲击性电流得以控制。

理论与实践证明，直流电炉的闪变值仅为同容量交流电炉的约 1/2，图 8－12 所示为同一台电炉由交流改直流前后闪变的实测结果。

8.6.3 三相不平衡

当三相系统的电流或电压大小不等或相位差不为 120°时，则此三相系统的电流或电压是不对称的，也是不平衡的。工程上要使供电系统保持三相以平衡的、稳定的正弦波形供电，则要求用户

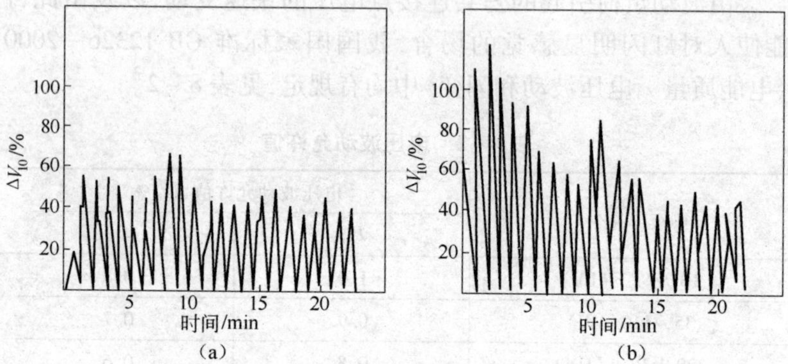

图 8-12 直流电炉和交流电炉闪变的比较

(a)直流电炉;(b)交流电炉

的负荷具有正弦电流和三相平衡分配,并且能以恒定功率用电,或者要求公共供电点具有极为巨大的短路容量。

造成三相系统不平衡,最为严重的是大功率单相负荷直接连接至三相电源。对于单相电弧炉(主要用在熔炼铝硅合金、熔炼焊剂等)和单相电阻炉(如碳化硅炉、石墨化炉等),因为采用三组炉子或将两个单相变压器作 T 形联结成两组炉子,则电源仍然呈三相平衡。由此可见,包括熔炼钛渣的三相交流电炉导致其三相不平衡的根源:一是结构因素;二是工艺因素。

交流电炉是个三相负载,且三相负荷的中性点处于浮动状态,因此,当每相短网的固有阻抗和转移阻抗不相等,或炉子导电结构不对称,或炉膛几何中心与电极极心圆中心偏离过大,或具有各独立变化的各相电弧电流发生激烈无规则变化等时,将会导致熔池电气零点偏离变压器零点,产生三相系统的电流或电压不对称即不平衡。

电炉的三相短网广义上还包括电极(如三角形布置不对称,特别是横列的三相电极),如果它们的连接线路选择和空间配置方式及其尺寸等不合理,则会产生互感的不平衡而导致三相阻抗的不平衡。

工艺因素的影响：当矿－炭混合料不均或下料产生偏析时，会因矿、炭的导电性差异而导致各相电极的电阻不平衡和电极位置的不平衡。如浅插电极与其他电极的位置相差为1m，那么按直径1m和电阻0.1mΩ计算，浅插电极将有180kW热能散失而没有进入反应区做有用功，即由此造成三相电极功率的不平衡。

实测数据表明，电极位置不平衡所引起的功率差可达2%～4%。钛渣熔炼过程中的负荷很不稳定，如遇翻渣、喷溅等会使之加剧，成为三相功率不平衡的重要工艺因素；在炉子的出铁口（或出渣口）部位，由于熔体的顺畅排出而使化料加快，而且铁水的流动又能改善此处的导电条件，所对应的电极功率往往也较高；开弧制度熔炼过程要比炉料或熔渣相对于电阻起主要作用的埋弧制度的熔炼过程更容易出现熔池负载不对称的情况。

三相不平衡首先危害的是工艺自身，即造成"强相"和"弱相"或更严重的"死相"。这种功率转移的结果使化料不均，炉况失衡不顺行，操作控制困难，而自焙电极的烧结不正常还易引发电极事故，生产实践证明，还会造成产品产量的降低和单电耗的增加。

三相电压不平衡对电网用电负荷中占最大比例的异步电动机的影响是引起其附加振动力矩和发热。当电动机轴端负荷为恒定时，电压减少10%则滑差约增大0.6%；负荷率约85%的电动机，电压降低10%～15%时则有可能失去稳定；额定转矩的电动机，如负序电压含量为4%，由于发热，其绝缘寿命缩短约一半，如果某相电压高于额定值，则其寿命缩短更严重。

三相电量的不平衡度通常以负序分量比正序分量的百分数表示。在三相平衡的正常熔炼情况下，产生的负序电流约为电炉变压器额定电流的25%左右，而不正常情况，如一相断弧时可高达86%左右。负序电流流入电网将使电网电压产生负序分量。

国家标准GB/T 15543—1995《电能质量　三相电压允许不平衡度》适用于交流额定频率为50Hz的电力系统，正常运行方式下，由于负序分量而引起的公共连接点的电压不平衡，规定不平衡度允许值为2%，短时间不得超过4%。

仅是交流电炉需要对三相不平衡进行治理，因为从整流器交流侧看，直流电炉是三相平衡负荷而对电网没有基波负序电流干扰。对于熔炼钛渣的多渣熔池，产生三相不平衡的工艺因素表现不明显，即产生三相不平衡的因素主要是结构因素。

短网（含电极）的最优空间布置是三相导体在空间位于等边三角形的3个顶点上，即完全对称布置，各相导体的数量及间距、几何位置完全相同，因而导体间互感相等，即 $M_{12}=M_{21}=M_{23}=M_{32}=M_{31}=M_{13}$。但这会受厂房高度的限制，而且为便于安装挠性电缆，需加大变压器到电炉的距离，为此出现了诸如修正三角形布置等。

由三台单相变压器供电的三相六极矩形电炉再配以对称的短网布置，则具有克服三相不平衡的优点，但这种互不连接的三相（6根导线）电路在经济上不如三相（3根导线）电路。

8.6.4 综合治理

有关法规明确要求：用户的非线性负荷、冲击性负荷、波动负荷、非对称负荷对供电质量产生影响或对安全运行构成干扰和妨碍时，用户必须采取措施加以消除。

直流电弧炉是个比较稳定的负载，可算是“绿色设备”，只是直流电炉的直流电源现均为交流整流得到，存在谐波污染。

对交流电炉的综合治理措施是无功补偿，其广义应包括功率因数校正、减小电压波动和闪变、三相负荷平衡化、滤除与抑制谐波等。功率因数可以通过并联电容器进行补偿，其原理是利用静电电容器自电网吸收的电容电流超前于电源电压，可抵消一部分其他电感负载自电网吸收的滞后于电压的电感电流，使整个线路的功率因数得以提高。

稳态的不平衡三相负荷的平衡化原理则是将一个理想补偿网络与负荷相并联，它可以把任何不平衡的三相负荷转换成一个平衡的三相有功负荷，并且不会改变电源和负荷间的有功功率交换。

并联的电力电容器和电抗器等除了无功补偿外还起到滤波的作用。

对交流电炉电气运行的达标治理,其技术措施是安装补偿器。常用的为静止无功补偿器,它以其英文三字头的缩写 SVC 来表示。SVC 一般由并联的感性和容性两大回路构成,其中至少一个回路为动态回路,即能根据补偿要求快速变化其无功功率的回路。依据构成动态回路的方式不同,目前主要有三种形式的 SVC,即晶闸管控制的电抗器(TCR)、晶闸管投切的电容器(TSC)和自饱和的电抗器(SR),其性能比较见表 8-3。

表 8-3 三种类型的 SVC 的性能比较

类 型	TSC	TCR + FC	SR + FC
无功功率控制	分级	连续	连续
谐波性能	好	可能需加滤波	17 次谐波以下均好
灵活性	好	非常好	差
三相平衡能力	有限	好	有限
限制过电压能力	无	中等	有限
闪变改善情况	好	很好	好

注:FC 为固定电容器组。

9 钛渣熔炼基本原理

9.1 概述

熔炼钛渣是一个从铁钛氧化物矿物中选择还原铁从而使钛富集的高温冶金过程。目前对熔炼 TiO_2 品位大于70%的钛渣，主要是以钛铁矿（$FeO \cdot TiO_2$）及其蚀变矿物红钛铁矿（$Fe_2O_3 \cdot 3TiO_2$）为原料。钛磁铁矿（磁铁矿 $FeO \cdot Fe_2O_3$、钛铁晶石 $2FeO \cdot TiO_2$、钛铁矿 $FeO \cdot TiO_2$ 和铝镁尖晶石组成的复合体，因含有钒所以常称钒钛磁铁矿）还主要用于高炉（或电炉）炼铁。由于配加熔剂及相对多的焦炭而带入大量杂质，加上还配加部分普通铁矿石，所以生成的炉渣 TiO_2 含量一般不超过30%，降低了其中钛的利用价值。

由于钛铁矿中氧化铁和二氧化钛是以尖晶石型的复杂化合物形态存在，无法用机械选矿方法使两者分离，只能采用冶金的或化工的方法达到两者分离且使二氧化钛富集的目的。

钛渣熔炼是一个复杂的物理化学过程，只有了解反应过程特性及其进行的条件，才可能更好地掌握和控制它。化学热力学特别是反应自由能的应用，是判断和控制反应的方向和限度的有力手段。但是，热力学仅能处理平衡态，在工业生产的有限时间内，有些反应过程是不易达到热力学平衡态的，所以必须研究反应过程的动力学，以揭示反应过程的机理，确定反应过程的限制性环节及速度的影响因素，从而得出强化冶金过程的措施。

9.2 铁氧化物还原热力学

铁钛复合氧化物进行碳热还原时，不一定先分解为 FeO 和 TiO_2，FeO 再进行还原反应，而是铁氧化物先还原，且还原速度较快。

9.2.1 逐级还原特性

铁氧化物的还原过程是分阶段进行的,即从高价铁氧化物到低价氧化铁,最后转变成零价的金属铁:

$$Fe_2O_3 \rightarrow Fe_3O_4 \rightarrow FeO \rightarrow Fe$$

判断各价态铁氧化物在不同温度下被不同还原剂还原的难易程度,最基本的依据是:各价氧化物的标准生成自由能随温度变化图(见图9-1)。根据热力学原理,生成自由能负值越大的氧化物越稳定,在图中表现为曲线位置越低。Fe_2O_3 的位置最高,即 Fe_2O_3 最不稳定,Fe_3O_4 次之,稳定性最强的是 FeO。在还原温度小于570℃时,CO 还原能力最强,其次为 H_2 和碳。而高于此温度时则情况相反,碳是最强的还原剂,次之为 H_2 和 CO。

9.2.2 用 CO 还原

用 CO 还原 Fe_2O_3 的反应为:

$$3Fe_2O_3 + CO \xlongequal{\quad} 2Fe_3O_4 + CO_2 \qquad (9-1)$$

$$\Delta G^{\ominus} = -32970 - 53.85T$$

$$\lg K_p = \lg \frac{\varphi(CO_2)}{\varphi(CO)} = \frac{1722}{T} + 2.81$$

式(9-1)说明,K_p 为较大的正值,平衡气相中 $\varphi(CO_2)$ 远较 $\varphi(CO)$ 为高,这说明在一般 CO-CO_2 气氛中,Fe_3O_4 是比较稳定的。

Fe_3O_4 还原在高温和低温时各有不同的反应。温度高于570℃时,反应式为:

$$Fe_3O_4 + CO \xlongequal{\quad} 3FeO + CO_2 \qquad (9-2)$$

$$\Delta G^{\ominus} = 31500 - 37.06T$$

$$\lg K_p = \lg \frac{\varphi(CO_2)}{\varphi(CO)} = -\frac{1645}{T} + 1.935$$

式(9-2)反应为吸热反应,因此随温度升高,K_p 值增加,即平衡气相 $\varphi(CO)$ 减小。

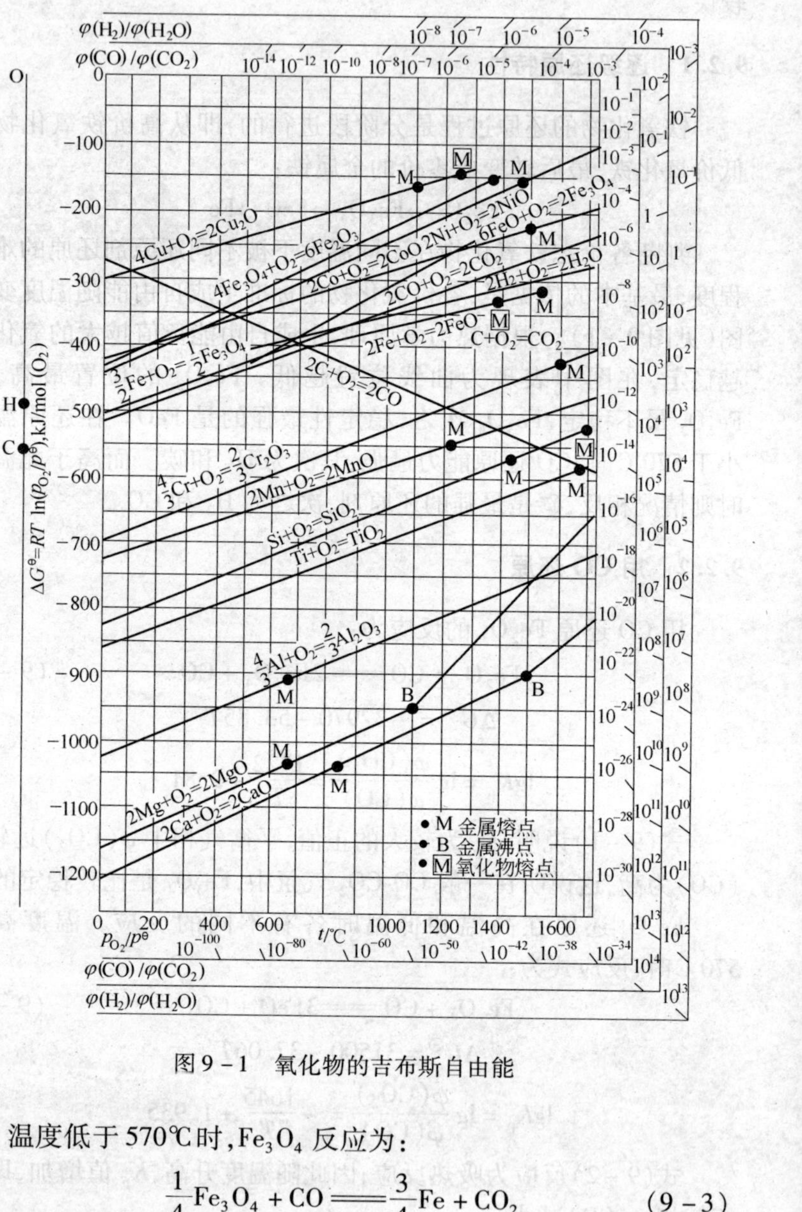

图 9－1　氧化物的吉布斯自由能

温度低于 570℃时，Fe_3O_4 反应为：

$$\frac{1}{4}Fe_3O_4 + CO \longequal \frac{3}{4}Fe + CO_2 \tag{9-3}$$

$$\Delta G^{\ominus} = -3256 + 4.21T$$

$$\lg K_p = \lg \frac{\varphi(CO_2)}{\varphi(CO)} = \frac{170}{T} - 0.22$$

FeO 称为浮氏体,其组成成分可以在一定范围内变化而形成缺位化合物,其还原反应为:

$$FeO + CO = Fe + CO_2 \quad (9-4)$$

$$\Delta G^{\ominus} = -13175 + 17.24T$$

$$\lg K_p = \frac{688}{T} - 0.90$$

按照以上 4 个反应式的计算,可将所得各种铁氧化物还原反应的平衡气相组成与温度的关系曲线绘于图 9-2 中。

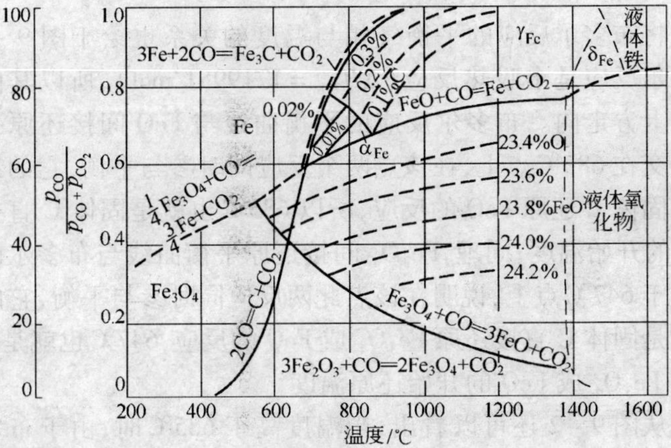

图 9-2　CO(C)还原铁氧化物的平衡气相组成与温度的关系

将图 9-2 分成 Fe、FeO、Fe_3O_4 和 Fe_2O_3 稳定存在区,但 Fe_2O_3 由于平衡气相成分 CO_2 的体积分数几乎接近 100%、CO 的体积分数约为 0%,因此其曲线与横轴接近而未被标出。仅当气相中 CO 浓度高于一定温度曲线表示的 CO 平衡浓度时,由该曲线所表示的还原反应才能出现,因此可利用此图来确定一定条件(t, $\varphi(CO)$)下任一铁氧化物转变的方向和终态。例如,当实际气相组成相当于 FeO 区域内任何一点时，则所有的铁氧化物和金属铁全部转变成 FeO 相，因为在这个区域内，任何一点都表示 CO 含量高于相应温度下 Fe_3O_4 被 CO 还原为 FeO 的 CO 平衡浓度，而金属铁则被 CO_2 氧化成 FeO。同理，在其他三个区就只有金属 Fe、Fe_3O_4 和 Fe_2O_3 能稳定存在。

9.2.3 用固体碳还原

铁氧化物的固体碳还原（直接还原），可认为是间接还原与碳的气化反应（布多尔反应）的加和反应：

$$FeO + CO \longrightarrow Fe + CO_2 \qquad (9-5)$$

$$+)\ CO_2 + C \longrightarrow 2CO$$

$$\overline{FeO + C \longrightarrow Fe + CO}$$

将布多尔反应的平衡气相与温度的关系也绘于图 9－2 中。布多尔反应是个吸热反应（$\Delta H_{298} = 171995 \text{J/mol}$），所以其曲线呈向右上方走向。布多尔反应的平衡曲线与 FeO 间接还原平衡曲线相交在 685℃点上，在该点两个反应同时参与平衡，它的总反应就是固体 C 还原 FeO 的反应，所以 685℃也就是固体 C 直接还原 FeO 的开始温度；同理，Fe_3O_4 间接还原平衡曲线与布多尔的曲线相交于 647℃点上，说明在该点此两反应同时参与平衡，它的总反应就是固体 C 直接还原 Fe_3O_4 成 FeO 的反应，647℃也就是固体 C 还原 Fe_3O_4 成 FeO 的开始还原温度。

从图 9－2 还可以看出，当温度高于 685℃时，由于布多尔反应的平衡气相组成中 $\varphi(CO)$ 总是高于 FeO 还原反应平衡气相的 $\varphi(CO)$，因此，FeO 的间接反应可以进行到底；或者说，在高于此点温度时，金属 Fe 能稳定存在，而 Fe_3O_4、FeO 都不能稳定存在。布多尔反应平衡组成中 $\varphi(CO)$ 比 FeO 间接还原反应所需的 $\varphi(CO)$ 高，反应无法同时达到平衡，例如体系处于后者曲线之下，则布多尔反应的平衡被破坏，这样布多尔反应便向 CO 的方向进行，从而使体系中的 $\varphi(CO)$ 增加；但这又破坏了 FeO 间接还原反应曲线的平衡，只能 $FeO + CO \rightarrow Fe + CO_2$ 和布多尔反应同时进行，只要气

相组成中 φ(CO)高于 FeO 间接还原曲线上各点的组成时,总的结果才是 FeO + C→Fe + CO,这个过程一直进行到 FeO 全部被还原为止。

压力对布多尔反应气相平衡组成的影响。压力增加,促使平衡向着 2CO→C + CO_2 方向移动,导致气相中 CO_2 浓度增加,CO 浓度降低,于是布多尔反应平衡组成的等压线将随着压力的增加而下移,这意味着布多尔反应的曲线与 Fe_3O_4 和 FeO 的间接还原曲线的相交点向温度增高的方向移动,即体系压力增大时,Fe_3O_4 和 FeO 的还原开始温度提高;反之亦然。

9.3 碳还原钛氧化物反应热力学

9.3.1 碳还原钛氧化物的生成物

TiO_2 在高温下可能被固体碳或溶质碳还原为低价钛氧化物和碳化钛。但根据现有的热力学数据,一氧化碳则不能还原 TiO_2,这已被实验所证明。如将化学纯氧化铁、工业纯二氧化钛和石英制成的团块试样于一氧化碳气氛中加热到 1700℃ 并持续 30min,FeO 在 800 ~900℃时开始还原,1200 ~1300℃时还原结束,而 SiO_2 和 TiO_2 则是与 FeO 作用形成硅酸亚铁和钛铁尖晶石以及浮氏体中的尖晶石固溶体;配加石油焦的团块试样中 TiO_2 在约 1000℃温度下开始明显还原,生成钛的低价氧化物(主要是 Ti_3O_5 和 Ti_2O_3)。

对碳还原钛氧化物的生成物有两种观点:一种认为与铁氧化物的还原类似,呈 $TiO_2 \rightarrow Ti_3O_5 \rightarrow Ti_2O_3 \rightarrow TiO \rightarrow Ti(TiC)$ 的顺序进行,甚至认为产生的是可表示为 Ti_nO_{2n-1} 的一系列氧逐渐减少的相;另一种认为是按 $TiO_2 \rightarrow Ti_3O_5 \rightarrow TiC_{0.67}O_{0.33} \rightarrow TiC_xO_y$ 的还原步骤进行。

我国的一些研究者对逐级还原的观点提出质疑。对 TiO_2 还原为 Ti_3O_5 的第一步是确认的,因为通过显微镜下观察,可以看到取自冶炼钒钛磁铁矿高炉炉缸的试样中有 Ti_3O_5(黑钛石)的存在，并且通过实验也确定了在1100K左右Ti_3O_5是稳定的平衡相。研究1400～1600K下Ti-C-O体系热力学得出，Ti_3O_5进一步还原的平衡相不是Ti_2O_3，而是Ti的碳氧化物，即TiO_2的还原途径为：

$$TiO_2 \rightarrow Ti_3O_5 \rightarrow TiC_xO_y \tag{9-6}$$

固溶体TiC_xO_y中x、y值取决于气相p_{CO}和温度，且$x+y=1$。当$p_{CO}\rightarrow 0$，$x\rightarrow 1$，将得到TiC，并且在1580K、$p_{CO}=0.93\times 10^5Pa$下，确定TiC_xO_y化学组成为$TiC_{0.67}O_{0.33}$，相应的反应与自由能变化关系为：

$$Ti_3O_5 + 6.02C \longrightarrow 3TiC_{0.67}O_{0.33} + 4.01CO \tag{9-7}$$

$$\Delta G^{\ominus} = 355952 - 224.29T$$

当$\Delta G^{\ominus}=0$时，$T=1578K$。

也有研究者提出，既然TiO_2被C还原的顺序是$TiO_2 \rightarrow Ti_3O_5 \rightarrow TiC_xO_y \rightarrow TiC$，则铁水中不应有溶解态的TiN。但从冶炼钒钛磁铁矿的高炉铁水和钛铁矿的电炉铁水的相分析中得知，除了TiC及少量TiN外，还有溶解态的Ti，并且温度越高，其浓度越大，这表明还有一条可能的还原路径。

有的研究者沿用逐级还原机理及其热力学数据，计算得出碳还原熔态TiO_2的标准自由能变化与温度的关系，如图9－3所示。由此可知，标准状态下生成Ti_3O_5、Ti_2O_3、TiO、TiC的开始反应温度分别为1335K、1570K、1843K和1451K。此研究者还给出由实验得到的各还原产物随还原时间的变化，如图9－4所示。

在渣铁界面还存在TiO_2与铁液溶质碳的还原反应：

$$(TiO_2) + 2[C] + \frac{1}{2}N_2 = TiN_{(s)} + 2CO \tag{9-8}$$

$$\Delta G^{\ominus} = 379189 - 257.54T$$

$$(TiO_2) + 3[C] = TiC_{(s)} + 2CO \tag{9-9}$$

$$\Delta G^{\ominus} = 524130 - 333.55T$$

$$(TiO_2) + [C] = (TiO) + CO \tag{9-10}$$

$$\Delta G^{\ominus} = 312000 - 189.24T$$

$$2(TiO_2) + [C] = (Ti_2O_3) + CO \tag{9-11}$$

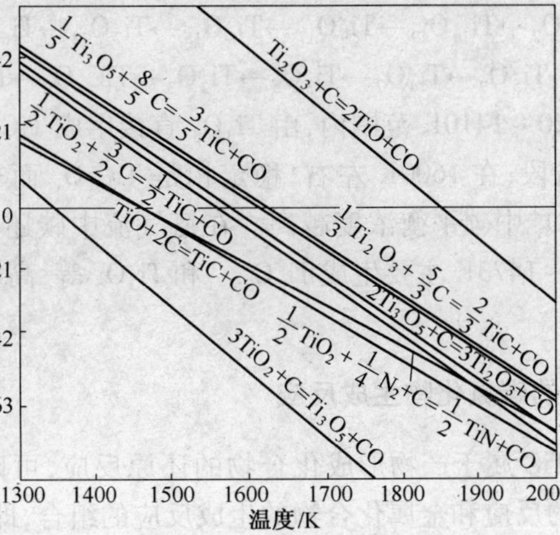

图 9-3　反应标准自由能变化与温度的关系

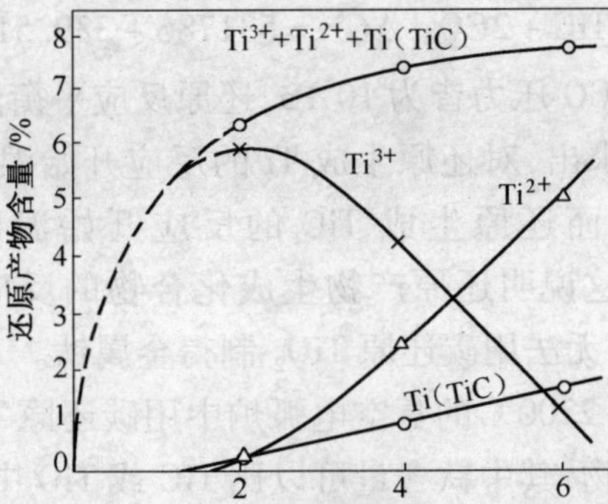

图 9-4　还原过程中各还原产物储量的变化

$$\Delta G^{\ominus} = 473516 - 179.24T$$

$$(TiO_2) + 2[C] = [Ti] + 2CO \qquad (9-12)$$

$$\Delta G^{\ominus} = 686263 - 397.62T$$

国外有学者曾对 Ti-C-O 系 $p(CO) + p(CO_2) = 10^5Pa$ 下进行热力学计算，认为：TiO_2 在温度 1400～2000K 以下的还原是：

$$TiO_2 \rightarrow Ti_{10}O_{19} \rightarrow Ti_9O_{17} \rightarrow Ti_8O_{15} \rightarrow Ti_7O_{13} \rightarrow Ti_6O_{11} \rightarrow Ti_5O_9 \rightarrow Ti_4O_7 \rightarrow Ti_3O_5 \rightarrow Ti_2O_3 \rightarrow TiC_xO_y \rightarrow TiC \quad (9-13)$$

在 1220 ~ 1410K 范围内，由 Ti_3O_5 直接生成 TiC_xO_y，不经过生成 Ti_2O_3 阶段；在 1600K 左右，稳定相是 TiC_xO_y 而非 Ti_2O_3，温度越高，TiC_xO_y 中碳平衡浓度越高。在氮气流中碳还原 TiO_2 时，发现在 1373 ~ 1473K 主要生成 Ti_nO_{2n-1} 和 Ti_3O_5 等，高于 1473K 时得 TiC 相。

9.3.2　钛的碳氮化物生成反应

生成 TiC 属于产物形成化合物的还原反应，可以认为是还原生成金属的反应和金属化合物的生成反应的组合，即：

$$TiO_2 + 2C = Ti + 2CO, \quad \Delta G^{\ominus} = 715882 - 352.65T \quad (9-14)$$

$$+)\ Ti + C = TiC, \quad \Delta G^{\ominus} = -184096 + 13.14T \quad (9-15)$$

$$TiO_2 + 3C = TiC + 2CO, \quad \Delta G^{\ominus} = 531786 - 339.51T \quad (9-16)$$

如果体系中 CO 压力皆为 10^5Pa，还原反应平衡温度可由标准自由能 $\Delta G^{\ominus} = 0$ 求出，对还原生成 Ti 的反应开始温度为 715882/352.51 = 2031K，而还原生成 TiC 的反应开始温度为 531786/339.51 = 1567K，这说明还原产物生成化合物的反应比生成纯金属要容易得多，即无法用碳还原 TiO_2 制得金属钛。

实验证明，在 2200℃的真空电弧炉中用碳还原 TiO_2 得到的是 Ti-C-固溶体混合物，其中钛含量可以比 TiC 或 TiO 中含量要高，这表明形成了低价氧化物和碳化钛。如果将其表示在图 9 – 5 所示的 Ti-C-O 三元等温（2127℃）相图中，*A* 点组成的产物（钛的质量分数为 81.9%）经钨电极电弧炉（即无碳存在）重熔时则得到相当于 *B* 点的产物（钛的质量分数为 87.2%），如果 *A* 点组成的产物在石墨坩埚（即存在碳）重熔时得到的是相当于 *C* 点的产物（钛的质量分数为 82% ~83%），因此，碳热还原 TiO_2 过程中，所得产物组成的变化轨迹为 $A \rightarrow B \rightarrow C$，而不是沿着 $A \rightarrow B$ 的延长线一直向金属钛方向变化。

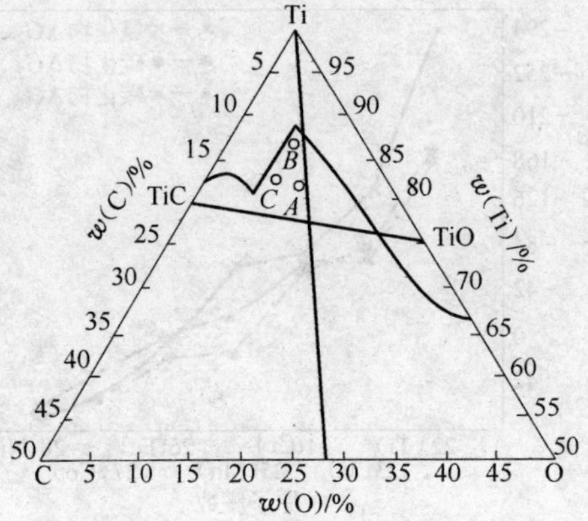

图 9－5 Ti-O-C 系 2127℃等温三元相图

关于 TiO_2 生成 TiC 的机制，目前尚无统一看法，归纳起来有 3 种途径：

(1) $TiO_2 \rightarrow Ti_3O_5 \rightarrow TiC_{0.67}O_{0.33} \rightarrow TiC_xO_y \rightarrow TiC$ (9－17)

(2) $TiO_2 \rightarrow Ti_3O_5 \rightarrow Ti_2O_3 \rightarrow TiO \rightarrow Ti \rightarrow TiC$ (9－18)

(3) $TiO_2 \rightarrow [Ti] \rightarrow TiC$ (9－19)

一般而言，对于 d 电子层没有填满的元素，通常比较容易形成碳化合物；d 电子层电子数越少，形成碳化合物的能力也就越强；对于氮化物的形成，也存在着类似的规律性。属于第一类过渡元素的钛（原子序数 22），其 d 电子层电子数为 2，可以推断它与碳和氮的化学亲和力应当是较大的，即形成的碳化物和氮化物均较稳定。图 9－6 所示为第一类过渡元素形成碳化物和氮化物的自由能变化与原子序数（d 层电子数）的相应关系。

在高温下，特别是在 1500～1700℃范围内，生成碳化钛和氮化钛反应的自由能变化十分相近（见图 9－7），而在 1300～1400℃时，氮化反应的自由能变化比碳化反应的还更大一些（指绝对值），因此，可以认为在钛渣熔炼的高温还原过程中，在炉内存在大量固定碳和氮势下，钛的碳、氮化物的生成是难以避免的。另

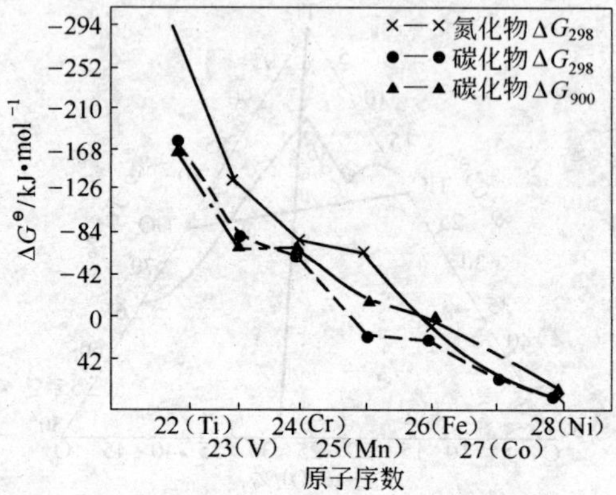

图 9-6　第一类过渡元素的碳化物、氮化物生成自由能与原子序数的关系

外，由于 TiC 和 TiN 同属 NaCl 型立方晶系，而 N、C 的原子半径又很接近（N 原子半径为 0.07nm、C 的原子半径为 0.077nm），两者半径之差小于 15%，所以两者可以互相取代，应形成连续固溶体。

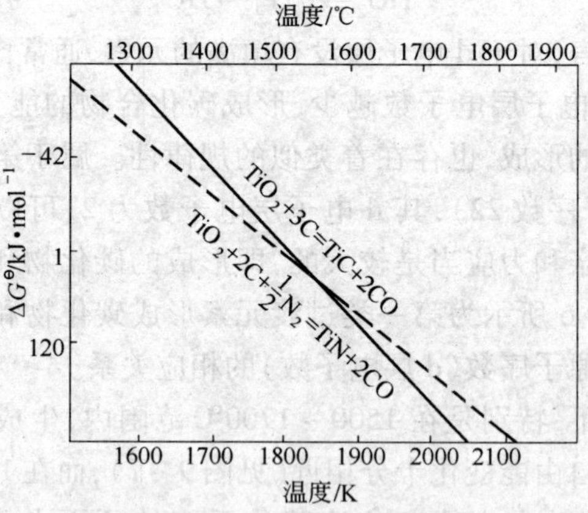

图 9-7　由 TiO_2 生成 TiN、TiC 的反应自由能变化与温度的关系

TiN 的生成取代反应为：

$$(TiO_2) + 2C_{(石)} + \frac{1}{2}N_2 = TiN_{(固)} + 2CO$$

$$\Delta G^{\ominus} = 311974 - 226.82T$$

$$T_{开始} = 1375K$$

上述的反应实际是在非标准态下进行的反应。这类反应的被还原氧化物和还原出来的单质都并非纯态，而是位于溶液中或与其他物质形成复杂化合物，所以应利用等温方程来确定还原的温度条件。

从含钛的铁碳平衡相图（见图 9－8）可知，在 1200℃以上，TiC 可溶于铁中，不同温度下在铁液中与 $TiC_{(固)}$ 相平衡的饱和溶解度可以用热力学数据进行计算：

$$[Ti] + C_{(固)} = TiC_{(固)} \quad (9-20)$$

$$\Delta G^{\ominus} = -155480 + 58.20T$$

$$\Delta G_{Ti} = \Delta G_{Ti}^{\ominus} - RT\ln f_{Ti}(\%Ti) \quad (9-21)$$

若只考虑碳的影响，$\lg f_{Ti} = e_{Ti}^{C}[\%C]$。设 $[\%C] = 4.3$，而 $e_{Ti}^{C} = 0.30$，则 $\lg f_{Ti} = -1.29$。所以计算不同温度下溶解钛的平衡浓度式为：

$$\lg(\%Ti) = \frac{-8122}{T} + 4.33 \quad (9-22)$$

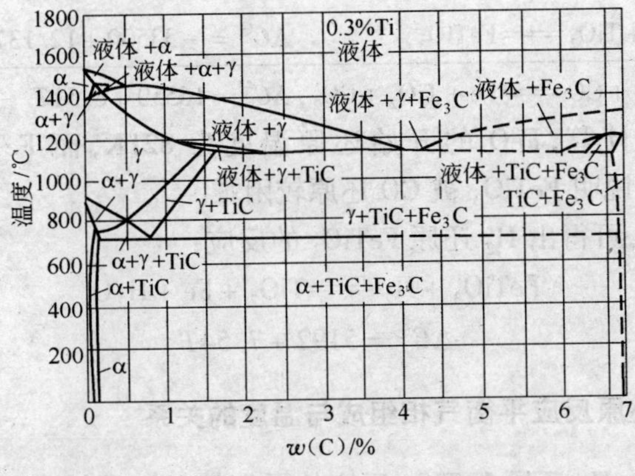

图 9－8 含钛的铁碳平衡相图

由式(9－22)可以看出,随着温度的提高,钛在铁液中的饱和溶解度增大,这表明有利于钛的还原进入铁液;相反,随温度降低,则钛在铁液中的饱和溶解度减小,即只要铁液中钛浓度大于该温度下的饱和浓度,就会不断有 TiC 析出而悬浮于熔渣中。

9.4 铁钛复合氧化物还原反应热力学

9.4.1 还原反应

铁的钛酸盐矿物(钛铁矿、红钛铁矿、钛磁铁矿等)属于铁钛复合氧化物。复合化合物中氧化物还原的热力学函数可以由简单化合物的还原反应和复合化合物的离解反应组合求得。

对于固体碳还原 $FeTiO_3$ 反应:

$$FeO + C = Fe + CO, \quad \Delta G^{\ominus} = 147904 - 152.22T \quad (9-23)$$

$$-)\ FeO + TiO_2 = FeTiO_3, \quad \Delta G^{\ominus} = -33500 + 12.13T \quad (9-24)$$

$$FeTiO_3 + C = Fe + TiO_2 + CO, \quad \Delta G^{\ominus} = 181404 - 164.45T \quad (9-25)$$

由此计算,FeO 和 $FeTiO_3$ 还原出 Fe 的开始温度分别为 985K 和 1116K,这表明复合氧化物中的还原由于比简单氧化物的还原多一个复合氧化物的离解反应,因而还原温度升高要困难一些。

对于 CO 还原 $FeTiO_3$ 反应:

$$FeO + CO = Fe + CO_2, \quad \Delta G^{\ominus} = -16950 + 20.64T \quad (9-26)$$

$$-)\ FeO + TiO_2 = FeTiO_3, \quad \Delta G^{\ominus} = -33500 + 12.13T \quad (9-27)$$

$$FeTiO_3 + CO = Fe + TiO_2 + CO_2, \quad \Delta G^{\ominus} = 16550 + 8.51T \quad (9-28)$$

由此计算,FeO 的开始还原温度为 821K,而 $FeTiO_3$ 则为 1945K,这说明 $FeTiO_3$ 被 CO 还原较困难。

同理,可得出 H_2 还原 $FeTiO_3$ 的反应:

$$FeTiO_3 + H_2 = TiO_2 + Fe + H_2O \quad (9-29)$$

$$\Delta G^{\ominus} = 5192 + 7.54T$$

9.4.2 还原反应平衡气相组成与温度的关系

C、CO、H_2 还原 $FeTiO_3$ 反应的平衡气相组成与温度的关系如

图9-9所示。与 FeO 的还原反应不同，图中的反应1是吸热反应，其平衡气相曲线随温度升高而微向下弯曲，而且曲线大大上移，如1300K、1400K、1500K时的平衡气相组成 $\varphi(CO)$ 分别为93.0%、92.5%、92.1%，而平衡常数分别为0.074、0.080、0.085，如此高的 $\varphi(CO)/\varphi(CO_2)$ 和 $K_p<1$ 表明，在一般熔炼温度下 CO 不能将 $FeTiO_3$ 还原出 Fe。

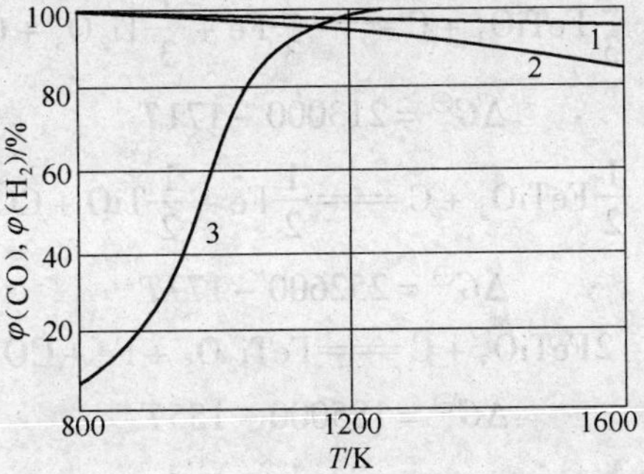

图9-9 C、CO、H_2 还原 $FeTiO_3$ 的平衡气相组成与温度的关系

1—$FeTiO_3+CO=Fe+TiO_2+CO_2$；2—$FeTiO_3+H_2=Fe+TiO_2+H_2O$；

3—$2CO=CO_2+C$

由图9-9可见，布多尔反应的平衡曲线3和曲线1的交点所对应的温度是固体C还原 $FeTiO_3$ 的开始温度，而仅约1160K的温度则显示出这一反应容易进行。H_2 还原 $FeTiO_3$ 的反应虽然也是有较大的 $\Delta G^\ominus$ 正值和 H_2 平衡温度而预示反应的趋势较小，但据计算，在1100K以上，H_2 还原 FeO 和 $FeTiO_3$ 的 $(p_{H_2}/p_{H_2O})_{平}<(p_{CO}/p_{CO_2})_{平}$，这说明高温下 H_2 还原的热力学条件优于 CO，而且 H_2 的还原能力和利用率都高于 CO。另外，一定成分的 H_2-H_2O 或 CO-CO_2 混合气体还原 $FeTiO_3$ 时，气体的还原势又是随温度升高而增大的，即温度越高离平衡越远。

9.4.3 还原反应配碳量

固体C还原 $FeTiO_3$ 随温度和配碳量的不同，可能有如下的反应：

$$FeTiO_3 + C \xlongequal{} Fe + TiO_2 + CO \quad (9-30)$$

$$\Delta G^{\ominus} = 190900 - 161T$$

$$\frac{3}{4}FeTiO_3 + C \xlongequal{} \frac{3}{4}Fe + \frac{1}{4}Ti_3O_5 + CO \quad (9-31)$$

$$\Delta G^{\ominus} = 209000 - 168T$$

$$\frac{2}{3}FeTiO_3 + C \xlongequal{} \frac{2}{3}Fe + \frac{1}{3}Ti_2O_3 + CO \quad (9-32)$$

$$\Delta G^{\ominus} = 213000 - 171T$$

$$\frac{1}{2}FeTiO_3 + C \xlongequal{} \frac{1}{2}Fe + \frac{1}{2}TiO + CO \quad (9-33)$$

$$\Delta G^{\ominus} = 252600 - 177T$$

$$2FeTiO_3 + C \xlongequal{} FeTi_2O_5 + Fe + CO \quad (9-34)$$

$$\Delta G^{\ominus} = 185000 - 155T$$

$$\frac{1}{4}FeTiO_3 + C \xlongequal{} \frac{1}{4}Fe + \frac{1}{4}TiC + CO \quad (9-35)$$

$$\Delta G^{\ominus} = 182500 - 127T$$

$$\frac{1}{3}FeTiO_3 + C \xlongequal{} \frac{1}{3}Fe + \frac{1}{3}Ti + CO \quad (9-36)$$

$$\Delta G^{\ominus} = 304600 - 173T$$

钛铁矿中的三价铁氧化物可看做是游离 Fe_2O_3，其被还原的反应为：

$$\frac{1}{3}Fe_2O_3 + C \xlongequal{} \frac{2}{3}Fe + CO \quad (9-37)$$

$$\Delta G^{\ominus} = 164000 - 176T$$

按上面给出的各反应的标准自由能变化与温度的关系，计算出在不同温度下的标准自由能变化值 $\Delta G^{\ominus}$，将其绘制成 $\Delta G^{\ominus}-T$ 关系图，如图 9－10 所示。

电炉还原熔炼钛铁矿的最高温度约达 2000K，由图 9－10 可见，在这样高的温度下，式(9－30)～式(9－37)反应的 $\Delta G^{\ominus}$ 均是负值，从热力学上说明这些反应均可进行，并且随着温度的升高反

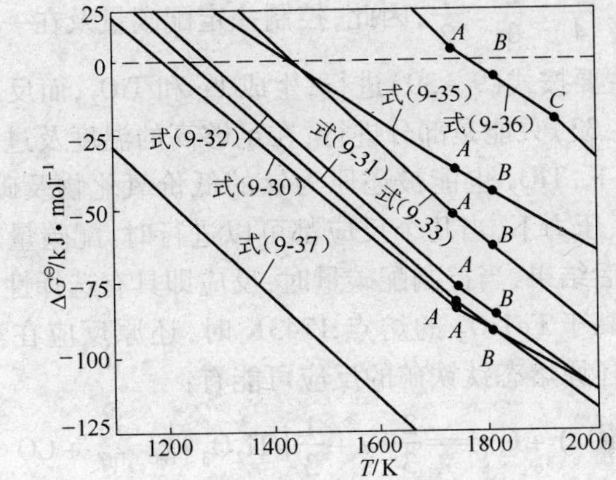

图 9-10 钛铁矿还原熔炼反应的 $\Delta G^{\ominus}-T$ 关系

A—$FeTiO_3$ 熔化温度 1743K；*B*—Fe 熔点 1800K；

C—Ti 熔点 1933K

应趋势均增大。但以上各反应的开始温度（即 $\Delta G^{\ominus}=0$ 时的相应温度）是不相同的，在同一温度下各反应进行的趋势大小也不一样，其反应顺序为：式（9-37）>式（9-30）>式（9-34）>式（9-31）>式（9-32）>式（9-33）>式（9-35）>式（9-36）。

在低温（小于 1500K）的固相还原中，主要是矿中铁氧化物的还原，TiO_2 的还原量很少，即主要按式（9-37）、式（9-30）、式（9-34）进行还原反应生成金属铁和 TiO_2 或 $FeTi_2O_5$；在中温（1500~1800K）液相还原中，除了铁氧化物被还原外，还有相当数量的 TiO_2 被还原，即主要按式（9-31）、式（9-32）、式（9-33）进行还原反应生成金属铁和低价钛氧化物；在高温（1800~2000K）下，按式（9-35）和式（9-36）进行反应生成 TiC 和金属 Ti（溶于铁中）的量增加。

虽然反应式（9-30）~式（9-33）在高温下能够进行，但对 1mol $FeTiO_3$ 而言，所消耗的还原剂碳量不同，其化学计量配碳量按反应式（9-30）~式（9-33）的顺序为 $1:1\frac{1}{3}:1\frac{1}{2}:2$，若是控制一定配碳量，比如对 1mol；C 而言，可还原 $FeTiO_2$ 的摩尔数按

顺序则为 $1:\frac{3}{4}:\frac{2}{3}:\frac{1}{2}$；因此，控制一定配碳量及在一定温度条件下，反应主要按式(9－30)进行，生成 Fe 和 TiO_2，而反应式(9－31)～式(9－33)只能是部分进行；在足够高的温度及过量还原剂存在的条件下，TiO_2 也能被还原为钛的低价氧化物及碳化物；在给定的温度、压力下，当几个反应都可以进行时，配碳量就会影响到反应的最后结果，当控制配碳量时，反应即具有选择性。

当温度高于 $FeTiO_3$ 的熔点 1743K 时，还原反应在液相中进行。固体碳还原熔态钛铁矿的反应可能有：

$$\frac{2}{3}(FeO \cdot TiO_2) + C = \frac{2}{3}Fe + \frac{1}{3}[Ti_2O_3]_{FeO \cdot TiO_2} + CO \quad (9-38)$$

$$\Delta G^{\ominus} = 121000 - 132.9T$$

$$2(FeO \cdot TiO_2) + C = FeO \cdot TiO_2 + Fe + CO \quad (9-39)$$

$$\Delta G^{\ominus} = 174000 - 157.2T$$

$$\frac{5}{6}(FeO \cdot TiO_2) + C = \frac{5}{6}Fe + \frac{1}{10}Ti_5O_9 + CO \quad (9-40)$$

$$\Delta G^{\ominus} = 177000 - 157.8T$$

$$\frac{2}{3}[FeO \cdot TiO_2]_{Ti_2O_3} + C = \frac{2}{3}Fe + \frac{1}{3}Ti_2O_3 + CO \quad (9-41)$$

$$\Delta G^{\ominus} = 156000 - 142.1T$$

因为钛铁矿($FeO \cdot TiO_2$)和 Ti_2O_3 都是三方晶系的刚玉型结构，还原过程不需要重建晶格而另外耗能，所以从热力学参数上看反应最易进行。还原$[FeO \cdot TiO_2]_{Ti_2O_3}$中 FeO 则由于需要重建新晶格而比较困难。因此，由于晶格相似性因素的影响，$FeO \cdot TiO_2$ 还原的顺序为：

$$FeO \cdot TiO_2 \begin{cases} \nearrow [Ti_2O_3]_{FeO \cdot TiO_2} \rightarrow [FeO \cdot TiO_2]_{Ti_2O_3} \rightarrow Ti_2O_3 \rightarrow TiO \\ \searrow [TiO_2]_{FeO \cdot 2TiO_2} \rightarrow TiO_2 \rightarrow Ti_5O_9 \rightarrow Ti_2O_3 \rightarrow TiO \end{cases}$$

对上述反应的实验研究证明，在还原钛铁矿中铁氧化物的理论配碳量为 120% 时，从 1000℃ 开始的固相还原阶段便在还原产物中发现有 Ti_2O_3 型固溶体——纤维钛石(塔基石，Tagirovite)。

而且在液相还原时更是优先生成 Ti_2O_3 且反应激烈。在理论配碳量下，温度高于1100℃时，还原产物主要是 $FeO\cdot 2TiO_2$ 而未见有 Ti_2O_3，考虑到每个 $Fe\cdot 2TiO_2$ 分子能溶解达10个分子的 TiO_2，所以钛铁矿的固体碳还原过程在1100℃以上（尚处于固相）时，可表示为下列反应式：

$$12FeO\cdot TiO_2 + 11C = (FeO\cdot 2TiO_2)\cdot 10TiO_2 + 11Fe + 10CO \quad (9-42)$$

因而，在固相还原阶段就形成了 Ti_3O_5 型固溶体——黑钛石（安诺石，Anosovite）和少量 Ti_2O_3。按此述观点，电炉熔炼钛铁矿是否生成 Ti_2O_3 和 TiO 主要取决于配碳量。

对于用碳还原金属氧化物的还原反应，通过控制反应温度和碳的活度可进行选择性还原。根据钛铁矿中的多数氧化物是逐级还原的规律，其还原反应可表示为：

$$2MO_2 + C = M_2O_3 + CO$$

$$M_2O_3 + C = 2MO + CO$$

$$MO + C = M + CO$$

由此能得出 $\lg a_{[C]} = \lg p_{CO} + C$（$C$ 为常数）的代表关系式和 M-O-C 状态图。对于 Ti-O-C 系，由反应：

$$[Ti] + O_2 = TiO_2 \quad (9-43)$$

$$\Delta G^{\ominus} = -822360 + 191.52T$$

$$\frac{6}{5}[Ti] + O_2 = \frac{2}{5}Ti_3O_5 \quad (9-44)$$

$$\Delta G^{\ominus} = -938280 + 152.46T$$

$$[Ti] + [C] = TiC \quad (9-45)$$

$$\Delta G^{\ominus} = -141120 + 100.21T$$

$$TiC + O_2 = TiO_2 + [C] \quad (9-46)$$

$$\Delta G^{\ominus} = -668640 + 91.31T$$

$$\frac{6}{5}TiC + O_2 = \frac{2}{5}Ti_3O_5 + \frac{6}{5}[C] \quad (9-47)$$

$$\Delta G^{\ominus} = -6877 + 86.1T$$

可导出 $\lg a_{[C]}-\lg p_{O_2}$ 关系式和得出 1450K、2300K 的 Ti-O-C 系优势区图（见图 9－11）。

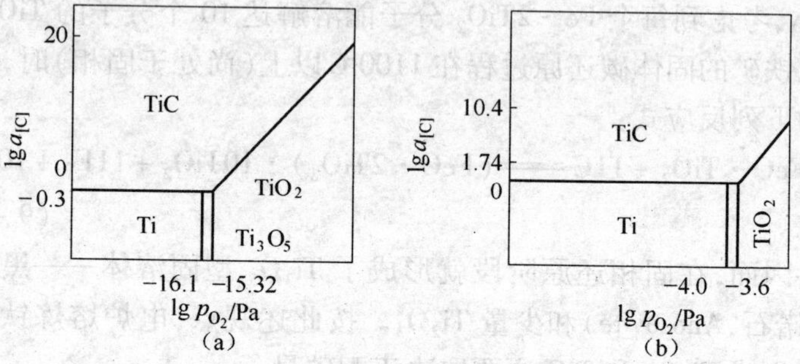

图 9－11　Ti-O-C 系优势区图

(a) 1450K；(b) 2300K

通过这里所阐述的热力学原理，可以得出在熔炼钛渣中更好地实现选择还原所需的重要而有用的结论：

（1）随温度、氧势和碳势条件的不同，可以生成金属钛、TiO_2 和 TiC，各自有其稳定区；

（2）在高温条件下，还原形成金属钛比较容易，而生产 TiC 较难些，相反，在较低温度下容易生成和发展 TiC 产物；

（3）高温下 Ti_3O_5 很不稳定（其稳定区很小），而在低温下其稳定区扩大。

如图 9－11 所示，在高温 2300K 下，由[Ti]形成 TiC 的条件是 $p_{O_2}=10^{-4}$Pa 和 $\lg a_{[C]}=1.74$ 即 $a_{[C]}=54.95$，这与 1450K 下 $p_{O_2}=10^{-16.1}$Pa 和 $\lg a_{[C]}=-0.3$ 即 $a_{[C]}=0.5$ 的条件相比，可以在加碳量大得多和更高铁水碳饱和度的条件下获得不含或含少量 Ti(C，N) 的钛渣；或者说，在不生成或少生成 Ti(C，N) 的前提下，也可以采用高温（如等离子体）进行强化与深度还原的熔炼。

9.5　熔炼过程的动力学

9.5.1　还原机理

能够用于生产钛渣的矿物原料主要是钛铁矿和红钛铁矿以及

钛磁铁矿,它们都是复杂的铁钛氧化物。钛铁矿是一种以偏钛酸亚铁晶格为基础的多组分复杂固溶体,一般表示为 $m[(Fe,Mg,Mn)]O\cdot TiO_2\cdot n[(Fe,Al,Cr)_2O_3]$,它的基本成分是 Fe_2O_3。还原此类固溶体的铁钛复合氧化物的物理—化学转化历程及其机理,至今研究得尚不充分,钛铁矿的还原反应,目前得到普遍认同的理论,也是按照还原气体吸附—自动催化及固体碳还原的两步机理进行的;熔态还原则主要是电化学机理。

对钛铁矿还原的反应动力学和对还原产物的物相分析,证明了钛铁矿并不是先离解成单一的 FeO 和 TiO_2 再进行还原的,而是直接从钛铁矿晶体中排出氧。从用 H_2 或 CO 还原钛铁矿时气相平衡成分显著高于 FeO 这一点,也能够证明钛铁矿的还原是从复杂化合物中还原出来的。另外,从 FeO-TiO_2 系相图中还可看出,$FeO\cdot TiO_2$(或钛铁晶石 $2FeO\cdot TiO_2$ 和铁板钛矿 $FeO\cdot 2TiO_2$ 及钛磁铁矿)这个复杂化合物的熔点的两边液相线呈尖峰状,也应是不易离解成简单氧化物的。

9.5.2 钛铁矿还原的动力学特征

温度对钛铁矿的还原速度的影响是不言而喻的,因为它也符合阿累尼乌斯公式和分子运动论。

固体碳(如无烟煤)在不同温度下对钛铁矿还原速度的影响实验如图 9-12 所示,试样为内配煤粉团块,无烟煤配比按全部铁氧化物还原成 Fe 和将 TiO_2 还原至 Ti_3O_5 所需的碳量计算。从还原率 x 与还原时间 t 的关系曲线可见,900℃和 1000℃的线呈平直且倾角很小,这既说明反应处于动力学区域,也显示出极低的反应速度,如 900℃还原 3h 的还原率仅达 3%~5%。1100℃时呈现出化学反应控速环节向扩散控速环节的过渡特征。当温度达到 1200℃和以上时,x 与 t 呈现抛物线函数关系,表明这时的反应速度受扩散环节控制。温度升至 1300℃时,3h 内可使 80% 以上的铁氧化物还原成金属 Fe,同时速度变化也证实该过程的自动催化特征。另外,温度超过 1100℃、还原时间超过 1h 和温度超过

1200℃、还原时间超过 0.5h，速度便开始变缓，这可能是因生成铁板钛矿和出现液相所致。

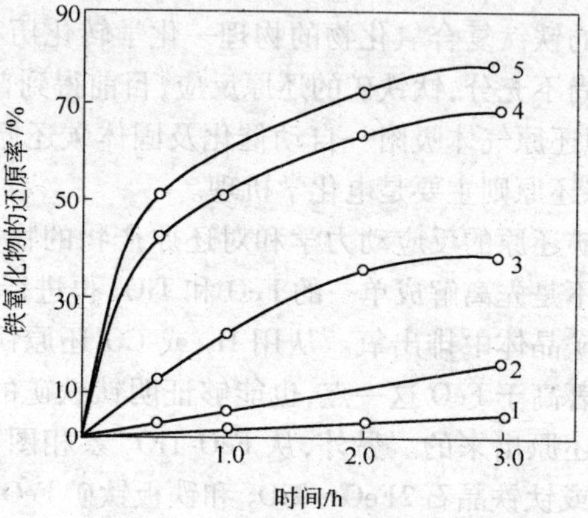

图 9 - 12　不同温度下内配无烟煤的钛精矿团块的还原速度

1—900℃；2—1000℃；3—1100℃；4—1200℃；5—1300℃

另外一组的实验得到与此基本相同的结果，如图 9 - 13 所示。由图 9 - 13 中按钛铁矿还原速度 v 的对数与温度倒数的线形关系中可见，以丙烷 - 丁烷和无烟煤为还原剂的曲线 2 和曲线 3，它们是由 3 段斜率不同的直线组成，表明了过程是由 3 个不同活化能值的环节构成，即在约 1100℃（$1/T \times 10^4 = 7.3$）以下处于界面化学反应速度控制，大约在 1300℃（$1/T \times 10^4 = 6.36$）以上处于扩散速度控制。而在约 1100 ~ 1300℃之间属于混合控制范围。

在化学反应控制范围，温度对反应速度的影响特别显著，由图 9 - 12 可见，当温度从 900℃升高到 1100℃时，还原时间 2h，铁的还原率由 2% 升高到 35%。在温度大于 1300℃时，反应受控于扩散速度，此时的化学反应速度已足够高，再进一步提高必须采取增大扩散、传质速度的措施。

在钛铁矿用固体或气体还原剂还原时，在固相还原阶段基本上为化学反应控制和混合控制，还原剂种类的作用差异显著，气体

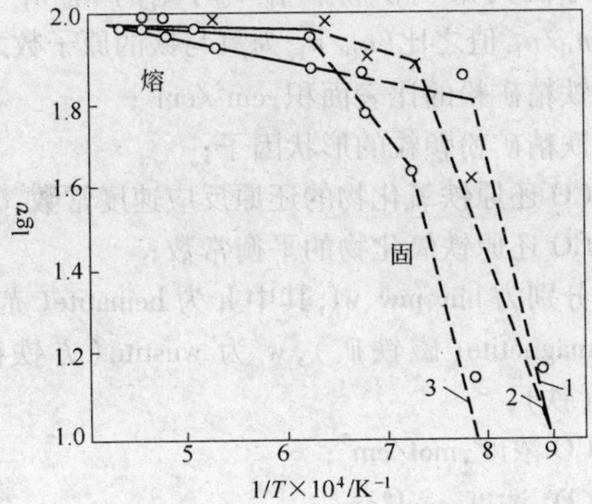

图 9-13 氢(1)、丙烷-丁烷(2)、无烟煤(3)还原钛铁矿中铁氧化物的反应速度与温度的关系

还原剂特别是氢具有比固体还原剂(无烟煤)高的还原速度。这主要得益于 H_2 的扩散能力强,例如 760~1120℃温度范围内用 H_2 还原赤铁矿比 CO 快 7~10 倍,在 1000℃下 H_2 还原钒钛磁铁矿比 CO 快 6 倍;以致在 CO 还原气体中,即使含有少量 H_2 也能提高 CO 的还原能力和还原速度,并且 H_2 在还原过程中还可被多次利用(因有反应:$H_2O_{(g)} + CO \rightleftharpoons CO_2 + H_2$)。

9.5.3 影响铁还原速度的因素

固体碳还原铁氧化物反应速度的影响因素,可按照北京科技大学黄典冰等提出的含碳球团的速度方程进行分析:

$$v = \varphi_{mg} S X_0^{\alpha} k_i \frac{C_{CO} - C_{CO_2}/k_{pi}}{\delta \dfrac{k_i}{D_C} + 1} \tag{9-48}$$

式中 v——含碳球团中任一单元体积内铁精矿粉的还原速度,$mol/(cm^3 \cdot s)$;

φ_{mg}——含碳球团中铁精矿粉的体积分数;

X_0——球团内某一矿粉颗粒 t 时刻的 n_O/n_{Fe} 值和初始的 n_O/n_{Fe} 值之比(n_O/n_{Fe} 为氧与铁的原子数之比);

S——铁精矿粉的比表面积,cm^2/cm^3;

α——铁精矿粉颗粒的形状因子;

k_i——CO 还原铁氧化物的还原反应速度常数,cm/s;

k_{pi}——CO 还原铁氧化物的平衡常数;

i——分别为 hm、mw、wf,其中 h 为 hematite(赤铁矿),m 为 magnetite(磁铁矿),w 为 wustite(方铁矿),f 为 Fe(铁);

C_{CO}——CO 浓度,mol/cm^3;

C_{CO_2}——CO_2 浓度,mol/cm^3;

D_C——CO 在铁精矿粉颗粒表面固相产物层内的渗透系数,cm^2/s;

δ——矿粉表面还原产物层的当量厚度,cm。

9.5.3.1　*矿石粒度及形状*

虽然炉料粒度对还原速度的影响是粒度越小则速度越快,但这种影响以碳还原剂粒度的作用更大。这已从 1100℃ 用不同的钛精矿和焦炭颗粒组成的炉料试样的还原速度对比实验中得到证明。就一般条件而言,无论固相物是否致密,反应速度都是随着固相反应物粒度的增加而减小,但对致密的固相反应物,则由于反应仅能在宏观表面上进行,所以随着粒度的减小、宏观表面积增大,其上处于不饱和键(表面能)的原子或分子数增多,吸附气体分子的作用力强,反应速度就加快,界面反应成为限制环节。但随着反应的进行,内扩散则成为控制环节。如果固相反应物是多孔的结构,而粒度又比较小时,或在反应的最初阶段反应的限制环节是宏观表面和内部孔隙的微观表面共同参加的界面反应,仅当粒度超过某一临界值时,才转入扩散控制,如图 9 - 14 所示。

9.5.3.2　*矿石的类型*

众所周知,铁矿石的冶金性能有优劣之分,一般来说,褐铁矿、菱铁矿的冶金性能最好,其主要原因就在于它们在加热后会失去

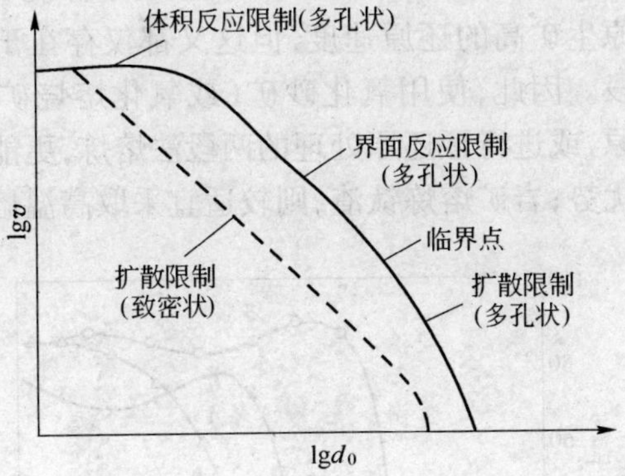

图 9-14 反应过程中速度与粒度的关系

v—反应速度；d_0—矿球的最初直径(粒度)

结晶水或 CO_2，产生多孔结构，从而成为最易还原的矿石；而赤铁矿的还原性又优于致密的磁铁矿；但把磁铁矿氧化后再还原时，其还原速度要比原来增大，其原因是 α-Fe_2O_3 还原成 Fe_3O_4 或 Fe_3O_4 氧化成 α-Fe_2O_3 时，由于晶格变化大产生歪扭缺陷，增大了活化中心。矿石孔隙率大，有效扩散系数增大，所以还原速度也增大。对孔隙特别多的矿石，由于还原剂能同时进入矿石的内部，从而使区域化学反应的特征消失，孔隙内扩散阻力很小，反应似乎在整个体积内进行。

熔炼钛渣主要是 3 种类型的钛铁矿：氧化砂矿、普通砂矿和岩矿，它们的还原性能是依次降低的，究其根源就在于氧化砂矿是地质上经过长期风化(氧化)的，铁已有大部分氧化为三价，这种自然界的氧化作用破坏了钛铁矿的原生矿相结构。例如，广西北海某砂矿就是由含 38.1% 钛铁矿($FeO \cdot TiO_2$)、54% 红钛铁矿($Fe_2O_3 \cdot nTiO_2$)和 0.69% 的磁铁矿、赤铁矿等矿物组成的矿石。普通砂矿钛铁矿系由岩矿风化后冲击形成，结构也比较疏松多孔，但不及氧化砂矿。岩矿则属于原生矿，结构坚硬致密且铁全以二价存在，所以还原性能差。

图 9－15 和图 9－16 所示的两项实验结果都说明了氧化砂矿可以获得比原生矿高的还原速度，但这又都仅存在于较低温度的固相还原阶段。因此，使用氧化砂矿（或氧化熔烧矿）熔炼钛渣，强化固相还原，或进行预还原处理的两段法熔炼，更能发挥其良好还原性能的优势；岩矿熔炼钛渣，则较适宜采取高温熔融还原。

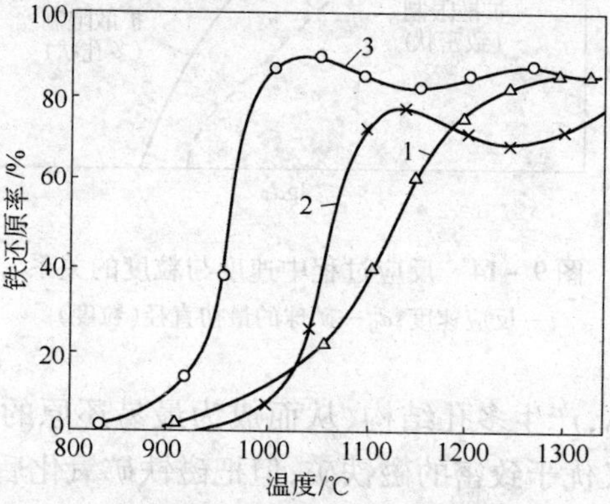

图 9－15　固体碳还原岩矿钛铁矿（1）、氧化砂矿（2）和赤铁矿（3）铁还原率与温度的关系

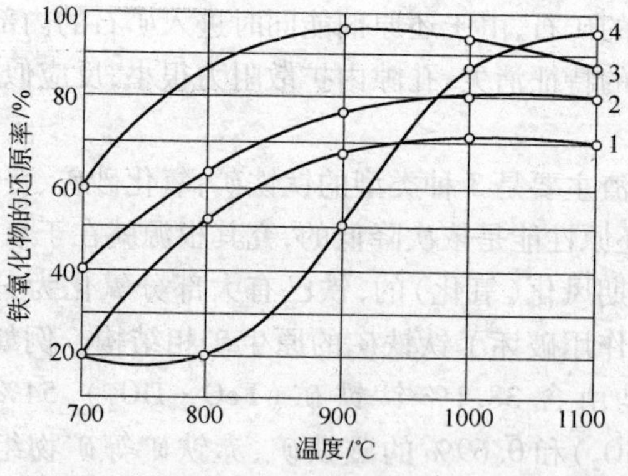

图 9－16　两种钛精矿的流态化氢还原的铁还原率与温度的关系

1～3—氧化砂矿，还原时间分别为 0.5h、1.0h、2.0h；

4—原生钛铁矿，还原时间为 1h

另外,由于氧化砂矿中的铁氧化物很大一部分是游离的赤铁矿和磁铁矿,所以在从游离的赤铁矿和磁铁矿中还原除铁时,会比使用原生钛精矿有更高的生产率和钛渣品位。

矿种不同,即使是由同一钛矿床选出的钛磁铁矿精矿和钛铁矿精矿,这两种矿的还原性能也存在明显的差异,前者比后者易于被碳还原,如图 9－17 所示。就是同一矿种的不同产地,还原性能也是不一样的,例如,根据对海南文昌矿和广东陆丰矿这两种砂矿钛铁矿及广西北海氧化砂矿的碳还原实验(三种精矿的配碳量分别为 20：2.6,20：2.8,20：2.4;温度 1080℃;时间 3.0h),结果得到的铁还原率分别为 25.2%、9.7% 和 30.08%。实验表明,按还原性能优劣排序为:北海氧化砂矿—文昌砂矿—陆丰砂矿,后两种矿同为普通砂矿,文昌矿却优于陆丰矿。

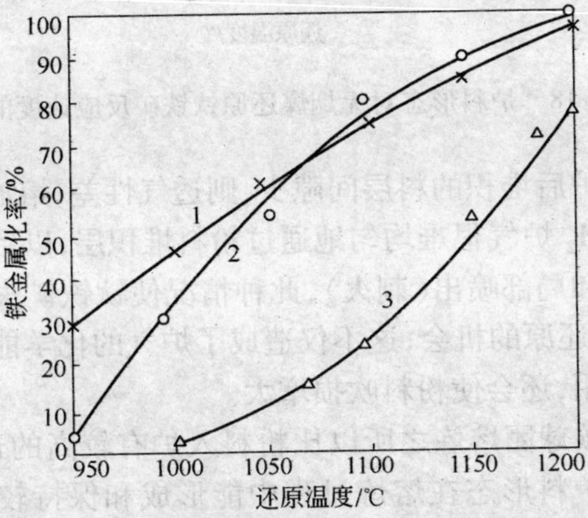

图 9－17　钛铁矿和钛磁铁矿用煤还原的反应速度比较(还原时间 30min)
1—红格钒钛磁铁矿精矿;2—太和钒钛磁铁矿精矿;
3—太和钛铁矿精矿

9.5.3.3　入炉炉料形态

固体碳还原剂与钛精矿的接触状况即炉料入炉形态的不同,使钛铁矿还原的反应动力学行为产生差异。图 9－18 所示为国外某钛精矿用无烟煤还原的实验结果，可见铁还原率由大到小依次是：含碳球团（曲线1）、白球－炭粉炉料（曲线2）和精矿－炭粉炉料（曲线3），在1300℃下还原时间1h的还原率分别为83%、72%和64%。

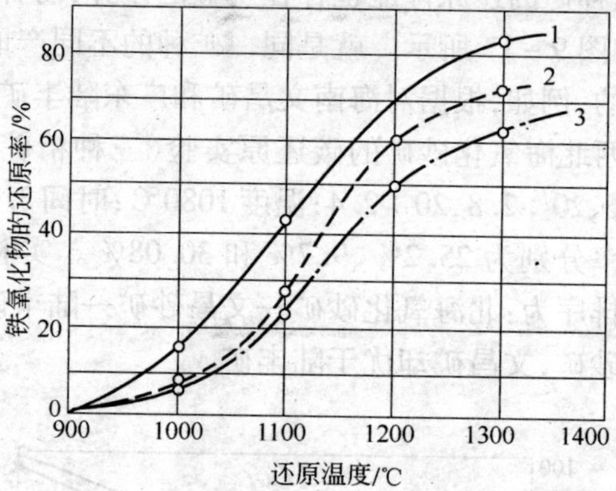

图9－18　炉料形态对无烟煤还原钛铁矿反应速度的影响

粉料入炉后堆积的料层间隙少，则透气性差，熔池下部还原生成的富CO、H_2炉气很难均匀地通过粉料堆积层，以致炉气大量地从电极周边和局部喷出（刺火），此种情况使钛铁矿失去了在固态时同CO、H_2还原的机会，这不仅造成了炉气的化学能和热能没有得到充分利用，还会使粉料吹损增大。

使用含碳球团熔炼之所以比粉料入炉有较高的还原速度，一方面是这种炉料形态在熔炼过程中能形成和保持较好的料层结构，矿粉与炭粉借助于黏结剂及压制的作用紧密接触，缩短固固扩散距离，而黏结剂本身又能在温度逐渐升高后结焦化，球体内多孔透气，从而气体扩散不致成为或延缓成为限制性环节，为固相还原的发展创造较好的条件。同时，炉内配炭压制球团对矿煤的固固还原机理发展也提供有利条件，即对两步还原机理来说，既能在MO＋CO的气固反应中充分利用了煤粉的表面积，也在CO_2＋C的气固反应中充分利用了煤粉表面积，因此使用含碳球团的还原动力学条件优越,可以比粉状配炭炉料和白球配炭炉料有更高的还原速度。至于氧化球团配炭炉料优于粉状配炭炉料,主要是由于球团经过氧化焙烧、固结,冶金性能提高及整粒的透气性改善等所致。

根据国内生产钛渣的经验,用氧化砂矿作为原料生产时,粉料和含碳球团料对生产的影响不明显;而用普通砂矿和岩矿生产时,则更能显示出含碳球团的优势。这主要是由于氧化砂矿的还原性能本来就优于后两种矿,反应中的扩散阻力很小,以致粉料和含碳球团料在还原速度上的差异影响较小。

9.5.3.4 配碳量

固体碳配入量对钛铁矿还原速度的影响如图9-19所示。随着碳矿比的减小,在相同时间内还原反应的还原率提高,但当碳矿比达到1∶3时,再减小碳矿比几乎对还原速度无影响。

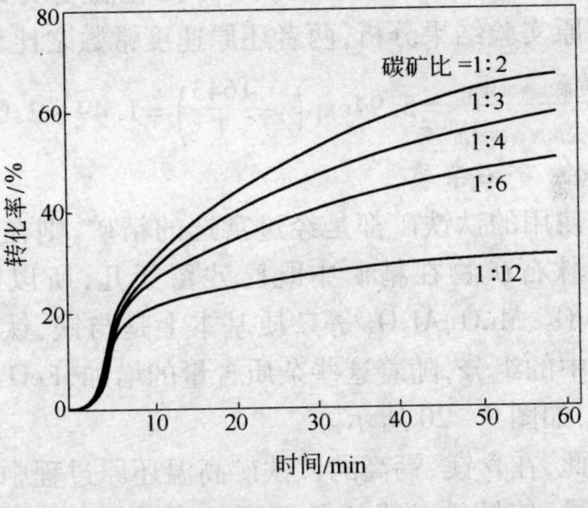

图9-19 碳质还原剂与钛精矿配比对钛铁矿还原反应的影响

9.5.3.5 还原剂炭材反应活性

对于固体碳为还原剂的金属氧化物还原反应,在温度低于1100℃时,其限制性环节是碳的气化反应(布多尔反应),而反应速度又取决于碳还原剂的活性。碳还原剂碳素材料的活性即反应性，通常是以 $CO_2+C═══2CO$ 反应在一定温度下和一定时间内进行的程度即一定时间生成的 CO 量表示。反应性是评价碳还原剂的一项重要指标，反应性高的碳素材料，变成 CO 的能力强，所以可加速固态直接还原的过程，或者说还原反应可以在低的温度下进行。

碳还原剂的反应性对钛铁矿铁还原反应速度的影响。有的研究者使用如下几种碳素材料、在还原时间分别为 30min、120min 的条件下，得到的铁还原率(%)为：

碳素材料	还原 30min	还原 120min
石油焦	34.9	66.4
无烟煤	40.0	70.1
气煤	51.9	75.8
木炭	60.5	82.0

根据对内配烟煤和无烟煤的铁矿球团在温度从 900℃ 升高到 1300℃ 的还原实验结果分析，两者还原速度常数之比为：

$$\frac{k_{烟煤含碳球团}}{k_{无烟煤含碳球团}}=5.94\exp\left(-\frac{1643}{T}\right)=1.49\sim2.08 \quad (9-49)$$

9.5.3.6　*矿石杂质*

既然能使用的钛铁矿都是经过富选的精矿，则在机械选矿中能够除去的脉石矿物在精矿中既已残留无几，所以钛精矿中的 MgO、CaO、SiO_2、MnO、Al_2O_3 等杂质基本上是与铁、钛氧化物形成复杂固溶体中的组分，随着这些杂质含量的增加，FeO 的活度和还原速度降低，如图 9-20 所示。

不仅如此，在含镁、钙高的钛铁矿高温还原过程中还有铁-镁假板钛矿生成，使钛铁矿中铁的还原速度减慢；锰也同样会形成 Fe-Mn-Ti-O 系假板钛矿结构。另有研究认为：MgO 和 MnO 在钛铁矿还原过程中会富集于反应界面，形成一层屏障，妨碍反应物的扩散接触，因而阻止还原反应的进一步进行。预氧化处理可使钛铁矿颗粒变为细小铁板钛矿颗粒和金红石颗粒的复合体，因而有助于消除屏障效应对还原过程的影响。

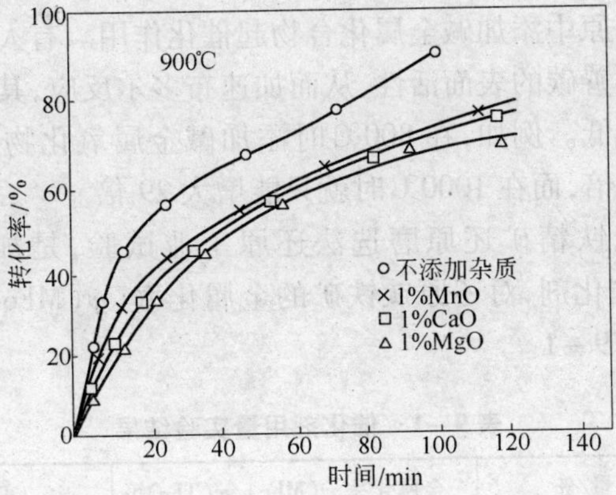

图 9-20 杂质对钛铁矿还原反应的影响

9.5.3.7 添加剂的使用

早在 20 世纪中叶，人们就试图通过固体碳低温还原钛铁矿中 FeO 生成金属 Fe，然后再经磨细、磁选分离而得到铁粉和富 TiO_2 料，以代替高能耗的高温还原熔炼钛渣的铁钛分离方法，但未获成功，原因在于：虽然 Fe 从钛铁矿中还原出来了，但还原产物却是微细粒度的金属 Fe 与 TiO_2 组成的致密集合体，以致无法磨细到使两者分离的程度。后来，在还原炉料中加入约 2% 的工业食盐，由于 NaCl 的催化作用使还原金属 Fe 微晶长大，从而使 Fe 和 TiO_2 的机械分离成为可能。

以后相继研究了碱金属添加剂如 CaO、Na_2CO_3、K_2CO_3、NaCl、NaF、CaF_2 等对钛铁矿中铁还原的催化作用，认为碱金属的存在有利于铁氧化物的还原，因为气态金属钠进入浮氏体（Fe_xO）的晶格，造成晶格畸变，使金属还原的活化能降低，加快其界面的反应速度；同时，生成的气态金属钠具有金属的性质，从而为金属铁相的形成提供了晶核，使金属铁首先在这里形成；另外，由于 Na_2SO_4 分解，气相中 SO_2 首先与 Mn^{2+} 作用，形成 MnS，这就降低或消除了 Mn^{2+} 对亚铁板钛矿的稳定作用，促进铁氧化物的进一步还原。

碳热还原中添加碱金属化合物起催化作用。有人指出碱金属化合物可改善碳的表面活性,从而加速布多尔反应,其速度随温度的升高而降低。例如,在800℃时添加碱金属氧化物可使反应速度增长260倍,而在1000℃时就只能增大29倍。

攀枝花钛精矿还原磨选法还原工业试验,是加入NaCl或Na_2SO_4作催化剂,对还原钛铁矿的金属化率($w(MFe)/w(TFe)$)的影响见表9-1。

表9-1　催化剂用量实验结果

催化剂用量/%	金属化率 $w(MFe)/w(TFe)$	实验条件
0	82.0	温度1150℃,还原时间8h,内配无烟煤10%
1	88.6	
2	93.2	
3	94.6	
5	94.2	

北京科技大学徐萌等利用新型直还设备转底炉综合回收钒钛磁铁矿和钛铁矿中铁、钛的研究中,试验几种添加剂。结果证明,添加剂对铁收得率(还原分离后实际产出的铁块质量与内配煤球团中理论铁含量之比)和渣铁分离效果的影响主要表现在矿种以及添加剂种类和配量上。对于钒钛磁铁矿精矿,随着加入Na_2SO_4数量的增加,铁的收得率提高,同时渣中磁性物质含量减少;当加入5%硫酸钠和3%萤石组成的复合添加剂时,在1450℃下铁的收得率达到几乎100%。而对钛铁矿精矿,即使当Na_2SO_4或Na_2SO_4/CaF_2的加入量达10%时,也需要高于1550℃才能使钛精矿含碳球团还原分离后的铁收得率达90%以上。但钛精矿加入某些复合添加剂时效果变佳,例如加入Na_2SO_4/Li_2CO_3,在1500℃的还原温度下铁收得率可达近100%。

9.6 钛铁矿熔态还原动力学

9.6.1 熔融还原的优点

熔融态的矿石、精矿粉被还原剂(固态、液态或气态)还原生成纯金属、合金或金属化合物的冶炼过程称为熔融还原。

碳还原熔融态矿石中(FeO)的优点,就是它具有比固态还原高得多的反应速度。根据大量的动力学研究,得知不同条件下熔融 FeO 与饱和铁水碳之间的还原反应速度最快。在相同条件下,铁水中碳还原熔融 FeO 的速度比固体碳或 CO 还原优质铁矿石的速度快 100 ~1000 倍。

固体碳还原熔融 FeO 同固相还原,也是通过布多尔反应生成的 CO 进行的,这已为实验研究证实。例如,将少量的纯 FeO 加上固体碳进行熔融还原实验,其反应速度几乎与压力升高成正比,这说明反应(Fe) + C ══[Fe] + CO 是由(FeO) + CO ══[Fe] + CO_2 和 CO_2 + C = 2CO 的反应耦合进行。过去一般认为,碳的汽化反应是熔态 FeO 还原的限制环节,近年来,根据用碳同位素(^{14}C)转换法测定的熔融还原条件 $CO_{2(气)} + C_{(固)} = 2CO_{(气)}$ 的反应速度,证明了(Fe) + CO ══[Fe] + CO_2 是熔态 FeO 被 C 还原的限制环节。

9.6.2 熔融钛铁矿及 TiO_2 多元熔体中(FeO)还原动力学特征

东北大学杜鹤桂、杜钢研究 TiO_2-FeO-SiO_2-CaO 四元系熔体还原动力学行为,其实验得出如图 9 - 21 所示的一例结果,并给出如下的动力学方程:

$$-\frac{dW_{FeO}}{dt}=\frac{S}{100}\left(-\frac{dC_{FeO}}{dt}\right)=kA(C_{FeO})^{\alpha}(a_C)^{\beta} \qquad (9-50)$$

式中 $-\frac{dW_{FeO}}{dt}$——渣中 FeO 的还原速度,g/min;

S——渣量,g;

A——反应界面积,cm^2;

C_{FeO}——渣中 FeO 的浓度,%;

a_C——铁液中碳的活度,实验的铁液为碳饱和,所以 $a_C = 1$;

α,β——常数;

k——反应速度常数。

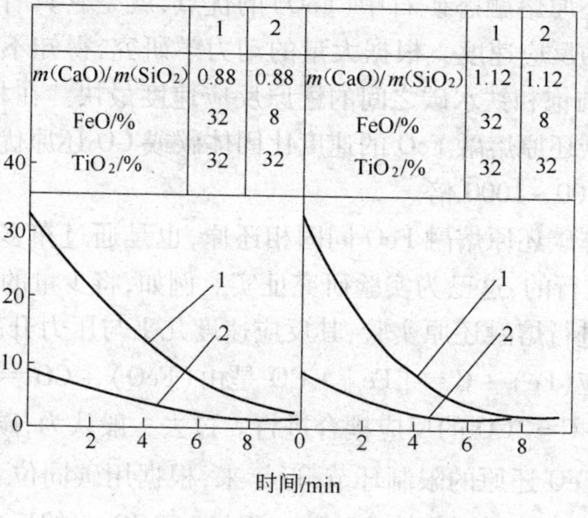

图 9-21 渣中 FeO 变化与反应时间的关系(渣炭反应)

将式(9-50)改写为:

$$\ln\left(-\frac{\mathrm{d}C_{FeO}}{\mathrm{d}t}\right) = \alpha \ln C_{FeO} + \ln \frac{100kA}{S} \tag{9-51}$$

(FeO)被固体碳还原和(FeO)被铁水碳还原反应的 $\ln(-\mathrm{d}C_{FeO}/\mathrm{d}t)$ 与 $\ln C_{FeO}$ 的关系如图 9-22 和图 9-23 所示。由试验数据回归统计得到直线的斜率可以看到,α 值约在 0.7~1.4 之间,即渣中 FeO 的还原速度与其浓度大约成 0.7~1.4 次方关系,但也看到反应初期和末期的数据有些偏离回归线,并且从图 9-23 中也可判断,反应初期 FeO 的还原速度近似为常数,所以与渣中 FeO 浓度成零次方关系,而在后期又为二次方的关系,反应中期又成一次方关系。

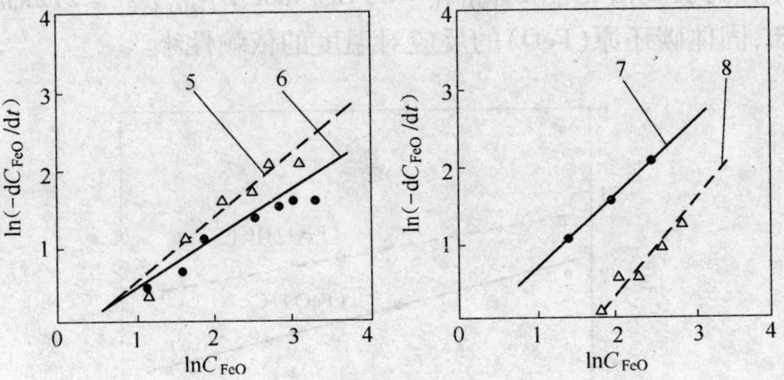

图 9－22　固体碳还原熔体中 FeO 的 $\ln(-\mathrm{d}C_{FeO}/\mathrm{d}t)$ 与 $\ln C_{FeO}$ 的关系

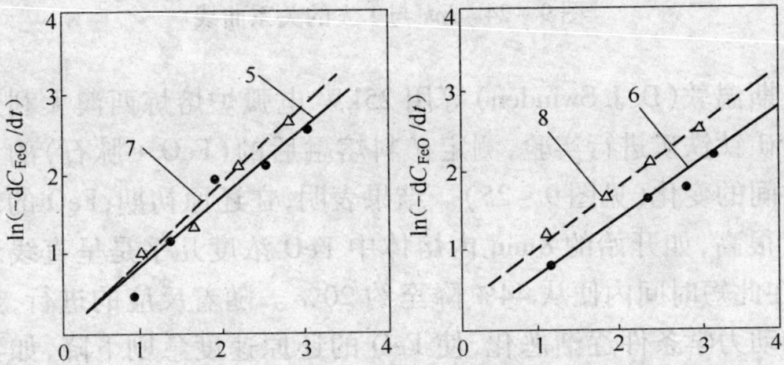

曲线编号与试样成分/%

	TiO_2	FeO	SiO_2	CaO
5	32	32	19.0	17.0
6	32	32	16.9	19.2
7	8	32	31.7	28.3
8	8	32	28.1	31.9

图 9－23　铁水碳还原熔体中 FeO 的 $\ln(-\mathrm{d}C_{FeO}/\mathrm{d}t)$ 与 $\ln C_{FeO}$ 的关系

实验同时得出，铁水渣还原（FeO）的反应速度比固体碳在同样条件下还原（FeO）的反应速度要大得多，如图 9－24 所示，而且从计算的表观活化能 $E_{(FeO)+C}=354kJ/mol$、$E_{(FeO)+[C]}=272kJ/mol$ 可知，固体碳还原(FeO)的反应对温度的依赖性小。

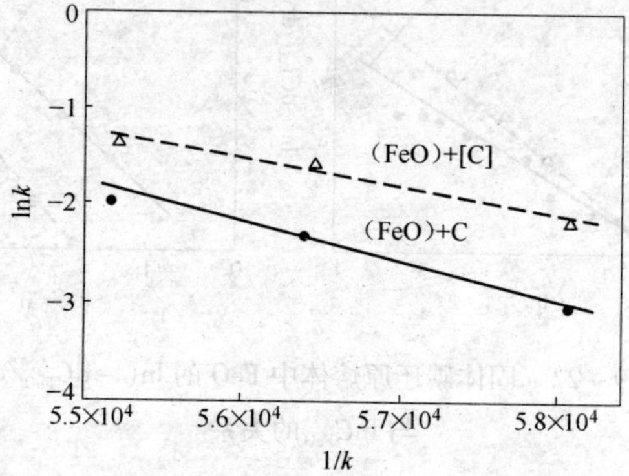

图 9－24　ln$k$ 与 1/k 的关系曲线

斯温敦(D. J. Swinden)等用 25kW 电弧炉熔炼西澳大利亚海滨砂矿钛铁矿进行实验，测定矿料熔融后的(FeO + 脉石)的含量随时间的变化(见图 9－25)。结果表明，在还原初期，FeO 的还原速度很高，如开始的 8min 内熔体中 FeO 浓度几乎是呈直线地下降，在此短时间内便从 44% 降至约 20%。随着反应的进行，热力学和动力学条件逐渐恶化，使 FeO 的还原速度急剧下降，如再使(FeO + 脉石)从约 20% 降到 8%(渣品位相应提高到 92%)，仅是前段时间的一半下降量就需 2 倍的时间。这说明，欲从 80% TiO_2 品位进一步提高，将要大大的延长熔炼的时间及增大电耗和降低产能。据此认为，利用此种精矿熔炼钛渣，其 TiO_2 品位的经济临界点为 85% 左右。

据上所述，铁钛复合氧化物熔体的还原反应动力学呈现出明显的两段性特征，能否在前段时间或稍长的时间里完成两段时间所应达到的目标，一要靠提高温度，二要有强力的传质条件的配合。如果后者不构成控制环节，那么提高熔炼温度便能达到此目的。

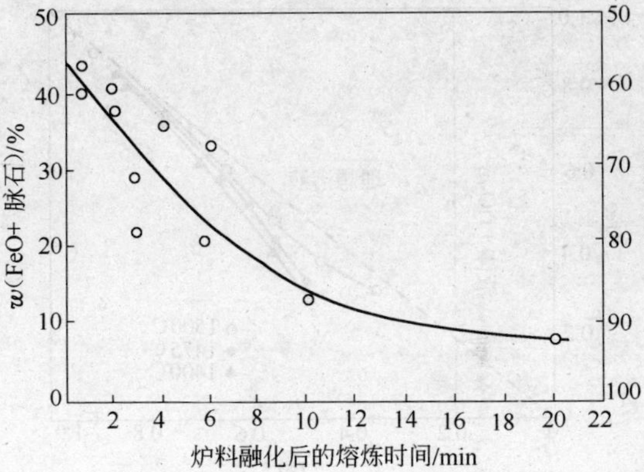

图 9-25 钛铁矿熔化后渣相中(FeO + 脉石)含量与熔炼时间的关系

对铁钛复合氧化物熔体还原铁的动力学两段性特征,可以从下述的几个方面进行分析。根据 FeO-TiO_2 系相图,钛铁矿(FeO·TiO_2)的熔点为1400℃,属于高熔点化合物,并且随着钛铁矿熔体中铁的不断还原,渣的熔点逐渐升高,特别是当 FeO 的质量分数降至20%以后,熔化温度将随着渣中 FeO 的减少而急剧上升,即使还原的难度产生突跃;再有就是 FeO-TiO_2 系中 FeO 的活度与理想溶液(拉乌尔定律)出现的偏差,由于熔体中 FeO 的还原速度与渣中 FeO 活度 a_{FeO} 和其平衡时的浓度差($a_{FeO} - a_{FeO(平)}$)成正比,因此,如果 a_{FeO} 与理想溶液出现负偏差即 a_{FeO} 减小,则还原推动力($a_{FeO} - a_{FeO(平)}$)的值减小,还原速度降低,如果呈现正偏差,则还原速度增大。不同研究者的3组实验所测定的 FeO-TiO_2 系中活度如图9-26所示。但也有的作者认为,当渣中 FeO 含量在8% ~ 2%时,FeO 活度与理想溶液出现负偏差,而 FeO 含量在24% ~ 10%时出现正偏差。

熔融钛铁矿等与普通熔渣一样,是离子溶液,其中 FeO 最易电离成 Fe^{2+} 和 O^{2-},而体系中最易氧化的 C 和[C]便会迅速与 O^{2-} 结合,形成 CO 逸出体系外,使 Fe^{2+} 还原成金属的速度增大;此

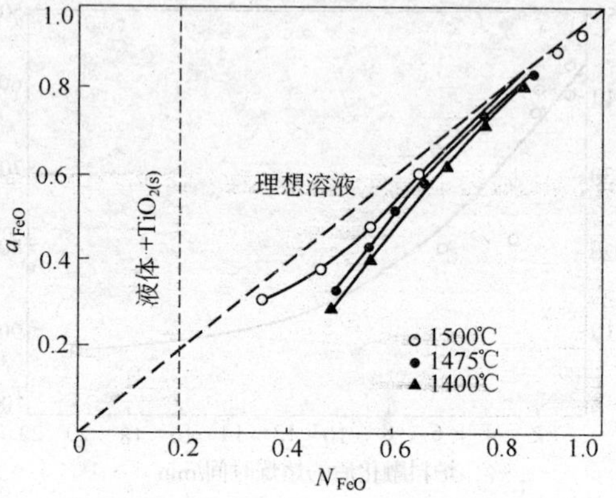

图 9－26　TiO_2-FeO 系 FeO 活度 a_{FeO}

时，TiO_2 吸收 O^{2-} 形成不同价态的钛络合阴离子，所以 TiO_2 不会发生还原。当 FeO 活度降至某一值后，电离出的 O^{2-} 已很少，加上要被碳夺走和形成钛络阴离子的需要，此时若碳已耗尽，则还原反应就会到此结束；若还有碳存在，当 FeO 电离出的 O^{2-} 不能满足与 C 结合的需要时，C 便会夺取钛络阴离子中的氧使其逐渐“破网”直至解体，由于钛和铁同时还原，甚至钛先于铁还原，以致熔体中 FeO 的还原速度要慢得多。

9.7　钛的还原和碳（氮）化钛生成动力学

很多有利于 FeO 还原的动力学条件，对 TiO_2 的还原和 Ti（C，N）的生成也是促进因素。

9.7.1　TiO_2 还原动力学

有人研究固体碳还原含 TiO_2 约 35% 的合成渣中 TiO_2 的反应速度，得出速度常数 k 与温度 T 的关系为：

$$\lg k = -\frac{16.0\times10^3}{T} + 6.320 \qquad (9-52)$$

并绘成图 9－27,由此计算得出的表观活化能为 $E = 2.99 \times 10^5 kJ/mol$。

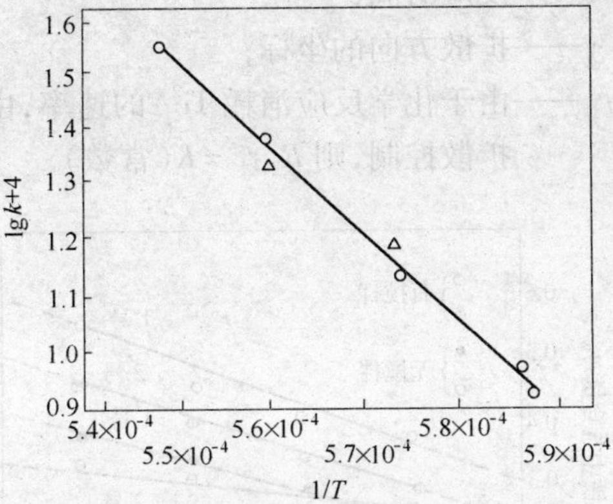

图 9－27 碳还原熔渣中 TiO_2 的 $\lg k - 1/T$ 关系

对比碳还原渣中 FeO 的反应活化能,比 TiO_2 的低得多,这说明温度对 TiO_2 还原的作用远较 FeO 大,所以控制适当低的温度就可控制钛的还原。

熔融态 TiO_2 还原的钛离子迁移过程由 6 个步骤构成:

(1) Ti^{4+} 从熔渣内部向渣—铁界面扩散;

(2) [C] 从铁液内部向渣—铁界面扩散;

(3) O^{2-} 在渣中扩散;

(4) 渣—铁界面化学反应;

(5) CO 气体生成及离开反应界面逸出;

(6) 生成物 [Ti] 从反应界面向铁液内扩散。

搅拌改善了扩散条件,使得钛的还原量增加(见图 9－28),这说明钛从熔渣向铁液内迁移的过程属于扩散控制或扩散－化学反应混合控制。

伴有化学反应的物质移动,其边界层内反应物——钛离子 Ti^{2+} 的浓度变化为:

$$\partial C_{Ti^{2+}}/\partial t = D(\partial^2 C_{Ti^{2+}}/\partial y^2) - R_{Ti^{2+}} \tag{9-53}$$

式中　$C_{Ti^{2+}}$, D——分别为 Ti^{2+} 的浓度和扩散系数；

t——反应时间；

y——扩散方向的坐标；

$R_{Ti^{2+}}$——由于化学反应消耗 Ti^{2+} 的速率，由于本过程受扩散控制，则 $R_{Ti^{2+}} = K$（常数）。

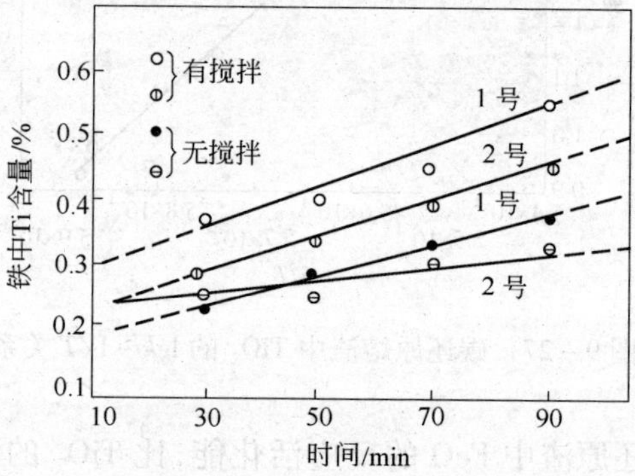

图 9－28　搅拌对钛还原的影响

1 号—$w(TiO_2) = 30\%$，$R = 1.05$，$T = 1540℃$；

2 号—$w(TiO_2) = 25\%$，$R = 1.05$，$T = 1540℃$

当反应达到稳定态时：

$$0 = D(\partial^2 C_{Ti^{2+}}/\partial^2 y) - K \tag{9-54}$$

式（9－54）中的边界条件如图 9－29 所示，即：

$$y = 0, C_{Ti^{2+}} = C^0_{Ti^{2+}} \tag{9-55}$$

$$y = \delta, C_{Ti^{2+}} = C^\delta_{Ti^{2+}} \tag{9-56}$$

解出的 Ti^{2+} 在边界层内的浓度分布为：

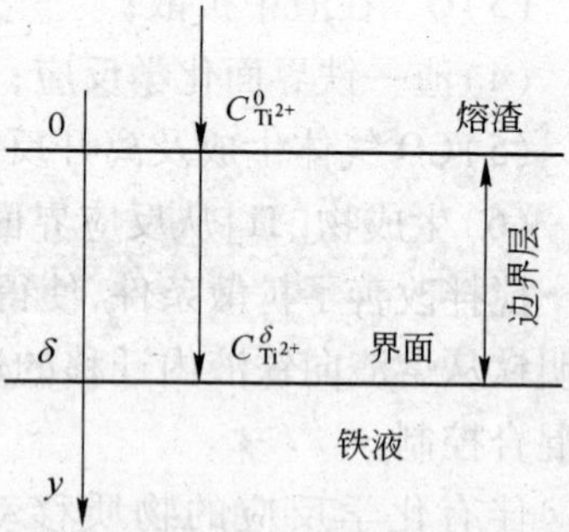

图 9－29　反应物 Ti^{2+} 扩散示意图

$$C_{Ti^{2+}} = [K'/(2D)]y^2 + \{C^{\delta}_{Ti^{2+}} - C^0_{Ti^{2+}} - [K'\delta^2/(2D)]/\delta\}y + C^0_{Ti^{2+}} \tag{9-57}$$

因此,钛离子的扩散通量为:

$$N_{Ti^{2+}} = -D(dC_{Ti^{2+}}/dy)_{y=0} = -D[C^0_{Ti^{2+}} - C^{\delta}_{Ti^{2+}} - K\delta^2/(2D)]/\delta \tag{9-58}$$

式(9-58)说明,若渣中 TiO_2 含量增加,即 $C^0_{Ti^{2+}}$ 增加,必然使 $N_{Ti^{2+}}$ 增加,所以提高渣中 TiO_2 含量将有利于钛的迁移。

9.7.2 Ti(C,N)生成反应动力学

9.7.2.1 形核

在渣炭和渣铁反应中,Ti(C,N)生成反应可以进行,但欲结晶出 Ti(C,N)还必须满足生核的条件。对于 TiC 在铁液中的均相形核,其总自由能变化为:

$$\Delta G = -\frac{4}{3}\pi r^3 \Delta G_V + 4\pi r^2 \sigma \tag{9-59}$$

式(9-59)中的单位体积新相核形成的自由能变化 ΔG_V 为:

$$\Delta G_V = \frac{\rho}{M}RT\ln\frac{K_S}{K} = \frac{\rho}{M}RT\ln\frac{a^S_C a^S_{Ti}}{a_C \cdot a_{Ti}} \tag{9-60}$$

式中 ρ, M——分别为 TiC 密度和相对分子质量;

K_S, K——分别为实际状态、平衡状态时铁液中 C 和 Ti 的活度积。

将 TiC 的密度($\rho = 4738kg/m^3$)和相对分子质量($M_{TiC} = 59.9$)、TiC 与铁液的界面能($\sigma_{TiC/Fe} = 2.66kJ/m^2$)代入式(9-59)、式(9-60)中,得出晶胚自由能变化与半径 r 的关系为:

$$\Delta G = 32672.6r^2 - 4.1888r^3\Delta G_V \tag{9-61}$$

在 $a_{TiO_2} = 0.2$ 及 1500℃和 1550℃条件下,ΔG_V 的计算值为 1.831×10^{-10} 和 3.118×10^{-10},再按 $\Delta G = 0$ 时所对应的晶胚半径即晶胚的临界半径与单位体积自由能变化的关系 $r^* = 3\sigma/\Delta G_V$,如图 9-30 所示。TiC 晶胚的临界半径 r^* 与渣中 a_{TiO_2} 和温度的关系如图 9-31 所示。

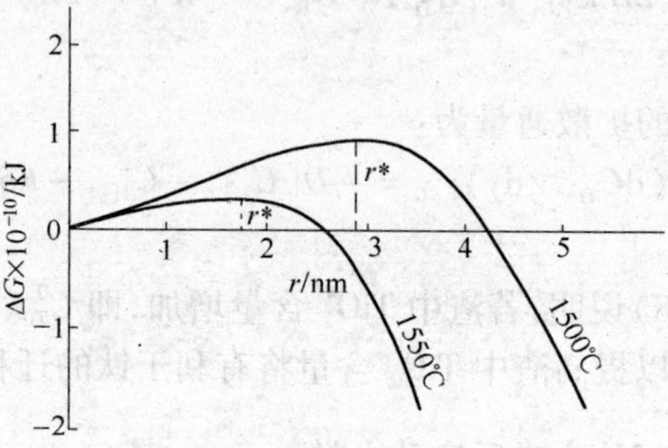

图 9-30 TiC 生核自由能与核半径的关系

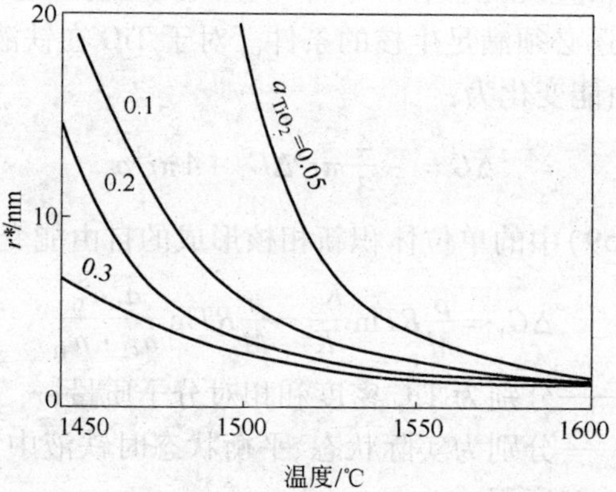

图 9-31 晶胚临界半径与温度的关系

由图 9-30、图 9-31 可见，温度高和 a_{TiO_2} 大都有利于 TiC 的均相形核。但是，按均相形核速度即单位时间、单位体积内形核数目的公式 $I = A_0 e^{-\Delta G^*/(kT)}$ 计算，TiC 也只有在较高温度和 $a_{TiO_2} > 0$ 时才能以均相形核形式由铁液中结晶出来。例如，在 $a_{TiO_2} = 0.3$ 的 I 值，1450℃ 时为 4.35×10^{-616}，1500℃ 时为 1.68×10^{-67}，1550℃ 时为 6.27×10^{-11}，1600℃ 时则可达 8.06×10^{6}。

TiC 的异相形核要比均相形核容易得多，这是因为 $\Delta G^*_{异}$ 是

$\Delta G_{均}^{*}$的$\frac{2-3\cos\theta+\cos^{3}\theta}{4}$倍，而 $\theta<180°$，则 $\Delta G_{异}^{*}<\Delta G_{均}^{*}$，这表明在形核基体上形成晶核时，形核能垒随接触角 θ 的减小下降幅度增加；同时，异相形核能垒 $\Delta G_{异}^{*}$减小，按公式 $I=Ae^{-\Delta G_{异}^{*}/(kT)}$，其形核速度也将极大地增加。在碳热还原的熔炼中，炭粒是 TiC 形核的最好基体，因为两者之间的接触角 θ 很小，所以具有很小的形核能垒 $\Delta G_{异}^{*}$。虽然 TiC 和石墨 C 在 1600℃时都是固相而相互不存在润湿现象，但根据"点阵类型相似理论"观点，在点阵类型相似和点阵常数相近的条件下，晶核与基底之间的界面具有低的单位表面自由能而有利于异相形核，而石墨的密集六方晶格和晶格常数与 TiC 的相似或相近，因此 TiC 极易在石墨(焦炭等)表面上形核。

9.7.2.2 Ti(C,N)生成的动力学特征

Ti(C,N)的生成是由渣中 TiO_2 被 C 和[C]还原这两条途径进行的，而这两种途径形成 Ti(C,N)的机理和状态是不同的。将含 TiO_2 渣样装在石墨坩埚中实验，即可模拟固体碳还原 TiO_2 的过程，结果在渣与石墨坩埚界面上出现一层金黄、紫红、淡蓝等色调多变物质，经 X 射线衍射分析，金色渣层主要由 TiC、TiN 和 TiO 组成，即 Ti(C,N)。根据 Ti(C,N)颗粒色调变化和成分分析，可判断 Ti(C,N)的生成过程是：渣中 TiO_2 在石墨表面被还原生成 TiC，由于气相中 p_{N_2}较高，高温离解后 N 的原子半径比 Ti 原子小，因此，在 TiC 不断生成的同时，N 原子不断向 TiC 中扩散而形成 Ti(C,N)。

实验表明，在一定温度下，随着还原时间的增加，渣中 Ti(C,N)也增加，但反应前期增加较快，后期增加较慢。在前期一定时间内，随着 TiO_2 含量的增加，则渣中 Ti(C,N)也随之增加，特别是在渣中 TiO_2 的质量分数达 40% 时，还原反应 20min 就可在石墨坩埚上形成一层金黄色的 Ti(C,N)，而在相同时间，渣中 TiO_2 的质量分数为 26% 和 20% 的，生成的 Ti(C,N)则少得多，含 10% TiO_2 渣样的表面则几乎没有 Ti(C,N)生成。

还原剂的反应性对 Ti(C,N)的生成也有影响。如粒度约

25mm 的焦炭同合成渣试样一起装入石墨坩埚进行还原,并观察到还原后渣样的显微结构,在凹凸不平的焦粒上形成 Ti(C,N)层,其厚度比在石墨表面形成的要厚得多(大于 15μm);另外,由于焦粒是浸没在渣中,使单位重量渣料与焦炭的反应面积显著增加,Ti(C,N)量也增加了近 10 倍。由此可知,还原剂的反应性(活性)越好(焦炭的反应性优于石墨),渣—焦接触反应界面积越大,则越有利于 Ti(C,N)的生成。

铁水中碳还原熔融态 TiO_2 生成 Ti(C,N)反应,在实验中看到与渣接触的 Fe 表面上富集着 Ti(C,N),这些 Ti(C,N)均为立方体状,边长 1~3μm,这表明在 Fe 开始凝固之前 Ti(C,N)就已从铁液中结晶析出。Ti(C,N)微粒富集在渣—铁界面,促进界面性质的变化。由[C]和(TiO_2)生成 Ti(C,N)的反应速度及其与渣中 TiO_2 和 FeO 含量的关系,与固体碳的相似,如图 9-32 和图 9-33 所示。

由图 9-32 可知,随着 TiO_2 含量的增加,TiC 的生成量逐渐增加,在反应 40min 以内,TiC 的生成量随 TiO_2 含量的增加只略微增加;当反应时间较长时,对于 $w(TiO_2)=15\%\sim20\%$ 的渣样,TiC 的生成量随 TiO_2 的增加不明显,而对于 $w(TiO_2)=20\%\sim30\%$ 的则增加明显。

由图 9-33 可知,TiC 的生成量随渣中 FeO 含量的增加而降低,这是因为渣中 FeO 的含量增加,氧势即熔渣氧化性则提高,所以会抑制渣中 TiO_2 还原出钛,进而生成 TiC;此外,FeO 还可氧化 TiC。

渣中 FeO 对 TiC、TiN 的抑制作用可表示成:

$$2(FeO)+TiC = TiO_2+2Fe+C \qquad (9-62)$$

$$\Delta G^{\ominus}=-313800+87.195T$$

$$TiC+\frac{1}{2}N_2 = TiN+C \qquad (9-63)$$

$$\Delta G^{\ominus}=-331163+80.802T$$

设 TiC、TiN 形成理想固溶体,则 $a_{TiC}=x_{TiC}$,$a_{TiN}=x_{TiN}$,其中,

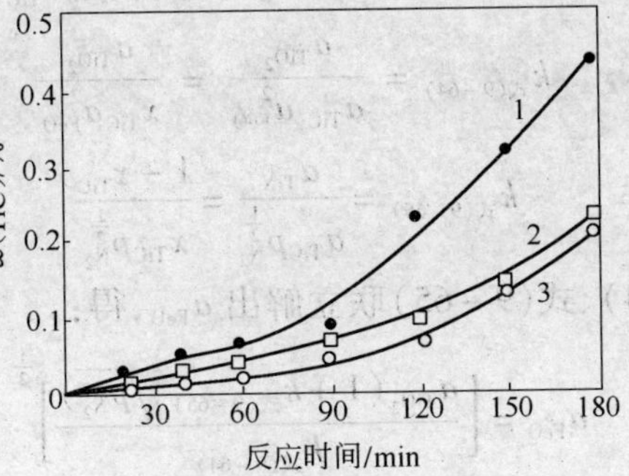

曲线编号的渣样成分/%

	TiO_2	FeO	SiO_2	MgO	CaO	Al_2O_3
1	30.00	5.00	20.94	9.56	20.94	13.57
2	20.00	5.00	24.16	11.03	24.16	15.65
3	15.00	5.00	25.77	11.76	25.77	16.70

图 9-32　渣中 TiO_2 含量及反应时间对 TiC 生成的影响

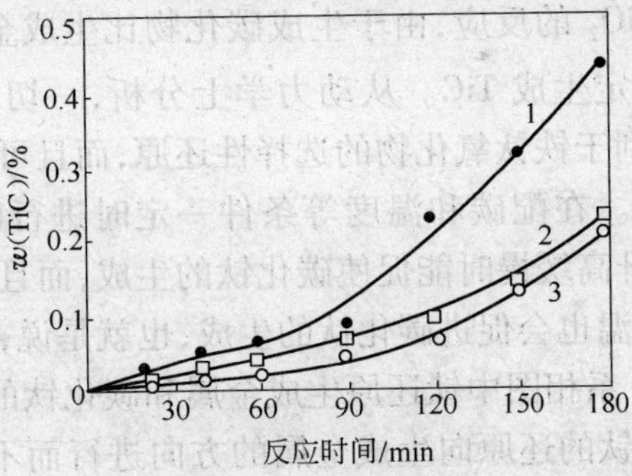

曲线编号的渣样成分/%

	TiO_2	FeO	SiO_2	MgO	CaO	Al_2O_3
1	20.00	0	25.77	11.76	25.77	16.70
2	20.00	5.00	24.16	11.03	24.16	15.65
3	20.00	10.00	22.50	10.29	22.55	14.61

图 9-33　渣中 FeO 含量及反应时间对 TiC 生成的影响

x_{TiC}、x_{TiN}分别为固溶体中 TiC、TiN 的摩尔分数，$x_{TiC}+x_{TiN}=1$，因此：

$$k_{式(9-64)}=\frac{a_{TiO_2}}{a_{TiC}\,a_{FeO}^2}=\frac{a_{TiO_2}}{x_{TiC}a_{FeO}^2} \tag{9-64}$$

$$k_{式(9-65)}=\frac{a_{TiN}}{a_{TiC}p_{N_2}^{\frac{1}{2}}}=\frac{1-x_{TiC}}{x_{TiC}p_{N_2}^{\frac{1}{2}}} \tag{9-65}$$

式(9-64)、式(9-65)联立解出 a_{FeO}，得：

$$a_{FeO}=\left[\frac{a_{TiO_2}(1+k_{式(9-65)}\sqrt{p_{N_2}})}{k_{式(9-64)}}\right]^{\frac{1}{2}} \tag{9-66}$$

当 $k_{(9-64)}$、$k_{式(9-65)}$、p_{N_2}一定时，渣中一定量的(TiO_2)需要有一定的 FeO 才能使 TiC、TiN 氧化，并且 a_{TiO_2}增加时需提高 a_{FeO}才能使 TiC、TiN 氧化。由于反应平衡常数 $k_{式(9-64)}$、$k_{式(9-65)}$是温度的函数，即熔渣温度提高也要求相应地提高渣中 a_{FeO}才能抑制 TiC、TiN 的生成。因此，在电炉熔炼钛渣的 TiO_2 品位和温度条件下，即使在 w(FeO)较高的情况下，按热力学分析也会生成 TiC 和 TiN。

9.7.2.3　动力学条件对 Ti(C,N)的抑制作用

碳还原 TiO_2 的反应，由于生成碳化物比生成金属容易，按照热力学原理必定生成 TiC。从动力学上分析，一切增大反应速度的措施，不仅利于铁钛氧化物的选择性还原，而且可以有效地抑制碳化钛的生成。在配碳和温度等条件一定时进行碳还原二氧化钛，不仅温度升高缓慢时能促使碳化钛的生成，而且迅速加热及之后的长时间保温也会促进碳化钛的生成，也就是说，反应速度快慢会改变 Ti-C-O 系相图中钛还原生成金属和碳化钛的路径，即反应速度快时会使钛的还原向生成金属的方向进行而不生成碳化钛。这一点已从铁浴熔融还原钒钛磁铁矿的实验中得到证实。

国外早有等离子炉熔炼钛磁铁矿不生成 TiC 和 TiN 的实验报道。国内利用等离子体感应电炉研究从含 TiO_2 渣中还原钒实验，发现感应熔炼时熔渣极为黏稠，当插入电极并通氩实施等离子熔炼时，熔渣会立刻变得和普通渣一样清澈并有良好的流动性，此时渣中不含 TiC、TiN。

铁水中碳本身也是一种可以少生成 TiC 的熔炼还原剂。采用如图 9－34 所示的 3 种供碳方式,对含 $TiO_2$20%、FeO5% 的熔渣进行还原实验,图 9－35 所示为试验结果。

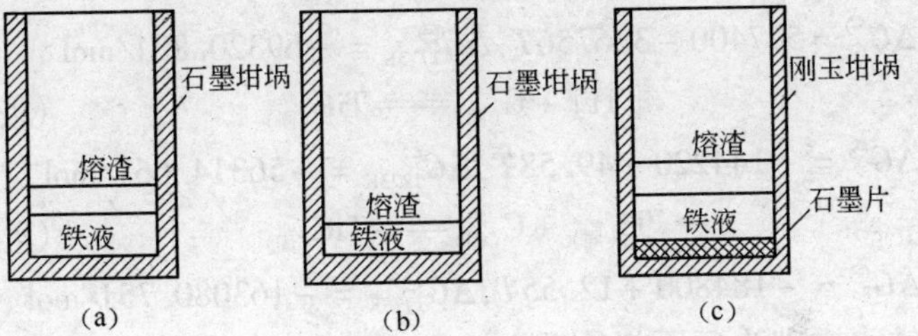

图 9－34 三种供碳方式的实验

(a)[C] + $C_{(固)}$;(b)$C_{(固)}$;(c)[C]

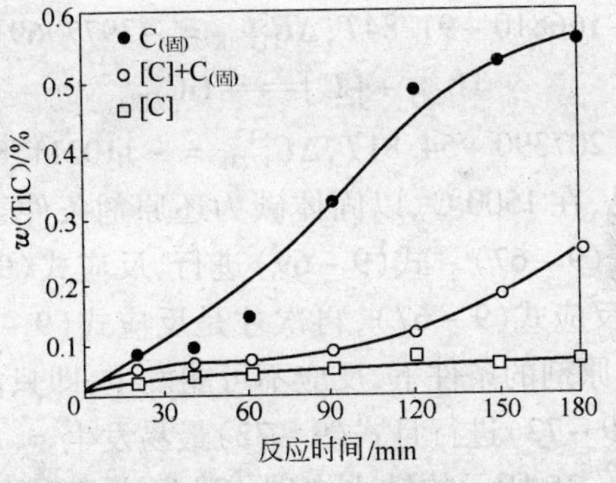

图 9－35 不同供碳方式以及反应时间对 TiC 生成的影响

从图 9－35 中可以看出:以铁水碳还原(TiO_2)生成的 TiC 量最少,而且延长还原时间其增量也极少。随着还原时间的增加,固体碳 $C_{(固)}$ 还原(TiO_2)生成 TiC 的数量显著增加;而用 $C_{(固)}$ + [C] 的增速较小,但从曲线变化趋势看,如超过实验时间(3h),TiC 生成量会继续增大,直至与 $C_{(固)}$ 的曲线相汇合。由此可以说明,只要固体碳供应充足,反应就能够进行到(TiO_2)全部转变为 TiC。

对上述实验得到的生成 TiC 的动力学特征，可以做如下的热力学分析。在 1500℃ 下生成 TiC 反应的趋势可由相关反应的标准生成自由能做出比较。以固体碳为还原剂的反应：

$$(TiO_2) + 3C_{(固)} = TiC_{(固)} + 2CO \tag{9-67}$$

$\Delta G^{\ominus} = 527400 - 336.56T, \Delta G^{\ominus}_{1773K} = -69320.88 J/mol$

$$[Ti] + C_{(固)} = TiC_{(固)} \tag{9-68}$$

$\Delta G^{\ominus} = -144220 + 49.58T, \Delta G^{\ominus}_{1773K} = -56314.66 J/mol$

$$Ti_{(固)} + C_{(固)} = TiC_{(固)} \tag{9-69}$$

$\Delta G^{\ominus} = -184800 + 12.55T, \Delta G^{\ominus}_{1773K} = -163080.75 J/mol$

铁水中碳为还原剂的反应：

$$(TiO_2) + 3[C] = TiC_{(固)} + 2CO \tag{9-70}$$

$\Delta G^{\ominus} = 459630 - 209.78T, \Delta G^{\ominus}_{1773K} = 8769.06 J/mol$

$$[Ti] + [C] = TiC_{(固)} \tag{9-71}$$

$\Delta G^{\ominus} = -166810 + 91.84T, \Delta G^{\ominus}_{1773K} = -3977.69 J/mol$

$$Ti_{(固)} + [C] = TiC_{(固)} \tag{9-72}$$

$\Delta G^{\ominus} = -207390 + 54.81T, \Delta G^{\ominus}_{1773K} = -110211.87 J/mol$

由此可见，在 1500℃、以固体碳为还原剂条件下，TiC 的生成又可按反应式(9-67)~式(9-69)进行，反应式(9-69)最易发生，其次才是反应式(9-67)，再次才是反应式(9-68)。以铁水中碳[C]为还原剂的条件下，反应不可能发生，即只能是按反应式(9-71)、式(9-72)进行且式(9-72)最易发生。

根据图 9-35 所示的铁水中碳[C]生成 TiC 的速度曲线，可把还原时间分成两段进行分析：一是在还原开始后的较短时间里，被还原进入铁液中的钛含量较低，以致不能达到该温度的饱和溶解度，即 $[\%Ti] < [\%Ti]_{(固)}$，所以生成 TiC 只能是按反应式(9-71)进行，但由于此反应进行的热力学趋势较小及[%Ti]值较小，所以 TiC 的生成量也较小；二是当还原时间继续延长时，[%Ti]将会达到和超过其饱和溶解度，固相析出物也随时间的延长而增加，这时 TiC 生成反应不但有反应式(9-71)，更有 $\Delta G^{\ominus}_{1773K}$ 负值极大

的反应式(9-72)加入,再加上有较大的[%Ti]和$[\%\text{Ti}]_{(固)}$,所以TiC生成量也将增大。由此说明,缩短反应时间可以有效地减少TiC的生成,而在工艺上缩短熔炼时间主要是靠提高温度和强化传质,例如熔炼钛渣将炉料通过空心电极喷射加入熔池内,既利用了铁水浴还原,又有高温、搅拌和细粒度等条件,不但熔炼效率提高,又可有效地抑制Ti(C,N)的生成。

9.7.3 碳还原钛铁矿动力学方程

塞(P. S. T. Sai)等研究了用煤还原钛铁矿的动力学规律,其数学模型是按总反应为$FeTiO_3 + CO = Fe + TiO_2 + CO_2$和$C + CO_2 = 2CO$的组合建立的。同时认为,这两个反应均可按气固反应处理,也都有一限制环节,而这一步骤既可能是气态反应物的外扩散,也可能是固相内扩散,并且CO还原钛铁矿是总反应的最慢步骤,而不是碳的汽化反应。另外假设:

(1)反应初期,还原反应受CO向钛铁矿的扩散控制,后期则由混合控制过渡到化学反应控制;

(2)还原反应可看做是等温过程并处于稳定状态;

(3)当CO浓度较低时,还原反应对CO而言为一级反应,当CO浓度较高时则趋于零级反应;

(4)将钛铁矿颗粒近似地看做球形;

(5)还原反应符合原始致密颗粒未反应的缩核规律。

反应时间加和规律给出了符合上述假设的动力学模型的数学表达式:

$$t'_s = g(x) + \sigma_s^2\left[p(x) + \frac{2x}{Sh'}\right] \qquad (9-73)$$

式中 t'_s——无纲量时间;

x——固体反应物的转化率;

σ_s^2——气固反应用模数;

$p(x)$——由界面化学反应控制的转化率函数,$p(x) = [1 - (1-x)^{1/3}]$;

$g(x)$——由扩散控制的转化率函数，$g(x)=1-3(1-x)^{2/3}+(1-x)$；

Sh'——修正舍伍德数。

将符合球形颗粒的表达式代入式(9-73)，并忽略气相内部的扩散，可得：

$$\left(\frac{kp_{CO}}{\rho_s RTr}\right)t=1-(1-x)^{1/3}+\frac{kx}{3k_m} \tag{9-74}$$

式中　k——反应速度常数，m/s；

p_{CO}——CO 分压，Pa；

t——时间，s；

ρ_s——固态反应物真密度，kg/m³；

R——气体常数，J/(mol · K)；

T——温度，K；

r——颗粒半径，m；

k_m——外传质系数，m/s。

戴温包特(Darenport)等采用热重分析法研究了石墨还原合成钛铁矿的动力学规律，发现还原反应在 860℃ 开始于钛铁矿与石墨颗粒接触点上，在温度达到 1020℃ 前应主要是固固间接还原，而温度超过 1020℃时则转变为两步骤反应，即主要为 CO 与钛铁矿之间的反应。在等温条件下的还原速度方程为：

$$1-\frac{2x}{t}-(1-x)^{2/3}=kt \tag{9-75}$$

还原时间 t 与铁还原率 x 的关系如图 9-36 所示。由图 9-36 可见，t 与$[1-2x/t-(1-x)^{2/3}]$成直线关系，而 t 与$[1-(1-x)]^{1/3}$和$[-\ln(1-x)]$都不成直线关系，这表明在 1075 ~ 1148℃ 温度范围内，限速环节为内扩散。$\ln(1-x)=k_c t$ 是碳还原铁氧化物的布多尔反应速度式。

由上述动力学特征可知，从钛铁矿中还原除铁可采取 3 种方法：

(1)低温固态还原，产生的熔砂或金属化球团经粉碎、磁选分

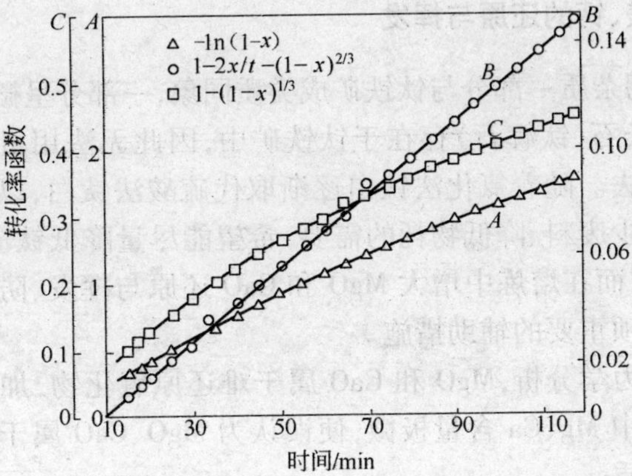

图 9-36 石墨还原钛铁矿反应速度受扩散步骤控制

离出铁粉和富钛料；

(2)在单独设备(主要是回转窑或转底炉)中完成较高程度的铁金属化，再在电炉中完成熔化和最终还原，获得铁水和钛渣，此也称两段法工艺；

(3)在同一电炉内进行固态还原和熔态还原，即一段法工艺，也可以是基本不存在固相还原的熔融还原熔炼。

第一种方法的还原速度慢，生产周期长，反应器(如回转窑)笨重；第二种方法中，一段的预还原多采用煤基回转窑，需要造球，虽然在二段的电炉熔炼可以降低电耗，但存在有预还原和造球工序的额外电耗和运行费用；第三种是当前使用的主要方法，完全的熔融还原即熔池熔炼能使动力学优势得到充分发挥。

9.8 钛铁矿共(伴)生元素的还原

钛铁矿的理论组成是 52.7% TiO_2 和 47.3% FeO，但一般都不是纯矿物 $FeO \cdot TiO_2$，而是含有 Mg、Ca、Si、Mn、Al、V、Cr 等化合物的复合矿物。与钛铁矿共生的有成类质同象的元素和呈微细嵌布的伴生矿物。

9.8.1　镁、钙的还原与挥发

镁、钙杂质一部分与钛铁矿成类质同象，一部分呈微细脉石矿物（如斜长石、钛辉石）存在于钛铁矿中，因此无法用机械选矿法将它们除去。随着氯化法钛白逐渐取代硫酸法钛白，以及生产金属钛和减少废料、降低物耗的需要，希望能尽量降低钛渣中 MgO、CaO 含量，而在熔炼中增大 MgO 和 CaO 还原与挥发、防止在炉内循环是一项重要的辅助措施。

按热力学分析，MgO 和 CaO 属于难还原氧化物，加上熔炼生成的铁液中 Mg、Ca 含量极微，便误认为 MgO、CaO 属于完全转入钛渣的杂质。

MgO 在钛铁矿中主要是以 $MgO \cdot TiO_2$ 形式存在，其被碳还原反应方程可表示为：

$$2(MgO \cdot TiO_2) + C = MgO \cdot 2TiO_2 + CO + Mg \qquad (9-76)$$

$$(MgO \cdot TiO_2) + C = TiO_2 + CO + Mg \qquad (9-77)$$

$$3/4(MgO \cdot TiO_2) + C = 1/4Ti_3O_5 + CO + 3/4Mg \qquad (9-78)$$

$$2/3(MgO \cdot TiO_2) + C = 1/3Ti_2O_3 + CO + 2/3Mg \qquad (9-79)$$

$$1/2(MgO \cdot TiO_2) + C = 1/2TiO + CO + 1/2Mg \qquad (9-80)$$

$$(MgO \cdot 2TiO_2) + C = 2TiO_2 + CO + Mg \qquad (9-81)$$

这 6 个反应在不同温度下的自由能变化的计算结果见表 9－2。

表 9－2　式(9－76)～式(9－81)在不同温度下的 $\Delta G^{\ominus}$ 值　(kJ)

反应式	式(9－76)	式(9－77)	式(9－78)	式(9－79)	式(9－80)	式(9－81)
$\Delta G^{\ominus}_{2000K}$	54	66.57	1.47	14.56	－7.54	79.13
$\Delta G^{\ominus}_{2500K}$	－92.53	－107.6	－100.06	－96.30	－105.93	－82.48
$\Delta G^{\ominus}_{3000K}$	－257.91	－198.45	－217.71	－244.09	－231.95	－136.91
$\Delta G^{\ominus}=0$ 时的温度/K	2170	2180	2020	2070	1960	2240

从表 9－2 可见,在电炉熔炼钛渣的温度下,特别是在电弧的高温区,钛铁矿中的 $MgO \cdot TiO_2$ 是可以被碳还原成金属镁的。随着熔炼温度的升高和熔体内 TiO_2 还原度的增加,MgO 被 C 还原的倾向增大,所以熔炼过程中 MgO 的去除率是随着温度的升高和 TiO_2 还原度的增加而增大的。MgO 的还原过程很复杂,除被碳还原外,也可被 Ti、Si、Mn 等还原。

钛铁矿中的 CaO 与 MgO 有相似的还原反应,只不过 CaO 比 MgO 更难还原些。

MgO 的熔点高达 2800℃,不还原就无法汽化或熔化,即使与 FeO、SiO_2、CaO 等形成复杂化合物,在高温下汽化也困难。只有当 MgO 还原成金属 Mg,镁在 700～800℃ 即汽化(见图 9－37)。与 MgO 相比,Ca 的蒸气压比 Mg 低,在一般的熔炼温度下 Ca 难以汽化。这已从日本学者的“熔渣成分蒸发”试验中得到证实。

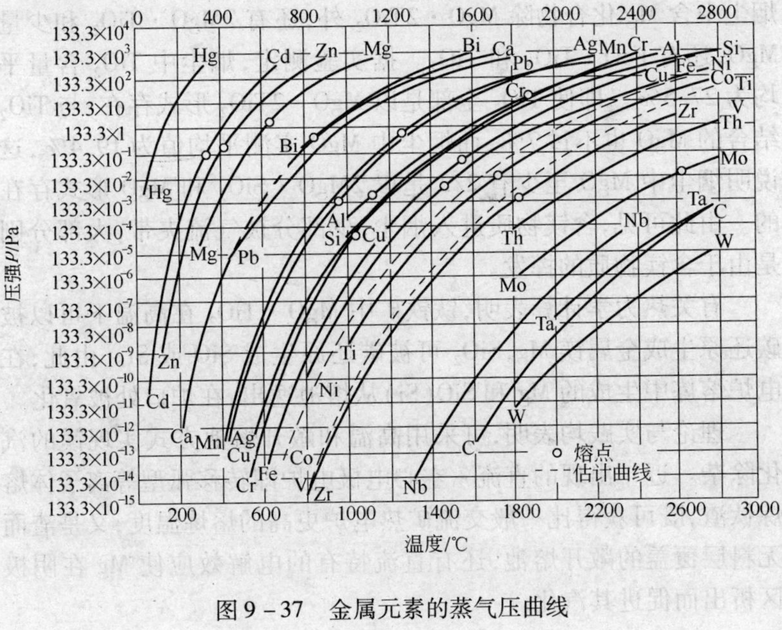

图 9－37　金属元素的蒸气压曲线

对于熔炼钛渣中的 MgO、CaO 的还原和挥发，外部加入的及钛铁矿中已有的 MgO、CaO 仅有 60% 进入钛渣。1975 年当时的宣钢五七厂和 1976 年阜新铁合金厂在 400kV · A 电炉熔炼西昌太和钛精矿时发现，原料中的 MgO 和 CaO 仅有 70% 进入钛渣。1976 年锦州铁合金厂在 1800kV · A 电炉熔炼太和钛精矿发现，原料中的 MgO 和 CaO 仅有 50% 进入钛渣。1979 年攀钢钢研院和遵义钛厂等对攀枝花钛精矿的工业试验中 27 炉的物料平衡计算表明，原料中的 MgO 有 55. 3% 进入钛渣，约 37. 6% 随烟气排出，微量进入钛水中；原料中 CaO 有 63. 1% 进入钛渣，11. 8% 进入烟尘，2. 0% 进入铁水；其余未平衡部分，一方面是由于物料损失和测量误差，另一方面因是敞口炉熔炼，有相当一部分炉气从烟罩四周逸出，这部分烟尘没有收集测定。

烟尘中存在的物质，一是由气流夹带，二是易挥发组分的凝结。烟尘中 $w(MgO)/w(TiO_2)$ 的比值远高于炉料和钛渣，这说明进入烟尘中的 MgO 除了气流夹带外，还有含 MgO 组分的挥发物。烟尘中含 Mg 化合物除 $MgO \cdot 2TiO_2$ 外，还有 $2MgO \cdot TiO_2$ 和少量 MgO，还有 $FeO \cdot TiO_2$ 和 TiO_2。据实验测定，烟尘中 TiO_2 含量平均为 27. 5%。即使 TiO_2 全部是以 $MgO \cdot 2TiO_2$ 形式存在，与 TiO_2 结合的 MgO 也不过 7%，而烟尘中 MgO 实测平均值为 19. 4%，这说明烟尘中 MgO 至少有 2/3 是以 $2MgO \cdot SiO_2$ 和 MgO 形式存在的。由此可见，含镁物质进入烟尘，少部分被气流夹带，大部分则是由于含镁物质的挥发。

有关热力学计算表明，钛铁矿中 $MgO \cdot TiO_2$ 在高温下可以被碳还原生成金属镁 Mg，SiO_2 可被碳还原生成 SiO 或 Si。由此，在电炉熔炼中生成的 Mg 和 SiO(Si) 从熔池逸出，在炉口处被氧化。

理论与实践均表明，可采用高温和敞开熔池方式实现镁的汽化除杂。近年出现的直流－空心电极电炉即转移弧型等离子体熔炼钛渣，既可获得比一般交流矿热电炉更高的熔炼温度，又是渣面无料层覆盖的敞开熔池，还有直流特有的电解效应使 Mg 在阴极区析出而促进其汽化。

9.8.2 硅的还原

熔炼钛渣中的 SiO_2,一是来自于钛铁矿中的硅酸盐矿物,二是来自还原剂灰分。SiO_2 是比较稳定的化合物,通常熔炼条件下只有约 8% 的 SiO_2 得到还原。热力学数据表明,以 C 还原 SiO_2 生成 SiO 或 Si 几乎同样困难:

$$SiO_{2(s)} + 2C = Si_{(s)} + 2CO \qquad (9-82)$$

$$\Delta G^{\ominus} = 174300 - 90.6T$$

$$SiO_{2(s)} + C = SiO_{(g)} + CO \qquad (9-83)$$

$$\Delta G^{\ominus} = 159200 - 78.7T$$

近年来国外学者提出,Si 还原或称之为 Si 的转化过程,是通过气相 SiO 及 Si 等中间化合物进行的。

如前所述,由渣中还原(SiO_2)得到[Si]是比较困难的,在 $a_{SiO_2} = 1$、$p_{CO} = 1 \times 10^5$ Pa 时,反应开始温度即为 1770℃,实际上 a_{SiO_2} 远小于 1,但由于熔炼中有 Fe 存在,还原的 Si 与 Fe 生成 FeSi 使还原变得容易:

$$SiO_2 + 2C + Fe = FeSi(\text{含 Si33\%}) + 2CO, T_{\text{始}} = 1420℃ \qquad (9-84)$$

考虑到形成 FeSi 造成反应自由能差值的变化,以[Si] = 1% 为标准态,则(SiO_2)还原反应为:

$$(SiO_2) + 2C_{\text{石墨}} = [Si] + 2CO \qquad (9-85)$$

$$\Delta G^{\ominus} = 141525 - 93.58T$$

此反应的平衡常数表达式及其与温度的关系式分别为:

$$k_{Si} = \frac{[\%Si]\gamma_{Si}p_{CO}^2}{a_{(SiO_2)}a_{[C]}} \qquad (9-86)$$

$$\lg k_{Si} = \frac{-30935}{T} + 20.45 \qquad (9-87)$$

在 C 饱和的铁液中,可取 $a_{[C]} = 1$,$\gamma_{Si} = 15$,则式(9-86)可改写为:

$$\frac{[\%\mathrm{Si}]}{(\%\mathrm{SiO_2})}\cdot p_{\mathrm{CO}}^2 = 6.73\times 10^{-2} k_{\mathrm{Si}}\gamma_{(\mathrm{SiO_2})} \qquad (9-88)$$

由以上的热力学公式可以看出,还原的[Si]量取决于温度、熔体(SiO_2)含量及 $a_{(\mathrm{SiO_2})}$。当其他条件一定时,铁液中[%Si]随(SiO_2)的增加而增大或随温度的升高而增大。凡是降低渣中 SiO_2 活度的因素,将影响(SiO_2)的还原,如钛渣 CaO、MgO 含量较高时,由于它们与 SiO_2 结合生成硅酸盐而使 SiO_2 活度降低,使(SiO_2)还原增大难度,还原的[Si]量减小。

铁液中[Si]含量对 Ti 的还原行为的影响。根据热力学分析,Si、Ti 平衡反应式为:

$$(\mathrm{TiO_2}) + [\mathrm{Si}] = [\mathrm{Ti}] + (\mathrm{SiO_2}) \qquad (9-89)$$

$$\Delta G^{\ominus} = 106000 - 18.00T$$

式(9-89)中,(TiO_2)和(SiO_2)以纯物质为标准态,[Ti]、[Si]以1%为标准态,则在1500℃下 Ti、Si 的平衡常数为:

$$k_{\mathrm{Si-Ti}} = \frac{[\mathrm{Ti}]f_{\mathrm{Ti}}a_{\mathrm{SiO_2}}}{[\mathrm{Si}]f_{\mathrm{Si}}x_{\mathrm{TiO_2}}\gamma_{\mathrm{TiO_2}}} \qquad (9-90)$$

或

$$\frac{[\mathrm{Si}]}{[\mathrm{Ti}]} = \frac{f_{\mathrm{Ti}}a_{\mathrm{SiO_2}}}{6.622\times 10^{-3}\times f_{\mathrm{Si}}x_{\mathrm{TiO_2}}\gamma_{\mathrm{TiO_2}}} \qquad (9-91)$$

如取 $w(\mathrm{SiO_2})=25\%$、碱度为1.05,整理计算后得出1500℃下的 Ti、Si 平衡比为:

$$\frac{[\mathrm{Si}]}{[\mathrm{Ti}]} = 0.80\sim 0.85 \qquad (9-92)$$

这些因素的综合影响在生产实践中也得到体现。例如,用攀枝花和北海两地精矿熔炼的钛渣,前者含 SiO_2 为3.88%,后者仅为0.88%,但由于攀枝花矿熔炼的是 TiO_2 品位为75%的酸溶性钛渣,北海矿熔炼的是 $TiO_2$96%的氯化钛渣,两者还原度(或温度)差异很大,以致前者产出的铁水含 Si、Ti 分别为0.15%和0.16%,后者则为0.66%和0.8%,这说明北海矿中 SiO_2 在熔炼中得到充分还原,而攀枝花矿除了温度因素还有 MgO、CaO 含量高,使其 SiO_2 活度降低、还原很少且大量入渣。

9.8.3 钒的还原

在自然界中,三价钒离子可以取代三价铁离子而类质同象地赋存于钛磁铁矿中。而与钛磁铁矿共生的钛铁矿则不能发生这样的类质同象作用,所以岩矿钛铁矿含钒很低,如攀枝花矿中的钛铁矿平均含 V_2O_5 只有 0.011% ~0.033%(精矿含 V_2O_5 0.095%);加拿大 QIT 的矿则不同,它是赤铁矿－钛铁矿复合体,共生有钒尖晶石 $FeO \cdot (Fe,V)_2O_3$,所以含钒高达 0.36% V_2O_5;黑钒铁矿 $4FeO \cdot V_2O_3 \cdot 4V_2O_4$ 被认为是钛铁矿和其他脉石矿物的共生矿物,所以一般含钒较高。如云南富民某钛精矿 V_2O_5 含量达 0.34%,南非 RBM 钛精矿 V_2O_5 含量达 0.27%。

钒氧化物较难还原,在铁氧化物还原完了之后才能开始还原。在通常熔炼钛渣条件下,钒在渣、铁间的分配率大约各为 50%。有的工厂钒还原入铁率为 45%,未还原入渣为 55%,这说明钒和钒氧化物在熔炼过程中基本不挥发。

可以认为熔炼钛渣过程中钒是以钒尖晶石形态进行还原的:

$$FeO \cdot V_2O_3 + 2C = Fe + V_2O_2 + 2CO \tag{9-93}$$

$$\Delta G^{\ominus} = 107850 - 77T$$

$$FeO \cdot V_2O_3 + 6C = Fe + 2VC + 4CO \tag{9-94}$$

$$\Delta G^{\ominus} = 194550 - 151.2T$$

$$1/2V_2O_2 + C = V + CO \tag{9-95}$$

$$\Delta G^{\ominus} = 71300 - 38.7T$$

如果假定 $p_{CO} = 1 \times 10^5 Pa$,固态物质活度 $a_{V_2O_2}$、a_{Fe}、a_{VC}、a_C 都假定为 1,取 $a_{FeO \cdot V_2O_3} = 0.1$ 时,则式(9－93)~式(9－95)的反应温度分别为 1216℃、1053℃和 1569℃。

当有液态铁存在时,由于 V 与 Fe 能无限互溶,则可大大改善钒还原的热力学条件:

$$1/2V_2O_2 + C = [V] + CO \tag{9-96}$$

$$\Delta G^{\ominus} = 65200 - 48.31T$$

$$VC = [V] + C \qquad (9-97)$$

$$\Delta G^{\ominus} = 27000 - 21.21T$$

$$FeO \cdot V_2O_3 + 4C = Fe + 2[V] + 4CO \qquad (9-98)$$

$$\Delta G^{\ominus} = 238250 - 173.21T$$

式(9－96)～式(9－98)在标准状态下反应开始温度分别为1077℃、1000℃和1099℃；如果取 $a_{FeO \cdot V_2O_3} = 0.1$、$a_{[V]} = 1$，式(9－98)的开始反应温度也只有1136℃。

钒从渣熔融体中还原的反应可表示为：

$$(V^{2+}) + (O^{2-}) + [C] = [V] + CO \qquad (9-99)$$

在碱度一定时，(O^{2-})离子浓度为定值。在碳饱和条件下，[C]浓度可视为常数。因此，氧化钒还原反应的速度为：

$$-\frac{dC}{dt} = \frac{100}{S}kAC \qquad (9-100)$$

式中　C——渣中钒的浓度，%；

S——实验用渣量，g；

t——反应时间，min；

A——渣铁界面积，cm^2；

k——反应速度常数，$g/(cm^2 \cdot min \cdot \%)$。

将式(9－100)积分，得：

$$\ln\frac{C}{C_0} = \frac{100A}{S}kt \qquad (9-101)$$

式中　C_0——反应开始时($t = 0$)渣中钒浓度，%；

C——反应时间为 t 时渣中钒浓度，%。

实验得出的含钛熔渣中还原钒量与反应时间的关系如图9－38所示。

图9－39所示为碱度对[C]还原含钛熔渣中(VO)反应的反应平衡常数(以易达到平衡的耦合反应的表观平衡常数 k'_{Si-V} 表征)的影响。无论是采用感应加热还是等离子体加热熔炼，k'_{Si-V} 都随渣碱度的增加而增大；由于等离子弧具有能很快使熔渣过热和改善渣流动性、加速熔渣—铁液间的质量传递等动力学优

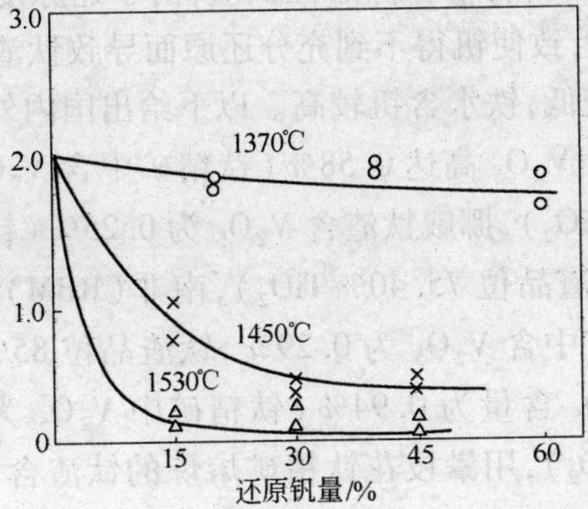

图 9-38 从 $CaO-SiO_2-Al_2O_3$(20%)渣系($w(CaO)/w(SiO_2)$ = 1.0~2.0)中还原的钒量与反应时间的关系

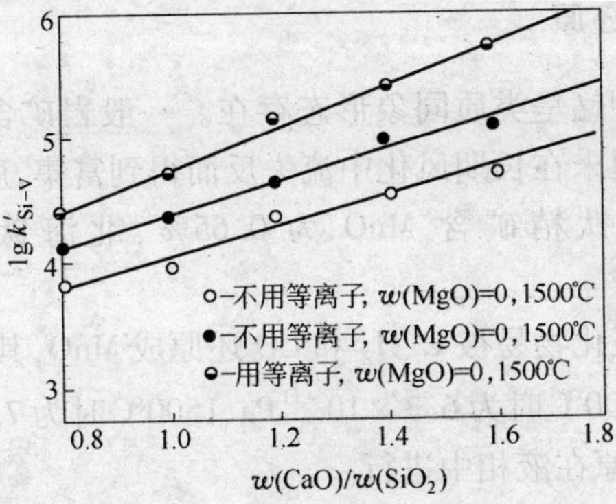

图 9-39 碱度对 $\lg k'_{Si-V}$ 的影响

势,可使反应很快达到平衡,且其 $\lg k'_{Si-V}$ 值比不用等离子时高出 1 个数量级。

钒对氯化用钛渣来说是有害杂质,因为它会给四氯化钛净化除钒带来困难,而强化还原既减少钛渣中 V_2O_5 含量,又能获得含钒生铁。

产品钛渣中 V_2O_5 含量与熔炼还原深度密切相关。对 V_2O_5

含量相同的原料，若熔炼低品位钛渣，由于还原度较低，渣中保留有较高(FeO)，致使钒得不到充分还原而导致钛渣含钒较高，相反则钛渣含钒较低，铁水含钒较高。以下给出国内外有关生产数据：加拿大钛渣含 V_2O_5 高达0.58%（钛精矿中含 V_2O_5 为0.27%，钛渣品位80% TiO_2），挪威钛渣含 V_2O_5 为0.25%（钛精矿中含 V_2O_5 为0.17%，钛渣品位75.40% TiO_2），南非(RBM)钛渣含 V_2O_5 为0.4%（钛精矿中含 V_2O_5 为0.29%，钛渣品位85% TiO_2），独联体国家钛渣 V_2O_5 含量为0.94%（钛精矿中 V_2O_5 为0.6%，钛渣品位88.24% TiO_2），用攀枝花钛精矿熔炼的钛渣含 V_2O_5 为0.07%（钛精矿中含 V_2O_5 为0.064%，熔渣品位77.2% TiO_2），用承德钛精矿熔炼的钛渣含 V_2O_5 为0.18%（钛精矿中含 V_2O_5 为0.098%，钛渣品位74.91% TiO_2）。

9.8.4　锰的还原

钛铁矿中锰呈类质同象形态存在。一般岩矿含锰较低，而砂矿中的锰不但未在长期风化中流失反而得到富集，所以含量较高。例如攀枝花钛精矿含 MnO 为0.65%、北海钛精矿含 MnO 为2.51%。

高价锰氧化物易被 C、H_2 和 CO 还原成 MnO，其分解压比 FeO 小得多，如1400℃时为 6.3×10^{-11} Pa、1500℃时为 7.24×10^{-10} Pa。所以，锰的还原在液相中进行。

$$(\mathrm{MnO}) + \mathrm{C} = [\mathrm{Mn}] + \mathrm{CO} \qquad (9-102)$$

$$\Delta G^{\ominus} = 287440 - 179.08T$$

$$\Delta G = \Delta G^{\ominus} + RT\ln\frac{a_{[\mathrm{Mn}]}p_{\mathrm{CO}}}{a_{(\mathrm{MnO})}a_{\mathrm{C}}}$$

当熔炼温度大于1600℃时，$p_{CO}=10^5$ Pa，$a_C=1$，$a_{[Mn]}\approx[\%Mn]=0.1$。当渣熔体温度为1600℃时，$a_{(MnO)}>0.123$，反应可自动进行。

式(9-102)的平衡常数为：

$$k_{\mathrm{Mn}}=\frac{[\%\mathrm{Mn}]\gamma'_{[\mathrm{Mn}]}p_{\mathrm{CO}}}{a_{(\mathrm{MnO})}} \tag{9-103}$$

由式(9－102)可知,提高锰的还原率即分配比[% Mn]/(% MnO)则应提高温度,使平衡常数 k_{Mn} 值增大,同时提高反应速度,使实际的分配比尽量接近平衡;提高渣碱度,因为(MnO)为碱性组分,渣中碱性物增多可提高 MnO 在渣中的活度系数 $\gamma_{(\mathrm{MnO})}$;提高铁液中 Si、Ti 等金属含量,以促进耦合反应(MnO)还原为[Mn]。

(MnO)还能被[Si]、[Ti]等还原,如(MnO)和[Si]的反应为:

$$2(\mathrm{MnO})+[\mathrm{Si}]=\!=\!=2[\mathrm{Mn}]+(\mathrm{SiO_2}) \tag{9-104}$$

$$\Delta G^{\ominus}=-132600+28.08T$$

$$\Delta G=-132600+28.08T+\ln\frac{a_{(\mathrm{SiO_2})}a^2_{[\mathrm{Mn}]}}{a^2_{(\mathrm{MnO})}a_{(\mathrm{Si})}}$$

在1600℃下 $\Delta G<0$,反应可自动进行。

9.8.5 铬的还原

钛精矿中铬的存在形态,一种是呈类质同象以三价铬离子 Cr^{3+} 取代钛铁矿同晶格的三价铁离子 Fe^{3+},另一种是独立矿物的铬尖晶石 FeO·$(Cr,Al)_2O_3$。铬在这两种矿物中的分布,因不同产地而异。例如,前苏联萨姆特坎斯克钛精矿,铬有75%赋存在红钛铁矿中,所以其化学式可表示为$(Fe,Cr)_2O_3$·$3TiO_2$·$0.4H_2O$,此矿物中的 Cr_2O_3 含量为1.58%(钛精矿含 Cr_2O_3 为1.46%);南非 RBM 原矿和重选精矿中则主要是铬尖晶石,因此该地的磁选精矿就可通过焙烧、再磁选来除去铬尖晶石,使精矿含 Cr_2O_3 由0.30%降至0.09%。但大多数的砂矿钛精矿含铬都不高,如西澳大利亚钛精矿只有0.03% Cr_2O_3。原生钛铁矿含铬较低,是因为铬主要赋存在钛磁铁矿中,如攀枝花红格矿其钛磁铁矿含 Cr_2O_3 1.13%,钛铁矿中含 Cr_2O_3 仅0.055%。攀枝花钛精矿中一般含 Cr 小于 0.005%。

铬氧化物的还原行为与钒相似，熔态下还原反应可表示为：

$$(FeO \cdot Cr_2O_3) + C = [Fe] + (Cr_2O_3) + CO \quad (9-105)$$

$$\Delta G^{\ominus} = 488179 - 412.64T$$

$$(Cr_2O_3) + 3C = 2[Cr] + 3CO \quad (9-106)$$

$$\Delta G^{\ominus} = 780961 - 520.02T$$

铬在电炉熔炼钛渣中的分配：一般进入铁液 16.7%、进入溶渣 73.0%，即 Cr_2O_3 大部分留在钛渣内，这对氯化钛渣的使用价值的负面影响很大。Cr 还原进入铁相的比例虽还受工艺条件的影响，但通常仍是钛精矿中含 Cr_2O_3 量起着决定性作用。例如前苏联的萨姆特坎斯克钛精矿含 Cr_2O_3 1.6%，钛渣中 Cr_2O_3 含量波动在 0.65%～2.63%、铁水含 Cr 约为 0.95%；而含铬较低的库森斯克矿熔炼的钛渣，含 Cr_2O_3 仅为 0.42%，铁水含 Cr 0.19%；加拿大 QIT 钛精矿含 Cr_2O_3 0.1%、钛渣含 Cr_2O_3 0.18%、铁水含 Cr 0.023%；攀枝花钛精矿含 Cr_2O_3 小于 0.05%、钛渣含 Cr_2O_3 0.45%、铁水含 Cr 0.045%。

与钒还原的分析相似，一切强化还原的过程都能促进铬还原及入铁。

9.8.6　重金属的还原

与钛磁铁矿、钛铁矿伴生有钴、镍、铜等矿物，它们多数以硫化物存在于矿石中且可采用机械选矿的方法回收，而其余部分则是以微细夹杂物存在，钛精矿的重金属含量取决于后者的含量和前者在选矿（硫）中的残留程度。攀枝花钛精矿的重金属含量为 Cu 0.0052%、Co 0.0013%、Ni 0.0087% 及 As 0.0077%。

重金属比铁更易还原，可以 100% 地还原入铁。例如加拿大 QIT 的铁水含 Ni 0.080%、Co 0.038%、Mo 0.001%、W 0.001%。

9.8.7　钪、镓、铌、钽及贵金属的还原

含钛矿物一般都有少量钪，如钛铁矿含有 0～0.003% Sc_2O_3。

Sc^{3+}能够以异价类质同象方式替代钛铁矿的Fe^{2+}和Mg^{2+}。攀枝花钛精矿含Sc 0.00384%。Sc_2O_3与钽、铌、钒、钛等氧化物具有相同数量级的生成热(见表9-3)。

表9-3　几种氧化物的生成热　(kJ/mol)

氧化物	TiO_2	V_2O_5	Nb_2O_5	Ta_2O_5	Sc_2O_3
生成热	926.0	1552.4	1896.5	2031.8	1710.5

Sc_2O_3稳定性较高,沸点也较高(2836℃),熔炼中不易被还原而进入钛渣,并以类质同象地赋存在黑钛石相内。在钛渣高温氯化生产$TiCl_4$时,钪富集在氯化烟尘中,可将该烟尘作为提钪原料。用硫酸溶解钛渣,由于钪和钛元素的化学性质相近,钪、钛均进入酸解液中,溶液中钛含量大大高于钪含量,因而给分离提取造成困难。

镓主要赋存在钛磁铁矿中,所以钛铁矿中含镓较低。如攀枝花共生矿中钛铁矿含镓为0.0009%。镓具有强烈的亲铁性,熔炼中镓大部分与铁在一起被还原进入铁水,可以在铁水吹钒时将镓氧化而与钒一起富集在钒渣中。含镓的铝土矿在制炼电熔刚玉时,镓将富集于底铁中,现已采用电解法将其进入阳极泥,从中再回收镓。

在砂矿钛矿床中,除含有钛铁矿、金红石等钛矿物外,通常伴生有锆英石、钛钽矿等,而前者可能是含5%~10% Nb_2O_5和0.34%~1.5% Ta_2O_5的锆英石烧绿石。如有的钛精矿就含有0.12% Nb_2O_5和0.005%~0.010% Ta_2O_5。铌和钽的氧化物与V_2O_5性质相近,其还原反应要求的热力学和动力学条件也相差不大。如包钢高炉冶炼含铌铁矿,铌回收率约为75%。可以利用钽铌的亲铁特性,将贫钽铌铁矿(尾矿)加铁屑、铁粉或铁矿石进行还原熔炼而得到低品位的钽铌铁合金。

砂矿钛铁矿通常含有微量金,而岩矿钛铁矿通常含有微量的铂族元素。在熔炼钛渣过程中,金会汽化挥发,而铂族元素因其极强亲铁性将全部进入铁水。由于铂族元素大部分以硫化矿物存在矿石中,以致在钛精矿中含量更微,虽能在熔炼时进入铁水中,但也只能在铂族元素富集程度大的条件下,采用从电解铁的阳极泥中回收。

10 熔炼工艺技术

10.1 钛渣冶炼的原料

10.1.1 钛铁矿及其分类

铁的钛酸盐矿物即铁钛复合氧化物经过还原除铁富集钛而产出钛渣。在铁的钛酸盐中，二价铁的亚铁假板钛矿（$FeTi_2O_5$）、钛铁晶石（$2FeO \cdot TiO_2$，Fe_2TiO_4）和三价铁的高铁假板钛矿（Fe_2TiO_5）都属于人工合成矿物。自然界存在的仅有钛铁矿（$FeO \cdot TiO_2$，即$FeTiO_3$）和钛磁铁矿 。按化学组分来说，钛磁铁矿虽然也是钛铁复合氧化物，但它却是由磁铁矿（Fe_3O_4）、钛铁晶石、钛铁矿（$FeO \cdot TiO_2$）和镁铝尖晶石（$MgO \cdot Al_2O_3$）组成的固溶体，同时还有类质同象非铁钛金属元素，所以碳热还原熔炼钛磁铁矿精矿难以得到标准钛渣。

钛铁矿基本有两类，即岩浆成矿的原生钛铁矿（也称岩矿）和钛铁矿在表生作用下生成的砂矿，而砂矿又可粗略地分为海滨砂矿和内陆砂矿。

我国部分地区钛精矿的典型化学成分参见表1－3。我国钛精矿质量标准参见表1－4。

有研究者测得岩矿的电阻率为0.0138Ω·cm，海滨砂矿的电阻率为0.08Ω·cm，即后者的电阻率是前者的6.25倍。岩矿与砂矿的导电性存在差异是钛铁矿晶体结构转型的结果。钛铁矿的晶体结构属钛铁矿型而不是钙钛矿型和尖晶石型。钛铁矿型化合物的结合键含有较多的金属键成分，所以比其他一般矿物原料的电阻率低；原生矿经过风化作用变成砂矿后，晶格类型也随之变化，即离子键成分增多，所以其电阻率增大。

高电阻率的炉料主要在形成“坩埚”的埋弧状态下作用较大，

因此在一次性加料间断法熔炼钛渣工艺中乐于使用砂矿，特别是深度风化的海滨砂矿，这除了它的化学成分等优良外，也有高电阻方面的考量。在一次性加料间断法工艺的埋弧制度熔炼过程中，钛精矿的冶金性能主要表现在对软熔性和结构疏松性有较高要求。

有关软熔点的典型测试数据：海滨砂矿为1350℃，岩矿仅为850～900℃。由风化作用生成的砂矿具有良好的自然结构疏松性，所以使用砂矿特别是深度风化的海滨砂矿可以取得较好的产量、质量以及渣流动性指标。但是，对不经过固相还原阶段的熔融还原工艺，钛精矿除了化学成分外的某些物理和冶金性能优势将随之减弱乃至消失。软熔点高则化料速度慢，成为强化熔融还原的障碍。熔融状态的钛铁矿的熔融还原与矿料固相颗粒是否存在孔隙无关。开弧制度对炉料电阻的高低无特别要求，只是钛精矿粒度越小，越能发挥强化熔炼的作用。

10.1.2　钛渣及其分类

按主要应用领域不同，钛渣（也常称高钛渣）可分为酸溶性钛渣和氯化钛渣。作为硫酸法钛白原料的酸溶性钛渣，希望它被硫酸溶解的性能良好，如金红石就因酸溶性极差而不能被应用。当钛原料中含有一定的 MgO 时便会具有酸溶性。酸溶性钛渣便因含有较高 MgO 而得名，并成为硫酸法钛白的专用富钛料。

岩矿钛精矿中钛铁矿与同晶型的镁铝尖晶石组成固溶体，氧化镁等非铁钛杂质含量较高，它虽然可直接用于生产硫酸法钛白，但与用酸溶性钛渣相比，存在酸耗高、污染重等缺点，所以硫酸法钛白生产面临着要么采用酸溶性钛渣，要么转向氯化法钛白的抉择。

氯化钛渣是指适宜于制取四氯化钛（$TiCl_4$）的钛渣。四氯化钛是制取氯化法钛白、金属钛和钛盐等的中间产品。由于对氯化有害的杂质 Al、Si、Cr、Mn、V 等氧化物在钛渣熔炼中大部分留在渣相，所以岩矿钛精矿不适宜直接用于熔炼氯化钛渣。表1－7为我国制定的有色金属行业钛渣标准(YS/T 298—1994),由表1-7可知,一级品和二级品相当于氯化钛渣,三级品相当于酸溶性钛渣。习惯上将纯度超过90%的钛渣称为高钛渣,其余为钛渣。

岩矿钛精矿的硫含量除了与原矿的硫含量有关外,主要取决于选矿的脱硫率,如加拿大QIT不但有专为降硫而设的选矿,还要在入炉前进行氧化焙烧除硫;又如攀枝花型钒钛磁铁矿选钛前也设置浮选硫化物的工序(可回收赋存于硫化物中的钴和镍)。

砂矿钛铁矿因经过了长期地质风化而使硫也被氧化,所以硫含量很低。

钛铁矿中磷的主要赋存形态是磷灰石。在经历次生作用时,磷不易被氧化从而使砂矿的磷含量较高;岩矿则不同,磷灰石可在浮选除硫的同时高效地进入硫精矿,所以岩矿钛精矿的磷含量一般较低(如攀钢钛精矿磷含量仅为0.006%左右)。

对原生钛铁矿,在岩浆成矿过程中有某些微量金属元素进入钛铁矿晶体且未改变其晶格构型,这在地球化学上称为类质同象作用。这种含有类质同象混入物的晶体又被称为固溶体。

在钛铁矿结构中主要是Fe^{2+}部分地被Mg^{2+}、Ca^{2+}、Mn^{2+}等所代替,所以岩矿中都含有较高的这类非铁杂质;砂矿是原生矿经过次生作用的产物,它不再是纯钛铁矿,而是部分或大部分乃至全部为红钛铁矿($Fe_2O_3 \cdot nTiO_2$),其晶格类型也发生变化,导致非变价金属离子Mg^{2+}、Ca^{2+}的离溶,使它们的含量明显低于岩矿,加上被氧化成的Fe^{3+}又有部分被水溶出,这样使TiO_2得到富集,即砂矿的品位比岩矿要高。

在次生作用中,变价金属元素(都是过渡金属)如锰被氧化成较高价态,但它和Fe^{3+}一样能"适应"新晶格结构而留下来,以致砂矿中Mn含量通常高于岩矿;在原生矿中,除了纯矿物中含有类质同象混入物外,还有硅铝酸盐(如脉石)等机械夹杂,它们在矿石风化碎裂成砂过程中也被解离和冲离,从而使砂矿的化学纯洁性提高。

在成矿岩浆中,钒仅以V^{3+}存在并很专一、类质同象地置换磁

铁矿中的 Fe^{3+},因此不赋存于只有二价铁的钛铁矿中,使原生矿的钒含量降低。如攀钢钛精矿 V_2O_5 含量仅 0.087%;砂矿中钒含量普遍较高(原因可能跟锰含量较高相似),而且在熔炼钛渣过程中又有约 55% 进入渣相,说明这是个极为不利的因素。海滨砂矿大多含有放射性元素铀和钍,现在一些企业拒绝采购含有 $w(U+Th)>0.0050\%$ 的钛精矿,而岩矿钛精矿则基本不含 U + Th 或含(U + Th)小于 0.005%。

10.1.3 钛渣品位与钛渣产量

钛精矿化学组成对钛渣产量和 TiO_2 品位的影响是比较复杂的,若不考虑工艺条件的影响,则可用计算来阐述这种关系。

假设以 $w(TiO_2)$ 表示钛精矿中 TiO_2 的质量百分数,$w(TFe)$ 表示全铁的质量百分数,$1.32\,w(TFe)$ 表示铁氧化物的质量百分数,则有:

$$w(TiO_2)+1.32w(TFe)+\text{非铁杂质含量}=100 \quad (10-1)$$

设 Q 为 100kg 钛精矿的产渣量,取钛、铁和非铁杂质的入渣率分别为 96%、8% 和 65%,钛铁比 $f=w(TiO_2)/w(TFe)$,铁和钛的氧化物总的质量分数简称为合量,则:

$$Q=w(TiO_2)\times 0.96+1.32w(TFe)\times 0.08+0.65\times(100-\text{合量}) \quad (10-2)$$

而

$$f=w(TiO_2)/w(TFe)=(\text{合量}-1.32w(TFe))/w(TFe) \quad (10-3)$$

即

$$\text{合量}=(1.32+f)w(TFe) \quad (10-4)$$

将式(10-4)代入式(10-2)中得:

$$\begin{aligned}Q&=fw(TFe)\times 0.96+1.32\,w(TFe)\times 0.08+0.65\times[100-(1.32+f)\,w(TFe)]\\&=(0.31f-0.7524)w(TFe)+65\end{aligned} \quad (10-5)$$

由式(10-5)可知,在钛精矿中铁钛氧化物总量一定的条件下,钛渣产量 Q 取决于钛铁比 f。当 $f<2.43$ 即钛精矿中铁含量相对高时,由于铁氧化物的大量还原使渣产量随之增大,因此,渣产量 Q 随 f 呈反比增长,即随 f 值减小,Q 下降幅度增大;相反,当 $f>2.43$ 时,渣产量 Q 随 f 呈正比增长。这是因为随着铁氧化物含量的降低,TiO_2 对 Q 的贡献相应增强。另外还可以看出,铁钛氧化物合量也影响渣产量,合量越低,即非铁杂质含量越高,则渣产量越高,但渣中 TiO_2 品位越低。

钛渣 TiO_2 品位 $=w(TiO_2)\times 96\%/Q$,这表明钛渣品位直接取决于钛精矿的品位,但 Q 既与 f 值有关,也与合量有关。换言之,钛渣品位的影响因素除了钛精矿中 TiO_2 含量外,还有非铁杂质含量及 f 值。

在钛渣熔炼过程中,钛精矿中的 TiO_2 有 95% 以上进入渣相,所以精矿品位越高,钛渣品位则越高。但是,钛精矿中铁氧化物的还原对 TiO_2 在渣中的富集也有很大作用,即钛精矿中 TFe 含量越高(或 f 值越低),则渣量越少,TiO_2 富集程度越高。

钛渣产量(或所对应的单电耗)、品位等的影响因素除了钛精矿化学成分外,还有它的某些物理性能和冶金性能。从理论上讲,物料粒度越小则反应动力学条件越好,越能提高生产效率。但粒度越小(除非是制成球团或黏结料),扬尘和吹损越大。在空心电极加料冶炼工艺中,粒度小的有益作用才能得到充分发挥。生产实践中,钛精矿选后粒度通常是砂矿较粗、岩矿较细。

10.1.4 生产钛渣用还原剂

碳热熔炼钛铁矿生产钛渣与生铁所用的还原剂,可选用不同种类的含碳原料,主要有冶金焦、无烟煤、石油焦等。含碳原料的选择主要注重它的化学成分,并希望非铁钛杂质(包括硫、磷)含量最少,以使生产的钛渣、生铁都能合格达标;若挥发分含量高,既影响密闭电炉的正常运行,也容易造成塌料、翻渣事故,因此,有的工厂生产中采用煅烧无烟煤或其他煅炭、半焦等作为还原剂。

选择含碳原料的粒度主要考虑因素是它与钛精矿粒度要匹配,即应当是粉配粉、块配块。出于经济上考虑,石油焦仅在熔炼某些特高品位的钛渣时使用。

10.1.5 简易配料计算

熔炼钛渣的炉料一般只由钛精矿和含碳原料组成。下面介绍简单的配料计算方法。

钛精矿成分(质量分数)为:50.86% TiO_2,36.40% FeO,7.86% Fe_2O_3,1.86% SiO_2,1.18% Al_2O_3,0.69% MgO,0.68% MnO,0.18% CaO;无烟煤成分(质量分数)为:87.08% C,7.58% 灰分,2.37% 挥发分,1.20% S,1.50% H_2O;灰分中 SiO_2 含量42%,Fe_2O_3 含量27.7%。以100kg钛精矿为基准进行计算。

为使计算简便,假定如下:

(1)钛精矿中全部铁氧化物还原为氧化亚铁,氧化亚铁有96%被还原成金属铁;

(2)生铁中碳含量为2.0%;

(3)炉内料面上还原剂碳的烧损由电极中碳补偿。

无烟煤中的有效碳。100kg无烟煤中的碳用于还原自身灰分中的 SiO_2(反应式 $SiO_2+2C═Si+2CO$)需碳量为:$7.58\times0.42\times24/60=1.32$(kg);还原 Fe_2O_3(反应式 $Fe_2O_3+3C═2Fe+3CO$)需碳量为:$7.58\times0.277\times36/160=0.49$(kg)。所以无烟煤的有效碳量为:$87.08-1.32-0.49=85.28$(kg)。

钛精矿中主要氧化物还原所需碳量。Fe_2O_3 还原(反应式 $Fe_2O_3+C═2FeO+CO$)需碳量为:$7.86\times12/160=0.59$(kg);FeO还原(反应式 $FeO+C═Fe+CO$)需碳量为:$(36.40+7.86\times144/160)\times12/72\times0.96=6.95$(kg);$TiO_2$ 还原($3TiO_2+C═Ti_3O_5+CO$)需碳量为:$50.86\times12/239.7=2.55$(kg)。总碳量为:$0.59+6.95+2.55=10.09$(kg)。

钛精矿还原得到的金属铁量为:$(7.86\times144/160+36.40)\times56/72\times0.96=32.4$(kg)。

铁渗碳需碳量为：32.4×0.02=0.65(kg)。

需要的总碳量为：10.09+0.65=10.74(kg)，换算成无烟煤量为：10.74/0.8528=12.62 (kg)。

炉料组成计算结果为：钛精矿100kg，无烟煤12.6kg。此为理论配碳量。在实际操作中，以此为基础乘以取自实践经验的配碳过量系数即为实际配碳量。

10.2 敞口或矮烟罩半密闭电炉间断法工艺

10.2.1 间断法熔炼钛渣的炉料形态及特点

间断法熔炼钛渣工艺的特点是分炉次的周期性操作，即按捣炉—加料—送电—熔炼—出炉的作业程序周而复始地进行。其炉料的形态主要有：

(1)压球料，就是将矿粉、炭粉与有机黏结剂经混捏或混合后压制成球团；

(2)黏结料，就是将矿粉、炭粉与有机黏结剂混捏而不压制成球团的混合料；

(3)拌合料，主要是用粉碎的固体沥青与矿粉、炭粉混合搅拌成的散料。

熔炼过程存在料堆结构。对压球料，假如按等径球体稳定密排堆积，料堆孔隙率为26.3%，这说明压球料刚入炉便有良好的透气性。随着炉温的升高，料面各个球粒会结成一个半烧结的拱体。

由于球粒特定的表面曲线，在形成的拱体中保留着许多孔隙，使还原反应生成的富含CO和少量H_2的炉气能在不受多大阻力的情况下便可均匀地穿过料层，同时球体内的有机黏结剂受热焦化而形成多孔结构，有利于还原气体组分的扩散，从而能加速还原反应，使钛铁矿能在固态时就可使FeO大部分还原(还原率可达80%)，并使炉气的化学能得到充分利用。

由于料层透气性好，少有“刺火”或“露弧”出现，热损失也会降到最低，电效率和热效率得到提高，电耗下降。

在 FeO 大部分已经完成固相还原且又“熟透”了的料堆拱体上，通过捣炉操作，将其捣落到渣铁排净的炉底上，再盖上新料，这样既能保护炉底内衬，又能立即点燃电弧，快速增大电流负荷和升温，缩短熔炼时间。

黏结料和拌合料的料堆结构。由于矿、炭的粒径不等，相互填充基本不存在孔隙，加进黏结剂后使炉料更加密实、难透气，将导致电极周边“刺火”和局部塌料。

根据某厂的考察，同样是沥青黏结剂和承德钛精矿，使用压球料的钛渣 TiO_2 品位可稳定在 90% 以上，而使用拌合料的钛渣 TiO_2 品位均低于 90%；使用纸浆废液黏结剂和攀枝花钛精矿生产的钛渣，压球料时 TiO_2 品位为 84.75%（最高 89.04%），黏结料时 TiO_2 品位为 83.56%（最高 85.52%）。

实际上，炉料形态对生产的影响较为复杂，还与其他因素如黏结剂种类和配加量及矿种有关。应用风化程度高的砂矿时，黏结料与压球料之间没有多大区别，只是采用压球料时配碳较低，飞扬损失较少，炉前渣成分较稳定，而产量和电耗的差别很小；在使用岩矿和风化程度较低的砂矿时，压球料则比黏结料的影响效果明显。

10.2.2 典型间断法工艺举例

10.2.2.1 某钛渣厂 10.5MV · A 电炉间断法工艺

某钛渣厂 10.5MV · A 电炉间断法工艺的熔炼过程为：加料（15min），升至最高负荷（15min），炉料熔化还原期（150 ~ 195min），渣精炼期（75 ~ 90min），渣铁过热期（10 ~ 30min），出炉（9min），开堵炉眼及捣炉（30min），每次总时间（310 ~ 390min）。该工艺的熔炼周期电弧功率比率的变化如图 10 - 1 所示。

从图 10 - 1 可见，在 0.5h 内的电弧功率比率急剧上升，1h 后达到 86%，熔炼末期达到 97%。按照马克西门柯对矿热熔炼的电热制度分类，0.5h 前后应分别称为电阻过程和电弧过程。在我国的钛渣冶炼实践中，常将两者分别称为埋弧过程和开弧过程，但这

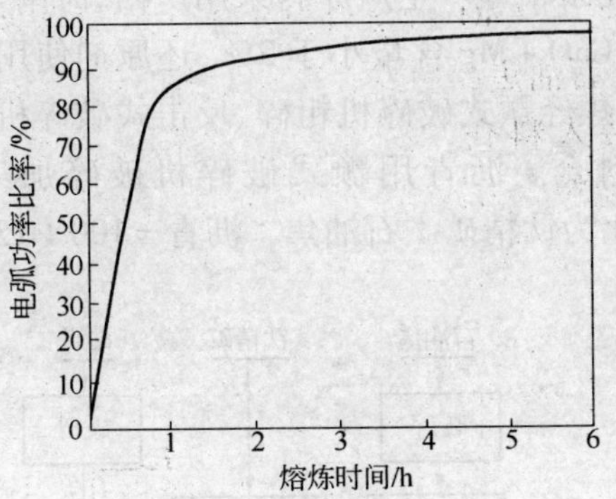

图 10－1 间断法熔炼钛渣过程中电弧功率比率与熔炼时间的关系

种按无渣熔池坩埚来描述钛渣冶炼过程是很不确切的，因为这里的“开弧”除包括有敞露弧即自由电弧外，更主要的是还有料埋弧和渣埋弧。

有的间断法熔炼周期设置渣精炼期，因为欲获得高品位的钛渣，除了所处理的钛精矿应具有高的 TiO_2 + TFe 含量和低的硅、钙、镁、铝等氧化物含量外，再有就是要多配碳以使铁最大限度地还原，但一次性将碳配足势必导致钛的大量还原，主要是生成低价钛和碳氮化物而恶化工艺进程。

设置渣精炼期的间断法工艺，即入炉炉料配碳不足，剩余碳在精炼期加入（加入量一般为总碳量的20%），其原理类似于电炉炼钢的“扩散脱氧”，即加炭粉于熔渣表面，则此处的 FeO 被碳还原而破坏了渣—铁两相间氧浓度的平衡关系，造成氧的分配系数减小，从而达到降低渣中 FeO 的目的。

10.2.2.2 我国某厂 6.3MV·A 电炉的生产工艺

我国某厂 6.3MV·A 电炉的生产工艺具有代表性，如图10－2所示。炉壳尺寸为 ϕ6000mm × 4870mm，炉膛为 ϕ4360mm × 2200mm。采用直径为 750mm 的自焙电极，极心圆直径为 2000mm。炉内衬为炭砖砌筑，炉底平砌两层，底糊砸缝，炉墙竖砌一层，磷酸盐泥浆粘缝。生产原料采用广西、海南等地钛精矿，品位高、杂质少，CaO + Mg 含量小于 2%，还原剂使用三级石油焦和煅烧焦。石油焦经颚式破碎机粗碎、反击式破碎机中碎和磨粉机磨细后装入料仓。沥青用颚式破碎机破碎加工至粒度小于 15mm。配料比为钛精矿：石油焦：沥青 = 100：13：6。

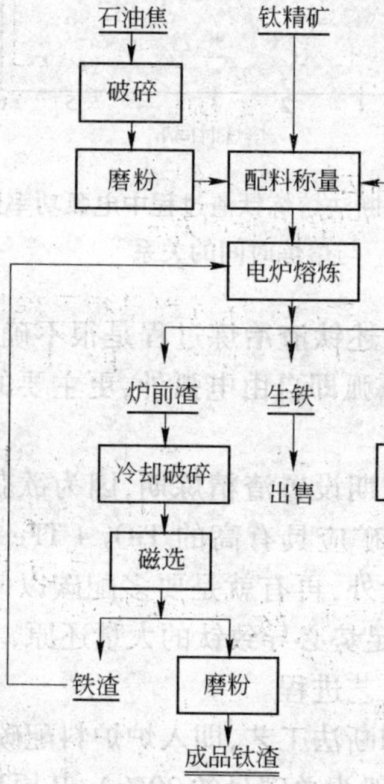

图 10－2　某厂钛渣生产工艺流程

物料按比例通过配料仓漏入皮带机上，输进料斗，再将料斗提升至炉顶的加料管装入炉内。采用间断式操作，即“捣炉—加料—降下电极—送电熔炼—出炉”的周期性作业，工作电压为 120V。

按工作电流大小可将熔炼周期分为三个时期：

一是低电流稳定期。开始送电时电极间的炉料电阻较大，炉子受电困难，同时为了控制焙烧电极的电负荷，使用电流为额定值的0.3倍。这一时期电流平稳、易调，所以应尽量不移动电极，电流由小到大自行升高，使电极周围炉料平稳升温和烧结，否则易破坏“坩埚”结构而造成塌料、翻渣。

二是电流波动期。此时“坩埚”发生熔融，随着炉料的还原与熔化，塌料翻渣也频繁发生，以致电流波动加剧且极易发生过载跳闸，要求迅速准确地调整电流并选用较高的工作电压加快熔通，尽量缩短电流波动期。

三是高电流稳定期。趁“坩埚”壁烧结牢固、发生塌料减少的时机，加大电流负荷，强化炉料熔化，迅速达到三个“坩埚”的最后熔通，并在稳定负荷下保持至熔炼终点。

操作中判断熔炼终点的主要依据是：连续熔炼 3h 以上，用电量超过 8000kW·h，熔炼进入高电流稳定期约 1h，三相电流在额定值附近并趋于平稳，熔渣中 TiO_2 含量达 94%～96%。掌握好熔炼终点并及时快速出炉。因为这段时间最易发生塌料、翻渣，且其危害和损失也大于前期。出炉时，用圆耙将炉眼口处堵渣扒出，再用氧气烧穿，渣、铁流入铁水包内。渣铁排净后，用碎渣堵眼。

渣、铁在包内经沉降分离和冷凝后，吊出渣坨运往渣场，经破碎、粉碎、磁选、球磨，得到符合要求的成品钛渣。

主要生产指标（按每吨成品钛渣计）为：钛精矿 2070～2080kg，石油焦 140～150kg，沥青 125～135kg，电 2800～3400kW·h。

10.2.2.3　攀枝花矿的实践

20 世纪，在开展攀枝花资源综合利用研究过程中，北京有色金属研究总院和锦州铁合金厂在 1980 年联合试验，进行熔炼攀枝花矿酸溶性钛渣工业试验。该试验采用 1800kV·A 电炉，采用图 10－2 所示的工艺流程，试验获得了成功，熔炼 TiO_2 的质量分数为 45.7% 的攀枝花矿 205t，试制出 108t 平均 TiO_2 的质量分数为 78.2% 的酸溶性钛渣。再经酸溶性试验，测定其平均酸解率高，达 94.5%。获得的钛渣中 $\sum TiO_2$ 的质量分数为 78.2%，其中 TiO 的质量分数为 1.64%，Ti_3O_5 的质量分数为 14.6%。当时的生产成本为 1240 元。同时，他们又用攀矿（TiO_2 的质量分数为 44.9%）生产出 TiO_2 质量分数为 82.41% 的钛渣，其生产成本达 1461 元。

10.3　半密闭电炉间断法工艺

对有料层堆积并形成“坩埚”的间断法熔炼钛渣工艺，由于钛精矿的软熔和烧结形成“穹顶”而使料层不能自动下降，需要靠捣炉来实现炉料下降。但捣炉操作却无法在有盖的密闭电炉上实施。密闭电炉与敞口电炉相比，不但能够回收煤气，还可以改善操作条件、防止环境污染、提高生产率和降低电耗。

俄罗斯和乌克兰有的工厂采用矮烟罩半密闭电炉冶炼钛渣（用石墨电极）。矮烟罩既不限制捣炉操作，又可以做到炉口烟气不外泄，并通过余热锅炉回收其物理热和化学热。乌克兰和俄罗斯的镁钛联合企业生产海绵钛所需的原料钛渣能够保持自给。钛精矿有深度风化的氧化砂矿和轻度风化的普通砂矿，还原剂为固定碳含量约 87%（质量分数）的无烟煤，沥青为黏结剂，散料入炉。当炉料熔毕后，分几次补加占总量 20% ~25% 的无烟煤，进行末渣精炼。同时，按每吨钛渣加入 80 ~100kg 废钛屑深度还原 FeO，并利用反应放热提高炉渣温度。

我国承德地区某企业引进了乌克兰 16.5MV·A 半密闭电炉冶炼钛渣成套技术，熔炼酸溶性钛渣或氯化钛渣。炉子主要技术参数为：二次电压 117.5 ~301.5V（共 16 级），二次电流 31.6 ~38.1kA，电炉极心圆直径 2000 ~2100mm，炉膛直径 7100mm，炉膛高度 3400mm，石墨电极直径 610mm。车间的立面布置如图 10 -3 所示。

该企业半密闭电炉冶炼钛渣工艺过程如下。

钛精矿和冶金焦从原料库用气力输送泵和带式输送机送往电炉熔炼车间的上部料仓 10，然后经电子皮带秤 6 配料，再送往电炉顶料仓 11 储存。待上一周期熔炼的渣、铁放出后，将炉顶上部料仓储存的混合料放入电炉 1，送电熔炼。

在熔炼过程中，主要靠控制熔渣中 FeO 含量来掌握熔炼进程

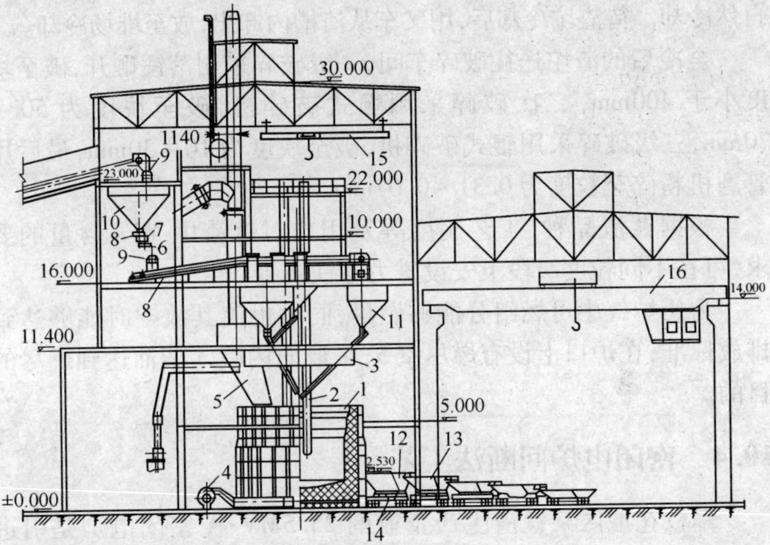

图 10－3 熔炼钛渣的 16.5MV·A 半密闭电炉及车间（立面）工艺布置

1—电炉；2—石墨电极；3—烟罩；4—炉底冷却通风机；5—燃尽室；6—皮带秤；7—圆盘给料机；8—手动闸板阀；9—皮带运输机；10—上部料仓；11—炉顶料仓；12—渣铁分离器；13—渣槽；14—小车；15—悬挂式起重机；16—桥式起重机

及决定熔炼终点。在熔炼耗电量分别达到每炉次总耗电量的 60%、70%、80%、90% 时，分 4 次各取渣样，快速分析渣中 FeO 含量。当化验结果达到酸溶性钛渣或氯化钛渣的规定要求时，熔炼周期结束并断电，一个熔炼周期为 6～8h。

炉口平台还设有焦炭和精矿的专用料仓，前者作精炼加碳用，后者为处理非常炉况备用。

熔炼过程结束，采用氧枪开口，渣、铁混出，流入渣铁分离器 12 内，钛渣由分离器中依次流入呈阶梯形安放在小车 14 上的渣槽 13 中。

出炉完毕，打开分离器底眼，将铁水放入铁水包，吊出送给后处理工段。利用绞车将渣槽小车牵引到电炉车间之外。如产品为酸溶性钛渣则采用喷水冷却，如产品为氯化钛渣则运至外跨间进行自然冷却。待渣坨冷却后，用叉车从渣槽内卸出，放至堆场冷却。

全冷后的渣坨送往破碎车间，一级破碎采用落锤砸开，破至块度小于 400mm，二次破碎采用颚式破碎机，破至块度为 50 ~ 70mm，三级破碎采用辊式破碎机，破至块度为 10 ~ 30mm，最后用管磨机粉碎至粒度为 0.31 ~ 0.07mm。

根据钛渣品种、工艺制度等及用户对钛渣中 MFe 含量的要求，可在不同粒度级段上安设磁力除铁装置。

为使炉气中可燃组分能够燃尽，同时也使其放空时能够达到排放标准，在炉口上设有燃尽室 5，采取向内喷入柴油达到燃尽的目的。

10.4 密闭电炉间断法工艺

攀枝花地区某钛渣生产企业的 25.5MV·A 密闭电炉是引进乌克兰技术，采用散料入炉的间断法工艺熔炼酸溶性钛渣或氯化钛渣，其电炉的最大特点是装置带组合式把持器的自焙电极，图 10-4 所示为该电炉系统。

主要技术参数为：电极直径 1000mm，极心圆直径 3100mm，炉壳直径 10044mm，炉壳高 6489mm，炉膛直径（上）8448.3mm、（下）7533mm，炉膛中心高 4784.84mm；二次电压 300 ~ 450V，二次电流 35 ~ 45kA。

炉衬采用镁砖，炉体各层设置热电偶，用于监测炉体温度。炉体下部留有死铁层，用于保护炉底。炉体中部面对一相电极设置出铁口（其中心线与炉底圆心处的距离为 1417mm）、出渣口（与出铁口在平面上呈 60°夹角，上下距离为 304mm）。炉盖上有防爆孔和加料口，加料口原设计有 4 个，现改为 20 个左右，以便于物料在炉内均匀分布。

由于钛渣具有较强的腐蚀性，所以熔炼过程采用了挂渣操作。根据炉内位置的不同，挂渣层厚度为 0.6 ~ 1.5m。

熔炼氯化钛渣时需用砂矿钛精矿为原料，熔炼酸溶性钛渣时

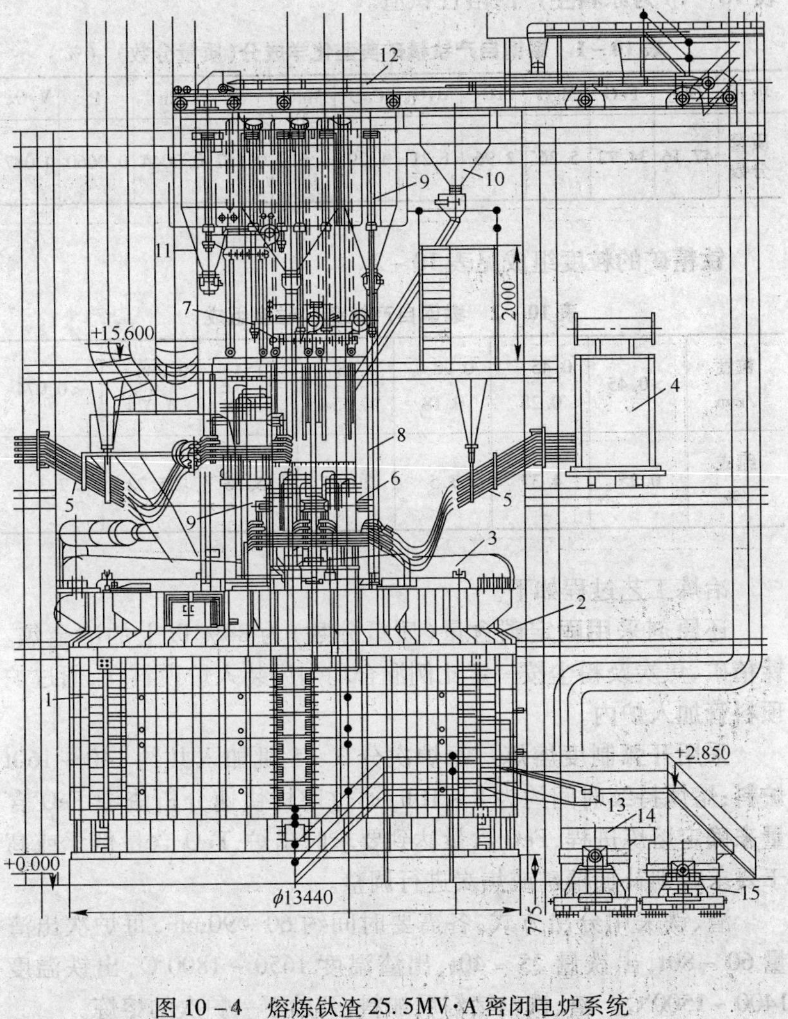

图 10－4 熔炼钛渣 25.5MV·A 密闭电炉系统

1—炉体；2—炉盖；3—炉盖承重梁；4—变压器；5—短网；6—接触导电装置；7—滑放装置；8—加料管；9—电极升降液压装置；10—精矿料仓；11—煤（焦）料仓；12—移动加料皮带；13—流槽；14—渣铁分离器（一）；15—渣铁分离器（二）

则用岩矿钛精矿。目前使用攀钢自产钛精矿(其典型化学成分见表 10－1)为原料生产酸溶性钛渣。

表 10－1　攀钢自产钛精矿典型化学成分(质量分数) (%)

项目	TiO_2	FeO	MgO	SiO_2	Al_2O_3	CaO	MnO	S	Cu	P	V_2O_5
质量分数	47.16	34.72	5.26	2.96	1.21	1.29	0.619	0.157	0.0044	0.0060	0.087

钛精矿的粒度组成见表 10－2。

表 10－2　攀钢自产钛精矿粒度组成

粒度/mm	>0.45	0.45 ~ 0.28	0.28 ~ 0.18	0.18 ~ 0.154	0.154 ~ 0.098	0.098 ~ 0.074	<0.074
组成/%	0.25	4.37	7.5	20.05	35.26	25.22	7.3

冶炼工艺过程如下。

还原剂采用固定碳含量(质量分数)为 80% 以上的冶金焦。钛精矿、焦炭及粉尘按一定比例混合均匀后装入炉顶料仓,通过炉顶料管加入炉内。

采用开弧制度熔炼。每炉次分 3 ~ 5 批加入共约 140 ~ 160t 炉料;熔炼持续时间约为 8 ~ 10h;通过取样快速分析渣中 FeO 含量来确定熔炼进程,FeO 含量达到要求时出炉,FeO 含量低于或高于要求时则补加精矿或焦炭进行调整。

渣、铁采用分出方式,各需要时间约 60 ~ 90min,每炉次出渣量 60 ~ 80t,出铁量 25 ~ 40t,出渣温度 1650 ~ 1800℃,出铁温度 1400 ~ 1500℃。渣、铁口堵好后加料,开始下一炉次的熔炼。

熔炼过程炉内控制微负压,即 0 ~ 20Pa,一旦发生大的塌料、翻渣现象,压力瞬间上升,将自动打开炉气系统上的钟罩阀或炉盖上的防爆孔。

炉前渣经喷水强制冷却,吊出放置在渣场,再经一段时间自然冷却后，经粗破、细碎、磁选、筛分、包装等工序，得到成品钛渣。成品钛渣的粒度为小于0.84mm(20目)的占95%以上，其代表性主要成分(%)见表10-3。

表10-3 成品钛渣的代表性主要成分(质量分数) (%)

项目	TiO_2	FeO	Al_2O_3	SiO_2	CaO	MnO	V_2O_5	P_2O_5	S
质量分数	74.00	5.8	2.88	6.04	2.26	8.23	0.13	0.003	0.09

2号电炉设计为处理微细粒级钛精矿，制成球团并采用多点布料、余热利用等新工艺。1号电炉的尾气是通过二次燃烧室燃烧后再经过除尘处理后放空。

铁水直接进入铸铁机浇注成块。每吨成品钛渣的消耗指标见表10-4。

表10-4 每吨成品钛渣的消耗指标

项　目	钛精矿	焦炭	电极糊	电
指　标	1.7t	0.25t	22kg	2355kW · h

10.5 矩形密闭电炉薄料层连续法熔炼岩矿钛精矿工艺

该工艺为加拿大QIT公司最先采用，其生产流程如图10-5所示。

QIT公司熔炼钛渣的原料是一种原生矿，矿山采出的矿石就地进行粗碎和中碎，再经铁路和水路运至索雷尔选矿厂，采用重选工艺除去脉石，使铁、钛品位提高。这种原生矿是钛铁矿-赤铁矿复合型，因这两个矿相呈微细嵌布而无法机械分离选出精矿，所以只能以混合精矿形态使用(其实也没有选分的必要，因为下一步的冶炼分离铁、钛更有效)。选矿过程不能脱除硫铁矿，因为它是在钛铁矿和赤铁矿的微粒间呈包体存在的。

在该公司的索雷尔冶炼厂投产初期曾直接使用重选精矿，因此精矿含硫高达0.25%~0.30%，使产出的钛渣含硫0.4%~

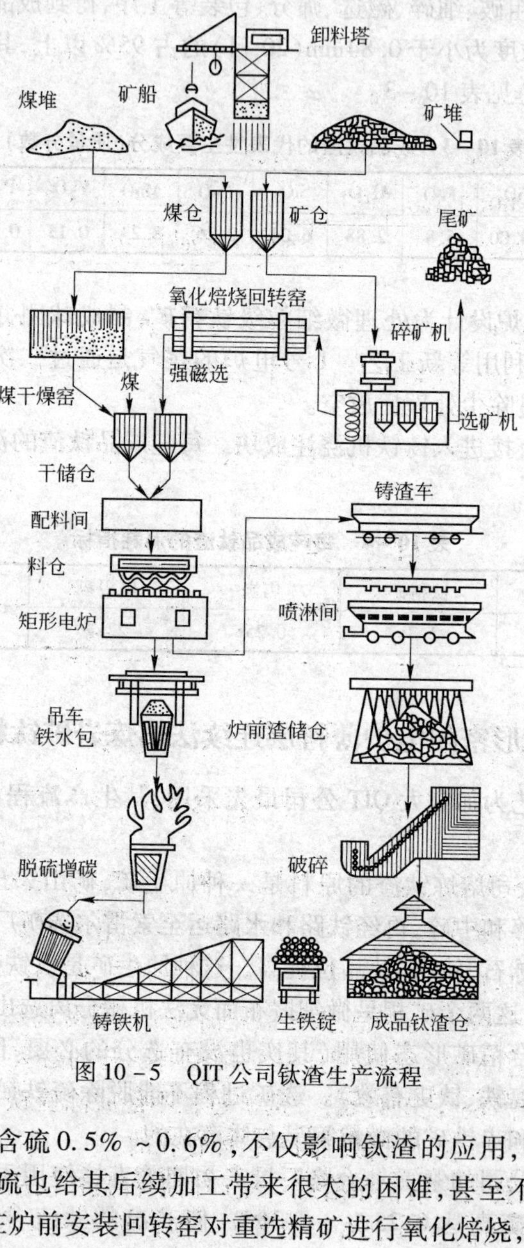

图 10－5　QIT 公司钛渣生产流程

0.5%，铁水含硫 0.5%～0.6%，不仅影响钛渣的应用，而且如此高的铁水含硫也给其后续加工带来很大的困难，甚至不能加工。为了脱硫，在炉前安装回转窑对重选精矿进行氧化焙烧，同时氧化焙烧能使钛铁矿磁化率提高(脉石矿物的磁化率不变),再加装干式强磁选机磁选除去脉石矿物,可约降低3%的非铁杂质含量,生产流程中各级产品(未包括UGS产品)的化学成分见表10-5。

表10-5 QIT各级产品的化学成分(质量分数) (%)

成分	原料			钛渣	
	原矿	重选精矿	重焙磁精矿	重焙精矿熔炼钛渣	重焙磁精矿熔炼的钛渣
$\sum TiO_2$	34.3	36.0	37.7	72.0	80.0
$\sum Fe$		41.4	42.5	9.5	8.0
FeO	27.5	29.5	28.8	11.2	9.6
Fe_2O_3	25.2	26.5	28.9		
MFe				0.8	0.6
Ti_2O_3				10.0	17.0
SiO_2	4.3	2.5	0.6	4.9	2.5
Al_2O_3	3.5	3.0	1.0	5.0	2.9
MgO	3.1	3.2	2.9	5.5	5.3
CaO	0.9	0.5	0.1	0.9	0.6
MnO	0.66	0.16	0.2	0.24	0.25
Cr_2O_5	0.10	0.10	0.10	0.18	0.17
V_2O_5	0.27	0.36	0.36	0.58	0.56
S	0.25~0.3	0.25~0.3	0.02~0.03	0.1	0.1
C				0.03~0.1	0.03~0.1
铁钛氧化物总量	87	92.6	95.4		
非铁杂质总量	12.58	10.07	5.28		

QIT公司采用的是三相六电极呈直线排列的密闭式矩形电炉,共有9台(2×20MV·A+4×36MV·A+2×45MV·A+1×

60MV·A)。

不同容量矩形电炉的外形尺寸为:长 18.3 ~ 21.3m、宽 6.1 ~ 7.6m、高 4.6m。炉衬砌筑镁砖,炉底厚 0.8m,炉壁厚 0.6 ~ 0.8m,炉顶(盖)是可拆卸的、便于检修的组合式吊挂拱形结构。

每台电炉有 6 根石墨电极,电极直径都是 610mm,电极间距 2m。每两根电极连接一台单相变压器,3 个单相变压器构成三相供电,二次电压 270 ~ 300V,二次电流 50kA。

QIT 公司采用连续薄料层操作和开弧熔炼制度。这既适用于高电导率的钛渣熔炼,又可以提高炉子的生产能力。对于开弧熔炼的电炉,布料点的位置和加料速度控制是一项关键技术。作为 QIT 专利的电炉炉顶加料口布置如图 10 - 6 所示。

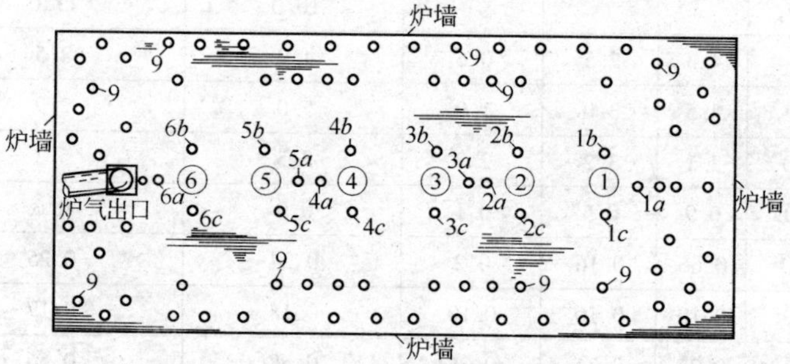

图 10 - 6　熔炼钛渣的矩形电炉炉顶加料口的分布

约 48% 的炉料由不同相的电极间(2 - 3、4 - 5、1 - 6)的 6 个加料口(1*a* ~ 6*a*)加入;另外约 48% 的炉料由每个电极两侧的 12 个加料口(1*b* ~ 6*b*,1*c* ~ 6*c*)加入;其余约 4% 的炉料由周边的多个加料口 9 加入,目的是使炉墙与熔池之间形成一定厚度的固体层,用于保护炉衬。

实际工作炉衬是挂渣层,溅渣挂衬及其维护技术也是 QIT 的专利,炉衬的寿命相当长,据称投产后长达 40 多年仅有两台炉子更换过炉衬。

以无烟煤作还原剂,其配加量按矿中所有 Fe_2O_3 还原为 FeO

和80%的FeO还原为金属铁计算。炉料通常由100kg重焙磁精矿配入15kg无烟煤混合而成。

熔炼温度取决于渣的熔点及钛渣所对应的还原度，炉内温度约高于钛渣熔点100℃。为保持出炉钛渣良好的流动性，要求有较高的过热度（渣体实际温度与熔点之差），否则会使渣出炉困难。另外，钛渣的还原度过高即渣中FeO含量过低，还会导致铁水纯度降低（主要是Ti、Si、Mn、Cr、V等的大量还原），因此，QIT不生产过还原的钛渣。

1983年以前，钛渣中$\sum TiO_2$的质量分数控制为70%～72%，表征还原度控制在$w(Ti_2O_3)$为10%左右，$w(FeO)$为10%～13%。1984年以后，改为生产既是酸溶性钛渣同时也能满足氯化钛渣要求的产品，将钛渣成分控制在$w(TiO_2)$不低于80%、$w(Ti_2O_3)$为17%左右、$w(FeO)$为9%左右。

出炉时间的确定依据：一是根据加入炉料的累计数量，二是看装设在炉盖下的测量炉内液面的高度计。大约在加入60t炉料时排一次渣，每次排渣量25～30t，每次排渣需时15～20min。每放两次渣出一次铁水，每次出铁量50～60t。采用钻孔加氧烧和喷铁粉的方法开炉眼，开渣口时要不停地用氧烧，出渣或出铁后用泥炮堵眼。

索雷尔冶炼厂24MV·A电炉的生产指标为：钛渣产量140～190t/d，生铁产量100～140t/d，钛精矿单耗2.14t/t（渣），还原煤单耗0.13～0.15t/t（渣），电极15～20kg/t（渣），电单耗2200～2400kW·h/t（渣）。出炉渣铁要铸块和冷却，已不再采用图10－5所示的渣槽和渣车，而是排渣入渣包，再用吊车吊起渣包将渣水浇注在连续式铸渣机上，铸成小块并淋水冷却，渣块加工成用户需要的粒度后出厂。

QIT公司已意识到硫酸法钛白在质量和环保上的劣势，其市场需求占有率逐年减少，并最终要被氯化法钛白取代。随着金属钛和钛盐等产品的与日俱增，适用于氯化法的富钛料将会统领天下，以生产酸溶性钛渣为主的QIT面临着挑战。

针对 QIT 公司所产钛精矿的钛低铁高或两者合量较高，以及矿石采选成本低和电价低廉的特点，如果采用酸浸法生产人造金红石是不经济的。因为精矿中的大量铁将使酸耗剧增，而生成的酸盐的价值和用途又远不及生铁，因此，采取将低品级钛渣用湿法冶金工艺加工成化学组分相当于人造金红石的产品，但其并未转变成金红石晶格而仍是"渣"，这种产品为高品级钛渣，即富集钛渣，简称 UGS。

根据 QIT 发表的专利，我国学者认为 UGS 的制取方法可能采用的是钛渣—氧化和还原焙烧—盐酸高压浸出的工艺，即将低品级钛渣粉碎至 0.075 ~ 0.85mm，用电炉煤气进行高温（950 ~ 1100℃）氧化焙烧和低温（900 ~ 950℃）还原焙烧，目的是改变钛渣的物相结构，以利于选择性浸出杂质。

这种较低还原度的钛渣物相组成（体积分数）为：约 75% 的黑钛石[化学式可表示为 $(Ti_3O_5)_{0.31}(FeTi_2O_5)_{0.31}(MgTi_2O_5)_{0.30}(Al_2TiO_5)_{0.06}(MnTi_2O_5)_{0.008}(V_2TiO_5)_{0.012}$]，约 5% 的硅酸盐[化学式可表示为 $(Ca,Al,Mg,Fe,Ti)SiO_3$]。用质量浓度 18% ~20% 的盐酸进行二段加压浸取（浸出温度 ≥150℃），为了进一步提高 UGS 品位，则需碱浸除硅，最后工序为煅烧。经酸浸和碱浸的 UGS 产品的化学成分见表 10 - 6。

表 10 - 6　经酸浸和碱浸的 UGS 化学成分（质量分数）(%)

浸出方法	ΣTiO_2	Fe_2O_3	SiO_2	Al_2O_3	MgO	CaO	MnO	Cr_2O_3	V_2O_5
酸浸	93.93	1.09	2.77	0.69	0.74	0.12	0.05	0.06	0.35
碱浸	95.98	1.09	1.04	0.65	0.73	0.12	0.04	0.01	0.32

QIT 公司在熔炼钛渣的同时也产出生铁，其碳含量基本处在半钢范围。原料和工艺的特点使这种生铁的杂质含量很低，尤其是锰更低，所以特别适宜于水雾化法制取铁粉。但为了满足铸铁、铁粉应用和炼钢等下游深加工的需要，应将其碳含量提高到生铁的水平。铁水硫含量虽然低，但与铁粉中硫含量小于 0.008% 的

要求相比仍有差距，所以出炉铁水还需喷吹电石粉和石油焦粉，进行脱硫增碳处理。

现在生铁年产量约750kt，采用以下途径加工利用。

一是在铸铁机上铸成每块18kg重的铁块，以“索雷尔金属”的品牌出售，这部分生铁大约300kt。

二是将铁水运至邻近的子公司——魁北克金属粉末公司（QMP），采用水雾化法生产铁粉。由于其工艺有别于常规的电炉熔炼废钢和再增碳成铁水，因而专称为QMP法。其工艺过程是：进厂的铁水倒入工频感应电炉进行调整温度和成分，再注入漏包，从漏嘴流下的铁水流股被来自水平方向的高压水喷射、击碎而细化，并喷向一大型淬冷雾化罐内，由于淬冷罐上的入口吸入空气，从而使雾化的粗铁粒部分氧化；将来自雾化罐的粉浆泵至磁性脱水器，之后送至真空过滤器以除去大部分水，然后湿粉装入煤气加热的旋转干燥窑进行干燥，再经过球磨、脱碳—还原、破碎—碾磨—筛分、合批和包装。铁粉的年生产能力为52kt。

三是铁水送下属的钢铁厂炼钢，产能为355kt/a，采用的是顶底复吹氧气转炉（简称为OBM技术）。部分钢水在连铸机上浇注方坯，用于生产型材和坯材，另一部分钢水送往QMP的水雾化工厂，先经工频电炉加热调温和添加合金剂进行合金化处理，然后注入一大型漏包中，用高压水喷射流将漏包底部的漏嘴流出的钢水流股雾化成具有所需粒度组成的钢粉。雾化是在氮气保护下进行，得到的湿粉浆经脱水→干燥→磁选→筛分→退火→粉碎→碾磨→筛分→合批→检验→出厂。到1999年8月，QMP的钢粉和铁粉年产能力达到200kt。

10.6 矩形密闭电炉薄料层连续法熔炼砂矿钛精矿工艺

南非里查兹湾矿业公司（简称RBM）的熔炼钛渣工艺虽系引进加拿大QIT技术，却又独具特色，不应属于QIT的技术模式。

RBM生产所使用的原料是南非特产的海滨砂矿。采剥作业用挖掘机，砂料先由采场移动式选厂的圆锥选矿机和螺旋溜槽进行重选(粗选),尾砂回填采空区,选得的重砂泵送岸上的精选厂。

在精选厂先调浆球磨,再用湿式磁选机选出磁铁矿(副产品),磁尾通过湿式强磁选机选出钛精矿(低品级)。强磁尾矿供分选金红石和锆英石(副产品),而低品级钛精矿并不直接利用,而是经干燥后供流态化焙烧和干式强磁选,以制得高品级钛精矿。

后部工序氧化焙烧不是为了脱硫,而仅是为了提高钛铁矿的磁化率,不但要除去脉石,更重要的是要除去铬铁矿(因矿中含铬较高,且不以类质同象形态存在)。焙烧设备不用回转窑而是用流化床。

RBM 砂矿钛精矿的各级工序产品的化学成分见表 10－7。

表 10－7　RBM 砂矿钛精矿的各级工序产品的化学成分(质量分数)　(%)

成　分	ΣTiO_2	FeO	Fe_2O_3	SiO_2	Al_2O_3	MgO	CaO
磁　选	47.0	34.4	12.4	2.3	0.96	0.80	0.30
磁　焙	46.4	22.4	25.0	2.3	0.95	0.80	0.30
磁焙强磁	49.5	22.5	25.0	0.6	0.73	0.60	0.05

成　分	MnO	Cr_2O_3	V_2O_5	铁钛氧化物总量	非铁杂质总量
磁　选	1.30	0.30	0.27	93.8	6.23
磁　焙	1.30	0.30	0.27	93.8	6.22
磁焙强磁	1.2	0.09	0.27	97.0	3.54

RBM 熔炼钛渣的工艺流程如图 10－7 所示。熔炼工艺的独具特点首先是电炉单容大,装有 1 台 90MV·A 电炉和 3 台 105MV·A 的全密闭电炉,这在其他易密闭化电炉冶炼(如电石或某些铁合金)中是绝无仅有的,其整体技术和管理水平之高可见一斑。

RBM 所用的原料是物理和化学性能均优的海滨砂矿,却不生产 $w(TiO_2)>90\%$ 的钛渣,而是控制 $w(TiO_2)\approx85\%$。因为这种钛渣品位是“经济品位”。

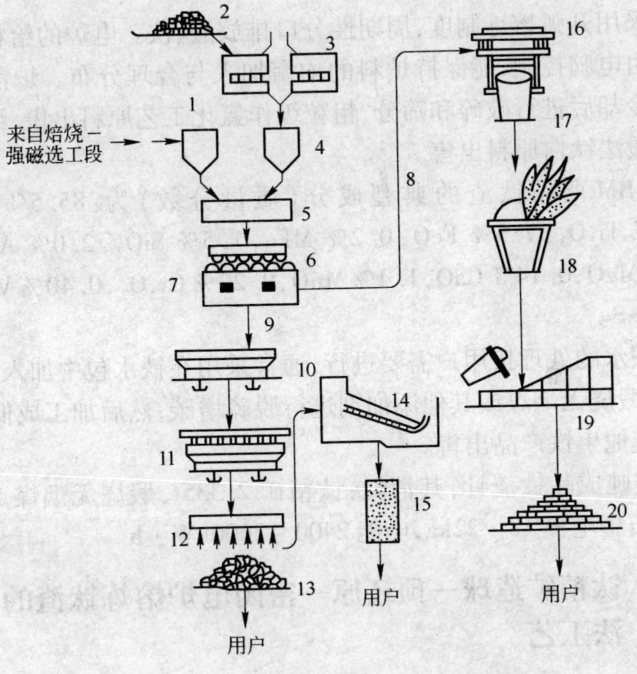

图 10－7　RBM 熔炼钛渣的工艺流程

1—钛精矿料仓；2—无烟煤；3—煅烧炉；4—煅煤料仓；5—配料间；6—加料装置；7—电炉；8—出铁；9—出渣；10—浇渣车；11—喷淋间；12—破碎间；13—钛渣（粗粒）；14—粉碎筛分间；15—钛渣（细粒）筒仓；16—吊车；17—铁水包；18—增碳、脱硫、调质等处理；19—铸铁机；20—球铁原料

从含氧酸盐或复合氧化物的熔体中还原铁，具有明显的两段性特征，即前段反应速度快、后段反应速度慢。根据熔炼砂矿钛铁矿的实验，FeO 和杂质含量从 44% 降至 20% 仅需 8min，而将其从 20% 降至 8% 则需 12min。这表明 w(FeO) 每降 1%，电耗前段要比后段低得多，两段的拐点约在 w(FeO) 为 9% 处，即所对应的 $w(TiO_2)\approx85\%$，称此拐点为钛渣的经济品位。

以煅烧无烟煤作还原剂。煅烧处理后使挥发分含量（质量分数）降至 3% 以下，以减少电炉熔炼过程中的气体逸出量，从而有利于炉况的稳定。

采用开弧熔炼制度，周期性分口排放渣、铁。电炉的给料分配系统由电脑控制，能保持炉料的均衡加入与合理分布。炉前钛渣经过冷却后进行破碎和筛分，粗粒级作氯化工艺原料出售，细粒级作硫酸法钛白原料出售。

RBM 商品钛渣的典型成分（质量分数）为：85.5% TiO_2，25.0% Ti_2O_3，7.5% FeO，0.2% MFe，1.5% SiO_2，2.0% Al_2O_3，0.9% MgO，0.14% CaO，1.4% MnO，0.22% Cr_2O_3，0.40% VO_5 和 0.06% S。

铁水的处理按用户需要进行，通常采用在铁水包中加入石灰、电石、煅烧无烟煤或其他添加剂进行脱硫增碳，然后加工成低锰生铁或其他生铁产品出售。

按吨成品钛渣计，其消耗：钛精矿 2.335t，煅烧无烟煤 1.4～1.6t，石墨电极 18～22kg，电能 2400～2600kW·h。

10.7　钛精矿造球—预还原—密闭电炉熔炼钛渣的两段法工艺

对钛铁矿实施固相还原，然后在电炉中进行补充还原和熔炼，这种在两级反应器完成的钛渣熔炼称为两段法工艺。

一级反应器中的固相还原可以在较低温度和不使用电能的条件下进行，因而耗能低且为低级能源，但独自一级的反应器无法经济地达到高程度的铁金属化率，同时，生成的又是微细晶粒铁，不能通过细磨、磁选得到铁粉和钛渣粉，因此只能用电炉再次熔炼得到熔融钛渣和铁水。

二级反应器（电炉）的单电耗能否降低，主要取决于一段反应器的铁金属化率，而后者的高低又决定着其自身的能耗高低，就整体能耗而言，并不见得降低，甚至是增大。根据攀枝花钛精矿熔炼钛渣的两段法和一段法的试验研究，吨渣总耗能折合成标准煤，二段法工艺（预还原球团，冷装入炉）为 2.827t，而一段法工艺（生精矿入炉）仅 1.077t，显然这是因为钛精矿造球（有的需要再磨，如挪威的 TTI 公司)、干燥、固结和铁金属化的能耗,以及热预还原球团未高温热装使其物理热散失所致,也就是说,可以降低的那部分能耗需要从回收一段的余热和利用预还原球团显热才能置换。

预还原装置多种多样,有采用裂化天然气或其他还原气作还原剂和燃料的,有处理球团的竖炉和反应罐等,也有专门处理粉料的流化床;采用还原煤和燃煤或燃气(油)的回转窑,则既能处理球团也能处理粉料,但为筛除和磁选分离出煤灰方便,这种回转窑不宜处理散料。

转底炉是一种可将内配煤氧化矿球团在较高温度下进行直接还原的反应装置,通常可以喷吹燃煤、发生炉燃气、天然气等为热源。国内研究人员进行了以钛磁铁矿精矿和钛铁矿精矿为原料进行直接还原回收利用钛的实验研究。

挪威廷弗斯铁钛公司(TTI)是世界上首座采用两段法工艺熔炼钛渣的企业,于 1987 年建成投产。该公司所属矿山位于挪威西南部,矿石属岩浆型,矿物组成(体积分数)为 30% 钛铁矿和 2% 磁铁矿,呈微细嵌布,只能选得共生精矿,年产钛精矿能力为 900kt,其典型化学成分(质量分数)见表 10-8。

表 10-8 TTI 钛精矿典型化学成分(质量分数) (%)

成分	TiO_2	TFe	FeO	SiO_2	Al_2O_3	CaO	MgO	P	S	Na_2O	K_2O
质量分数	44.27	34.73	26.00	3.05	1.17	0.28	4.71	0.023	0.011	0.24	0.06

原料中 TiO_2 含量较低,MgO 含量较高,可生产酸溶性钛渣,其工艺流程的前段移植了在挪威有深厚技术基础的链算机—回转窑机组,用以将钛精矿造球制成金属化球团,再经电炉熔分产出钛渣和生铁。这种机组的工作原理是将生球铺展在带式循环移动床上用回转窑尾气进行干燥和固结。因床底炉条是由多个形同梳理头发用的算子并以链相接,因而得名链算机。

干燥固结后的球团进入还原气氛的回转窑。与氧化性回转窑的不同之处主要是窑头、窑尾实行密闭，经链箅机固结后的球团由窑尾给入，并随着稍倾斜的窑身的转动而向窑头排料端翻转、移动，在窑头设置燃煤和还原煤的喷入装置。沿窑身长度方向还装有二次风管和还原煤或燃煤的喷嘴。

完成铁金属化的球团排入回转冷却筒，使其在隔绝空气条件下降至新生还原铁的钝化温度以下。冷却筒的排出料通过格筛分出粒度大于25mm的，由窑壁脱落的黏结物再破碎，然后筛分成3～25mm和小于3mm两种粒级的，并分别通过磁选滚筒，得到的两种磁性物均进入电炉熔炼。3～25mm粒度的非磁性物基本为残炭，可返回回转窑或作电炉熔炼的还原剂，小于3mm的非磁性物不返回。

TTI的选矿厂、还原厂和熔炼厂分设在三地。熔炼厂的电炉为33MW（视在功率34.5MV·A）圆形密闭电炉，使用自焙电极，属埃肯型即世界著名电炉制造商埃肯公司的系列定形产品，其结构与该系列的炼铁电炉基本相同。一台电炉的年生产能力为200kt酸溶性钛渣和108kt生铁。

来自还原厂的金属化球团，其铁金属化率控制在60%～75%，经电炉熔炼产得成品钛渣的典型成分见表10－9。

表10－9 TTI电炉成品钛渣典型成分（质量分数） （%）

成 分	TiO_2	Ti_2O_3	ΣFe	MFe	FeO	SiO_2	Al_2O_3
质量分数	75.4	12.9	7.7	1.75	7.6	5.35	1.19
成 分	CaO	MgO	MnO	V_2O_5	Cr_2O_3	P_2O_5	S
质量分数	0.66	7.92	0.45	0.25	0.088	0.003	0.13

铁水通过精炼处理后得到精制生铁外售给铸造行业，作可锻铸铁和球墨铸铁的原料。1997年后，该公司使用澳大利亚矿（TiO_2品位为55%）生产TiO_2含量为85%的钛渣。

攀枝花钢铁研究院和贵阳铝镁设计研究院合作在攀枝花曾进行过钛精矿两段法工艺熔炼钛渣的工业试验。钛精矿经再磨，配加黏结剂皂土造球，然后进入链箅机—回转窑干燥、固结和还原，使用褐煤作还原剂并从窑头喷入和窑身加入，窑尾加返煤，用具有碱性灰分的煤作燃煤（还可起脱硫剂的作用）。球团的铁金属化率控制在50%左右，然后向250kV·A电炉中加入石油焦，进行补充还原和熔炼，试验所得钛渣的平均成分见表10－10，所得生铁成分见表10－11。

表10－10 试验所得钛渣的平均成分 （%）

成 分	$\sum TiO_2$	$\sum Fe$	FeO	MFe	Fe_2O_3	SiO_2	Al_2O_3
质量分数	77.88	4.64	2.52	1.32	2.46	5.02	2.34

成 分	CaO	MgO	V_2O_5	MnO	S	P	Ti_2O_3	TiO
质量分数	2.29	8.51	0.133	0.01	0.099	<0.01	12.43	2.77

表10－11 生铁成分 （%）

成 分	C	Si	Mn	V	Ti	S	P
质量分数	3.01	0.116	0.089	0.034	0.069	0.116	0.015

按吨成品钛渣计的原料和电能消耗为：预还原球团1.55t/t，石油焦73.28kg/t，石墨电极16.02kg/t，电1862kW·h/t。钛渣的酸解率大于94%。

10.8 直流—空心电极电炉熔炼钛渣工艺

直流—空心电极电炉的熔炼钛渣工艺，首先由南非纳马克瓦砂矿公司（NSL）研制开发和实现工业生产，并成为这类工艺的典型代表。该公司的原料基地是地处开普敦省的一个钛铁矿、金红石、锆英石的砂矿矿床，矿砂储量约4×10^8t，其选矿生产能力为500kt/a钛精矿，所产钛精矿的化学成分（质量分数）见表10－12。

表10－12 NSL钛精矿的化学成分（质量分数） （%）

成分	TiO_2	FeO	Fe_2O_3	SiO_2	Al_2O_3	CaO	MgO	MnO	Cr_2O_3	V_2O_5
质量分数	47.0	34.4	12.4	2.3	0.96	0.30	0.80	1.30	0.30	0.27

虽然钛精矿的 TiO_2 品位不算高,但碱土金属和放射性杂质的含量很低,特别适宜生产氯化钛渣。冶炼厂建在距沙尔旦哈湾港约 8km 的工业区,1995 年第一台 40MV·A 电炉投产,2001 年第二台同样容量的电炉投产,年产钛渣能力从 95 ~ 100kt 提高到 235kt,试生产期的钛渣成分(质量分数)为:86% TiO_2,10% FeO,1.8% SiO_2,1.8% Al_2O_3,1.5% MnO,0.85% MgO,0.16% CaO。据称,这一技术水平已经超过世界其他几家著名的钛渣企业。

NSL 法熔炼钛渣的工艺流程具有独特的加料与熔炼系统,其主体的结构如图 10 - 8 所示。

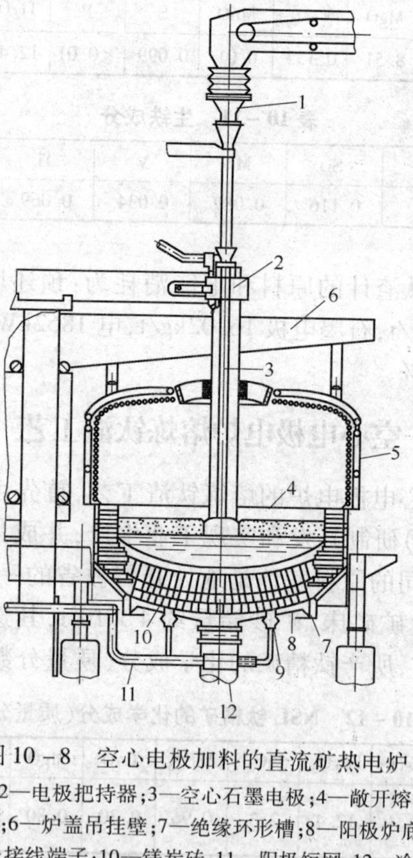

图 10 - 8 空心电极加料的直流矿热电炉

1—加料系统;2—电极把持器;3—空心石墨电极;4—敞开熔池;5—水冷挂渣炉壁;6—炉盖吊挂壁;7—绝缘环形槽;8—阳极炉底铜板;9—阳极接线端子;10—镁炭砖;11—阳极短网;12—冷风管

加料系统中从供料装置到电极中空出口（喷嘴）这段管路，成为固体炉料悬浮于载气中的气力输送管道，从受料斗到电极端的距离为电极长度的两倍多；受料斗上端连接的软管长度可满足电极升降行程，在下端相接的是分成上、下两段的下料管，其中间设有可以快速拧开的连接器。下段管的下端装有密封垫，并能通过其螺纹与电极孔内螺纹相配与旋紧；在接续电极时，拧开上、下段下料管的连接器，再将喂料机构旋转至一边，然后拧开下段下料管接上新电极。由于下段下料管与单根电极的长度相同，能在接电极之前全部用掉单根电极。

在垂直向下的输送管道中，炉料运动属于同流输送床，固体和气体的线速度大致相同，这样可以保持炉料的悬浮状态。载气的压力仅需保持大于炉气压力，达到防止炉气倒灌即可。载气同时又是等离子工作气，一般都采用净化炉气，因为既可以就地取材又利用了炉气中 CO 和 H_2 等的化学能，同时还原气氛又可以减少电极消耗。

空心电极的加料能力取决于空心料管直径，其加入炉内的炉料数量以不堵塞料管为度，炉料应连续加入形成料流。在载气的平衡压力下，料管中不存在上升气流，炉料的运动为自由落体运动。

为迅速调整炉况需要，空心电极加入的炉料应能随时改变，而且每根电极加入的炉料应分别调整。当气—粉射流没有足够的动量吹开熔体时，则易在电极中空管内聚结或炉况恶化造成喷溅而堵塞中空管等，都会造成堵塞、炉料断流事故的发生，此时中空管内压力迅速上升，应采取加大载气压力的措施予以消除。

被称为转移弧等离子体电炉的直流—空心电极电炉应用于钛渣熔炼，显示出一些独特的优越性。首先，不生成碳（氮）化钛，从而消除了恶化钛渣工艺性能的根源。长期以来，一直认为碳热还原熔炼含钛物料将“不可避免”地生成碳化钛，其实也主要发生在交流电弧炉和高炉上，直流—空心电极电炉的熔炼钛渣之所以能“避免”，主要由于以下几方面原因。

一是弧柱受到电极空腔的拘束(压缩),弧焰温度升高,按照热力学原理,将使碳还原二氧化钛的反应更趋向生成钛的低价钛氧化物和零价金属,而对较低温度的碳还原二氧化钛反应,则是沿着 $TiO_2 \rightarrow Ti_3O_5 \rightarrow TiC_{0.67}O_{0.33} \rightarrow TiC_xO_y$ 的途径进行的。

二是直流电弧炉的熔炼存在某种程度的电解效应,且不像典型电解槽中那样显现出来。因为电解槽中两个半反应同时进行、保持电中性以及发生在同一部位即渣—铁界面上,另外就是电弧炉的工作电压高、能产生电弧,而电解槽中不产生弧;电解中的阳极氧化反应是全方位的、与传热介质无关的、不存在动力学壁垒的过程,它能破坏碳化钛的生成,这已被研制开发的生产电解钛的某些熔盐法所证实。如以钛白(TiO_2)为主组成电解质、用石墨阳极进行的电解钛过程,将碳氧钛物料制成可溶性阳极进行的电解精炼过程,并不因新生钛的活性及亲碳性特强而转向阴极形成碳化钛,阳极则氧化产生 CO_2 逸出。

三是矿料通过电极空腔发生熔融并在喷射进入熔池内,被铁水中溶解的碳还原,而铁水中碳还原 TiO_2 比固体碳还原少生成碳化钛。相关的铁水浴熔融还原钛磁铁矿精矿的试验结果表明,渣相和铁相中都不存在碳化钛。不生成(或少生成)碳化钛,等于消除或减轻了提高钛渣品位的障碍,也就可以在炉料中多配碳,使铁能达到更大限度的还原。根据昆明理工大学等研究者(2007 年)为云南禄劝引进 NSL 技术所做的准备试验,在钛渣和铁水中都未发现有 TiC。

直流—空心电极电炉的熔炼具有喷射冶金的特点,反应动力学条件优越,熔炼过程得到强化,典型标志就是反应器的小型化。与矩形电炉相比,同是 40MV·A 电炉,外形尺寸仅是矩形电炉的 1/4。

直流—空心电极电炉的熔炼又属于高效的熔池熔炼,一是有动力学上的优势,二是占据电气条件的诸利,因为它的电极不属于熔池的组成部分,不遵循安德烈电极周边电阻法则,可以按通常导线那样选择直径并使其尽量小型化,这在电气制度上等于在相同功率下优选了高电压电流比,且无需考虑电极插入深度。

这种将粉状炉料直接喷入渣层下的熔池熔炼,不仅取消了昂贵的造块(球团),而且彻底根除了通常火法冶金无法避免的扬尘损失与污染,显然在处理微细粒级物料上还有动力学优势。

熔池熔炼的电极浅插使熔池电阻不再取决于炉料的电阻,钛精矿和炭料的电阻率又都与各自的物理和冶金性能存在一定的对应关系。换言之,就是在此熔炼制度下仅需考虑原料的化学成分,钛精矿砂矿对岩矿的优势和高电阻碳素材料的优势等都将消失,原料的选择范围变宽。

11 炉前钛渣和铁水处理

钛铁矿熔炼可产出钛渣和生铁两种产品。钛渣用户常要求供应一定粒度的钛渣。所以,商品钛渣在出厂销售前有必要进行粉碎加工,同时要除去钛渣中的夹铁。

产出的铁水在炉内不能充分渗碳,碳的质量分数多达2%左右,也可称为半钢。熔炼钛铁矿的铁渣比一般多达0.5左右,QIT公司则多达0.7以上。如果不对铁水做进一步深加工,那么铁水只能以普通铁产品甚至是废铁出售,不但浪费了铁特有的宝贵性能,同时也大大降低企业收益。

11.1 炉前钛渣处理

11.1.1 钛渣排放和浇注

为减轻熔炼钛渣电炉炉壁的侵蚀,炉壁与电极之间的距离不可能设计得太近。积存于渣口附近的渣体温度如果已下降到差不多呈半熔状态,渣体就很难靠自重流出。所以钛渣排放的开口方式与其他矿热电炉不同,一般不宜采用电弧烧穿或钻孔等,主要是采用氧气烧穿的办法(或者是烧氧前用电烧至发红)。

烧氧开渣口,不但能提高温度,还有使炉眼附近渣体氧化以降低熔化温度的作用,从而能使渣流通畅。具有良好过热度的钛渣可以顺利出炉,若渣温低或渣熔点过高,会使其流动性变坏。其主要原因就是出炉过程中,特别是渣流经炉眼通道时被降温,少量的高熔点悬浮物析出,造成钛渣骤然变稠。因此,要求出炉操作要快,炉眼和流槽尽量缩短,尽可能不断电出炉,并且在出炉时电极要紧随下降,使熔渣少降温,以保持钛渣能始终处于过热状态向外流出。

熔炼钛渣的基本出炉方式有两种，即设置一个炉眼的渣铁混出和设置上、下炉眼的渣铁分出，这需视电炉功率和工艺条件而定。

中、小型电炉受熔池温度限制，炉内积存的渣铁熔体层厚度不能太大，尤其是液铁层高度更小，一般较难采用渣铁分口排放。

我国的一些小型电炉，多采用出炉渣铁直接排入渣盆，让渣铁在盆内分离和沉降，冷凝后分出渣坨和铁坨再进行处理；也有的将渣铁排入渣包，稍加静置再从包底眼放出铁水，降温的液渣失去流动性而留在包内。

中型钛渣电炉（如10.5～25.0MV·A）出炉既有混出方式也有分出方式，但大多采取炉前渣铁分离器和梯级浇注钛渣的方法，即将2个或3个（视出铁量而定）衬砖铁水包及多个渣模分别高低错落地摆置在炉眼流槽前，在混出或由下铁口排放时，熔体流入第一个铁水包，经沉降分离，满溢的熔体顺包嘴再流入第二个铁水包，沉降分离的上面渣液流入渣模，流满后便一直向下进行逐级铸块。铁水包内衬用黏土砖砌筑，同时，为防止渣铁冲刷侵蚀，包底部内衬还用稍加湿润的钛渣粉打结一层保护层。

渣模用铸钢制成。出炉完毕，铁水包吊去浇注间进行铁水铸块。梯级浇注的延续时间较长，这对20MV·A以上的大型电炉会带来两个困难：一是炉子的安装高度增大；二是具有极强短渣特性的钛渣很难流到最后的铸模。

需要在炉外进行渣铁沉降分离的混排方式，其主要缺点是渣中夹带的铁珠较多。尽管能够在后处理的磁选中除去大部分铁珠，但由此也导致磁性物的夹渣损失增加，而这种磁性物又只可以回炉，所以造成熔炼电耗增大和钛回收率降低。由此可见，即便是中小型电炉熔炼钛渣，也最好采用双炉眼渣铁分开排放。

大型电炉的连续法工艺熔炼钛渣均是采用上、下双炉眼的渣铁分流方式，但由于上炉眼以下仍存在有不厚的渣层，所以下炉眼出铁时需要设置渣铁分离器。加拿大QIT公司索雷尔厂采用渣盆浇注,渣盆间隔成两室,每室可浇 15t 渣。每炉出渣量一般为 25 ~ 30t。浇毕立即送入喷淋间,然后推出放到露天的地方继续喷水冷却 4 ~ 5h,当冷凝成块时用叉车将渣坨叉出,最后放在露天环境中自然冷却至常温。冷却后的渣坨先用落锤砸开,再破碎成小于 18mm 的块度,堆放于露天堆场。据报道,后来对钛渣处理方法进行了改进,改进后为:液渣经出渣口流入铸钢质渣包,用吊车将渣包中的钛渣熔体以一定速度在铸渣机上铸块,同时喷水冷却,然后再进行破碎。此铸渣机是由铸铁机改制而成的。

曾进行过钛渣粒化试验,这是钛渣浇注和粉碎加工的一条"捷径"。但钛渣黏度大,很难像普通高炉渣那样进行水淬。也有研究认为,若水淬的冷却速度过大,会造成黑钛石来不及析出而降低钛渣的酸溶性。

试验过采用高压空气或高压水粒化钛渣。采用高压水进行粒化,可得到 0.5 ~ 2.0mm 的空心渣粒,水耗量为 3 ~ 5m^3/kg(渣);水淬过程中,低价钛实际上未被氧化。

水淬粒化钛渣的另一障碍是水淬渣需经脱水、干燥才能进行粉碎加工,这无疑不如直接由渣块加工经济。

11.1.2　渣块粉碎

在钛渣氯化或酸解工艺中,均需粉状钛渣。所以要求采用粉碎设备对钛渣进行粉碎加工,同时还需对粉状钛渣进行磁选除铁。

对钛渣粒度的要求因用途而异。应用于硫酸法钛白的钛渣,小于 0.04mm 粒级的比例要不小于 98%,易溶物料应大于 92%;用于氯化法钛白的钛渣粒度还取决于氯化工艺:流态化氯化对粒级及其分布有较高的要求,一般不是采用相同粒径的物料,而是采用较宽的粒级分布,即粗粒和细粒成一定比例的混合物料。

我国钛渣行业标准(YS/T 351—1994)规定:产品呈粉状交货,粒度在 0.425 ~0.075mm 之间的总量不小于 75%。

11.2　铁水脱硫与增碳

11.2.1　铁水成分

钛渣熔炼是一个亏碳的还原过程,生成的铁液不能得到充分渗碳,以致大多数情况下其碳的质量分数都在2%左右。工业上是将碳的质量分数为2%的铁碳合金作为钢和生铁的分界线,即碳的质量分数为0.025% ~2.0%的为钢,碳的质量分数小于0.025%的为纯铁,碳的质量分数大于2.0%的为生铁。因钛渣熔炼所产生的铁中碳的质量分数处在钢和生铁之间,所以也被称为半钢(在工厂里常称为钛铁水)。

铁水一般都要进行增碳处理。如作为转炉炼钢原料时,若铁水中碳、硅等含量低,吹炼时会热量不足;铁水中硫的质量分数的高低与入炉原料包括钛精矿、还原剂炭材及制团黏结剂等中硫的质量分数有关。熔炼硫的质量分数低的砂矿钛精矿时,铁水中硫的质量分数也较低,而熔炼硫的质量分数较高的岩矿钛精矿时,铁水中硫的质量分数也较高。因钛精矿中磷的质量分数一般都不高,特别是岩矿钛精矿中磷的质量分数更低,所以铁水中磷的质量分数一般都不超过生铁国家标准。铁水中的其他成分含量也取决于工艺和原料。

按照我国国家标准,特类、一类、二类、三类炼钢生铁中硫的质量分数分别规定为小于0.02%、0.02% ~0.03%、0.03% ~0.05%、0.05% ~0.07%;一级、二级、三级炼钢生铁中规定磷的质量分数分别为小于0.15%、0.15% ~0.25%、0.25% ~0.46%;铸造生铁中硫的质量分数规定为:1类≤0.03%,2类≤0.04%,3类≤0.05%;铸造生铁中磷的质量分数分五级:1级≤0.06%、2级0.06% ~0.10%、3级0.10% ~0.20%、4级0.20% ~0.40%、5级0.40% ~0.90%。国内外熔炼钛铁矿的铁水的典型成分见表11-1。

表 11-1 熔炼钛铁矿的典型铁水成分 (%)

生产厂家/钛铁矿种类		C	Si	Mn	S	P	Ti	Cr	V	Ni
加拿大 QIT/岩矿		1.8~2.7	0.05	0.015	<0.02	0.025	0.019	0.023	0.24	0.08
前苏联某厂		1.6~2.3	0.20~0.70	0.05~0.15	0.08~0.30	0.05~0.30				
前苏联某厂	岩矿	0.96	0.18	0.06	0.58	0.08	0.03	0.19		0.10
	砂矿	1.98	0.58	0.11	0.11	0.23	0.12	0.95		0.18
挪威 TTI/岩矿/金属化球团		0.28	0.041		0.42	0.025	0.018			
锦州某厂/北海砂矿		2.11	0.66		0.062	0.048	0.8			
云南某厂		1.93			0.292	0.025	0.020		0.013	
攀枝花岩矿		1.85			0.171	0.030	<0.01		0.030	
云南某厂/攀枝花岩矿/氧化焙烧矿加砂矿		2.30			0.219	0.020	0.064		0.040	
攀枝花岩矿		2.69	0.042	0.030	0.36	0.0064	0.047		0.015	
		2.57	0.15		0.12	0.02	0.16			
		3.01	0.116	0.089	0.116	0.015	0.069		0.034	

11.2.2 炉外脱硫

铁水炉外脱硫早在20世纪30年代就开始应用。如出铁时在炉前铁沟上铺撒纯碱进行脱硫,但这种方法的脱硫率只有30%~60%,同时在炉前产生大量烟雾,污染环境,而且降低铁水温度,现已基本淘汰。

从炉外脱硫实践得知,欲达到良好的脱硫效果,一是必须有较高的铁水温度,二是要采用小粒度脱硫剂以增加反应界面,三是应加强铁水搅动以增加反应速度。为满足这样的要求,自20世纪60年代以后,把脱硫剂加在出炉的铁水中,并采取搅拌、摇动、混合等措施,使之与铁水中的FeS反应,生成更稳定、密度小、不溶于铁水的硫化物,同时上浮转入渣中而去除。

11.2.2.1 脱硫原理

图11-1所示为硫化物标准生成自由能与温度的关系。从图11-1可以看出,铈、钙、镁、钠、锰等元素与硫的亲和力都比铁与硫的大,它们都能夺取铁水中FeS中的硫,形成较稳定的硫化物,而且这些硫化物几乎不溶于铁水,所以能转入渣中而达到脱硫的目的。

11.2.2.2 脱硫剂及脱硫效果

常用的脱硫剂除了金属镁外,还有价廉的碱金属或碱土金属化合物。在130℃的铁水中,各种常用脱硫剂与硫原子反应的能力由强到弱的顺序是:Ce、Ca、CaC_2、Na_2O、Mg、Na_2CO_3、Mn、MnO、CaO、MgO等。目前,常用的炉外脱硫剂主要有电石和石灰。石灰脱硫的反应为:

$$CaO + FeS = CaS + FeO - 460.5kJ \qquad (11-1)$$

由于该反应是吸热反应,铁水降温较多,而且CaO本身的脱硫能力较差,因此,欲达到较好的脱硫效果,就得增大剂量(加入量一般是电石的2倍)和需有较高的出炉铁水温度;石灰脱硫在铁水包内常结成硬壳,不易消除,所以很少单独使用。

工业电石的熔点较低,其主要成分是CaC_2和CaO,脱硫反

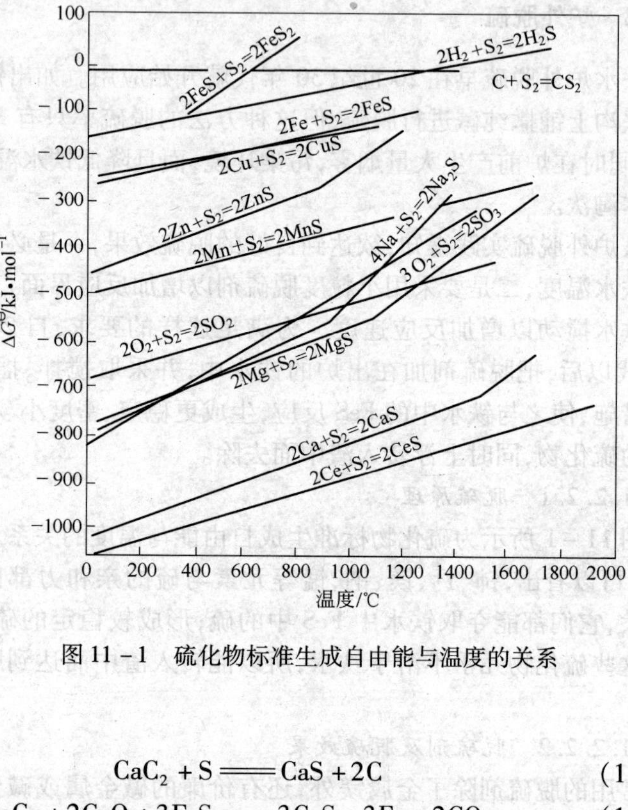

图 11－1 硫化物标准生成自由能与温度的关系

应为：

$$CaC_2 + S \longrightarrow CaS + 2C \tag{11-2}$$

$$CaC_2 + 2CaO + 3FeS \longrightarrow 3CaS + 3Fe + 2CO \tag{11-3}$$

反应 $CaC_2 + [S] \longrightarrow CaS + 2C_{石墨}$ 的平衡常数与温度的关系为：

$$\lg K = \frac{a_{CaS}a_C^2}{a_{CaC_2} \cdot f_{(S)}[\%S]} = \frac{19000}{T} - 6.28 \tag{11-4}$$

在 1250℃和 1550℃时，平衡常数分别等于 1.55×10^6 和 1.38×10^4。假定 $f_{(S)}$ 值为 5 左右，且 $a_{CaS} = a_C = a_{CaC_2} = 1$，在上述温度下，硫的平衡浓度分别可达 1.6×10^{-7} 和 1.2×10^{-5}。由此可见，尽管平衡常数将随着温度升高而减小，但是即使在高温下，CaC_2 仍然是很强的脱硫剂。

电石粉加入量约占铁水重量的 0.3% ~1.5%，脱硫效果显著。但必须保证铁水温度足够高，电石粒度要小（0.074～0.246mm，即60～200目），并且在处理过程中要强烈搅拌，工艺复杂，电石价格较贵，粉碎的电石极易吸潮产生可燃气体；另外，脱硫处理后的炉渣易污染环境。

虽然在标准状态下，式（11－4）反应平衡时硫在铁水中含量[%S]=4.9×10^{-7}，但在实际生产中，由于受各种条件的限制，要获得如此低的硫的质量分数是不可能的。目前用CaC_2脱硫，实际上能达到的最低硫的质量分数约为0.001%左右。这比理论值高得多，之所以离平衡状态这么远，主要是动力学因素在起作用。用载气喷吹CaC_2脱硫剂，铁水的脱硫反应为：

$$CaC_2+[S]+2[O]=\!=\!=CaS_{(s)}+2CO \qquad (11-5)$$

CaC_2脱硫属固液多相反应，在CaC_2颗粒表面进行，可由下列步骤组成：

（1）铁水中硫通过铁水侧的边界层向CaC_2颗粒表面扩散；

（2）在CaC_2颗粒表面上进行化学反应，生成CaS；

（3）硫从CaC_2颗粒表面向内部扩散。

在高温下，化学反应速度是很快的，所以步骤（2）不是脱硫反应的限制性环节。同时，实验表明，CaC_2圆柱体表面上的CaS反应层是多孔疏松的，硫很容易穿过反应层向内部扩散，试验进行了40min，铁水中的硫还在继续减少，这表明步骤（3）也不是脱硫反应的限制环节。相反，硫在铁水侧的边界层中的扩散是很慢的，是脱硫反应的限制性环节，因此脱硫速度可用下式表示：

$$\frac{d[\%S]}{dt}=-\left(\frac{A}{V}\right)\left(\frac{D_S}{\delta}\right)[\%S]=-k[\%S] \qquad (11-6)$$

式中 A,V——分别为反应界面积和铁水的体积；

D_S,δ——分别为硫在铁水中的扩散系数和边界层厚度；

k——表观速度常数。

由式（11－6）可知，增加反应界面积和扩散系数D_S，可以增大脱硫速度，这可用减小CaC_2的粒径、加强搅拌和提高温度等办法来实现。

实际脱硫用的碳化钙是含 CaC_2 约为 80% 的工业电石，它还含约 16% 的 CaO 和碳。CaC_2 和 CaO 一样，吸收铁水中的硫后要生成结壳，从而导致脱硫过程被阻滞。因此，使用的电石要粉碎至 0.12mm 左右，同时又要求电石粉不能太细，否则会在铁水温度下烧结而使脱硫率下降。

脱硫剂单一使用电石也不好，实践证明，单一的电石粉脱硫不但脱硫成本高，而且脱硫效果也不十分理想。例如，加入一定的石灰石粉，就可以提高 CaC_2 的利用率和脱硫命中率，$CaCO_3$ 分解产生 CO_2 又可防止碳化钙烧结；加入一定量石墨粉，能使反应界面保持还原性气氛，有利于脱硫反应和降低脱硫渣的熔点，还能够增加脱硫剂的流动性，从而使喷吹顺利进行。目前，国内已有多种碳化钙系复合脱硫剂面市。

从理论上讲，1kg[S]需用 2.5kg 工业电石或 3.1 ~4.0kg 复合脱硫剂（成分为 50% ~60% CaC_2，20% ~40% $CaCO_3$，10% ~15% CaO，0.5% ~5% C）。在特高温度（1535℃）且铁水中硫含量大于 0.05% 时，工业电石的脱硫率可达 60%，但在常规铁水温度下，其脱硫效率就相当低了，当铁水温度降到 1300℃ 或更低时，CaC_2 就不是好的脱硫剂了。

混铁车中喷吹 CaC_2 粉（粒度 <0.147mm（100 目））脱硫，铁水中最终硫的质量分数与脱硫剂用量和初始硫的质量分数的关系如图 11 -2 所示。根据不同的初始硫的质量分数和需要的最终硫的质量分数，可以从图 11 -2 中确定铁水最终硫的质量分数为 0.01% 条件下 CaC_2 利用率与铁水初始硫的质量分数的关系如图 11 -3 所示。从图 11 -3 中可见，铁水初始硫含量越低，CaC_2 的利用率就越低。

温度对 CaC_2 消耗量的影响如图 11 -4 所示。在处理条件相同的情况下，提高处理温度可以减少 CaC_2 的单位消耗量。

炉外脱硫的方法很多，主要有：

（1）机械搅拌脱硫法，是将搅拌器（为 T 形耐火材料管）放入铁水包内，通过机械传动对铁水直接进行搅拌，使铁水与脱硫剂充

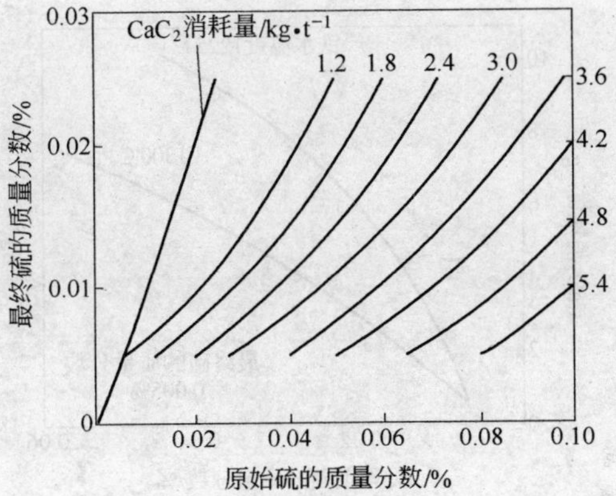

图 11-2 铁水最终硫的质量分数与 CaC_2 用量和原始硫的质量分数的关系

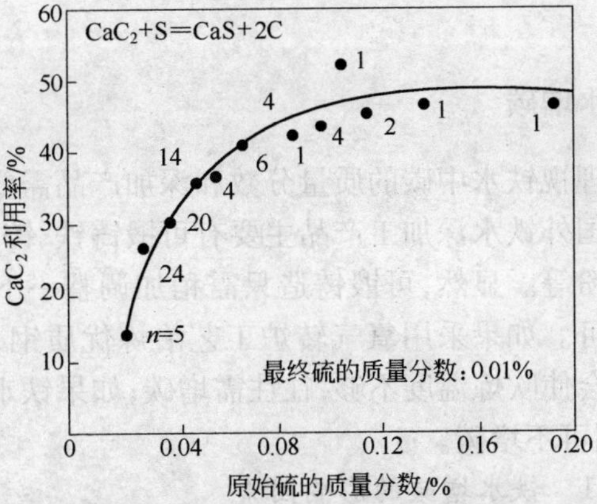

图 11-3 CaC_2 利用率与铁水初始硫的质量分数的关系

分混合；

(2)吹气搅拌脱硫法，是通过插入铁水中的石墨管或经铁水包底部透气砖吹入氮气，使加入包内的脱硫剂与铁水强烈混合；

(3)顶部喷粉法，是以载气(多为 N_2)将脱硫剂经顶部喷嘴吹入铁水包或熔炼炉铁水中。

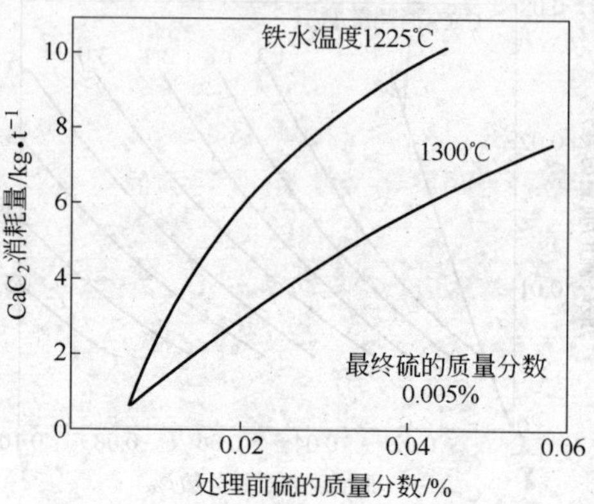

图 11－4　温度对 CaC_2 消耗量的影响

在熔炼钛渣所产铁水的后处理中，多采用喷粉法同时进行脱硫和增碳。

11.2.3　铁水增碳

增碳处理视铁水中碳的质量分数和深加产品需要的碳的质量分数而定。国外铁水深加工产品主要有可锻铸铁、铸造生铁、优质钢及雾化铁粉等。显然，可锻铸造只需稍加调整一下铁水中碳的质量分数即可。如果采用氧气转炉工艺冶炼优质钢，铁水中碳的质量分数低会使吹炼温度不够，往往需增碳；如果铁水用做电炉炼钢的炉料，则可不增碳。

11.2.3.1　铁水增碳的影响因素

铁水增碳速度及增碳剂中碳的吸收率，主要受增碳处理温度、铁水搅拌程度、增碳剂种类和铁水组成等因素的影响。

铁水增碳反应为：

$$3Fe + C \xlongequal{\quad} Fe_3C - 23kJ/mol \qquad (11-7)$$

该反应是个吸热反应，每增加 0.01% 碳，降温 0.5～0.6℃，所以只是提高温度就能促进铁液中碳的溶解。此外，饱和铁水中碳的质量分数与温度 t 关系为：

$$\%C_{饱} = 1.3 + 0.00257t \quad (11-8)$$

即温度越高,饱和铁水中碳的质量分数就越大,增碳程度就越大。因此,增碳处理时铁水温度对增碳和增碳剂利用率影响极大(见表11-2),增碳剂中碳的吸收率随铁水温度提高而增大。

表11-2 几种增碳剂吸收率与温度的关系

增碳剂	吸收率/%		
	刚熔化时	过热到1450℃	过热到1590℃
电极屑	85~88	87~92	90~95
沥青焦粉	80~85	82~87	85~90
冶金焦粉	70~75	77~82	80~85

铁水的搅拌运动越强,增碳效率越高。资料表明,当铁水在无搅拌情况下,温度在1400℃和1500℃时,铁水对增碳剂中碳的吸收率分别为25%和55%,而在搅拌情况下则分别提高到75%和90%。

采用包内冲入法增碳,由于碳与铁水接触时间短,增碳剂会很快上浮到铁水表面而烧损,特别是要求铁水中碳的质量分数由2%增加到4%的情况下,由于增碳后铁水中碳的质量分数接近碳在铁水中的饱和值,因此处理难度很大。

采用喷粉法可以使铁水对增碳剂的吸收率显著提高。对于喷粉法增碳,当铁水原始碳的质量分数为2%时,增碳剂单位消耗量与铁水中碳的质量分数的变化呈线性关系,但只能保持到铁水中碳的质量分数不超过3.5%,超过此范围则增碳率下降,如图11-5所示。

当铁水中碳的质量分数由2%增加到4%时,需喷入40kg/t(Fe)的增碳剂,碳的利用率为50%;而碳的质量分数从4.16%增至4.5%时,则需耗增碳剂65.2kg/t(Fe),此时碳的利用率仅为22%。

另有试验指出,对原始碳的质量分数为1.03%的铁水增碳至最终铁水中碳的质量分数为3.23%时,铁水每吸收1kg碳需消耗

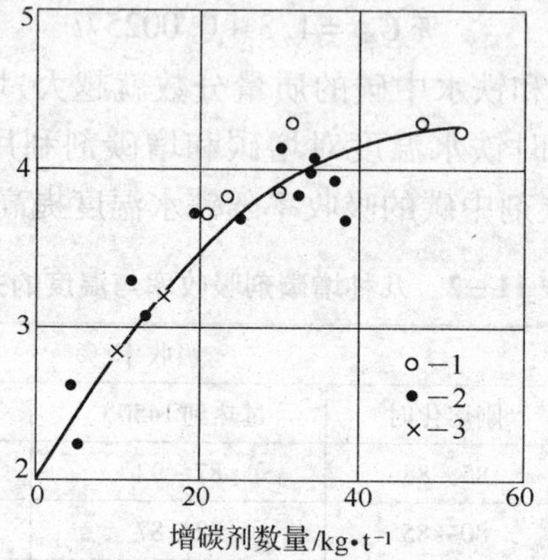

图 11－5　铁水包中喷吹增碳剂数量对铁液中碳的质量分数的影响

1—石墨;2—焦炭;3—煤粉

1.2kg 增碳剂;对原始碳的质量分数为 0.28% 的铁水增碳至最终铁水中碳的质量分数为 4.02% 时。铁水每吸收 1kg 碳需要消耗增碳剂 1.68kg。这说明只要铁水的碳没有超出饱和极限,铁水每吸收 1kg 碳所消耗增碳剂的数量差别不太大,一般波动在 1.3～2.2kg 的范围。

用铁水增碳量 Δ[C] 来表征增碳剂利用率,也可由钒钛磁铁矿金属化球团电炉熔分的铁水所进行的喷吹冶金焦粉得到的试验结果来说明,如图 11－6 所示,当焦粉喷入量约在 25kg/t 以下时,曲线斜率较喷入量约 25kg/t 以上时要大,碳的利用率高;喷入 40kg/t 焦炭粉时,统计的连续 60 炉的平均增碳量 Δ[C] 为 1.574%,增碳后平均碳含量为 3.62%(铁水原始碳的质量分数为 1.84%～2.26%),最高增碳量为 1.97%,增碳后铁水中碳的质量分数为 4.06%。

在不脱硫条件下喷吹增碳剂时,若是增碳剂的硫的质量分数较高则会使铁水增硫,如上述的焦炭粉中硫的质量分数约为 0.5%,铁水中碳硫增值比 $\frac{\Delta S}{\Delta C}$ 为 0.0077,即增加 2% 碳要增硫 0.015%,试验结果的平均增硫量为 0.018%,使增碳的铁水中硫的质量分数由 0.038%～0.050% 增加到 0.060%～0.080%;同时

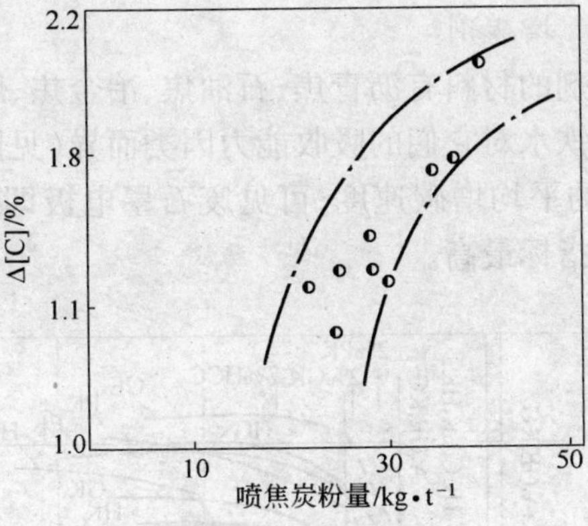

图 11－6　增碳量与喷焦炭粉量的关系

加一般的造渣脱硫，可使$\frac{\Delta S}{\Delta C}$降至 0.0026。

铁水的组成对增碳速度有着相当大的影响。铁水内碳饱和度越低，则吸收速度越快；硅和磷对铁水吸收碳有阻滞作用，而锰对吸碳有促进作用。图 11－7 所示为向初始碳的质量分数为 0.9% 的高硅铁水内添加 2.5% 的增碳剂时，碳的吸收和硅的烧损随时间的变化过程。

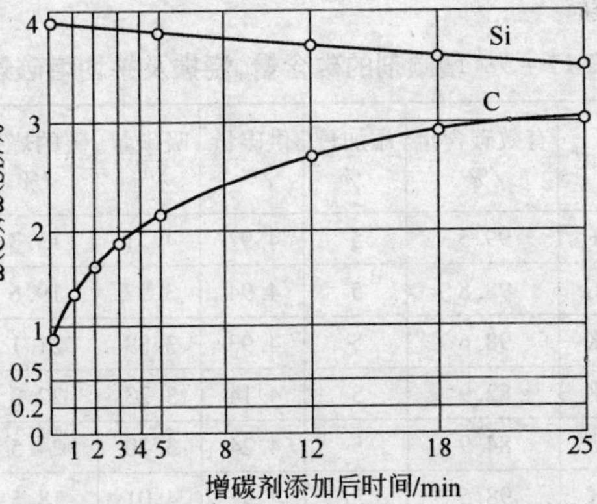

图 11－7　碳的增加和硅的烧损随时间的变化
（初始碳的质量分数为 0.9%，添加碳量 2.5%）

11.2.3.2　增碳剂

作为增碳剂的材料有沥青焦、石油焦、冶金焦、煅烧无烟煤、废石墨电极等。铁水对它们的吸收能力因类而异（见图 11－8）。表 11－3 为它们的平均增碳速度，可见废石墨电极即人造石墨的增碳效率的各项指标最高。

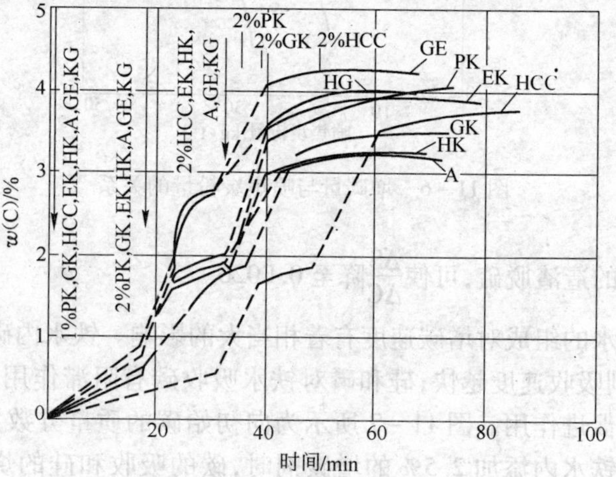

图 11－8　各种增碳剂的增碳效率

表 11－3　增碳剂的碳含量，烧损及平均增碳速度

增碳剂	标记	有效碳含量 /%	添加量 /%	供碳量 /%	吸碳量 /%	碳的烧损 /%	平均增碳速度 /%·min^{-1}
废石墨电极	GE	99.5	5	4.97	4.21	15.3	0.103
碳粒	KG	98.8	5	4.94	3.97	19.6	0.090
电极用碳	EK	98.6	5	4.93	3.89	21.1	0.084
木炭	HK	82.9	5	4.14	3.23	22.0	0.073
无烟煤	A	84.9	5	4.24	3.20	24.5	0.072
石油焦	PK	98.5	5	4.92	4.01	18.5	0.072
煤气焦	GK	87.3	5	4.36	3.47	20.4	0.072
高碳焦	HCC	93.3	5	4.66	3.71	20.4	0.058

选择增碳剂需要更多考虑的是成本、资源和硫的质量分数。虽然可在增碳的同时进行脱硫，但毕竟要增大脱硫的负担。废石墨电极可算是一种理想增碳剂，但受货源限制，不可能用于大规模生产领域。

增碳剂可以加入铁水包内，但在需要铁水增温时则要在铁水的第二熔炼设备工频感应电炉内加入。加入方式可以采取在铁水加热升温后，扒除铁水上面炉渣，然后成袋抛入增碳剂，利用感应搅拌将其卷入铁水内，经10～20min即可完成增碳处理；增碳剂在炉内的搅拌时间不能过长，时间过长反而会增加碳的烧损，降低碳的吸收率。

增碳剂最好的加入方式是喷吹法。在28t(2500kW)无芯感应电炉上的增碳测试结果表明，当喷枪插入深度1.2m、喷吹时间2～4min时，增碳吸收率达90%。将增碳剂和脱硫剂乃至合金剂进行混喷，效果可能最佳。

12 钛渣和优质高钛渣

12.1 钛渣的应用

由于自然资源有限，只有 TiO_2 富矿才适合用于生产钛白粉，所以早在20世纪60年代初，钛原料厂家就共同努力用钛铁矿加工高等级的产品以替代富矿原料，或将升级产品与钛铁矿或金红石混合用做生产钛白粉的原料。所有升级工艺的主要目的在于去除铁，有时也去除少量的其他杂质。通过升级工艺得到了两种中间产品：人造金红石和钛渣。

最早的升级产品为“索瑞尔”渣（起初产品中 TiO_2 的质量分数为72%，现在产品中 TiO_2 的质量分数为75%～80%），它是由魁北克的QIT公司于1951年利用拉克阿拉尔德的钛铁矿岩矿生产出来的。南非的RBM公司也采用同样的工艺将 TiO_2 的质量分数为47%的钛铁矿升级生产出了 TiO_2 的质量分数为85%的钛渣。挪威的廷佛斯公司（Tinfos）也使用了相同的技术，只是在熔炼过程前的加工工序上有所不同。

1995年，QIT公司在经过多年的研究后宣布，他们开发出了一种化学工艺，可通过去除MgO、CaO和铁以提高普通“索瑞尔”渣的等级。通过该工艺生产出的产品 TiO_2 的质量分数达到大约95%。该产品被称为富集钛渣（UGS）。工艺同时还产出另一种 TiO_2 的质量分数达83%的中间产品，称为热处理渣（HTS）。

随着直接用钛铁矿生产钛白粉的减少，钛渣成为钛白工业中最重要的原料。钛渣是通过电炉冶炼钛铁矿而生产出来的。基本过程是将 TiO_2 品位为36%～50%的钛铁矿在电炉中与焦煤混合，加热至1650～1700℃。冶炼结束时，有两种不同产品：熔融生铁和钛渣。在 TiO_2 品位较低、钛铁矿储量大、矿中杂质较少且有充足的廉价电力供给的地区，生产钛渣较为有利。

钛渣生产工艺的一大缺点是在提高钛的品位产出钛渣前不能将钛铁矿原矿中大部分少量杂质去除。这样，生产的钛渣就取决于原矿中杂质的质量分数，除非在工艺中采用化学深加工工序（如 QIT 公司的 UGS 新工艺）除去不需要的杂质。

钛渣生产的另一个缺点是渣中滞留了大约 10% 的 FeO，这使得 TiO_2 的质量分数最大只能在 86% 左右，更重要的是这要求在钛白生产工艺中使用额外的还原剂以及废物处理设备。

钛铁矿中杂质的质量分数直接影响钛渣的质量，许多杂质不会进入生铁而直接进入钛渣中。通常在 TiO_2 的质量分数低的钛铁矿中伴生的主要杂质有：碱金属的氧化物、钙和锰。在钛渣的原料成分中有时也反映放射性核素、钍和铀的情况，但通常这些成分在 TiO_2 的质量分数低的钛铁原料中的质量分数很低，所以也不会造成任何问题。

钛渣可分为氯化钛渣和酸溶性钛渣，两者之间的差别不仅仅是 TiO_2 品位的不同，还有杂质含量和物相组成的不同。氧化镁的质量分数低，TiO_2 的质量分数相对较高，以及粒度分布窄，主要参数 MgO + CaO 的质量分数不超过 1.6% 的氯化钛渣适宜于氯化法钛白的生产，而酸溶性钛渣的氧化镁的质量分数较高，TiO_2 的质量分数较低，粒度范围较大。比较两种等级的钛渣，可根据渣中碱性氧化物（MgO 和 CaO）的质量分数以及 TiO_2 品位的不同来判断。南非的两种钛渣产品 MgO 的质量分数均较低，最大质量分数仅为 1.1%，TiO_2 的质量分数较高，在 85% ~86% 之间，此类钛渣适用于氯化法钛白粉。索雷尔钛渣以及廷佛斯采用特尔尼斯钛铁矿生产出的钛渣，因钛铁矿原料中 MgO 杂质的质量分数分别为 2.9% 和 4.6%，导致产品中 MgO 的质量分数较高，而 TiO_2 的品位则较低，介于 75% ~80% 之间，所以仅适于用做硫酸法工艺生产钛白粉的原料。

由于硫酸法用钛渣粒度范围较大，所以在用硫酸进行酸洗处理前，应对钛渣进行破碎。相反，由于在氯化法生产工艺中会有细粉末被"夹带"的情况发生,所以氯化法要求钛渣粒度应更为均匀。因此,控制好氯化法用钛渣的粒度十分重要。

冶炼钛铁矿生产钛渣主要是工业发达国家的4家公司(见表12-1)。俄罗斯的Berezniki和哈萨克斯坦的Ust-Kamenogork也生产钛渣。钛渣标准规格见表12-2。

表12-1　全球钛渣主要生产商

公　司	位　置	产能 /kt·a^{-1}	原　料
QIT	加拿大魁北克索雷尔	1250	Lac Allard 岩矿,TiO_2 品位为35%
理查兹湾矿物	南非理查兹湾	1050	焙烧砂矿,TiO_2 品位为49%
Tinfos 钛铁公司	挪威 Tyssedal	200	Tellens 岩矿和少量砂矿,TiO_2 品位为45%
南马科瓦矿砂公司	南非 Saldanha 湾	235	砂矿,TiO_2 品位为48%

表12-2　钛渣规格　　(%)

成　分	硫酸渣		氯化渣		
	索雷尔	Tinfos	RBM	南马科瓦	UGS
TiO_2	80	77	85.5	86.0	95.0
Fe_2O_3	9				
FeO		8	10.8	9(Fe)	1.17
SiO_2	2.4	4.5	2.1	1.8	1.95
MgO	5.0	6.0	1.1	0.7	0.6
Al_2O_3	2.9	1.7	1.3	1.4	0.60
Cr_2O_3	0.17	0.12	0.17	0.09	0.03

钛白工业用原料一般按其对钛白生产工艺(氯化法或硫酸法)的适用性分类,见表12-3。差异的识别依据于一系列影响钛白厂性能的参数。但根据经验,氯化法钛白生产用原料的TiO_2品位高于硫酸法钛白所用原料。

表 12-3 氯化法和硫酸法原料 TiO_2 品位 (%)

氯化法原料	TiO_2 品位	硫酸法原料	TiO_2 品位
人造金红石	90~97	钛铁矿	45~55
金红石	92~96	酸溶钛渣	75~85
高钛渣	93~96		

12.1.1 钛渣生产中的关键环节

如图 12-1 所示，在 $FeO \cdot TiO_2$ 相图上，当钛在高位时，要求冶炼温度范围达到 1650~1700℃才能保证工艺中正常的热动态条件。另外，在冶炼中不能生产过量的金红石，这对生产硫酸法用钛渣尤为重要，同样，还应生成适宜的 M_3O_5 相物，该物质在硫酸中可溶。

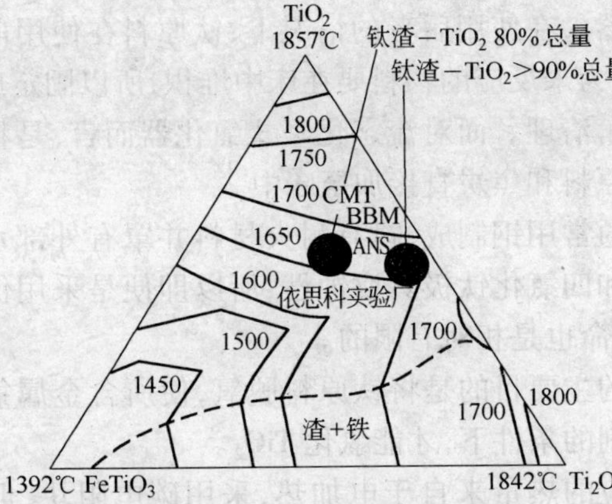

图 12-1 $FeO \cdot TiO_2$ 相图

应该注意的是，不能将 FeO 的质量分数降至已知水平以下，这是钛铁矿冶炼中的一大限制因素。因为这其中同时发生了两个反应：

$$FeO + C = Fe + CO$$

$$2TiO_2 + C = Ti_2O_3 + CO$$

在生产钛渣时，随着 FeO 的质量分数的下降，TiO_2 的质量分数升高，但液体钛渣的黏度增加。为便于出炉，所以就要求升高冶炼温度。由于 FeO 具有助熔剂的作用，增大 FeO 的质量分数有利于降低钛渣的黏度。因此，应设定一个合适的 FeO 的质量分数，通常在 8% ~10% 之间。

工艺高温的要求也对冶炼炉的耐火衬提出了要求。炉壁熔穿的事故时有发生，炉衬应为水冷设计，使钢质内衬上附着一层渣，以防止炉壁熔穿。

12.1.2　氯化钛渣在氯化工艺中的应用

氯化钛渣与烧结石油焦和预热后的氯气混合在 800 ~1000℃ 的温度下进行反应。一些生产商，尤其是美礼联（Millennium）和英国的 Tioxide，使用冶金焦和石油焦混合物作还原剂。

反应是在流态化氯化器中进行的，有些生产商使用固定床式或竖式氯化器。在使用后者的情况下，钛原料在使用前必须制成团或烧结，因为未反应的物料要在床中堆积，所以固定床式氯化器必须定期停车清理。而对流态化竖式氯化器而言，是将预定粒度范围内的钛原料和焦炭直接加至床中。

氯化器通常用钢制成，衬有耐火材料并罩有外部水冷套。高温下的氯气和四氯化钛极具腐蚀性，所以即便是采用优质耐火材料，其使用寿命也是相对有限的。

焦中碳的主要目的是将钛原料脱氧，使所含金属氯化。只有在存在还原剂的条件下，才能氯化 TiO_2。

最初反应的热量来自于电加热，采用碳电阻块，但一旦开始后，氯化反应将放出足够的热量，无需进一步外部加热。事实上，为了控制氯化温度，加入氯化器的焦和钛原料的量必须精确。如果氯化器的温度太低，原料中的 TiO_2 转化成 $TiCl_4$ 将不充分，而且未反应的氯气将通过氯化器逸出炉外。如果温度太高，流态化床中的含钛物料若含 CaO 和 MgO 等物料将容易被熔化，氯化器中的筛板易被“堵塞”。

要求使用的氯化钛料中 CaO 和 MgO 质量分数低的原因是：这

些物质在氯化反应温度下会生成液态的氯化物，它们会对流体化床的正常工作造成不利并阻塞工艺的出口通道。对于 MnO，情况也是如此，只是对它的质量分数要求不像 CaO 和 MgO 的质量分数那么严格。值得一提的是 3 种氯化物的熔点和沸点，见表 12－4。由表 12－4 可知，3 种氯化物中 $CaCl_2$ 的害处最大，所以在钛原料中对 CaO 的质量分数的要求最为严格。

表 12－4 氯化钙、氯化镁和氯化锰的熔点、沸点 （℃）

项 目	熔 点	沸 点
$CaCl_2$	772	1600
$MgCl_2$	708	1412
$MnCl_2$	680	1190

12.1.3 酸溶性钛渣在硫酸法钛白工艺中的应用

12.1.3.1 酸溶性钛渣物相分析

酸溶性钛渣由钛精矿经电炉还原熔炼所得，TiO_2 品位约为 75%，适合用于硫酸法制取钛白。由于钛的氧化物是一种非化学计量化合物，在高温还原气氛下，钛可呈现二价、三价、四价的阳离子，它们的氧化物与其他二价、三价的金属氧化物形成几种复杂的固溶体。酸溶性钛渣中的主要物相通常是黑钛石（安诺石）$[m(MO \cdot 2TiO_2) \cdot n(M_2O_3 \cdot TiO_2)]$，它富集了大部分 TiO_2，且易被硫酸溶解。在电弧炉熔分金属化球团过程中，黑钛石的形成主要与熔炼温度和还原度（$\sum Ti_2O_3/\sum TiO_2$）等工艺因素有关，同时也要求有 Mg^{2+}、Al^{3+}、Fe^{2+} 等离子以稳定其结构，因而黑钛石本身也是一种非常复杂的固溶体。

经电弧炉熔炼的钛渣由于含钛物料及工艺因素的不同，在物相结构上有较大的差异，且直接影响酸解率。酸溶性钛渣的物相组成情况如下。

黑钛石：为 TiO_2 主要赋存相，占总渣量 50% 以上，X 光分析为

$MgTi_2O_5$ 型结构，一般呈粒状、柱状。$Fe_2MgTi_3O_{10}$ 型变体一般是以 $FeTi_2O_5$ 为主的黑钛石，呈宽板状。

硅酸盐：辉石 $m[CaO\cdot(Mg,Fe)O\cdot 2SiO_2]\cdot n[CaO\cdot(Al,Ti)_2O_3\cdot SiO_2]$，霞石（$NaAl\cdot SiO_4$）。

玻璃：与硅酸盐同为杂质赋存相充填于黑钛石及其他矿物之间；偏钛酸镁：Ti_2O_3-MgO-TiO_2 固溶体，粒状、少量（约7%）。

尖晶石：$MgO\cdot Al_2O_3$ 约5%，多以菱形析出；钙钛矿：$CaO\cdot TiO_2$ 约2%，多呈网格枝晶。

钛铁矿：$FeO\cdot TiO_2$，多呈黑钛石镶边结构。

以上各物相均为固溶体。

酸溶性钛渣的岩相分析如图12－2所示（（a）中1、2、3、5、7、8为黑钛石，6为金红石，4、9为硅酸盐相；（b）中1、3为纯净金红石；2为金红石化黑钛石；4、8为黑钛石；5、6为硅酸盐）。

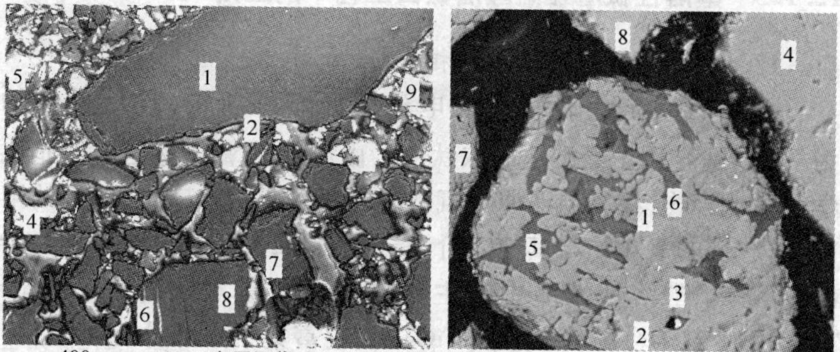

图12－2　酸溶性钛渣岩相分析

从分析结果看（见表12－5和表12－6），酸溶性钛渣的主要物相都为黑钛石，其次为硅酸盐相，黑钛石以不等粗大粒状的结构为主，次为柱状结构，硅酸盐相为不规则的粒状结构。金红石和金红石化黑钛石中的钛基本不能酸解。如果钛渣中金红石和金红石化黑钛石的质量分数增加，会对钛渣的酸解率有较大的负面影响。

酸溶性钛渣的冷却一般都采用急冷处理工艺。

表 12-5 酸渣物相组成及体积分数 (%)

组　成	黑钛石	硅酸盐	金红石	金属铁 + 硫化铁
酸溶性钛渣	89 ~ 92	5 ~ 8	1 ~ 3	0.7

表 12-6 酸渣各物相扫描电镜能谱分析 (%)

各物相组成	O	Mg	Al	Si	Ca	Ti	Mn	Fe
黑钛石	36.21	1.21	1.30			51.28		10.00
金红石	40.72					59.28		
硅酸盐	50.39		6.99	33.20	6.32	1.73		1.36
金红石化的黑钛石	38.11		0.90			56.15		4.84

12.1.3.2 酸溶性钛渣制备钛白粉

酸溶性钛渣制取钛白粉的工艺流程与钛精矿基本相同，只是省去了冷冻除铁工序，另外，由于酸溶性钛渣中低价钛的质量分数较高，酸解后的钛液在浸取过程中不需要加入铁粉或铁屑进行还原，反而需加入氧化剂对溶液中过量 Ti^{3+} 进行还原。

相对钛铁矿而言，酸溶性钛渣在工业上的应用不仅省去了冷冻除铁工序，还可提高磨矿、酸解、沉降、板框压滤、浓缩、水洗的生产能力，相应减少这些工序的工作人员，同时能减少吨钛白的硫酸消耗，因此相对旧厂而言，酸溶性钛渣在工业上的应用在新建硫酸法钛白粉厂有更好的经济效益；由于相对钛铁矿而言酸溶性钛渣不会产生硫酸亚铁，并减少吨钛白的废酸产出，因此有显著的社会效益。

12.2 优质高钛渣

12.2.1 魁北克铁钛公司生产 UGS 渣概况

加拿大魁北克钒钛公司（QIT）于 1948 年在 Kennecott 铜业公司与新泽西锌业公司的合资公司基础上成立，主要从事钛渣冶炼业务，总部位于魁北克的 Tracy（距蒙特利尔约 80km），其中包括 QIT。1989 年以来，QIT 一直是里奥·庭托公司的全资子公司。

QIT 是第一家把 TiO_2 的质量分数较低的钛铁矿富集提高其品位的公司，该公司主要流程和产品如图 12－3 所示。

20 世纪 50 年代初期，该公司开发了一种工艺，冶炼魁北克北部钛铁矿生产钛渣。最初钛渣中 TiO_2 的品位为 72%，非常适合于硫酸法钛白生产。尽管索雷尔钛渣的 TiO_2 品位已提高到 78%～80%，但仍只能作为硫酸法钛白生产的原料，其钙镁的质量分数过高不适于氯化法钛白的生产。

20 世纪 60 年代，第一个商业化氯化法钛白厂建成；20 世纪 70 年代，QIT 认识到氯化法工艺越来越流行，于是着手开发可直接氯化的钛渣产品以补充其酸溶渣；20 世纪 70 年代末，采用 QIT 的冶炼技术冶炼南非理查兹湾的海滨砂，达到了两个目的：一是为商业开发理查兹湾钛矿资源提供了基础，二是给 QIT 提供了生产氯化渣的机会。与此同时，QIT 继续研究如何将索雷尔钛渣转化成氯化法钛白的生产原料。1997 年，QIT 通过对部分索雷尔钛渣的处理，降低其 MgO 和 CaO 的质量分数，生产出首批 UGS 渣，TiO_2 的品位从 80% 提高到 95%。1999 年底，投资 3.1 亿美元的 UGS 渣生产装置全部投产，初始产能 200kt/a。

为适应全球氯化法钛白工艺的快速发展，1996 年初，QIT 宣布投资 26 亿美元在索雷尔建一座新厂，将常规索雷尔渣转化为 UGS 渣。从成分对比分析可以看出，UGS 渣中 MgO 和 CaO 的质量分数比普通渣低很多，完全适合做四氯化钛原料，可与天然金红石媲美，因为天然金红石是过去能得到的最高品位钛原料，此外 UGS 渣放射性元素 U＋Th 的质量分数非常低。

新厂年生产能力为 200kt UGS 渣，于 1997 年三季度投产，1999 年二季度 UGS 渣生产能力达到 200kt/a。此后进一步扩能，达到 250kt/a。2005 年春季，QIT 公司投资 1.07 亿美元对 UGS 设备做进一步的扩能，将 UGS 渣生产能力从 250kt/a 提高到 325kt/a，2005 年 10 月，QIT 公司再次宣布投资 9500 万美元对该设备扩能，

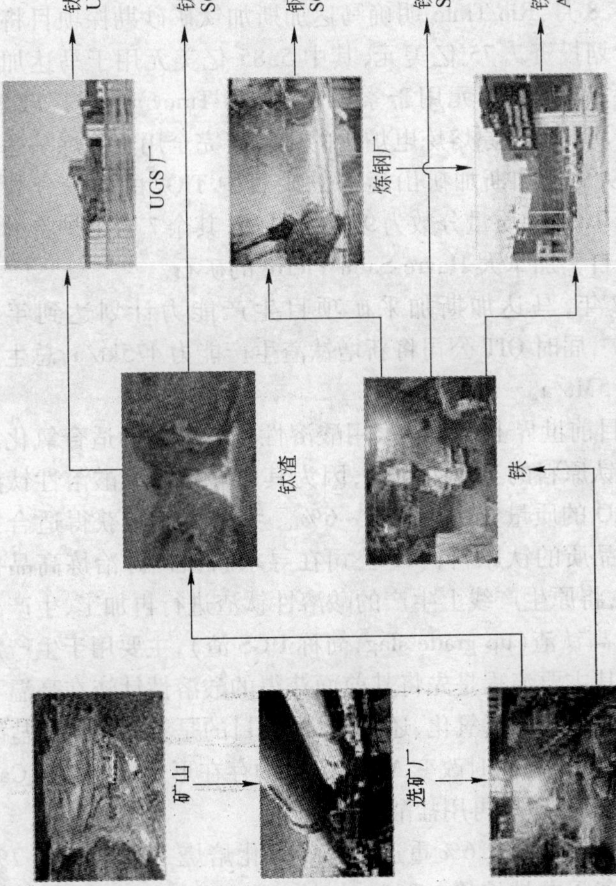

图 12－3 魁北克铁钛公司现有生产工艺流程

将生产能力进一步提高到 375kt/a。

自 20 世纪 80 年代中期以来，QIT 一直在海外寻求新的钛资源，与马达加斯加政府合作，参加了马达加斯加钛砂矿勘探工作。目前已经探明马达加斯加的钛资源储量至少有 25Mt 钛铁矿，这种矿含 60% 的 TiO_2，碱土金属的质量分数低，适合做氯化渣。QIT 在与马达加斯加政府的合资项目中占 49% 的股份。

2005 年 8 月，Rio Tinto 明确马达加斯加钛矿砂勘探项目将继续进行。计划投资 7.75 亿美元，其中 5.85 亿美元用于马达加斯加采矿建设，1.90 亿美元用于索雷尔（Sorel-Tracy）冶金厂改建。索雷尔冶金厂 9 台还原熔炼电炉中的 2 台将完全用于冶炼马达加斯加钛矿（从马达加斯加矿山运来的矿石中 TiO_2 的质量分数为 60%），生产 TiO_2 的质量分数为 90% 的钛渣，其余 7 台电炉将继续用于冶炼来自于加拿大 Havre-Saint-Pierre 的矿石。

到 2012 年，马达加斯加采矿项目生产能力计划达到年产 750kt 钛铁矿，届时 QIT 公司将新增钛渣生产能力 475kt/a，总生产能力可达 1.5Mt/a。

QIT 是目前世界上唯一一家用酸溶性钛渣升级为适合氯化法钛白高品质钛原料的工业生产商，因为其电炉冶炼出酸溶性钛渣中 CaO + MgO 的质量分数为 4% ~6%。为了进一步获得适合氯化法钛白高品质的钛原料，QIT 公司在寻求新钛矿源冶炼高品位钛渣的同时，将原生产线上生产的酸溶性钛渣进行再加工，生产品位达 95% 的高钛渣（up grade slag，简称 UGS 渣），主要用于生产氯化法钛白。其主要流程是先将其前面获得的酸溶性钛渣在高温下加入适当的添加剂进行氧化、还原焙烧，其目的是将钛氧化成盐酸不溶的金红石 TiO_2，同时改变 MgO、CaO 的存在形式，使 MgO、CaO 便于稀盐酸浸出，最后再用盐酸和碱浸出。

具体的工艺是：36.6% 重选精矿→氧化焙烧→磁选→37.7% 磁选精矿→密闭电炉熔炼→80% 钛渣→高温氧化→高温还原→（浓）盐酸加压浸出（大于 150°C）→94% 富集钛渣→碱浸除硅→96% UGS。从原矿到 UGS 各工序产品组成见表 12 - 7。

表 12－7　QIT 制造 UGS 各工序产品化学组成（质量分数）　（%）

产品名称	原矿	重选精矿	焙烧磁选精矿	钛渣	酸浸产品	碱浸产品
TiO_2	34.3	36.6	37.7	80.0	93.93	95.98
FeO	27.5	29.5	28.8	9.6		
Fe_2O_3	25.2	26.5	28.9		1.09	1.09
FeO				0.6		
Ti_2O_3				17.0		
SiO_2	4.5	2.5	0.6	2.5	2.77	1.04
Al_2O_3	3.5	3.0	1.0	2.9	0.69	0.65
MgO	0.16	3.2	2.9	5.3	0.74	0.73
CaO	0.10	0.5	0.1	0.6	0.12	0.12
MnO	0.27	0.16	0.2	0.25	0.05	0.04
Cr_2O_3	0.25	0.10	0.10	0.17	0.06	0.01
V_2O_5		0.36	0.36	0.56	0.35	0.32
S		0.25	0.02	0.1		
C				0.1		

12.2.2　攀枝花钢铁集团公司生产 PUS 渣概况

攀枝花及其周边地区钛资源属钛铁矿岩矿类，用此冶炼出来的钛渣中 CaO + MgO 的质量分数高达 7% ~11%，几乎是 QIT 的酸溶性钛渣质量分数的 2 倍，显然，这种钛渣不适合氯化法钛白工业的原料要求，为开发具有攀枝花资源特色的高品质富钛料，攀枝花钢铁集团公司独立开发出了 PUS 富钛料技术。

PUS 渣生产工艺流程如图 12－4 所示。由图 12－4 可知，该工艺可得到两种产品，一种是颗粒度在 0.1 ~1mm 的 PUS 升级钛渣，另一种是颗粒度小于0.1mm的酸溶性钛渣。PUS升级钛渣用做氯化法钛白的高级原料，酸溶性钛渣用做硫酸法钛白的高级原料。该工艺所得到的两种产品的质量见表12－8和表12－9，其中，PUS升级钛渣颗粒度分布见表12－10。

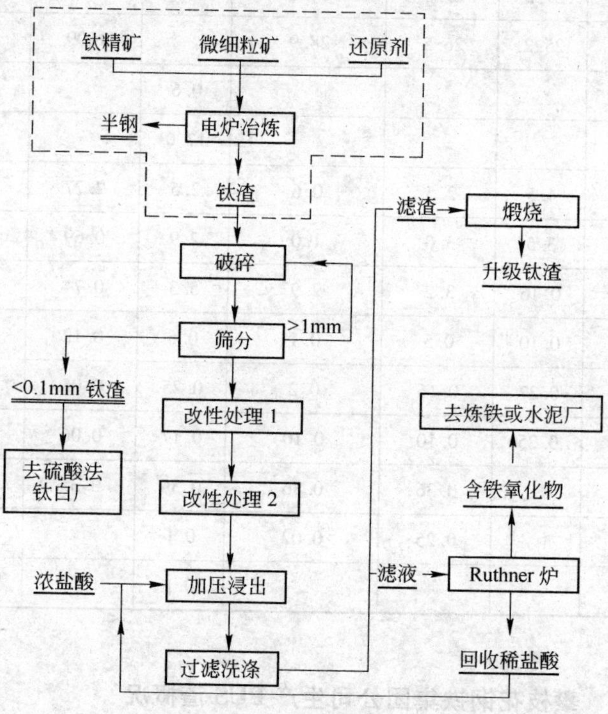

图12－4 PUS渣生产工艺流程

表12－8 PUS渣工艺处理混合矿所得产品的化学成分 (%)

种 类	TiO_2	Ti_2O_3	FeO	CaO	MgO	SiO_2	Al_2O_3	MnO
酸溶性钛渣	77.35	3.86	11.96	1.30	3.91	3.56	1.53	1.13
PUS钛渣	89.74	<0.5	1.67	0.82	0.532	4.03	0.584	

表 12-9 PUS 渣工艺处理全云南矿所得产品的化学成分（%）

种 类	TiO_2	Ti_2O_3	FeO	CaO	MgO	SiO_2	Al_2O_3	MnO
酸溶性钛渣	83.45	3.86	11.96	0.499	2.51	3.56	1.53	1.13
PUS 钛渣	92.33		<0.5	0.354	0.47	2.31	0.36	

表 12-10 PUS 原料与产品物料粒度分布情况 （%）

粒度	>70.83	0.38 ~ 0.83	0.18 ~ 0.38	0.12 ~ 0.18	0.096 ~ 0.12	0.074 ~ 0.096
原料	1.60	29.49	33.26	26.40	4.11	5.14
PUS 钛渣	0.10	25.84	32.36	32.40	4.13	5.17

这个工艺最突出的优点就是升级钛渣的颗粒基本保持不变，其中 0.38mm 以上的有变细的趋势，这并不是化学作用造成的，而是流态化氧化工序加料螺旋机械作用的结果。产品达到了沸腾氯化指标要求，但尚处于实验室阶段。

就两种工艺而言，其差别的主要原因是攀枝花矿与 QIT 所用矿在化学组成上有很大差别：

(1) QIT 所用的是含赤铁矿的钛铁矿，含钛低而含铁高，直接采用酸浸法制造人造金红石是不经济的，因此采用钛渣—酸浸制造 UGS 工艺路线。另外，QIT 所开采的是一种特有的富矿，采矿和选矿成本非常低，又有廉价的水电，因此制造的钛渣和 UGS 的利润很高。攀枝花矿含钛高而含铁低，可以直接采用酸浸法制造人造金红石，这是与 QIT 矿的重要区别。

(2) 两种精矿中的 SiO_2 的质量分数也有较大差别。QIT 的入炉精矿中 SiO_2 的质量分数只有 0.6%；而攀枝花矿中 SiO_2 的质量分数高达 3.5%，如果采用原矿直接入炉方案炼钛渣，其 SiO_2 的质量分数将高达 5% 以上，用这种钛渣制造的 UGS 中 SiO_2 的质量分数将高达 6% 以上，必须碱浸除硅才可能获得较高品位的 UGS 产品。如果没有碱浸除硅工序，只能获得 90% 以下的产品。

13 新流程熔分钛渣

13.1 钒钛磁铁矿转底炉煤基直接还原的新流程及其特点

13.1.1 钒钛磁铁矿转底炉煤基直接还原新流程

转底炉的炉底是一种环形的并可旋转的盘状结构，也称为环形炉，其特点是炉料放在环形炉底上，炉料通过布料机均匀地布在炉底上，在炉子内部有加热的喷嘴，将炉料加热，直接还原的炉温可达到1300℃以上，每旋转一圈的炉料通过螺旋排料机将之排出炉外，一般出料温度可达1000℃以上。炉料在炉内的停留时间可根据要求调节，直接还原的时间可控制在15～25min以内。因此，还原温度高、时间短、炉料不动炉盘转动是其主要特点。对钒钛磁铁矿来说，转底炉煤基直接还原是解决其难还原和还原低温膨胀两个难题的最佳方案之一。

钒钛磁铁矿转底炉直接还原－电炉熔分新工艺流程（简称新工艺流程）如图13－1所示。具体步骤为：

（1）将钒钛磁铁矿铁精矿粉与煤粉混合后，用黏结剂将其压制成球团。

（2）将球团通过布料机布置在转底炉炉底，一般入炉温度在1000℃以上。

（3）用煤气或天然气加热转底炉，加热温度控制在1300～1400℃。

（4）经过15～25min的还原，得到的金属化球团（DRI）通过螺旋排料机排出到炉外。

（5）从转底炉出来的DRI可以排到密闭的或用惰性气体保护的保温容器中，以防止其再氧化，或直接进入到电炉中进行渣铁熔化分离。

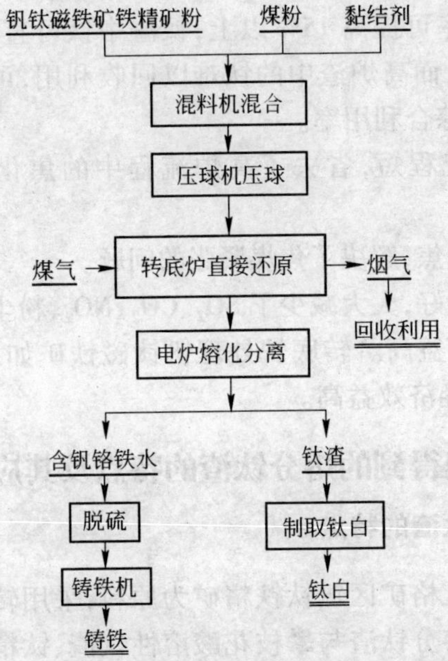

图 13－1 钒钛磁铁矿转底炉直接还原工艺流程

(6)电炉熔分后得到含钒(或含钒铬)的铁水和钛渣。

(7)含钒铬的铁水可通过脱硫后直接用于铸造件;也可按传统方法吹取钒铬渣作为提取钒铬的原料,半钢炼钢。

(8)得到的钛渣可作为提取钛白的原料。

13.1.2 新流程的主要特点

通过上述工艺实现了钒钛磁铁矿中的铁钒钛综合回收利用的目的。与传统的高炉—转炉处理钒钛磁铁矿的流程相比,采用转底炉直接还原处理钒钛磁铁矿的新流程具有的主要特点为:

(1)可以全钒钛矿冶炼。对于高钛型钒钛磁铁矿,可以不配加普通铁矿,全钒钛矿冶炼,而高炉冶炼需要配加30%以上的普通铁矿来稀释钛。

(2)铁钒钛的回收率大大提高。铁的回收率可提高2%～3%;钒的回收率可提高15%以上;钛渣中钛可直接利用,回收率可提高到99%,而高炉渣中的钛难以回收利用,可大大提高钒钛磁铁矿中钛的综合利用率。

(3)工艺流程短,省去了高炉流程中的焦化、烧结、球团等工艺。

(4)以煤代焦,解决了焦煤紧张的问题。

(5)环境友好,大大减少了SO_2、CO_2、NO_x、粉尘的排放量。

(6)经济效益高。转底炉处理钒钛磁铁矿如果大型化后,将会比高炉流程经济效益高。

13.2 新流程得到的熔分钛渣的特点及其应用

13.2.1 熔分钛渣的特点

以攀枝花红格矿区钒钛铁精矿为原料,采用转底炉直接还原新流程得到的熔分钛渣与攀枝花酸溶性钛渣、钛精矿化学成分的比较见表13－1。

表13－1 新流程熔分钛渣和酸溶性钛渣、钛精矿主要成分 (%)

成 分	TFe	TiO_2	V_2O_5	Cr_2O_3	Al_2O_3	SiO_2	CaO	MgO
钛精矿	28.30	47.10	0.057	0.010	1.790	3.960	1.15	1.78
酸溶性钛渣	3.44	72～74	0.067	0.018	1.80	2.69	0.332	1.05
新流程熔分钛渣	2～4	约50	0.3～0.5	0.1～0.3	9～13	12～15	4～8	9～10

从表13－1可以看到,新流程熔分钛渣化学成分有如下几个特点:

(1)TiO_2的品位与钛精矿相当或稍高,而远低于酸溶性钛渣(72%～74%);

(2)铁的含量比较少,铁的含量大大低于钛精矿,接近于酸溶性钛渣。铁反应放出的热量少,因而在酸解反应的初始阶段还需提供部分热量。

(3)钒和铬含量是普通钛矿的5～10倍以上，而铬、钒是影响钛白质量的主要有害元素。

(4)铝、镁的含量也是普通钛矿的10倍以上，铝、镁含量过高，不仅影响钛液的沉降和净化效果，而且当黑钛液温度降低时，会导致浓钛液凝聚成膏状，使生产难以连续进行。

(5)硅、钙含量是钛精矿和酸溶性钛渣的几倍，虽然两者对酸解反应影响不太明显，但会影响酸解沉降效果以及增加酸解后的堆渣。

13.2.2 熔分钛渣在硫酸法钛白中的应用

13.2.2.1 单独使用熔分钛渣制取钛白

单独使用新流程熔分钛渣作为制取钛白的原料，实验室试验结果表明：

(1)酸解条件较为苛刻，反应酸浓度在96%～98%，所以无法添加使用浓缩废酸，对废酸的利用几乎为零。

(2)新流程熔分钛渣中的硅、铝、钙、镁等杂质含量高，使得絮凝剂的加入量以及沉降时间都有所增加，不仅增加了生产成本，还降低了生产效率。

(3)新流程熔分钛渣中铝含量高，需要增加除铝剂的配置罐以及冷冻结晶、过滤装置。

(4)新流程熔分钛渣中钒、铬、锰等重金属有色元素含量较高，而且波动较大，因此，会导致钛白粉产品质量不稳定。

(5)新流程熔分钛渣要独立制备出合格的颜料级金红石钛白粉，对钛渣的重金属元素有一定的要求，钒、铬总量小于0.7%。

基于上述原因，目前没有进行独立使用新流程熔分钛渣制备金红石钛白粉的工业试验。

13.2.2.2 新工艺流程熔分钛渣与钛精矿混合制取钛白

针对新流程熔分钛渣的特点，其利用的途径最简单可行的方法是将钛渣与钛精矿混合酸解。在钛白粉厂现有装置条件下，不增加任何设备、成本的情况下，车间采用新流程熔分钛渣与钛精矿混合矿酸解的方法的优点为：

(1)混矿酸解后铝离子浓度较低，不会影响钛液的浓缩过程，不需要增加设备去结晶除铝，不增加新的产物（硫酸铝铵或者硫酸铝钾）。

(2)不需要增加絮凝剂的使用量，在不增加任何成本的条件下，可回收利用新流程熔分钛渣。

(3)由于新流程熔分钛渣中低价钛较多，混矿酸解可以降低还原铁粉的使用量。

(4)可以减少亚铁的产出量。

实验室试验和工业化试验结果表明，新流程熔分钛渣和钛精矿按一定的比例混合酸解制备颜料级金红石钛白粉是完全可行的。其酸解率大于95%，水解率大于94.5%，钛白粉窑下品亮度95左右。颜料性能与单独的钛精矿生产的产品无异，并且不添加任何设备和增加任何工序的生产费用。同时，能够制备出优异的颜料级金红石钛白粉。

新流程熔分钛渣目前的价格比钛精矿价格要便宜得多，可以降低钛白生产的成本。

综上所述，新流程熔分钛渣混合钛精矿酸解制备钛白粉是目前解决新流程熔分钛渣最佳的途径之一。

13.2.3　利用新流程熔分钛渣制取钛铁合金

13.2.3.1　基本原理

铝热法制取钛铁是用铝作为还原剂，将 TiO_2 还原生成 Ti 和 Al_2O_3。由于反应产生的热量不能满足反应继续进行所需的动力学活化能，也就是不足以维持反应继续进行，所以传统铝热法中还需投入 Fe_2O_3、FeO 以及发热剂（$KClO_3$），利用 Fe_2O_3、$KClO_3$ 和 Al 反应产生的热量维持反应继续进行到底（电炉来补热）。以生成 1mol 金属（或 TiO）为基准，其主要反应为：

$$\frac{4}{3}Al + TiO_2 = Ti + \frac{2}{3}Al_2O_3 \qquad (13-1)$$

$$\Delta G^{\ominus} = -180951 + 37.92T$$

$$TiO_2 + \frac{2}{3}Al = TiO + \frac{1}{3}Al_2O_3 \quad (13-2)$$

$$\Delta G^{\ominus} = -134576 + 4.28T$$

$$\frac{2}{3}Al + TiO = Ti + \frac{1}{3}Al_2O_3 \quad (13-3)$$

$$\Delta G^{\ominus} = -46376 + 33.65T$$

$$\frac{2}{3}Al + TiO + \frac{1}{3}CaO = Ti + \frac{1}{3}CaO \cdot Al_2O_3 \quad (13-4)$$

$$\Delta G^{\ominus} = -52376 + 27.37T$$

$$FeO + \frac{2}{3}Al = Fe + \frac{1}{3}Al_2O_3 \quad (13-5)$$

$$\Delta G^{\ominus} = -296942 + 43.16T$$

$$\frac{1}{2}Fe_2O_3 + Al = Fe + \frac{1}{2}Al_2O_3 \quad (13-6)$$

$$\Delta G^{\ominus} = -433952 + 36.06T$$

$$\frac{1}{2}V_2O_5 + \frac{5}{3}Al = V + \frac{5}{6}Al_2O_3 \quad (13-7)$$

$$\Delta G^{\ominus} = -160625 + 26.13T$$

$$Cr_2O_3 + 2Al = 2Cr + Al_2O_3 \quad (13-8)$$

$$\Delta G^{\ominus} = -57200 + 3.915T$$

$$MnO_2 + \frac{4}{3}Al = Mn + \frac{2}{3}Al_2O_3 \quad (13-9)$$

$$\Delta G^{\ominus} = -36740 + 4.82T$$

实际反应过程还要更复杂，据文献报道，实际上 TiO_2 的还原是按以下过程逐级进行的：

$$TiO_2 \rightarrow Ti_nO_{2n-1}(n>10) \rightarrow Ti_nO_{2n-1}(10>n>4) \rightarrow Ti_3O_5 \rightarrow Ti_2O_3 \rightarrow Ti_xO_y \rightarrow TiO \rightarrow Ti \quad (13-10)$$

13.2.3.2 试验原料

试验主要原料为钛精矿、新流程熔分钛渣、铝粉和石灰等。各原料化学成分见表 13-2 和表 13-3。

表 13－2　钛精矿、新流程熔分钛渣主要化学成分　（%）

化学成分	FeO	TiO_2	V_2O_5	Cr_2O_3	SiO_2	Al_2O_3	Fe_2O_3
钛精矿	32.90	48.13	0.11	0.023	1.45	1.45	8.23
化学成分	TFe	MFe	V_2O_5	TiO_2	CaO	MgO	MnO
新流程熔分钛渣	0.67	0.75	0.98	55.19	6.84	9.83	0.693

表 13－3　铝粉化学成分和粒度

铝　粉	w(Al)/%	颗粒度/mm(目)
铝粉 1	≥99.97	0.370(40)
铝粉 2	≥99.97	0.175(80)

13.2.3.3　FeTi30 标准

国家规定的 FeTi30 标准见表 13－4。

表 13－4　国家 FeTi30 化学成分标准　（%）

牌　号	Ti	P	Al	Si	S	C
FeTi30-A	25.0～35.0	0.05	8.0	4.5	0.03	0.10
FeTi30-B	25.0～35.0	0.06	8.5	5.0	0.04	0.15

13.2.3.4　工艺路线

电热还原法冶炼钛铁工艺路线如图 13－2 所示。

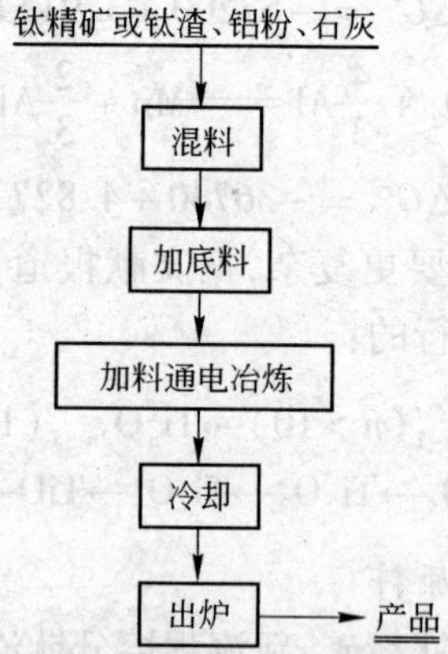

图 13－2　电热还原法冶炼钛铁工艺路线

13.2.3.5 试验结果及讨论

冶炼过程中钛渣的颜色随石灰加入量的增加而变白。钛铁以40mm以下的块状夹杂在剩余残渣中,在冶炼过程中,渣中无钛铁颗粒,底部为钛铁和渣的夹杂。在冶炼过程中,钛和铁的氧化物被还原后,逐渐沉到底部,在底部钛铁又逐渐聚合在一起,聚合在一起的钛铁浮在底部渣铁的面上,来不及聚合在一起的钛铁和底部渣夹杂,但相界面清晰可见,只要有充分的时间,底部的钛铁最终会完全和渣相分离。

各试验炉次的钛回收率如图13-3所示,计算钛回收率是以渣的重量和渣中TiO_2标准来计算的。

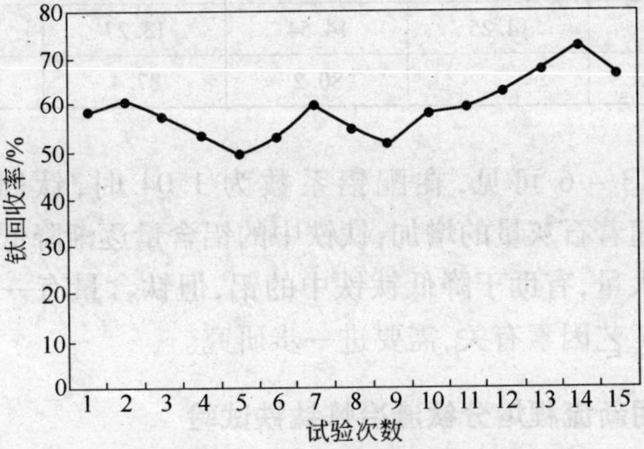

图13-3 试验中钛回收率

从图13-3可见,本工艺钛回收率最高可达75%左右,大于传统的铝热法(65%左右)。表13-5为部分试验所得钛铁的化学成分。

表13-5 钛铁的化学成分 (%)

编号	2	7	8	9	10	13	15
Ti	25.45	26.53	25.48	24.09	25.62	27.45	28.10
Al	7.05	11.87	8.90	7.77	9.96	7.40	6.89

由表 13 – 5 可见，试验所得钛铁主要化学成分（Ti、Al）完全可达到国家标准。在符合国家标准的基础上，其较好工艺制度为：配铝系数为 1.04，加热时间为 6.5min。

13.2.3.6　配石灰试验

从回归出来的方程及冶金理论上分析，石灰加入量应有较重要的影响，所以在保持配铝系数为 1.04、加热时间为 6.5min 的情况下专门做一组石灰加入量的单因素试验，试验结果见表 13 – 6。

表 13 – 6　加石灰实验钛铁化学成分及钛回收率　（%）

编　号	6 – 1	6 – 2	6 – 3	6 – 4
Ti	26.87	23.43	26.87	24.28
Al	14.25	14.54	13.27	10.52
钛回收率		80.2	87.4	53.1

从表 13 – 6 可见，在配铝系数为 1.04 时，钛回收率高达 87.4%。随着石灰量的增加，钛铁中的铝含量逐渐降低，这说明增加石灰投入量，有助于降低钛铁中的铝，但钛含量有一定的波动，这和其他工艺因素有关，需要进一步研究。

13.2.4　用新流程熔分钛渣冶炼钛铁试验

在用钛精矿试验的基础上，改用实验室内所得熔分钛渣试验冶炼钛铁，因考虑到进行的直接还原试验进展顺利，很快将获得工业性试验所得的钛渣，因此用实验室试验所得钛渣试验的次数较少，共做了 4 炉，在配铝系数为 1.04、加热时间为 6.5min 的情况下，配石灰系数分别为 0.80、0.90、1.06 和 1.50，其结果见表 13 – 7。

表 13 – 7　加石灰实验钛铁化学成分及钛回收率　（%）

配石灰系数	0.80	0.90	1.06	1.50
钛	42.27	35.45	24.55	24.09
钛回收率	56.0	46.99	32.53	32.38

从表 13－7 可见，在对钛精矿有效的配铝系数和加热时间的条件下，得到的钛铁中钛品位可达 24.09% 以上，但钛回收率较低，其原因是钛渣和钛精矿的岩相结构不相同，不过这至少说明以熔分钛渣为原料、采用电铝热法冶炼钛铁是可行的，但需要进一步试验，制定出适合钛渣的工艺制度。

第四篇　高钛型高炉渣

14　高钛型高炉渣的富集和应用

攀钢从很早就开始了对高炉渣的提钛及综合利用研究，其间历经“六五”、“七五”、“八五”国家级大规模的科技攻关，研究试验了多种工艺技术，但至今还没有哪项技术实现了产业化。主要原因是高钛型高炉渣作为提钛原料中 TiO_2 的质量分数太低，很难同时兼顾技术和经济可行性。攀钢高炉渣的提钛及综合利用成了世界级的难题。

国内外科技工作者对攀钢高炉渣综合利用技术做了大量研究工作，主要技术方案有：

(1) 高温碳化—低温氯化制取 $TiCl_4$—残渣制水泥工艺；

(2) 高温碳化—碳化渣分选碳化钛工艺；

(3) 硅热法还原高炉渣—直流电炉冶炼硅钛铁合金工艺；

(4) 熔融电解法制取硅钛铝合金工艺；

(5) 硫酸法制取 TiO_2 工艺；

(6) 高温改性处理—选择性富集含钛矿物—选矿分离技术；

(7) 直接选矿富集钙钛矿技术；

(8) 碱处理渣相分离技术。

14.1　高钛型高炉渣物理化学特性

用普通铁矿炼铁时，每生产 1t 铁大约产生 200 ~ 300kg 的普通高炉渣。普通高炉渣的主要成分是 CaO、SiO_2、Al_2O_3、Fe_2O_3、

MgO 等。

含钛高炉渣按照 TiO_2 的质量分数高低，可以分为低钛型高炉渣（$w(TiO_2) \leqslant 4\%$）、中钛型高炉渣（$4\% \leqslant w(TiO_2) \leqslant 15\%$）和高钛型高炉渣（$15\% \leqslant w(TiO_2) \leqslant 26\%$）三种。在攀钢钒钛磁铁矿高炉冶炼过程中形成的高炉渣 TiO_2 的质量分数为 20% ~26%，称为高钛型高炉渣。含钛高炉渣与国内典型普通高炉渣主要成分对比见表 14－1。

表 14－1　国内高炉渣的典型成分（质量分数）　（%）

厂名	CaO	SiO_2	Al_2O_3	MgO	Fe_2O_3	MnO	TiO_2	S
宝钢	39.57	34.32	15.06	5.95	0.54	1.76		0.7
首钢	41.53	32.62	9.92	8.89	4.21	0.29	0.84	0.70
鞍钢	42.55	40.55	7.63	6.16	1.37	0.08		0.87
马钢	37.97	33.92	11.11	8.03	2.15	0.23	1.10	0.93
承钢①	34.18	24.35	14.28	5.19	2.63		15.21	0.90
攀钢②	24 ~30	22 ~25	13 ~14	8 ~10	2 ~4	<1	20 ~26	约 0.3

① 承钢高炉渣属中钛型高炉渣；

② 攀钢高炉渣属高钛型高炉渣。

高钛型高炉渣矿物组成和其中 TiO_2 的分布状况见表 14－2。

表 14－2　高钛型高炉渣的主要矿物组成

矿物名称	质量分数 /%	密度 /g·cm^{-3}	TiO_2	
			品位/%	分布率/%
攀钛透辉石	58.9	3.34	15.47	37.87
钙钛矿	20.7	4.10	55.81	48.02
富钛透辉石	5.8	3.44	23.61	5.69
尖晶石	3.6	3.65	7.22	1.08
重钛酸镁	1.1	3.81	73.56	3.36
碳氮化钛	1.0	5.2	95.74	3.98
石墨	0.2			
铁珠	8.7			
原渣	100			

普通高炉渣矿物组成与高钛型高炉渣差异很大。前者以黄长石、假硅灰石和硅酸二钙等为主，后者以攀钛透辉石、钙钛矿等为主。攀钛透辉石是高炉渣的主要造渣矿物，以不规则粒状为主，一般约 7 ~ 250μm，最大的可达 500μm 以上。高炉渣中的其他矿物均匀嵌布其中或充填在其他矿物相间。钙钛矿一般呈粒状、雪花状、树枝状，粒度为 10 ~ 40μm，一般均匀分布在硅铝酸盐矿物形成的基底上，并与尖晶石、富钛透辉石连生，甚至包裹于其中。两者的钛占渣中全钛的 85% 左右，其余的钛分别赋存于富钛透辉石、重钛酸镁和碳氮化钛固溶体中。

重庆大学裴鹤年等人研究了攀钢生产的高钛型高炉渣的黏度、熔化温度、熔渣表面张力和密度等冶金物理化学性质。经过三年多对攀钢三座高炉热平衡测试结果，得出平均渣温只有 1430℃，上渣平均温度 1440℃，下渣平均温度 1410℃，是典型的短渣。水淬渣的密度范围为 2.70 ~ 2.90g/cm^3，重矿渣的密度范围为 3.4 ~ 3.5g/cm^3。

14.2　高温碳化—低温氯化制取 $TiCl_4$ 工艺概述

高钛型高炉渣高温碳化—低温氯化制取 $TiCl_4$ 工艺是在温度大于 1500℃ 条件下，高钛型高炉渣中 TiO_2 与碳反应生成 TiC，然后在 350 ~ 800℃ 下，使氯气选择性地与 TiC 反应生成四氯化钛（$TiCl_4$）气体进入气相，而其他组分依然以固相形式存在。

碳化渣经选择氯化后得到的 $TiCl_4$ 气体，通过精制除杂后即可成为生产金属钛、二氧化钛的中间原料，从而实现高钛型高炉渣中 TiO_2 的提取。

根据反应特点不同，该工艺可以分为 3 个阶段：

（1）高炉渣高温碳化阶段；

（2）碳化渣低温氯化阶段；

（3）四氯化钛制取二氧化钛阶段。

14.2.1　高钛型高炉渣高温碳化反应

14.2.1.1　TiO_2 的碳热还原反应

TiO_2 碳热还原生成 TiC 的过程是逐级进行的，即：

$$TiO_2 \rightarrow Ti_nO_{2n-1}(n>10) \rightarrow Ti_nO_{2n-1}(4<n<10) \rightarrow$$
$$Ti_3O_5 \rightarrow Ti_2O_3 \rightarrow Ti_xO_y \rightarrow TiO \rightarrow TiC$$

同时，反应过程中不仅氧的质量分数在变化，而且晶型也在变化。TiO_2、Ti_3O_5、Ti_2O_3、TiO、TiC 的晶体结构见表 14－3。

表 14－3 TiO_2、Ti_3O_5、Ti_2O_3、TiO、TiC 的晶体结构

项　目	TiO_2	Ti_3O_5	Ti_2O_3	TiO	TiC
晶体结构	四方	菱方	斜方	面心立方	面心立方

关于 TiC 的反应机理有两种观点，一种认为还原剂 C 是借助于 CO/CO_2 两种气体与钛氧化物之间的传质来进行，是气固反应；另一种则认为 TiO_2 和 C 直接接触反应，是固固反应。

按第一种气固反应观点，反应过程由反应式(14－1)～式(14－5)组成：

$$C + CO_2 \Longrightarrow 2CO \qquad (14-1)$$
$$\Delta G_T^\ominus = 166550 - 171.00T$$
$$3TiO_2 + CO \Longrightarrow Ti_3O_5 + CO_2 \qquad (14-2)$$
$$\Delta G_T^\ominus = 106950 - 26.98T$$
$$2Ti_3O_5 + CO \Longrightarrow 3Ti_2O_3 + CO_2 \qquad (14-3)$$
$$\Delta G_T^\ominus = 82950 + 18.53T$$
$$Ti_2O_3 + CO \Longrightarrow 2TiO + CO_2 \qquad (14-4)$$
$$\Delta G_T^\ominus = 191950 - 24.67T$$
$$TiO + 3CO \Longrightarrow TiC + 2CO_2 \qquad (14-5)$$
$$\Delta G_T^\ominus = -117700 + 194.68T$$

按第二种固固反应的观点，反应过程由反应式式(14－6)～式(14－9)组成：

$$3TiO_2 + C \Longrightarrow Ti_3O_5 + CO \qquad (14-6)$$
$$\Delta G_T^\ominus = 73500 - 197.98T$$
$$2Ti_3O_5 + C \Longrightarrow 3Ti_2O_3 + CO \qquad (14-7)$$
$$\Delta G_T^\ominus = 249500 - 152.47T$$

$$Ti_2O_3 + C \longrightarrow 2TiO + CO \qquad (14-8)$$

$$\Delta G_T^{\ominus} = 358500 - 195.67T$$

$$TiO + 2C \longrightarrow TiC + CO \qquad (14-9)$$

$$\Delta G_T^{\ominus} = 215400 - 147.32T$$

上述各式中 T 为热力学温度(K)。

对于高钛型高炉渣碳热还原过程而言,无论固态和熔融态,TiO_2 均以弥散态分布在渣中,TiO_2 和 C 颗粒间有一定的距离,其反应机理应为气固反应机理。其反应过程中的 $\Delta G_T^{\ominus} - T$ 关系如图 14－1 所示。

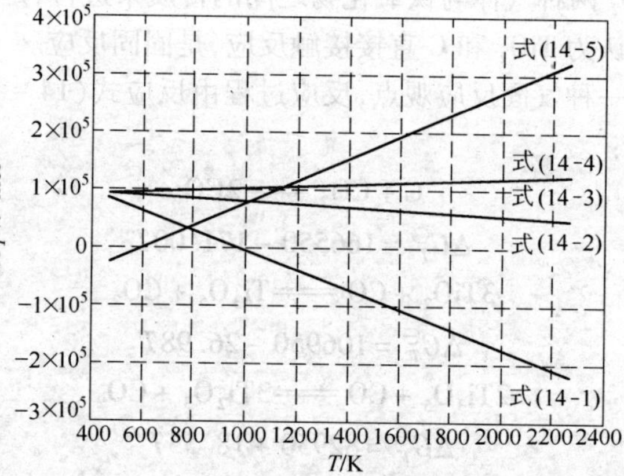

图 14－1　反应式(14－1)～式(14－5)的 $\Delta G_T^{\ominus} - T$ 关系

14.2.1.2　高钛型高炉渣的碳热还原反应

由表 14－1 可知,除 TiO_2 外,渣中还含有大量 SiO_2、CaO、MgO 和 Al_2O_3 等,这些组分在高温下同样可能与碳发生反应。图 14－2 所示为高钛型高炉渣中各组分在高温下 $\Delta G_r^{\ominus}(T) - T$ 关系。由图 14－2 可见,当温度大于 1600K 时,TiO_2 首先被还原碳化生成 TiC;当温度大于 1850K 时,SiO_2 被还原碳化生成 SiC;当温度大于 2100K 时,CaO 被还原碳化生成 CaC_2。在上述反应体系中,CO 分压一定,因此,要选择性生成 TiC 而尽量减少其他碳化物杂质生成,应将碳化反应温度控制在 1600~1850K 范围内为宜。

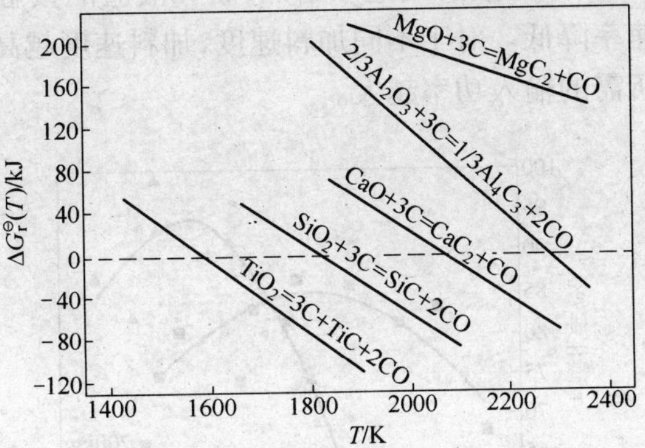

图 14-2 高钛型高炉渣碳热还原反应 $\Delta G_r^{\ominus}(T)-T$ 的关系

此外,在 $T\geqslant1700\text{K}$ 时,体系中生成的 SiC 与 TiO_2 还可能发生反应,反应式为:

$$SiC + TiO_2 = TiC + SiO_2 \tag{14-10}$$

$$\Delta G^{\ominus}(T) = -67550 - 4.41T = -75047\text{J/mol}$$

因此,即使高炉渣中部分 SiO_2 被碳化生成了 SiC,但是生成的 SiC 又很快可以与 TiO_2 反应生成 SiO_2 和 TiC。因此,高钛型高炉渣碳化反应温度一般可以控制在 1600~2100K。

TiO_2 的还原碳化反应是强吸热反应,即使是利用液态炉渣的物理热,也还需补充很多的热量,一般采用电炉加热的方式来补充热量。

影响高温碳化过程的主要因素有输入功率、碳化温度、电极插入深度等。

A 输入功率

碳化率是指渣中实际生成的 TiC 中钛量占渣中理论总钛值的百分比。碳化率受还原剂加料速度和输入功率的影响,输入功率与碳化率的关系如图 14-3 所示。输入功率与碳化率之间存在最佳值。加料速度一定时,输入功率较低,反应速度较慢,碳化率较低；输入功率过大，则反应速度过快，生成的气体不能及时到达熔池表面排出，熔融渣液的气泡率增加，碳和液渣的接触几率降低，导致碳化速率降低。对于不同加料速度，加料速度越高，则获得最高碳化率所需的输入功率越大。

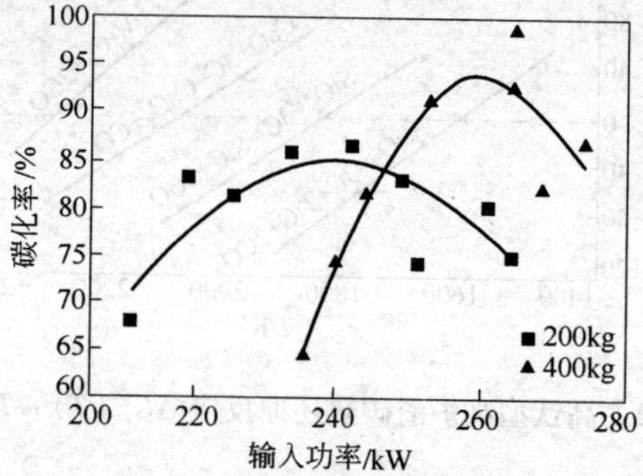

图 14－3　输入功率与碳化率的关系

B　碳化温度

钛的碳化率随温度的升高而增加。当温度低于 1660℃时，碳化率增加明显；当温度高于 1660℃时，碳化率增加趋势变缓。碳化温度控制在 1660～1700℃为宜。碳化温度与碳化率的关系如图 14－4 所示。

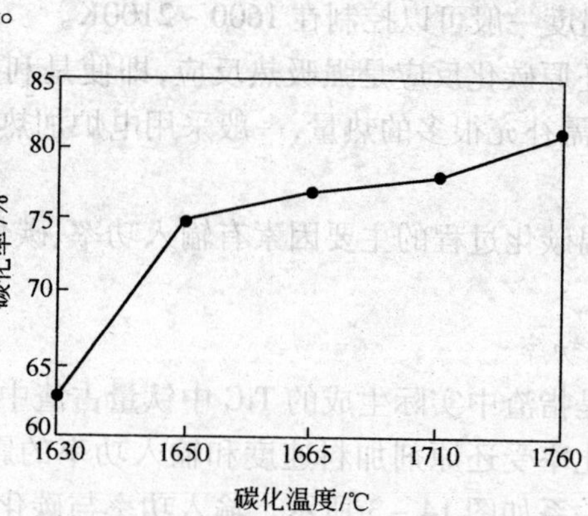

图 14－4　碳化温度与碳化率的关系

C 碳化率与电耗的关系

高炉渣碳化所需单位电耗随着钛的碳化率提高而降低。当碳化率达到65%时，单位电耗下降趋势变缓，如图14－5所示。实际生产中，碳化率达到80%时，冶炼时间占总冶炼时间的65%～75%，而当碳化率从80%提高到95%以上时，一般需要多花费25%～35%的冶炼时间。综合经济因素，一般冶炼过程中终点碳化率控制在80%～85%。

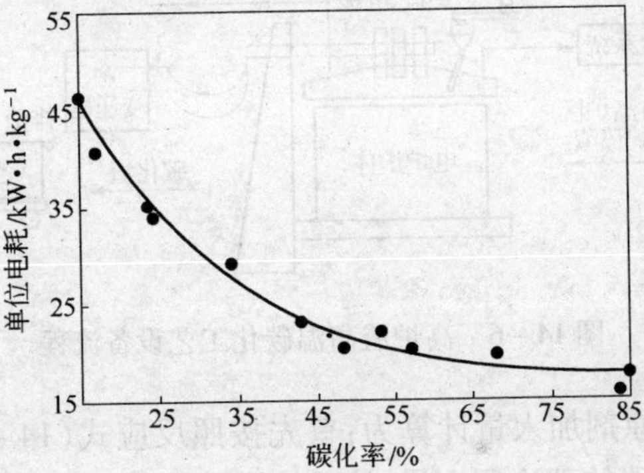

图14－5 单位电耗与碳化率的关系

14.2.2 高钛型高炉渣高温碳化生产工艺

高钛型高炉渣高温碳化是在一定条件下渣中 TiO_2 与碳优先发生碳热还原反应生成TiC的过程。高炉渣可以是熔融态也可以是固态，其典型化学成分见表14－1。碳质还原剂可以是无烟煤、焦粉，也可以是其他形式的精煤。

高钛型高炉渣高温碳化主要用矿热炉来冶炼，通常采用埋弧式矿热电炉来生产。在250kV·A和1800kV·A矿热炉上进行的试验，初步打通了工艺流程，但存在泡沫渣严重和炉底上涨以及高炉渣中 TiO_2 碳化效率低、产品质量不理想等问题。近年来，攀钢钢研院在连续生产和提高碳化率方面取得较好效果。

高钛型高炉渣高温碳化阶段工艺设备流程如图 14－6 所示。其基本过程为：将来自高炉作业区的熔融高炉渣通过倾翻机倒入电炉后，通过吊车运输至反应平台。炉体进入工位后即采用电极供热，将熔池温度调整到反应温度，分批次加入碳质还原剂，反应到达终点后打开渣口出渣，所得碳化渣自然冷却后破碎。

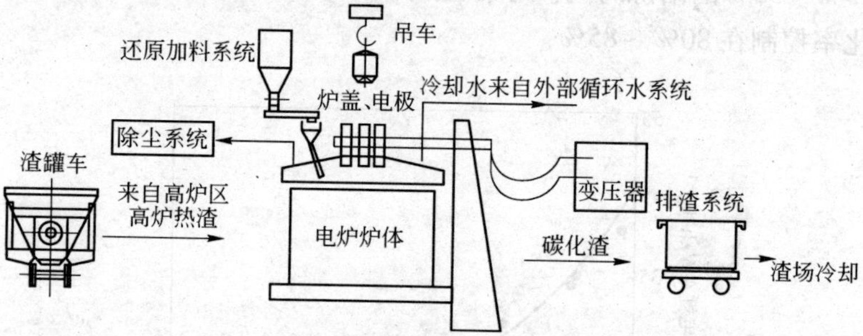

图 14－6 高炉渣高温碳化工艺设备流程

碳质还原剂加入量计算为：首先按照反应式（14－11）计算出 TiO_2 碳化时碳的理论配入量，然后按照碳的理论配入量的 100%～103% 加入碳质还原剂。

$$3C + TiO_2 \longequal TiC + 2CO \tag{14-11}$$

$$碳的理论配入量 = \frac{高炉渣的质量 \times TiO_2\ 品位 \times 碳原子量 \times 3}{TiO_2\ 的原子量}$$

碳化过程一般在矿热电炉中进行，以某试验流程为例，二次电压为 100～135V，二次电流为 1000～25000kV · A。电炉盖为水冷炉盖，炉墙为镁碳砖砌筑。使用石墨电极，电极直径为 ϕ200～450mm；电极极心圆直径为 ϕ800～1400mm。

影响高钛型高炉渣高温碳化过程的操作因素主要是电炉的电流电压比。电流电压比过小，电极插入深度浅，产生明弧，生产难操作；电流电压比过大，电极插入过深，生产产量低。生产中只有找到适当的电流电压比，使工作电流稳定、物料平衡、电极及时升降，才能取得最好的生产效果。一般认为电极插入深度 h_0 =（1.2～

2.5)d 是最理想的(d 为电极直径),此时电极深而稳地插入炉料中,炉温高而均匀。但当电极插入过浅时,则由于炉底功率密度不足,会造成结瘤和炉膛温度下降。反之,电极位置过深,会引起炉底和熔体过热,导致其他元素的碳化。

电极的埋入深度可以通过改变二次电压、二次电流来调节,也可以通过改变炉料的准备方式、还原剂类型、炉料电阻率等方法来调节。当增加炉料中还原剂量或增大还原剂粒度时,炉料电阻下降,当电流和电压不变时,电极埋入深度减小。因为在电压恒定时,只有增大电弧电阻即提高电极增大电弧长度,电流才能保持恒定。如果炉料中的碳不足或使用较细的还原剂时,炉料电阻相应增大,电极埋入深度增加。

炉底上涨也是影响高钛型高炉渣高温碳化连续生产的重要工艺因素。炉底上涨主要是指熔池底部熔融物和半熔融物沉积造成反应区抬高上升,出炉时熔渣不能通畅地流出。造成炉底上涨的原因为:

(1)形成泡沫渣。TiC 的生成和长大导致熔渣黏度急剧增大,熔渣逐渐失去流动性,而同时反应生成的 CO 不能顺利上升形成泡沫渣,而熔渣沉积在炉底。关于 TiC 对熔渣黏度的影响研究已经很多,有研究表明:随着渣中 TiC 颗粒的生成和集聚长大,渣的黏度出现数倍的增长,并且温度越高,还原反应越激烈,熔渣中的固相质点越多,渣的流动性越差,甚至出现“热结”现象。

(2)电极插入深度不合理。如使用的二次电压过高,会造成电弧区的高度增加,热量和原料的损失增大,熔池内能量密度降低,电极不易下插深埋,因而炉底温度低,熔渣黏度变大,炉底容易上涨。

(3)使用原料的粒度不当。当原料粒度过小时,炉料的电阻下降,不利于电极深埋。

此外,由于事故、故障热停炉次数多,送电升温时间太短,加料后炉底温度低,也容易造成炉底上涨等。

14.2.3　碳化渣理化特性

在高温熔融体系中，TiO_2 逐级还原为低价钛氧化物，最终生成稳定态 TiC。含钛物相弥散在熔渣中，与其他成分共同构成碳化钛渣。碳化渣中 TiC 的质量分数在 10% ~15%，低价钛的质量分数小于 1.0%，游离碳的质量分数为 1.0% ~3.0%。碳化渣典型的化学成分见表 14-4。

表 14-4　碳化渣典型的化学成分（质量分数）　（%）

组成	TiC	TiO	Al_2O_3	MgO	CaO	SiO_2	$C_{游离}$	V_2O_5
质量分数	14.85	≤0.50	15.10	8.80	26.50	25.50	2.55	0.21

碳化渣岩相分析结果如图 14-7 所示。图 14-7 中灰白色 A 相为碳化渣中 TiC 颗粒，B 相为透辉石，C 相为硅酸钙，D 相为金属铁。TiC 颗粒以环状、絮团状、丝状聚积在一起，其直径为 100 ~600μm，且周围包裹黄长石、硅酸钙、透辉石等。

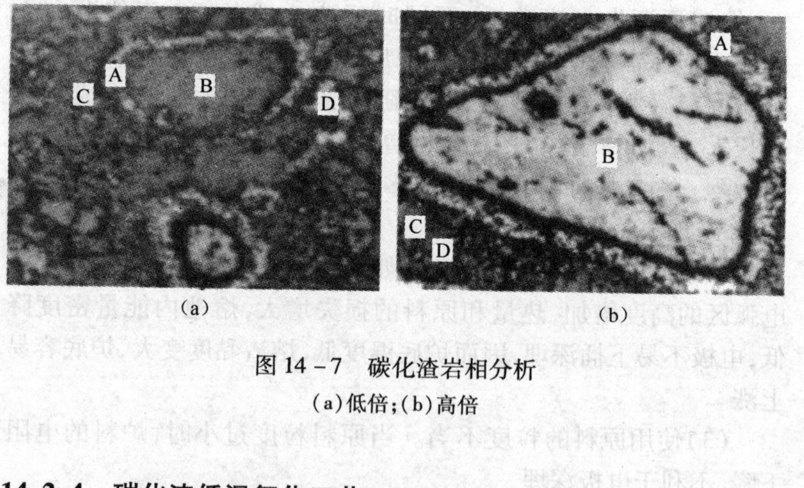

图 14-7　碳化渣岩相分析

(a)低倍；(b)高倍

14.2.4　碳化渣低温氯化工艺

低温氯化是美国 1982 年开发的一项氯化技术，在 600 ~

800℃(一般低于700℃)温度范围内,在沸腾床中将含钛矿物中的 TiO_2 在碳和氯气作用下反应生成四氯化钛,其实质仍是沸腾氯化。

14.2.4.1 *碳化渣低温氯化原理*

碳化渣低温选择性氯化,是利用600~800℃低温条件下碳化渣主要组分 TiC 先于 Al_2O_3、SiO_2、CaO、MgO 等与氯气反应生成四氯化钛并且其氯化反应速率远高于其他氧化物的特点来达到 Ti 选择性分离的目的。

碳化渣的主要组分是 TiC、Al_2O_3、SiO_2、CaO、MgO,与氯气反应分别见反应式(14-12)~式(14-16)。当 $T=600$℃时,反应式(14-12)和式(14-13)可以发生,但式(14-12)的标准自由能远小于后者,可以实现碳化渣中 TiC 的选择性氯化。

$$\frac{1}{2}TiC_{(s)} + Cl_{2(g)} \xlongequal{\quad} \frac{1}{2}TiCl_{4(g)} + \frac{1}{2}C_{(s)} \qquad (14-12)$$

$$\Delta G_T^{\ominus} = -289530 + 54.855T, \Delta G_{600℃}^{\ominus} = -242\text{kJ/mol}$$

$$CaO_{(s)} + Cl_{2(g)} \xlongequal{\quad} CaCl_{2(s)} + \frac{1}{2}O_{2(g)} \qquad (14-13)$$

$$\Delta G_T^{\ominus} = -161510 + 55.64T, \Delta G_{600℃}^{\ominus} = -113\text{kJ/mol}$$

$$MgO_{(s)} + Cl_{2(g)} \xlongequal{\quad} MgCl_{2(s)} + \frac{1}{2}O_{2(g)} \qquad (14-14)$$

$$\Delta G_T^{\ominus} = -40166.2 + 119.16T, \Delta G_{600℃}^{\ominus} = 63.86\text{kJ/mol}$$

$$\frac{1}{2}SiO_{2(s)} + Cl_{2(g)} \xlongequal{\quad} \frac{1}{2}SiCl_{4(g)} + \frac{1}{2}O_{2(g)} \qquad (14-15)$$

$$\Delta G_T^{\ominus} = 125520 + 38.043T, \Delta G_{600℃}^{\ominus} = 158.73\text{kJ/mol}$$

$$\frac{1}{3}Al_2O_{3(s)} + Cl_{2(g)} \xlongequal{\quad} \frac{2}{3}AlCl_{3(g)} + \frac{1}{2}O_{2(g)} \qquad (14-16)$$

$$\Delta G_T^{\ominus} = 558034 - 10.78T, \Delta G_{600℃}^{\ominus} = 548.86\text{kJ/mol}$$

同时,由于 TiC 的直接氯化反应速率很快且反应产物为碳,而这些碳活性极高,体系中碳化渣的主要组分有可能会发生加碳氯化反应,见反应式(14-17)~式(14-20)。

$$CaO_{(s)} + Cl_{2(g)} + \frac{1}{2}C_{(s)} = CaCl_{2(s)} + \frac{1}{2}CO_{2(g)} \quad (14-17)$$

$$\Delta G_T^{\ominus} = -328265 + 54.2T, \Delta G_{600℃}^{\ominus} = -281\text{kJ/mol}$$

$$MgO_{(s)} + Cl_{2(g)} + \frac{1}{2}C_{(s)} = MgCl_{2(s)} + \frac{1}{2}CO_{2(g)} \quad (14-18)$$

$$\Delta G_T^{\ominus} = -236925 + 56.45T, \Delta G_{600℃}^{\ominus} = -188\text{kJ/mol}$$

$$\frac{1}{2}SiO_{2(s)} + Cl_{2(g)} + \frac{1}{2}C_{(s)} = \frac{1}{2}SiCl_{4(g)} + \frac{1}{2}CO_{2(g)} \quad (14-19)$$

$$\Delta G_T^{\ominus} = -116945 - 22.61T, \Delta G_{600℃}^{\ominus} = -137\text{kJ/mol}$$

$$\frac{1}{3}Al_2O_{3(s)} + Cl_{2(g)} + \frac{1}{2}C_{(s)} = \frac{2}{3}AlCl_{3(g)} + \frac{1}{2}CO_{2(g)} \quad (14-20)$$

$$\Delta G_T^{\ominus} = -27998 - 73.5T, \Delta G_{600℃}^{\ominus} = -92\text{kJ/mol}$$

由热力学计算结果可知，当 $T = 600℃$ 时，碳化渣中的主要组分 CaO、MgO、Al_2O_3、SiO_2 的加碳氯化反应均可能进行，反应由易到难次序为：CaO > MgO > SiO_2 > Al_2O_3。同时，比较 CaO 与 TiC 反应自由能可知，在低温氯化条件下，CaO 的加碳氯化反应比 TiC 的氯化反应更容易进行，MgO 加碳氯化反应也与 TiC 氯化反应的标准自由能非常接近。可见，碳化渣在纯氯气条件下氯化时，钙镁的氯化率将会较高，但 CaO、MgO 的加碳氯化反应受到 TiC 氯化反应的制约，只有在 TiC 先氯化生成碳之后，CaO 和 MgO 才能开始加碳氯化反应。因此，要更好地实现 TiC 的选择性氯化，必须抑制 CaO、MgO 等氧化物加碳氯化的发生。在反应体系中加入适当的氧气，使 TiC 氯化生成的 C 优先反应生成 CO_2 或 CO，不仅有利于 TiC 氯化反应的进行，而且能够有效抑制 CaO 等的加碳氯化反应。

14.2.4.2 碳化渣低温氯化生产工艺

影响碳化渣氯化的因素很多，主要有碳化渣粒度、氯化温度、氯化时间和气流速度。

有研究表明：碳化渣粒度在 0.109 ~ 0.287mm（50 ~ 140 目）时，TiC 的氯化率随着碳化渣粒度的减小而升高，当粒度小于 0.147mm（100 目）后，碳化率逐渐降低。主要原因是碳化渣中 TiC

以微细颗粒弥散在碳化渣颗粒中，颗粒越细，比表面积越大，颗粒中 TiC 暴露的几率就越大。与氯气充分接触反应的 TiC 越多，氯化率也就越大；而碳化渣粒度低于 0.121mm(120 目)时，在相同气速下，渣中微细颗粒来不及与氯气充分接触和反应就被排出体系之外，造成碳化渣中 TiC 的总氯化率降低。因此，适宜的碳化渣粒度应控制在 0.121～0.147mm(100～120 目)。

在碳化渣粒度小于 0.147mm(100 目)、加料量为 200g、通氯时间为 5min、氯气浓度为 100%、氯气流量为 2.5L/min 时，碳化渣中 TiC、CaO、MgO 的氯化率随氯化温度的升高而升高。当氯化温度达到 550℃时，TiC 的氯化率为 90%，CaO 和 MgO 的氯化率分别为 30% 和 10%。因此，要实现 TiC 的选择性分离，氯化温度控制在 550℃为宜，具体如图 14-8 所示。

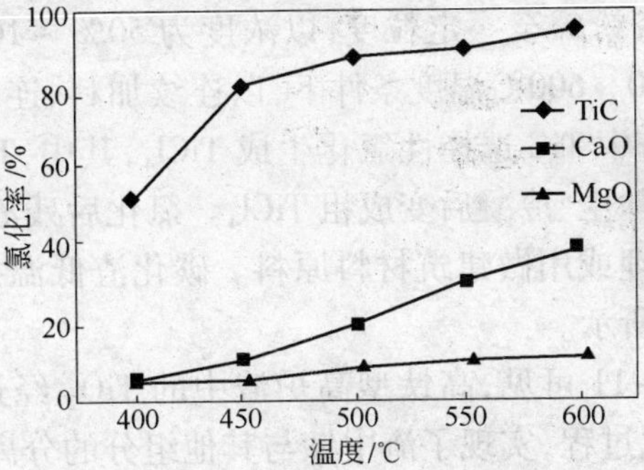

图 14-8 氯化温度对氯化率的影响

当其他条件不变只改变氯气通入时间时，其通气时间对 TiC 氯化率的影响如图 14-9 所示。由图 14-8 可见，TiC 的氯化率随时间的增加而增加，超过 15min 后，上升幅度减缓，TiC 的氯化率达到 90% 以上。适宜的氯化时间应控制在 15min。

当其他条件不变时，考察氯气体积浓度为 60%、碳化渣加料速度为 35kg/h 时，不同气体流速对 TiC 氯化率的影响，发现气流速度对 TiC 氯化率的影响非常明显：随着气流速度增加，钛的氯化率显著降低。气体流速控制在 0.25～0.30m/s 为宜,如图 14－10 所示。

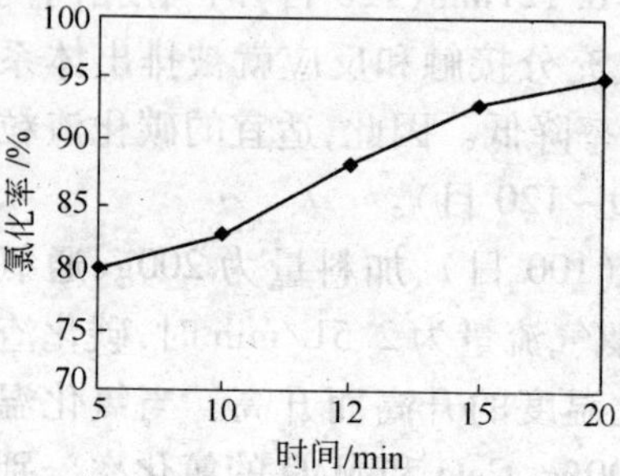

图 14－9 氯化时间对 TiC 氯化率的影响

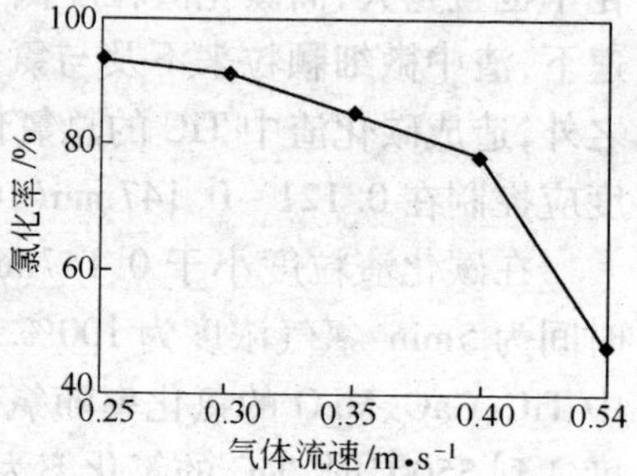

图 14－10 气体流速对 TiC 氯化率的影响

将碳化渣粉碎至一定粒度,以浓度为 50%～100% 的氯气为氯化剂,在 400～600℃温度条件下,以连续加料、连续排渣的流化方式使碳化渣中 TiC 选择性氯化生成 $TiCl_4$,其中,$TiCl_4$ 以气体形式逸出,经过除尘、冷凝后变成粗 $TiCl_4$。氯化后残渣直接排出,冷却、洗涤后填埋或用做建筑材料原料。碳化渣低温氯化工艺流程如图 14－11 所示。

由图 14－11 可见,高钛型高炉渣中的 TiO_2 经过高温碳化过程和低温氯化过程,实现了渣中钛与其他组分的分离,进而实现了高炉渣中提钛的目的。

值得一提的是,由于碳化渣作为生产 $TiCl_4$ 原料与传统富钛料相比截然不同,因此,产品质量、生产设备和工艺操作也有很大差异,主要体现在粗 $TiCl_4$ 气体组分、氯化过程温度控制和残渣处理方面。

采用碳化渣和富钛料生产的粗四氯化钛成分的对比见表 14－5。由表 14－5 可见,前者的 $TiCl_4$ 浓度为 1679.90g/L,与后者比较,Fe^{3+}、$SiCl_4$ 的质量分数较低,$MgCl_2$、$CaCl_2$、TV、Al 的质量分数明显偏高。因此,碳化渣所得到的粗 $TiCl_4$ 必须经过针对性精制除杂

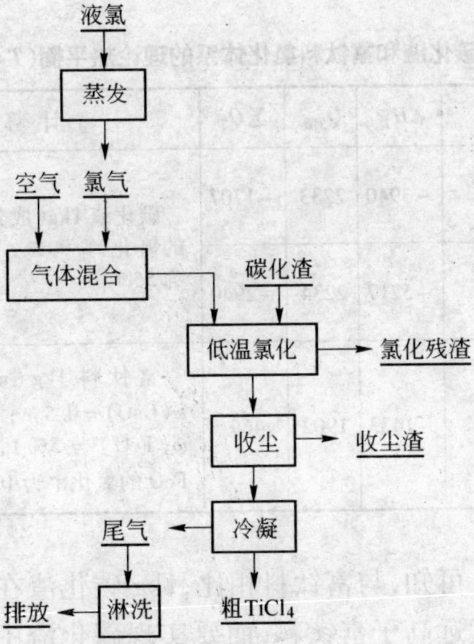

图 14-11　碳化渣低温氯化工艺流程

质才能够生产出合格的钛白粉。

表 14-5　不同原料制取的粗四氯化钛成分　(g/L)

钛原料	$TiCl_4$	Fe^{3+}	$MgCl_2$	$CaCl_2$	$SiCl_4$	TV	Al
碳化渣	1679.90	<0.01	<0.5	<0.5	<0.01	<1.28	<0.5
富钛料	1833.13	<0.05	<0.1	<0.1	<0.1	<0.06	<0.01

国内外生产 $TiCl_4$ 一般以 TiO_2 的质量分数大于 90% 左右的富钛料为原料，其氯化过程实质上是氧化物的加碳氯化过程，见反应式(14-21)。

$$TiO_2(s)+2C(s)+2Cl_2(g)=\!=\!=TiCl_4(g)+2CO(g) \qquad (14-21)$$

单位质量的富钛料和碳化渣氯化过程的理论热平衡计算结果

见表14－6。

表14－6 碳化渣和富钛料氯化体系的理论热平衡($T=893K$) (kJ)

反应体系	$\Delta H_T^{\ominus}$	$Q_{T吸}$	$\sum Q_T$	计算依据
碳化渣＋100% Cl_2 ($T=893K$)	－3940	2233	－1707	碳化渣1kg(成分见表14－4)，TiC的氯化率90%，钙镁的氯化率均为5%
碳化渣＋60% Cl_2＋40% O_2 ($T=893K$)	－5217	2234	－2940	
富钛料＋C＋Cl_2 ($T=1200K$)	－1433	1902	469	富钛料1kg($w(TiO_2)=92\%$；$w(CaO)=0.5\%$；$w(MgO)=0.5\%$；$w(FeO)=5\%$)，TiO_2、CaO、MgO、FeO的氯化率为100%

由表14－6可知，与富钛料相比，1kg碳化渣在低温氯化过程中放出的热量远远高于富钛料，而要实现碳化渣中TiC的选择性氯化，必须将体系温度控制在较低水平。因此，如何实现体系温度控制是碳化渣氯化生产工艺控制的核心和难点问题。

除此之外，与富钛料相比，碳化渣具有钛的质量分数低、杂质的质量分数高、排渣量大的特点，因此，氯化过程中的加排料方式与传统的富钛料高温氯化工艺也存在着巨大的差异。

传统的富钛料高温氯化工艺，加入1000kg富钛料，从氯化炉内排出的氯化残渣一般只有50kg左右，而碳化渣的氯化残渣则多达800kg以上，因此，低温选择性氯化过程不可能像富钛料高温氯化工艺那样采用连续加料、定期排渣，而应采用连续加料、连续排渣的操作方式。

氯化残渣是一种新型粉状工业废渣，典型化学成分见表14－7。由表14－7可见，残渣以$CaO\text{-}Al_2O_3\text{-}SiO_2$系为主要矿物成分，$Cl^{-1}$的质量分数较高。为防止氯化残渣的二次污染，除氯等无害化处理技术和建材资源化技术也是实现高钛型高炉渣高温碳化和低温氯化提取钛技术不可或缺的重要环节。

表 14-7 氯化残渣的化学成分(质量分数) (%)

组成	SiO_2	Al_2O_3	Fe_2O_3	K_2O	MgO	CaO	MnO	TiO_2	Cl^-	SO_3
质量分数	26.64	18.43	2.58	0.04	7.98	28.57	0.48	7.79	2.55	0.34

由于 TiC 熔点高,导致碳化过程中微粒易在熔渣中形成富集带(见图 14-7);同时,TiC 又是一种铁磁性物质,可以利用其铁磁特性采用磁选技术进行分选。为解决低温氯化工艺排渣量大等问题,攀枝花钢铁研究院提出从碳化渣中分选 TiC 工艺,采用弱磁选—强磁选—10% 盐酸浸出流程,通过控制碳化渣磨矿细度、磁场强度、浸出条件,得到了 TiC 的质量分数为 36% ~43% 的精矿,但精矿的产率仅为 13.94%,而且产生了相当数量的酸性浸出液,带来了新的污染物。可见,通过选矿工艺来提高 TiC 品位、减少氯化残渣量虽技术可行,但经济和环保均不可行。

14.3 熔融还原制取钛硅铁合金工艺

在钢中加入微量的元素铌、钛、钒等碳氮化物形成元素,起到使钢基体的晶粒细化和沉淀硬化作用,称为微合金钢。微合金钢目前的可用屈服强度范围为 400 ~600MPa,应用为建筑用钢材、重型工程结构(起重机、载重车辆等)、高压输送管道、桥梁、高压容器、汽车、集装箱、船舶等,占社会对钢材总需求量的 60% 左右,是现代钢铁工业中的主力产品。在 Nb、V、Ti 三种微合金元素中,由于钛铁的经济性,采用钛微合金化具有更低的成本。因此,钛作为钢微合金化元素使用,近来有较大发展。

为适应钢微合金化的需要,法国、日本生产的钛硅铁合金的成分见表 14-8。我国目前除用铝热法生产钛铁外,其他钛合金均未生产。为充分利用攀枝花丰富的钛资源,发展钛合金剂,我国开展了钛硅铁合金的研制,化学成分见表 14-8。

表 14-8 钛硅铁合金化学成分(质量分数) (%)

生产厂	Ti	Si	Al	C
法国 Sofrem 厂	18 ~22	35 ~40	≤1.5	≤0.15

续表 14 - 8

生产厂	Ti	Si	Al	C
法国 Penchiney 公司	15 ~ 20	35 ~ 40	≤1.0	
日本电工公司	10 ~ 20	50 ~ 60		
中　国	20 ~ 50	35 ~ 40	≤1.5	≤1.0

14.3.1　高钛型高炉渣制取钛硅铁合金技术现状

20 世纪 60 年代末，为配合四川攀西地区钒钛磁铁矿的开发利用，重庆大学开发了铁精矿冶炼硅钛铁合金工艺。在攀钢未投产的情况下，他们用承德钛精矿配制成工业试验的近似炉渣（41.70% TiO_2），用 75% 的硅铁为还原剂、工业石灰作熔剂，在 50kV · A 试验室电炉上冶炼硅钛铁合金获得成功。然后在重庆铁合金厂 650kV · A 电炉上进行工业试验，获得 Ti 的质量分数为 19% ~23%、Si 的质量分数为 42% ~44%、Fe 的质量分数小于 20.2% 的硅钛铁合金 1.54t，经重钢平炉车间试用，结果表明可以代替钛铁，而且还可节约硅铁用量。1977 年，重庆铁合金厂直接采用含 TiO_2 为 24.18% 的攀钢高钛型高炉渣进行试验，获得 Ti 的质量分数为 27.08%、Si 的质量分数为 31.05%、Fe 的质量分数为 20.20% 的硅钛铁合金，钛回收率为 76.70%。

“八五”期间，攀钢研究院与重庆大学、重钢、中国建筑材料科学研究院等单位合作，开展了攀钢高炉渣直接制取钛硅铁合金及水泥的研究，进行了“钛硅铁合金等级的研究”、“钛硅铁合金应用试验”、“攀钢高炉渣直流电炉制取钛硅铁合金冶炼工艺的研究”和“还原残渣制水泥的研究”等多项专题研究。在 200kV · A 单电极直流电弧炉上采用 TiO_2 的质量分数为 22.57% 的攀钢高炉渣为原料，以 Si 的质量分数为 75% 的硅铁作还原剂冶炼硅钛铁合金试验，共得到合金 2.996t，合金中 Ti 的质量分数为 23.45%、Si 的质量分数为 44.06%，钛的回收率为 54.03%，还原残渣中 TiO_2 的质量分数为 7.09%。在重钢 20t 转炉上试用，成功冶炼了 16MnR 和

15MnTi 等钢种,共 1000 多吨,证明用硅钛铁合金代替钛铁是可行的。水淬还原残渣可作为水泥活性混合料。

14.3.2 高钛型高炉渣熔融还原制取钛硅铁合金热力学原理

金属热还原法是利用亲氧能力强的金属去还原亲氧能力弱的金属氧化物,制取不含碳的纯金属或合金的方法。根据所用还原剂不同,可分为硅热法、铝热法、铝镁电热法等。

硅热法反应式为:

$$2/yM_xO_y(s)+Si(s)=\!=\!=(2x/y)M(s)+SiO_2 \qquad (14-22)$$

铝热法反应式为:

$$1/yM_xO_y(s)+2/3Al(s)=\!=\!=x/yM(s)+1/3Al_2O_3 \qquad (14-23)$$

还原反应生成 SiO_2 和 Al_2O_3,是强放热反应,所放热能可使反应达到熔化及分离所需的温度。

铁合金冶炼中最常用的是硅热法和铝热法。下面以硅热还原法为例进行介绍。

高钛型高炉渣中 TiO_2 的硅热还原是在电炉中利用硅将 TiO_2 逐级还原成 Ti 的过程。其反应式及标准自由能变化分别见反应式(14-24)~式(14-27)。当加有造渣剂 CaO 时,其反应过程及标准自由能变化见反应式(14-28)~式(14-33)。

$$TiO_2+Si=\!=\!=Ti+SiO_2 \qquad (14-24)$$

$$\Delta G^{\ominus}=-10868+25.50T$$

$$TiO_2+\frac{1}{2}Si=\!=\!=TiO+\frac{1}{2}SiO_2 \qquad (14-25)$$

$$\Delta G^{\ominus}=-46189+12.75T$$

$$TiO_2+3Si=\!=\!=TiSi_2+SiO_2 \qquad (14-26)$$

$$\Delta G^{\ominus}=-145046+32.69T$$

$$TiO_2+\frac{8}{5}Si=\!=\!=\frac{1}{5}Ti_5Si_3+SiO_2 \qquad (14-27)$$

$$\Delta G^{\ominus}=-126654+23.83T$$

$$TiO_2+Si+2CaO=\!=\!=Ti+Ca_2SiO_4 \qquad (14-28)$$

$$\Delta G^{\ominus} = -137104 + 20.48T$$

$$TiO_2 + Si + CaO \xlongequal{} Ti + CaSiO_3 \qquad (14-29)$$

$$\Delta G^{\ominus} = -94050 + 22.07T$$

$$TiO_2 + 3Si + CaO \xlongequal{} TiSi_2 + CaSiO_3 \qquad (14-30)$$

$$\Delta G^{\ominus} = -228228 + 29.26T$$

$$TiO_2 + 3Si + 2CaO \xlongequal{} TiSi_2 + Ca_2SiO_4 \qquad (14-31)$$

$$\Delta G^{\ominus} = -271282 + 29.26T$$

$$TiO_2 + \frac{8}{5}Si + CaO \xlongequal{} \frac{1}{5}Ti_5Si_3 + CaSiO_3 \qquad (14-32)$$

$$\Delta G^{\ominus} = -209836 + 24.40T$$

$$TiO_2 + \frac{8}{5}Si + 2CaO \xlongequal{} \frac{1}{5}Ti_5Si_3 + Ca_2SiO_4 \qquad (14-33)$$

$$\Delta G^{\ominus} = -252890 + 18.80T$$

从反应的标准自由能变化与温度的关系可得，还原 1mol TiO_2，在硅量相同的条件下，加入一定量的氧化钙有利于反应进行；在熔融状态下，当氧化钙配量相同时，增加硅量有利于还原反应的进行；随着反应的进行，生成钛硅合金的趋势逐渐减弱，反应趋于平衡。

金属硅热还原法冶炼钛硅铁合金时，高钛型高炉渣中 TiO_2 的还原与渣—金分离，主要是通过金属热还原、电解还原、碳热还原、重力沉降、金属液滴电泳沉降及熔池的对流运动实现的，如图 14－12 所示。

14.3.3　高钛型高炉渣熔融还原制取钛硅铁合金工艺

高钛型高炉渣熔融还原制取钛硅铁合金，是在一定条件下渣中 TiO_2 和 SiO_2 等与还原剂反应生成相应金属的过程，反应一般在埋弧式矿热炉、电弧炉或等离子炉中完成。高炉渣可以是熔融态也可以是固态；还原剂可以是块状也可以是粉状，视反应过程中原料加入方式而定。高钛型高炉渣熔融还原制取钛硅铁合金工艺流程如图 14－13 所示。

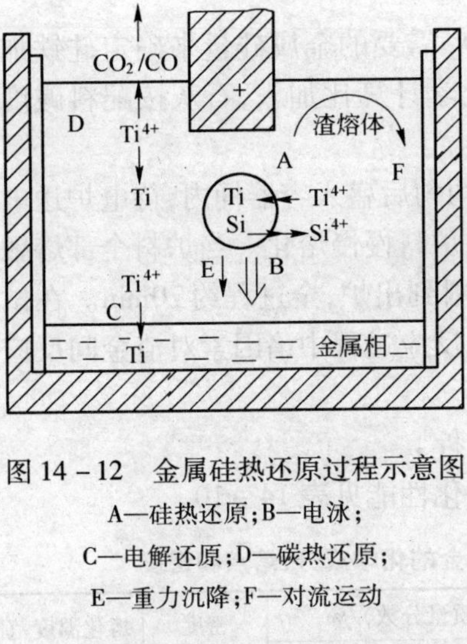

图 14-12 金属硅热还原过程示意图
A—硅热还原；B—电泳；
C—电解还原；D—碳热还原；
E—重力沉降；F—对流运动

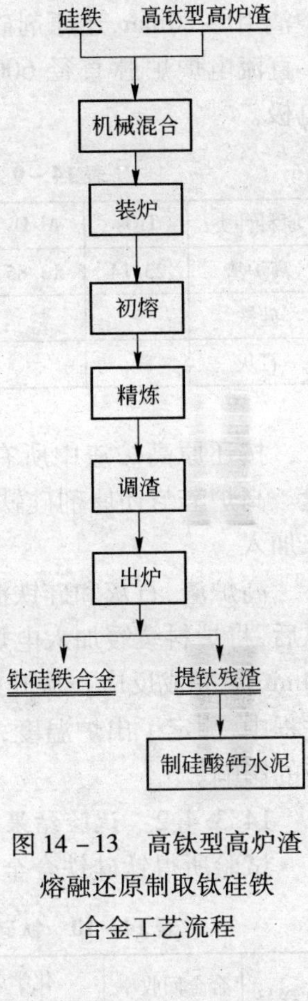

图 14-13 高钛型高炉渣熔融还原制取钛硅铁合金工艺流程

14.3.4 高钛型高炉渣硅热法制取钛硅铁合金

14.3.4.1 试验过程

以高钛型高炉渣为原料，硅铁和石灰作还原剂和调渣剂，在 200kV · A 直流电炉中还原，制取钛硅铁合金和还原低钛渣。钛硅铁合金已在重钢成功用做含钛钢种的合金化添加剂，还原低钛渣可用做水泥混合料。

试验原材料化学成分见表 14 – 9。试验原料粒度范围为：高炉渣 10 ~ 20mm，还原剂硅铁 5 ~ 10mm，石灰 20 ~ 25mm。200kV · A 直流电炉炉膛直径 600mm，炉膛深 600mm，镁砖炉衬，石墨底电极。

表 14 – 9　原料化学成分（质量分数）　（%）

原料种类	TiO_2	Al_2O_3	SiO_2	CaO	MgO	TFe	Si
高炉渣	23.14	13.85	24.30	27.36	8.22	1.55	
硅铁						21.55	75.86
石灰				83.55			

按还原高炉渣中所有 TiO_2 需要的金属硅量来确定硅铁加入量。高炉渣与还原剂硅铁按化学计算比加入，石灰按配料碱度要求加入。

高炉渣、石灰和硅铁混合均匀后盛入容器桶内，待电炉送电起弧后，将炉料缓缓加入电炉内，炉料慢慢熔化。当炉料全部熔融约 40min 后完成反应。从开始加料到出炉，全过程约 70min。在试验过程中，测定了出炉温度，研究反应过程中诸因素对渣金间反应平衡的影响。

14.3.4.2　试验结果与分析

试验所得钛硅铁合金的理化性能见表 14 – 10。

表 14 – 10　钛硅铁合金的化学成分、熔点和密度

试样号	合金回收率 /%	化学成分（质量分数）/%					密度 /g · cm^{-3}	熔化温度范围 /℃
		Ti	Si	P	S	C		
1	49.57	25.41	47.09	0.030	0.005	0.051	4.86	1456 ~ 1477
2	75.36	27.03	45.59	0.029	0.006	0.154	4.86	1421 ~ 1460
3	71.61	26.57	44.31	0.029	0.007	0.12		1485 ~ 1580

用 APD-10 型 X 射线衍射仪测定钛硅铁合金矿物组成。结果表明：钛硅铁合金的主要物相为 Fe_2Ti、$TiSi_2$、Ti_5Si_3、FeSi、SiC 等。

在含碳稍高的2号试样中出现了TiC相。

所得试验残渣的化学成分见表14－11。由表14－11可见，残渣中TiO_2的质量分数可以达到6%以下，钛的回收率达到75.7%～82.4%。

表14－11 提钛残渣化学分析(质量分数) (%)

成分	TiO_2	SiO_2	CaO	MgO	Al_2O_3	MnO	V_2O_5
1	5.62	28.14	40.49	7.94	15.18	0.128	0.038
2	4.08	27.04	43.46	7.02	16.47	0.057	0.018
3	4.21	27.12	43.07	6.85	16.91	0.052	0.021

残渣XRD衍射分析结果表明：残渣中的主要矿相为硅酸钙、硅酸二钙、钙铝黄长石等。

将残渣磨细后用做水泥混合料，当掺量达到20%～30%时，可以生产标号为425的硅酸盐水泥。

A 温度的影响

出炉温度和合金钛的质量分数及钛回收率间的关系如图14－14所示。随出炉温度升高，合金钛的质量分数和钛回收率均呈递增趋势，这说明温度较高有利于反应进行，同时体系温度升高使得渣黏度下降，有利于生成的钛硅铁沉降分离进入合金相，提高钛回收率，并使还原后渣中残留的TiO_2的质量分数降低。由于硅热反应属放热过程，在渣金界面反应放出的热使反应生成物能够向两相扩散，避免了渣包裹和渣夹杂，达到了分离的目的，最大限度地回收了钛硅铁合金。

B 石灰的影响

随着反应的进行，硅反应生成的SiO_2使渣碱度下降且黏度增加，阻碍还原生成的钛向合金相进行扩散。若在炉料中配加石灰(加入量为入炉高炉渣量的20%～30%，配料碱度范围为1.8～2.3)，使配料碱度提高，钛回收率随之有明显增加。当硅铁配入量相同时，随着配料碱度的增加，钛的回收率随之增加，但当加入量超

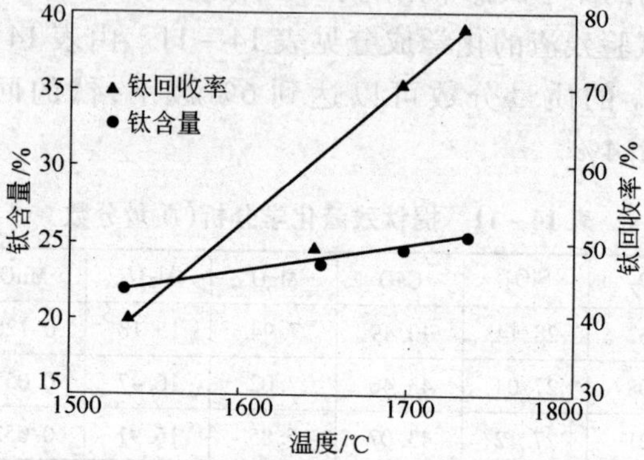

图 14－14　出炉温度对合金钛含量及钛回收率的影响

过 30% 时，钛的回收率开始下降（见图 14－15），并造成操作困难。这是因为石灰的加入虽有利于反应进行（见式（14－28）～式（14－33）），但石灰过量后，会使炉料熔点升高，引起渣中 TiO_2 的稀释。

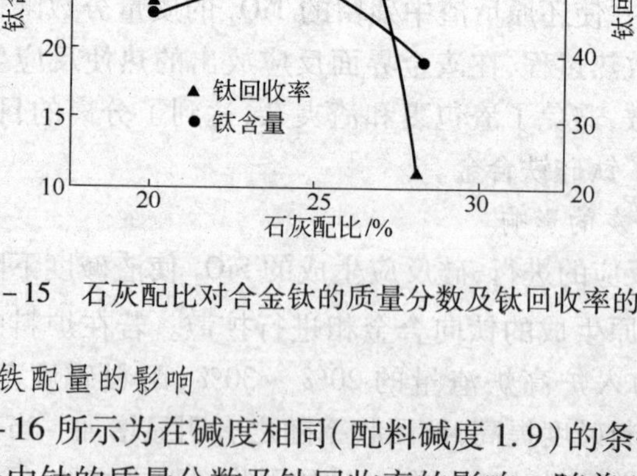

图 14－15　石灰配比对合金钛的质量分数及钛回收率的影响

C　硅铁配量的影响

图 14－16 所示为在碱度相同（配料碱度 1.9）的条件下，硅铁用量对合金中钛的质量分数及钛回收率的影响。随着硅铁配入量

增加，合金钛的质量分数缓慢增加，当硅铁配入量大于25%时，合金钛的质量分数开始下降；钛的回收率随硅铁配入量的增加而增加，渣中 TiO_2 的质量分数随硅铁配入量的增加而下降。

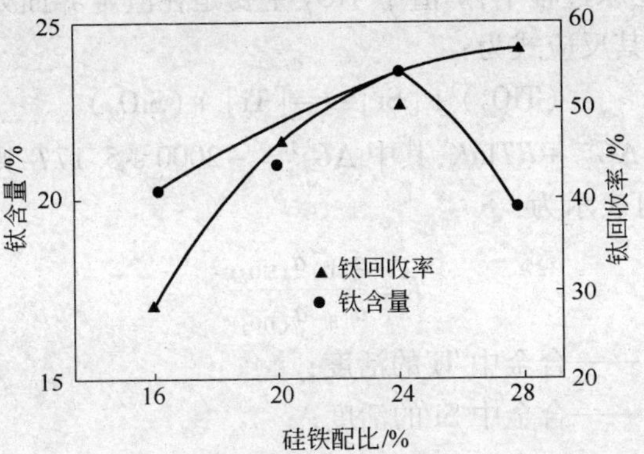

图 14－16 硅铁配比对合金钛的质量分数及钛回收率的影响

D 渣相活度

以高钛型高炉渣为主要原料，硅的质量分数为75%的硅铁为还原剂，石灰作熔剂，炉料初始碱度为1.9的 TiO_2-CaO-MgO-SiO_2-Al_2O_3 五元系中，以液态纯物质为标准状态时，组元 TiO_2 和 SiO_2 的活度分别为：

$$a_{TiO_2}=\gamma_{TiO_2}x_{TiO_2};a_{SiO_2}=\gamma_{SiO_2}x_{SiO_2}$$

式中 γ_{TiO_2}——TiO_2 的活度系数；

x_{TiO_2}——TiO_2 的摩尔分数；

γ_{SiO_2}——SiO_2 的活度系数；

x_{SiO_2}——SiO_2 的摩尔分数。

可以看出，在标准状态下组元活度与摩尔分数成正比。据计算，初始炉料中 TiO_2 和 SiO_2 的活度为：$a_{TiO_2}=2.0597\times10^{-2}$，$a_{SiO_2}=0.1742$，$a_{SiO_2}/a_{TiO_2}=8.4554$。

反应开始时，金属熔体中钛浓度很低，硅占主导地位，合金熔体中 $a_{[Ti]}$ 很低，有利于反应向生成钛的方向进行。随着反应的进行，

渣相中 TiO_2 被还原成 Ti 进入合金相,摩尔分数降低,合金中的钛的质量分数迅速增加,硅的质量分数明显降低,渣中 SiO_2 的质量分数上升。渣相和合金相中组元活度比发生变化,直至反应趋于平衡。

熔融还原过程中,炉渣中 TiO_2 主要是在渣金界面处被合金中的硅还原,其反应式为:

$$(TiO_2)+[Si]=\!=\!=[Ti]+(SiO_2) \qquad (14-34)$$

$\Delta G_T=\Delta G_T^{\ominus}+RT\ln K$,其中 $\Delta G_T^{\ominus}=-2000+5.17T$,则反应式的平衡常数可表示为:

$$K=\frac{a_{[Ti]}\,a_{(SiO_2)}}{a_{[Si]}\,a_{(TiO_2)}}$$

式中　$a_{[Ti]}$——合金中 Ti 的活度;

$a_{[Si]}$——合金中 Si 的活度;

$a_{(SiO_2)}$——渣中 SiO_2 的活度;

$a_{(TiO_2)}$——渣中 TiO_2 的活度。

在一定温度下,反应的平衡常数为定值,当炉渣中 TiO_2 的质量分数升高时,$a_{(TiO_2)}$ 升高,从而使得合金钛的质量分数增加。图 14－17 所示为不同 $w(Ti)/w(TiO_2)$ 对合金钛的质量分数及钛回收率的影响。

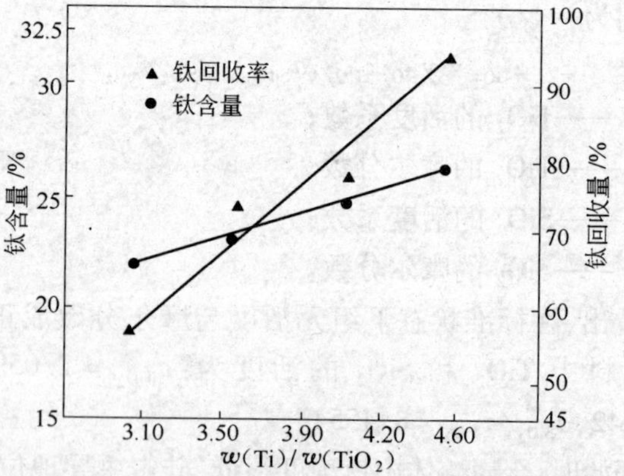

图 14－17　$w(Ti)/w(TiO_2)$ 对合金钛的质量分数及钛回收率的影响

14.3.5 高钛型高炉渣铝热还原法制取钛硅铁合金

近几年研究表明，钛硅铁合金中钛硅比越高，其在钢铁行业应用范围越广。因此，国内有关单位进行了铝热还原法制取钛硅铁合金的试验研究，并取得良好进展。下面以5t电弧炉试验为例。

14.3.5.1 试验过程及结果

试验用高钛型高炉渣化学成分见表14-12，配比见表14-13。试验在5t炼钢电弧炉上进行。电弧炉主要技术参数：额定电压80～140V，额定电流0～4000A，炉口直径1300mm，炉膛深度1000mm，炉衬采用水冷炉壳，电极为石墨。

表14-12 高钛型高炉渣化学成分（质量分数） （%）

成分	TiO_2	SiO_2	Al_2O_3	MnO	MgO	CaO	Fe_2O_3	TFe	K_2O	Na_2O
质量分数	21.61	25.14	13.84	0.650	7.42	26.74	<0.5	2.50	0.62	0.42

表14-13 试验配比（质量分数） （%）

原材料	高钛型高炉渣	还原剂1	还原剂2	外加剂3
配比	80.2	12.0	5.3	2.5

将高炉渣和还原剂混合均匀后铺在炉底，送电起弧后，将剩余炉料缓缓加入电炉内，炉料慢慢熔化，全部熔融约40min，精炼期30min。在试验结束后人工凿出合金，取样并称量合金和残渣重量。

表14-14和表14-15分别为试验所得的合金及残渣成分。由表14-14可见，钛硅铁合金钛的质量分数在38%～52%之间波动，硅的质量分数在31%～39%之间波动，铁的质量分数在11%～14%之间波动。急冷残渣（熔炼过程中从炉口吹制的急冷空心小球）和缓冷渣（炉中自然冷却得到的渣）成分波动不大，渣中TiO_2的回收率在90.3%～97.7%之间，提钛后残渣中TiO_2的质量分数小于2%。

用比重法测量合金表观密度为 4.25 ~ 4.28g/cm^3。用耐火度测试法测得残渣耐火度为 1430 ~ 1520℃。

表 14 - 14　钛硅铁合金成分(质量分数)　(%)

试样	Ti	Si	Al	Fe	Mn	V	S	P	C
1	44.35	34.86	3.49	11.66	1.59	0.522	0.009	0.013	1.94
2	38.76	32.23	8.27	9.69	1.37	0.440	0.063	0.011	1.12
3	42.00	34.68	7.31	10.06	1.50	0.474	0.022	0.013	1.52
4	42.32	38.10	4.36	12.51	1.65	0.441	0.009	0.012	0.76
5	40.95	36.69	5.60	12.32	1.60	0.470	0.010	0.012	0.88
6	52.17	31.10	2.43	12.54	2.84	0.54	0.019	0.012	1.12

表 14 - 15　提钛残渣化学分析结果(质量分数)　(%)

成分	TiO_2	SiO_2	Al_2O_3	MgO	MnO	V_2O_5	TFe	CaO	S	FeO
缓冷	1.45	5.86	56.35	7.65	0.12	0.009	0.53	26.6	0.22	
急冷	0.48	3.11	57.13	5.40	0.16	0.016	0.63	32.21	0.23	0.41

14.3.5.2　分析与讨论

A　还原剂掺入量

用 XRD 对熔炼后残渣与钛硅铁合金物相组成进行分析。当还原剂过量系数分别为 0%、3% 和 6% 时，残渣和合金的物相组成的变化如图 14 - 18 所示。

由图 14 - 18(a)可知，随着还原剂加入量的不同，炉渣相主要由 $CaAl_2O_4$、$CaAl_4O_7$、$MgAl_2O_4$、$Ca_2Al_2(SiO_7)$ 等组成，并无新相产生，仅相对含量有所变化。加入当量还原剂时，因为残渣中尚有一定量的 Si，易形成稳定的钙铝黄长石相（$Ca_2Al_2SiO_7$），它成为主晶相，其次为 $CaAl_2O_4$、$MgAl_2O_4$、$CaAl_4O_7$ 相；随着还原剂不断过量，残渣中硅的质量分数减少，$CaAl_2O_4$ 相的质量分数增加明显，至 3% 时 $CaAl_2O_4$ 相即成为主晶相。

由图 14 - 18(b)可知，随着还原剂加入量的不同，合金相主要

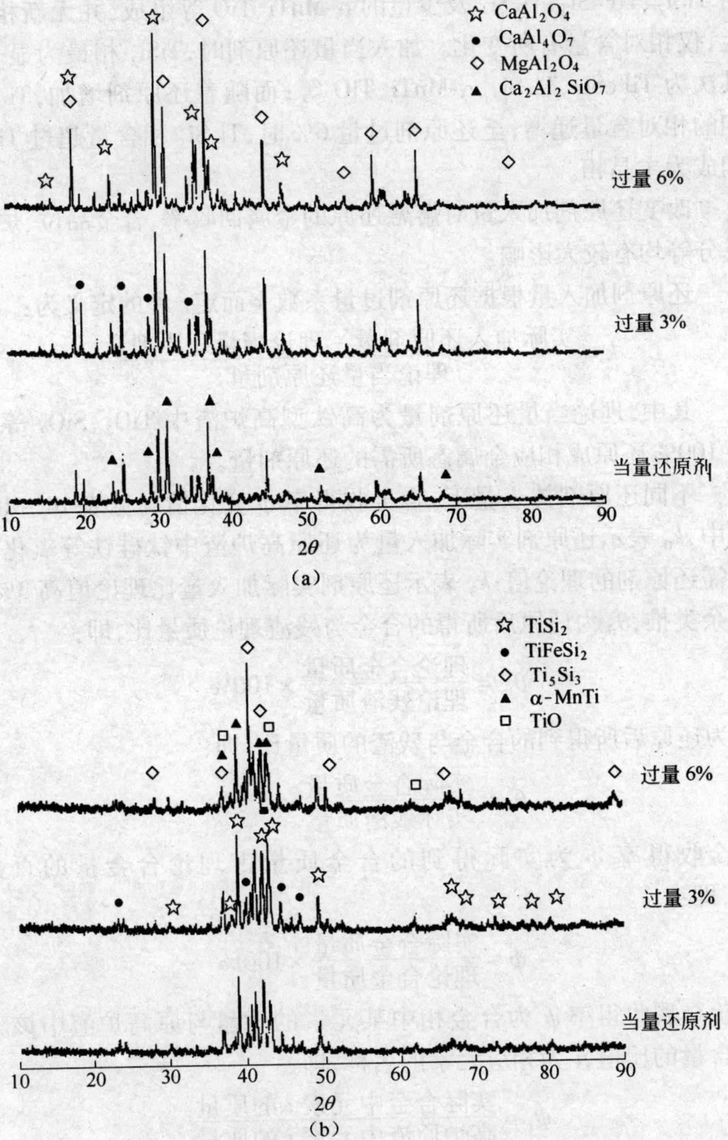

图 14-18 残渣和合金的物相组成的变化

(a)各次试验残渣的 XRD 比较;(b)各次试验合金的 XRD 比较

由 $TiSi_2$、$TiFeSi_2$、Ti_5Si_3 及少量的 α-MnTi、TiO 等组成，并无新相产生，仅相对含量有所变化。加入当量还原剂时，$TiSi_2$ 相最为显著，其次为 $TiFeSi_2$、Ti_5Si_3、α-MnTi、TiO 等；而随着还原剂增加，Ti_5Si_3 相的相对含量递增，至还原剂过量 6% 时，Ti_5Si_3 相含量超过 $TiSi_2$ 相成为主晶相。

改变还原剂加入量对熔融还原的金属回收率、合金品位、炉渣成分等均有较大影响。

还原剂加入量根据还原剂过量系数 k 而定。k 的定义为：

$$k=\frac{\text{实际加入还原剂量}-\text{理论当量还原剂量}}{\text{理论当量还原剂量}}$$

其中，理论当量还原剂量为高钛型高炉渣中 TiO_2、SiO_2 等组分 100% 还原成相应金属态所需的还原剂量。

不同还原剂掺入量下，合金收得率 ϕ 变化情况见表 14－16。表中，k_0 表示还原剂实际加入量为还原高炉渣中钛硅铁等氧化物所需还原剂的理论值；k_3 表示还原剂实际加入量比理论值高 3%，其余类推；θ_{th} 为还原后所得的合金与残渣理论质量比，即：

$$\theta_{th}=\frac{\text{理论合金质量}}{\text{理论残渣质量}}\times 100\%$$

θ_{tr} 为还原后所得到的合金与残渣的质量比，即：

$$\theta_{tr}=\frac{\text{实际合金质量}}{\text{实际残渣质量}}\times 100\%$$

合金收得率 ϕ 为实际得到的合金质量占理论合金量的百分比，即：

$$\phi=\frac{\text{实际合金质量}}{\text{理论合金质量}}\times 100\%$$

有价金属收得率 ψ 为合金相中某元素的含量与原高炉渣中该元素含量的比值，i 为相应元素的名称，即：

$$\psi_i=\frac{\text{实际合金中元素 } i \text{ 的质量}}{\text{高炉原渣中元素 } i \text{ 的质量}}$$

其中，理论值 θ_{th} 定义：假设其中有价金属全部还原并完全进入合金且金属还原剂全部被氧化而进入残渣中时，所得理论合金

质量与残渣质量之比,即:

$$\theta_{th}=\frac{理论合金质量}{理论残渣质量}\times 100\%$$

表 14 - 16　试验指标值　(%)

试验指标	θ_{th}	θ_{tr}	ϕ	ψ_{Ti}	ψ_{Si}	ψ_{Fe}
k_0	28.77	20.57	63.49	72.17	70.75	49.06
k_3	28.53	20.39	72.13	75.59	70.70	50.84
k_6	28.31	21.20	76.85	79.14	72.23	49.37

由表 14 - 16 可知,还原剂过量系数在 $k_0\sim k_6$ 之间波动时,合金收得率差别不大,因此,综合经济因素,还原剂过量系数以不超过 k_3 为宜。

熔融还原的目标金属(主要为钛、硅、铁等)的收得率是试验效果的重要指标。图 14 - 19 所示为不同还原剂掺入量下各金属的收得率情况。

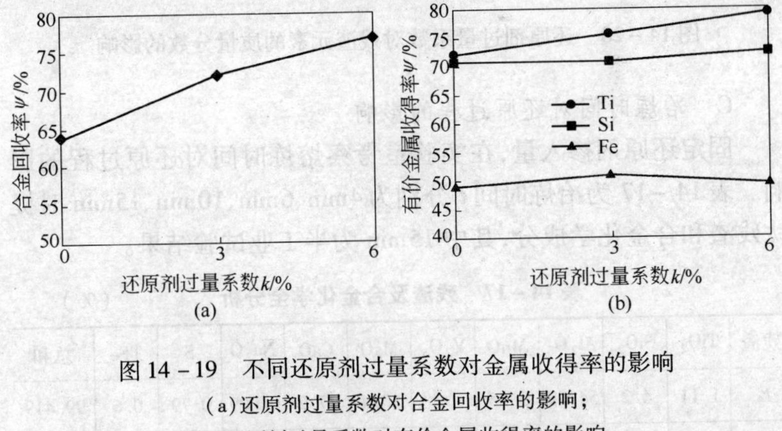

图 14 - 19　不同还原剂过量系数对金属收得率的影响

(a)还原剂过量系数对合金回收率的影响;

(b)还原剂过量系数对有价金属收得率的影响

由图 14 - 19 可知,随着还原剂加入量的增加,钛、硅、铁等主要目标金属的收得率有所增加,所以总的合金回收率呈递增趋势。还原剂的过量会使炉膛中形成还原气氛,使有价金属还原率增加,其中以钛的增加趋势最为明显，而硅的增加较小，这主要是由于炉渣中钙含量较高，钙与硅易形成较稳定氧化物，抑制了硅的还原。

B 渣中残留

图 14－20 所示为不同还原剂掺量时，提钛残渣中 Ti、Si 等有价元素的残留情况。由图 14－20 可知，随着还原剂的过量，残渣中 TiO_2、SiO_2 等的质量分数不断降低；当还原剂过量系数为 k_3 时，残渣中 TiO_2 的质量分数达到较低水平（小于1%），此时 TiO_2 的降低趋势明显变缓，因此可认为已接近理想的还原极限。

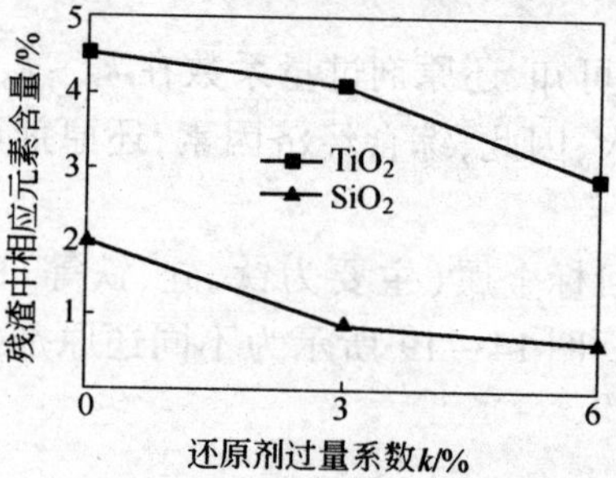

图 14－20 还原剂过量系数对残渣元素的质量分数的影响

C 冶炼时间对还原过程的影响

固定还原剂掺入量，在实验室考察熔炼时间对还原过程的影响。表 14－17 为冶炼时间 t 分别为 4min、6min、10min、15min 时提钛残渣和合金化学成分，其中 15min 为半工业试验结果。

表 14－17 残渣及合金化学全分析 （%）

残渣	TiO_2	SiO_2	Al_2O_3	MnO	V_2O_5	MgO	CaO	Na_2O	S	TFe	总和
t_4	1.11	4.2	54.99	0.15		10.4	27.2	0.009	0.79	0.6	99.419
t_6	0.9	4.08	58.69	0.04	0.002	5.56	29.5	0.07	0.32	0.27	99.402
t_{10}	0.66	3.63	59.31	0.03	0.004	5.76	29.7	0.11	0.33	0.22	99.734
t_{15}	1.39	4.94	57.8	0.093	0.01	6.27	28.8	0.11	0.34	0.24	99.963

续表 14－17

合金	Ti	Si	Al	Fe	Mn	V	Mg	总和
t_4	47.35	37.39	2.47	8.82	1.76	0.61	0.89	99.29
t_6	46.07	39.1	2.62	8.96	2.44	0.56	0.04	99.79
t_{10}	45.81	39.73	2.37	8.7	2.62	0.53	0.05	99.81
t_{15}	44.35	41.16	1.81	9.42	2.09	0.6	<0.01	99.43

根据以上分析结果及残渣、合金的质量，分别计算合金收得情况，见表 14－18。

表 14－18　合金收得情况　(%)

冶炼指标	θ_{th}	θ_{tr}	ϕ	ψ_{Ti}	ψ_{Si}	ψ_{Fe}
t_4	28.31	22.49	75.70	80.34	69.92	51.75
t_6	28.53	20.39	72.13	75.59	70.70	50.84
t_{10}	28.56	20.12	74.15	76.17	72.81	50.03
t_{15}	28.30	25.25	86.69	86.13	88.10	63.27

由表 14－18 可知，理论的合金占炉渣比例基本一致；实际值与理论值相比，合金比例较低，主要是因为高炉渣中有价金属元素不能完全及时有效沉降、聚集；合金回收率随时间的增加变化并不显著，这说明炉内反应可以在较短时间完成。而 15min 时，实际合金收得率接近理论值，这是因为半工业试验中炉况好、功率大，有利于合金沉降，所以呈现较高的合金比例，也说明工业生产条件更有利于高钛型高炉渣熔融还原提钛过程的进行，精炼过程和时间的控制对合金收得率的影响大于冶炼时间的限制。

14.4　硫酸法制取 TiO_2 工艺

一般硫酸法钛白粉生产原料采用钛铁矿或富钛料。采用高钛型高炉渣做钛白粉原料，必须首先解决含钛物相的富集问题，这也是近年来高钛型高炉渣综合利用研究比较多的一个方向，近年来取得了一定进展，获得了 TiO_2 的质量分数不小于99%的非颜料钛白粉或富钛料，但要真正实现产业化还需深入研究。存在的主要问题为：高炉渣中钛品位低，成本高（每吨钛白粉生产成本相当于用高钛渣生产钛白粉成本的2～3倍），工艺流程长，“三废”量大。

下面以高钛型高炉渣“高温改性—TiO_2 选择性富集长大—浮选—硫酸法钛白”流程为例进行说明。

14.4.1　基本原理

14.4.1.1　钙钛矿选择性析出与富集长大

含钛高炉渣不能综合利用的重要原因是渣中钛弥散于多种矿物相中，各含钛物相晶粒细小、嵌布关系复杂，用常规选矿方法很难分离完全。磁选法分离钙钛矿的试验研究表明，效果不理想，其原因是渣中钙钛矿晶粒细小。用浮选法分离钙钛矿也遇到同样的问题。

“选择性富集、长大与分离”的学术思想在于通过高温氧化改性，使渣中大部分钛富集于钙钛矿相中，通过优化热处理条件等促进其长大，最终通过选矿方法将钙钛矿分离出来，并采用硫酸浸取其中的 TiO_2。

经常温冷却的高钛型高炉渣中各矿物的质量分数及钛赋存情况见表14－19。由表14－19可以看到，原渣中含有大量低价Ti（Ti^{2+}，Ti^{3+}），约占总钛量的1/5～1/4，而钙钛矿主要由 Ti^{4+} 形成，因此选择高温氧化方式直接提高渣的氧位，使低价Ti、Ti(C,N)氧化成 Ti^{4+}，可以实现渣中钛的转移，促进钙钛矿相结晶量增加。

表14－19　高钛型高炉渣矿相的质量分数及钛赋存状况　（%）

矿物名称	质量分数	TiO_2	TiO	Ti_2O_3
钙钛矿	20.7	51.12	0.17	5.25
富钛透辉石	58.9	10.19	0.11	7.84
攀钛透辉石	5.8	12.19	0.17	12.20

续表 14 - 19

矿物名称	质量分数	TiO_2	TiO	Ti_2O_3
尖晶石	4.5	13.98	0.18	3.76
Ti(C,N)	1.0	95.74		
Fe	8.7			
C	0.2			

渣在氧化过程中发生的化学反应见式(14 - 35) ~ 式(14 - 39)。冷却过程中,钙钛矿晶体的析出根据熔渣离子结构理论和晶体化学原理,通过控制熔渣的结晶过程,钛可以大部分以钙钛矿相存在,实现选择性析出、结晶和长大,见式(14 - 40) ~ 式(14 - 42)。

$$C + O_2 = CO_2 \qquad (14-35)$$

$$TiN + O_2 = TiO_2 + 1/2N_2 \qquad (14-36)$$

$$TiC + 2O_2 = TiO_2 + CO_2 \qquad (14-37)$$

$$Ti_2O_3 + 1/2O_2 = 2TiO_2 \qquad (14-38)$$

$$TiO + 1/2O_2 = TiO_2 \qquad (14-39)$$

$$CaO = Ca^{2+} + O^{2-} \qquad (14-40)$$

$$TiO_2 + O^{2-} = TiO_2^{2-} \qquad (14-41)$$

$$Ca^{2+} + TiO_3^{2-} = CaTiO_3 \qquad (14-42)$$

14.4.1.2　钙钛矿硫酸法浸取 TiO_2

硫酸法钛白粉生产的主要工艺为:含 TiO_2 的原料用硫酸酸解后进行沉降,将可溶性硫酸氧钛从固体杂质中分离出来;然后用水或稀硫酸水解硫酸氧钛以形成不溶于水的偏钛酸,偏钛酸经过滤、洗涤后焙烧即得到钛白粉。

高钛型高炉渣改性后钙钛矿与钛辉石的比磁化系数分别为 $24 \times 10^{-6} cm^3/g$ 和 $16 \times 10^{-6} cm^3/g$,两者差别不大,都介于非磁性矿物与弱磁性矿物之间,用磁选方法将两者分离难以奏效。从两者的密度看,钙钛矿密度为 $4.01 g/cm^3$,钛辉石密度为 $3.4 g/cm^3$,重选法分选系数大于 1.25,且脉石解离性较好,所以重选法为一种有效的方法。由于钙钛矿和钛辉石表面性质不同,通过特殊强化表面化学预处理,加大渣中钙钛矿和脉石矿物攀钛透辉石等的表面性质差异,可浮选出钙钛矿精矿。

以钙钛矿为主的改性高炉渣通过硫酸法分解制取钛白粉,其主要反应过程见式(14-43)~式(14-45):

$$CaTiO_3 + 2H_2SO_4 = CaSO_4 + TiOSO_4 + 2H_2O \quad (14-43)$$

$$TiOSO_4 + 2H_2O = TiO(OH)_2 + H_2SO_4 \quad (14-44)$$

$$TiO(OH)_2 = TiO_2 + H_2O \quad (14-45)$$

除 TiO_2 外,渣中其他成分 CaO、MgO 以及 Al_2O_3、Fe_2O_3 同样可以与硫酸反应生成可溶性硫酸盐,见反应式(14-46)~式(14-50),因此,改性高炉渣酸解溶液比钛铁矿更为复杂。SiO_2 的反应机理受酸解条件影响,相对较复杂。钛的酸解率受酸解温度、酸解时间、渣酸比、物料粒度、硫酸浓度等因素影响。

$$CaTiO_3 + 2H_2SO_4 = CaSO_4\downarrow + TiOSO_4 + 2H_2O \quad (14-46)$$

$$CaO + H_2SO_4 = CaSO_4\downarrow + H_2O \quad (14-47)$$

$$Al_2O_3 + 3H_2SO_4 = Al_2(SO_4)_3 + 3H_2O \quad (14-48)$$

$$MgO + H_2SO_4 = MgSO_4 + H_2O \quad (14-49)$$

$$Fe_2O_3 + 3H_2SO_4 = Fe_2(SO_4)_3 + 3H_2O \quad (14-50)$$

14.4.2　高钛型高炉渣“高温改性—TiO_2 选择性富集长大与分离”工艺

高钛型高炉渣高温氧化改性可以在带有辅助热源的反应器中进行,通过控制炉渣碱度以及供氧量,将渣中 C、Ti(C,N)以及其他低价 Ti 离子氧化后,再通过控制一定的冷却速度和时间,得到改性高炉渣。

改性高炉渣通过破碎、筛分,在球磨机中粉磨至选矿粒度(约 30~50μm)后,经多级浮选得到钙钛矿精矿。浮选得到的钙钛矿精矿再通过酸解、水解、过滤、煅烧,即可得钛白粉。高钛型高炉渣分离和酸浸制取钛白工艺流程如图 14-21 所示。

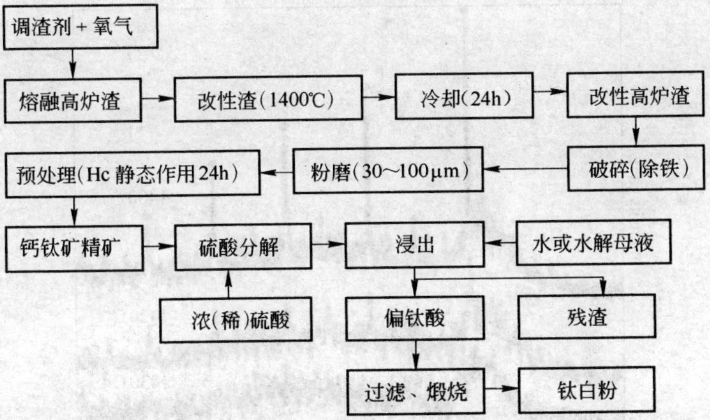

图 14-21　高钛型高炉渣分离和酸浸制取钛白工艺流程

14.4.3　高钛型高炉渣中钙钛矿富集长大

称取 100g 高炉渣,配加 10% 攀钢钢渣和 5% CaF_2,充分研磨均匀后,装入 Mo 坩埚置于 $MoSi_2$ 电阻炉内升温至 1500℃,并保温 30 min,使渣样充分熔化均匀,然后以 0.5℃/min 的降温速率冷却至 1000℃,降温过程中每隔 10 min 取少量熔渣进行水淬处理,淬火渣样进行研磨抛光,在光学显微镜下观察钙钛矿的结晶过程。

14.4.3.1　钙钛矿晶体析出与长大的温度区间

图 14-22 所示为 0.5℃/min 降温速率时不同温度下渣样的 X 射线衍射谱。从图 14-22 可以看到,高于 1430℃时的 X 射线衍射谱是完全的玻璃衍射峰,这表明没有晶相析出;当降到 1420℃时,钙钛矿晶体的衍射峰开始出现,即钙钛矿晶体开始析出;随着温度的进一步降低,钙钛矿晶体的衍射峰不断增强,这表明结晶量在增加。光学显微镜观察也证实了上述 X 射线衍射结果。由此可以初步确认钙钛矿开始析出温度为 1420℃。

当温度低于 1200℃后,渣中固相增多、黏度增大,淬火操作无法进行,所以控制淬火终点温度为 1200℃。图 14-23(a)和图

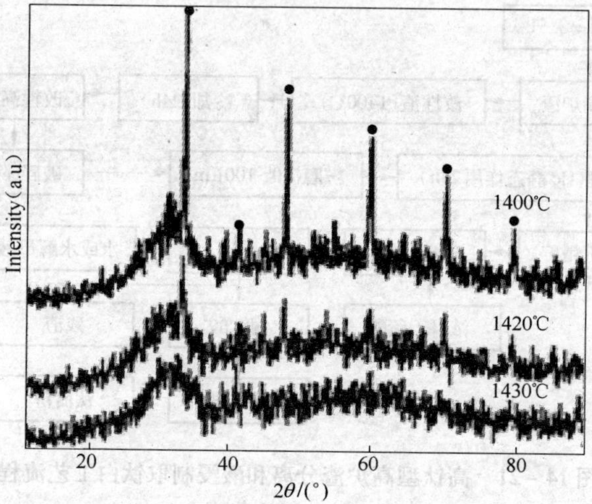

图 14－22　不同温度 X 射线衍射分析

14－23(b)所示分别为 1200℃和室温时渣样的光学显微形貌。从图 14－23 中可以看出，从 1200℃至室温，钙钛矿晶体仍不断长大、粗化，因而，延长冷却时间有利于钙钛矿晶体长大。

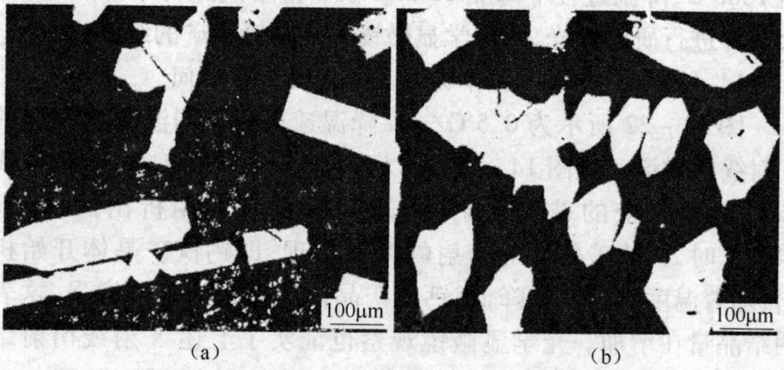

图 14－23　不同温度下钙钛矿晶体形貌
(a)1200℃；(b)室温

14.4.3.2 熔化温度对钙钛矿相结晶行为的影响

图 14-24 和图 14-25 所示分别为熔化温度与钙钛矿相结晶量和平均晶体尺寸的关系。结果表明，提高熔化温度，有利于钙钛矿晶体长大粗化，并提高钙钛矿相的结晶量。熔体温度越高，黏度越小。这是因为随着改性高炉渣温度的升高，渣中 TiO_3^{2-} 离子团迁移能力越强，越容易与 Ca^{2+} 结合形成钙钛矿。

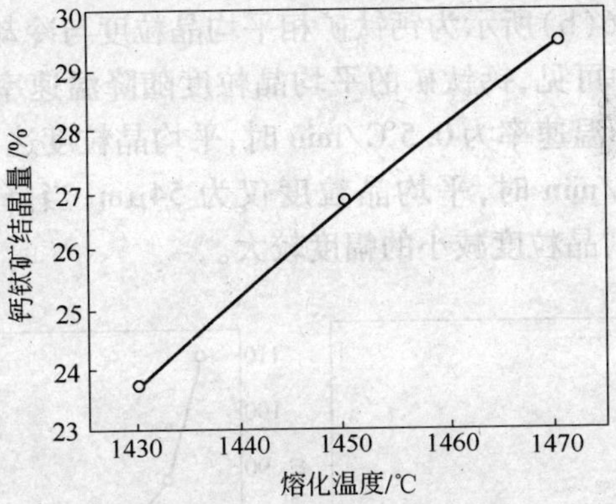

图 14-24 熔化温度与钙钛矿结晶量的关系

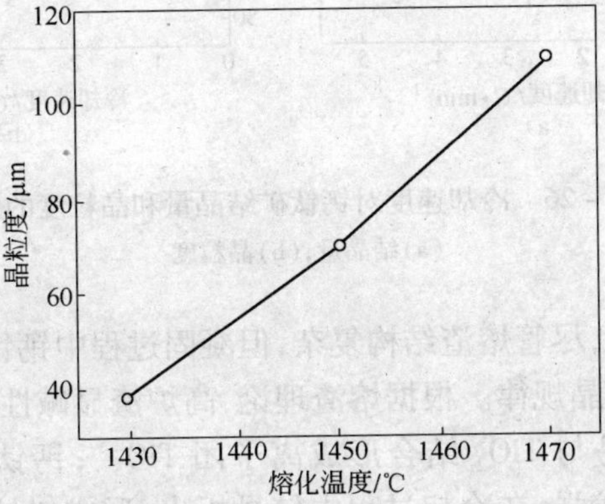

图 14-25 熔化温度与钙钛矿晶粒度的关系

14.4.3.3　冷却速度对钙钛矿形成的影响

图 14－26(a)所示为改性高炉渣连续降温时钙钛矿相结晶量与降温速率之间的关系。从图中可以看出，随降温速率增大，钙钛矿结晶量减小。当冷却速率为 0.5℃/min 时，钙钛矿结晶量较大，达 29%～30%；而当冷却速率达到 2℃/min 时，结晶量减小到 25%～26%；冷却速率继续增大，结晶量缓慢减小，冷却速率达 5℃/min 时，结晶量为 24%。

图 14－26(b)所示为钙钛矿相平均晶粒度与冷却速率之间的关系。从图中可见，钙钛矿的平均晶粒度随降温速率的增大而显著减小。当降温速率为 0.5℃/min 时，平均晶粒度达 110μm；而降温速率为 5℃/min 时，平均晶粒度仅为 54μm；当降温速率超过 1℃/min 以后，晶粒度减小的幅度较大。

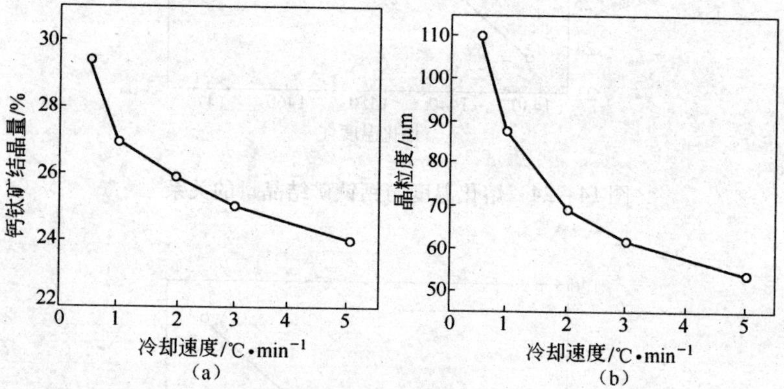

图 14－26　冷却速度对钙钛矿结晶量和晶粒度的影响

(a)结晶量；(b)晶粒度

综上所述，尽管熔渣结构复杂，但凝固过程中钙钛矿相的析出仍遵循晶体结晶规律。根据熔渣理论，高炉渣显碱性，其中有较多游离的 O^{2-}，易与 TiO_2 结合形成离子团 TiO_3^{2-}；钙钛矿相熔点较高，结晶能力较强，在冷却过程中较早析出，形成树枝状钙钛矿晶体。随着枝晶周围 Ca^{2+}、TiO_3^{2-} 浓度降低，而其他较低熔点矿物的离子或离子团浓度相对增高,枝晶长大受阻;随着熔体继续冷却,枝晶一旦穿过 Ca^{2+}、TiO_3^{2-} 贫化层,就能继续正常生长,使之长大、变粗。晶粒在高温下适当延长保温时间,则有利于大晶粒吞噬细小晶粒,尤其是一些刚刚形成的晶核,减少晶粒的数目,有利于晶粒长大。

14.4.3.4 改性高炉渣矿物工艺特性

改性高炉渣的化学成分(质量分数)为:CaO 29.51%,SiO_2 22.62%,TiO_2 21.34%,Al_2O_3 12.28%,MgO 8.39%,MnO 0.7%,V_2O_5 0.6%,TFe 3.12%及其他1.44%。

电子显微镜下观察结果表明:改性高炉渣与原渣物相组成相同,主要物相组成为钙钛矿、攀钛透辉石、富钛透辉石、尖晶石以及玻璃相等。

对改性高炉渣中各物相在电子显微镜下定量计算 TiO_2 在各物相中的分布,结果见表14-20。

表14-20 改性高炉渣中各物相的质量分数及 TiO_2 分布率

矿物名称	物相含量/%	矿物中 TiO_2 的质量分数/%	TiO_2 总的质量分数/%	TiO_2 分布率/%
钙钛矿	34.1	56.49	19.26	81.75
尖晶石	4.5	6.29	0.28	1.19
富钛透辉石	10.5	14.26	1.50	6.37
攀钛透辉石	36.5	6.87	2.50	10.69
铁	0.2			
玻璃体	14.2			

由表14-20可见,在改性高炉渣的所有矿物相中都可检测到钛,只是含量多少不一。钙钛矿是主要的含钛物相;尖晶石、攀钛透辉石和富钛透辉石中钛的质量分数很低,不是钛的载体矿物。通过调整熔渣组成、控制热处理条件、选择合适的添加剂等措施,可实现钙钛矿相选择性富集与长大,使钙钛矿相中含 TiO_2 占炉渣中钛总量由原渣的48%增至改性高炉渣的80%,晶粒尺寸由5~

20μm 长大至 80～240μm。

14.4.4 改性高钛型高炉渣中钙钛矿分离

14.4.4.1 改性高炉渣的粒度特性及钛矿物解离特性

将改性高炉渣样制成光片,用图像分析仪对钙钛矿的结晶量和晶粒度进行统计分析,并绘制钙钛矿相的嵌布粒度特性曲线,结果如图 14－27 所示。图 14－27 表明,钙钛矿颗粒是以细粒为主的不等粒嵌布,粒度集中于 20～80μm 粒级中,平均粒径 74μm,这表明需要多段磨矿、多段选别的流程处理。

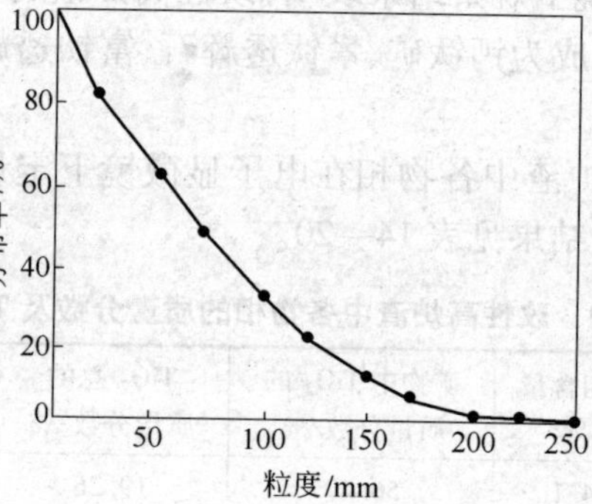

图 14－27 钙钛矿嵌布粒度特性曲线

14.4.4.2 重选试验

根据原料粒度特性,在实验室采用型号为 XYZ-1100×500 的刻槽矿泥摇床为主体设备。分级摇床流程试验结果见表 14－21。

表 14－21 改性渣重选试验结果

粒级/μm	产品名称	产率/%	品位/%	回收率/%
100～150	精 矿	28.28	35.08	49.59
	中 矿	29.33	24.83	34.54
	尾 矿	42.39	7.5	15.87
	合 计	100	20.01	100

续表 14－21

粒级/μm	产品名称	产率/%	品位/%	回收率/%
75～100	精 矿	26.61	40.2	55.39
	中 矿	36.67	16.42	30.01
	尾 矿	26.72	7.67	14.6
	合 计	100	19.31	100
38～75	精 矿	21.11	42.78	49.05
	中 矿	14.72	20.78	17.14
	尾 矿	64.17	9.7	33.81
	合 计	100	18.41	100
<38	精 矿	8.68	41.67	21.41
	中 矿	11.47	20.02	15.32
	尾 矿	79.85	13.34	63.72
	合 计	100	16.87	100

由表 14－21 可见，在较粗级别（100～50μm），可以预先抛弃部分合格尾矿并得到粗精矿；在较细级别（75～100μm 和 38～75μm），可以得到合格精矿和尾矿，精矿品位在 40%～43% 之间，回收率 49%～56% 之间；微细级别容易得到品位为 41% 左右的精矿，但回收率只有 21% 左右。因此，采用重选方法合适的选矿粒度为 38～100μm。

14.4.4.3 *改性高炉渣浮选试验*

采用重选法可以使钛得到一定程度的富集，同时抛弃大量脉石矿物，但仍有一部分中矿待处理。需采用浮选法进行进一步的分选试验。

浮选试验采用 XFG-76 型挂槽浮选机，介质 pH 值用 PHS-25 型酸度计测定，红外光谱测定采用 IR-435 红外光谱测定仪。为考察钙钛矿和钛辉石的可浮性，选取 200～400μm 粒级物料，经实验室小型摇床多次提纯，得到钙钛矿纯矿物和钛辉石纯矿物，用蒸馏水洗涤数次，室温晾干，作为纯矿物浮选用样，化学分析和显微镜下鉴定，两者均符合纯矿物条件。经瓷球磨磨细并分级后得到的 38 ~ 100μm 粒级物料，不经提纯处理的部分作为实际改性渣浮选用样，含 TiO_2 22.4%。

纯矿物条件试验表明，在弱酸性介质中，采用 QF 捕收剂浮选，氟硅酸钠为抑制剂，在弱酸性条件下，可获得含 $TiO_2$45.94%、回收率 70.0% 的钛精矿和含 $TiO_2$15.80% 的尾矿，可较好地实现钙钛矿的选择性分离。

在纯矿物试验基础上，对改性高炉渣进行了开路流程试验。采用一次粗选、三次精选的开路流程，对 TiO_2 的质量分数为 22.40% 的原渣改性后，可获得 TiO_2 的质量分数为 40.08% 的精矿和 TiO_2 的质量分数为 9.28% 的尾矿。

溶液化学研究表明，pH 值在 4 ~ 6 范围内，Ti^{4+} 主要是以 TiO_3^+ 及 TiO_2^{2+} 的形式存在，而 QF 为阴离子捕收剂，所以 pH 值在 4 ~ 6 范围内，其活性基团很容易与带正电 TiO_3^+ 及 TiO_2^{2+} 的结合。红外光谱测试表明，QF 在钙钛矿表面发生化学吸附。

14.4.5　钙钛矿精矿硫酸法浸取 TiO_2

采用选择性富集和分离技术，得到改性高炉渣富钛精矿和尾矿，精矿中 TiO_2 的质量分数达到 35% 以上。由于 TiO_2 品位升高，采用硫酸法制取钛白可以降低酸耗、减小能耗、提高经济效益，因此，使用富钛精矿比使用原渣制取钛白具有显著的经济效益。

经选择性分离处理的富钛精矿相组分十分复杂，80% 以上的钛以钙钛矿形式存在，其余的钛则以攀钛透辉石和富钛透辉石的形式存在。选用改性高炉渣（成分见表 14 - 22）进行实验，将装有搅拌器的三颈烧瓶置于电热套中，用温控仪控制烧瓶内 H_2SO_4 至所需温度，加入一定量的富钛精矿并同时开动搅拌器进行搅拌，反应至一定时间后，加水浸取，抽滤，滤液用来分析钛。

表 14-22 试验用改性高炉渣化学成分(质量分数) (%)

成 分	TiO_2	SiO_2	CaO	MgO	Al_2O_3	TFe
质量分数	35.52	10.10	36.73	9.76	4.03	4.14

14.4.5.1 矿酸比对 TiO_2 酸解率的影响

图 14-28 所示为在 200℃、粒度小于 0.246mm(60 目)时,浓 H_2SO_4 中的改性高炉渣酸解情况。试验结果表明,增加富钛精矿矿酸溶液的比值,反应硫酸化速度降低;如果达到相同的酸解率则必须延长反应时间。当矿酸比为 1∶20 时,反应 2h 后钛酸解率可达 92%;当矿酸比为 3∶20 时,则 5h 以上才能使钛提取率达到 92%;而矿酸比为 5∶20 和 8∶20 时则需要更长时间。这是因为矿酸比增加,酸解溶液中钛离子浓度也增加。

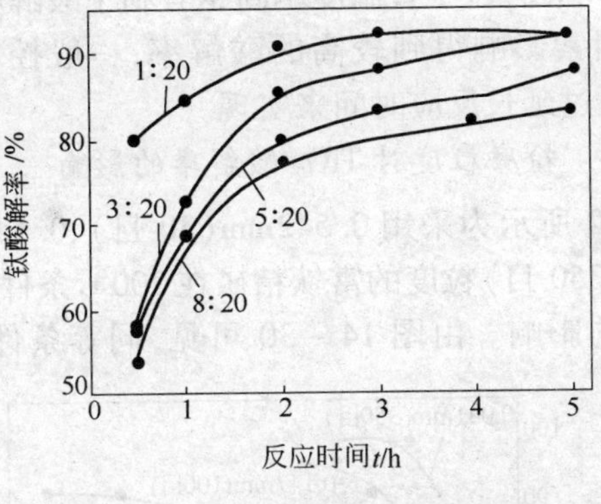

图 14-28 矿酸比对 TiO_2 酸解率的影响

14.4.5.2 温度对钛元素酸解率的影响

图 14-29 所示为矿酸比 1∶20、粒度小于 0.074mm(200 目)、浓 H_2SO_4 条件下,不同温度下富钛精矿的酸解情况。由图 14-29 可见,随着酸解温度的增加,酸解速率明显增大,酸解反应时间缩短。当酸解率达到 90% 时,200℃ 时需要的反应时间为 60min,250℃ 时则需要 40min,而 300℃ 时需要 15min。

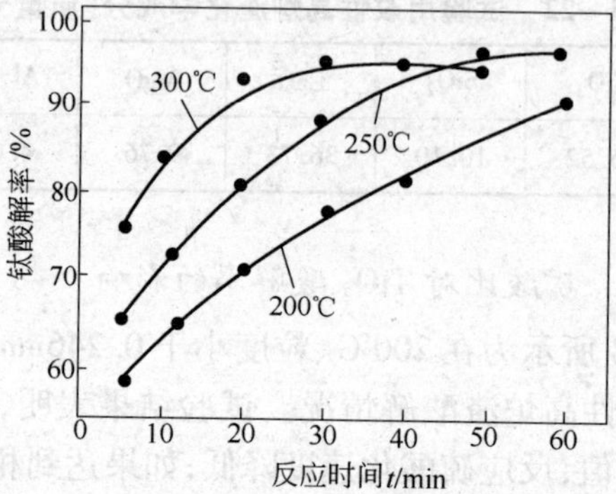

图 14－29　温度对 TiO_2 酸解率的影响

当温度超过 300℃时，浓 H_2SO_4 溶液开始沸腾并溅出，反应不易控制，温度过高还会造成 SO_3 气体挥发、矿粉凝结成块、钛离子提前水解等不利因素，尽管温度越高越有利于酸解反应，但实际上为避免其他因素影响得到较高的酸解率，一般控制反应温度在 200℃以下，通过延长反应时间来实现。

14.4.5.3　粉磨粒度对 TiO_2 酸解率的影响

图 14－30 所示为采用 0.542mm（30 目）、0.147mm（100 目）和 0.041mm（350 目）粒度的富钛精矿在 200℃条件下精矿粒度对 TiO_2 酸解率的影响。由图 14－30 可见，同等条件下，分别采用

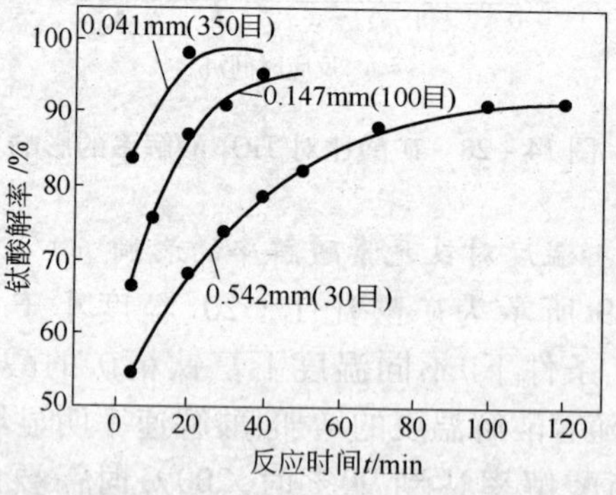

图 14－30　粒度对 TiO_2 酸解率的影响

0.542mm(30 目)、0.147mm(100 目)和 0.041mm(350 目)粒度的富钛精矿，得到的钛元素最高酸解率分别为 91%、95% 和 98%，同时达到最高酸解率所需时间随着富钛精矿颗粒目数的增大(粒度减小)而减小，对于 0.542mm(30 目)、0.147mm(100 目)和 0.041mm(350 目)粒度的富钛精矿，酸解时间分别为 100min、40min 和 20min。

14.4.5.4 H_2SO_4 浓度对 TiO_2 酸解率的影响

在矿酸比为 1∶20、富钛精矿粒度小于 0.074mm(200 目)、100℃下恒温 100h，观察浓硫酸对 TiO_2 酸解反应的影响，试验结果如图 14-31 所示。

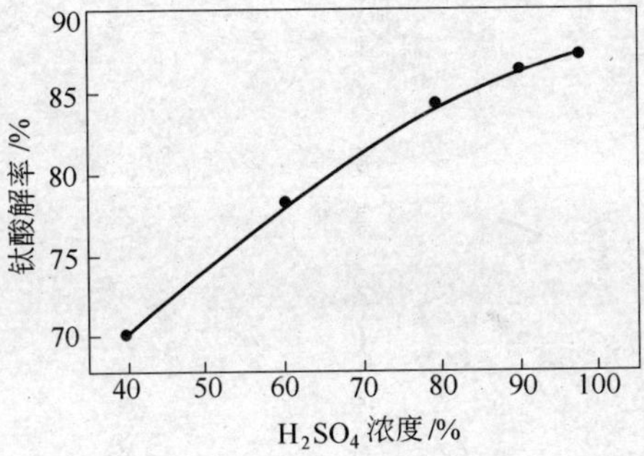

图 14-31 H_2SO_4 浓度对 TiO_2 酸解率的影响

由图 14-31 可见，H_2SO_4 浓度增大，钛元素酸解速率加快。当 H_2SO_4 浓度大于 90% 时，钛元素酸解速度增加幅度变小。这是因为 H_2SO_4 浓度增大，增加了单位表面积上参加反应的 H_2SO_4 分子数，因而加快了反应速度，但 H_2SO_4 浓度过高，反应产生的离子不能迅速扩散到溶液中，阻碍了钛元素酸解速率的增加。采用 90% 的 H_2SO_4，不仅保持了较高的化学反应速度，而且可以充分利用稀释浓 H_2SO_4 产生的热量来引发反应。

实验还发现，不同浓度的 H_2SO_4 均可以和富钛精矿发生酸解反应。浓度为 20% 的 H_2SO_4 能将钛元素在室温下于 25 天内完全浸取出来，同时将富钛精矿浸泡成灰色絮状物。

参考文献

[1] 莫畏．钛[M]．北京:冶金工业出版社,2008.
[2] 李大成,等．镁热法海绵钛生产[M]．北京:冶金工业出版社,2009.
[3] 董天颂．钛选矿[M]．北京:冶金工业出版社,2009.
[4] 邓国珠．钛冶金[M]．北京:冶金工业出版社,2010.
[5] 胡克俊,等．全球钛渣生产技术现状[J]．世界有色金属,2006(12);26~32.
[6] 孙朝晖．攀枝花钛铁矿精矿制备高品质富钛料的比较[J]．矿产保护与利用,2007(6);32~36.
[7] 杨绍利．钒钛材料[M]．北京:冶金工业出版社,2009.
[8] 杨绍利,盛继孚．钛精矿熔炼钛渣与生铁技术[M]．北京:冶金工业出版社,2006.

冶金工业出版社部分图书推荐